W0256318

Rainer Dirl
Peter Kasperkovitz

Gruppentheorie

**Anwendungen in der
Atom- und Festkörperphysik**

Mit 27 Abbildungen

Vieweg

Zum Thema Gruppentheorie

Zur Einführung

Gruppen in der neuen Mathematik,
von I. Adler

Gruppentheorie
Anwendungen in der
Atom- und Festkörperphysik
von R. Dirl / P. Kasperkovitz

Ergänzende Bücher

Angewandte Gruppentheorie,
von A. P. Cracknell

Gruppentheorie und ihre Anwendung
auf die Quantenmechanik der Atomspektren,
von E. Wigner

Einführung in die mathematischen Methoden
der Theoretischen Physik,
von H. Dirschmid / W. Kummer / M. Schweda

Vieweg

Dr. *Rainer Dirl* und Dr. *Peter Kasperkovitz* sind Assistenten am Institut
für Theoretische Physik der Technischen Universität Wien.

CIP-Kurztitelaufnahme der Deutschen Bibliothek

Dirl, Rainer
Gruppentheorie: Anwendungen in d. Atom- u.
Festkörperphysik / Rainer Dirl; Peter Kasperkovitz.
– 1. Aufl. – Braunschweig: Vieweg, 1977.
   ISBN-13: 978-3-528-19156-6   e-ISBN-13: 978-3-322-85699-9
   DOI: 10.1007/978-3-322-85699-9
NE: Kasperkovitz, Peter:

Verlagsredaktion: *Alfred Schubert*

Satz: Vieweg, Braunschweig

Umschlaggestaltung:

ISBN-13: 978-3-528-19156-6

Vorwort

Dieses Buch ist aus Vorlesungen und Seminaren entstanden, die von Physikstudenten nach ihrer Grundausbildung in den Gebieten „Mathematik" und „Quantenmechanik" besucht werden. Es hat sich gezeigt, daß diese Zielgruppe durchaus in der Lage ist, die hier dargestellten Probleme zu verstehen und die Methoden, mit denen sie gelöst werden können, zu erlernen. Man darf dabei allerdings nicht übersehen, daß der ganze Inhalt dieses Buches einer einsemestrigen Lehrveranstaltung von etwa zwanzig Wochenstunden entspricht. Wir empfehlen deshalb jedem Leser, sich zunächst, soweit dies im vorhinein möglich ist, darüber klar zu werden, was er wissen möchte, und dann dieses Ziel auf möglichst direktem Weg anzustreben. Für jene drei Arten von Lesern, die hauptsächlich an den Anwendungen in der Atomphysik, an denen in der Festkörperphysik oder an der allgemeinen Methode interessiert sind, haben wir in den „Hinweisen für den Leser" detaillierte Vorschläge ausgebreitet. Allen anderen sollte die starke Gliederung des Stoffes und das ausführliche Sachverzeichnis helfen, allzugroße Umwege zu vermeiden.

Daß nicht jeder Leser in diesem Buch genau das finden wird, was er sucht, wird niemanden überraschen, der weiß, welchen Umfang die einschlägige Literatur bereits angenommen hat. Das Prinzip, das uns bei der Auswahl des Stoffes geleitet hat, war vor allem die Erfahrung, daß sich die Tragweite einer allgemeinen Aussage oder die Leistungsfähigkeit einer Methode am besten an Hand einiger typischer Beispiele erfassen läßt. Im Bereich der Anwendungen (Teil III–V) steht man auf der Suche nach solchen Beispielen vor der Entscheidung, ob man „akademische" oder „realistische" Beispiele wählen soll. Die einen haben den Vorteil, wegen ihrer Einfachheit auch einem Anfänger kaum Schwierigkeiten zu bereiten; die anderen sind zwar wesentlich schwieriger und umfangreicher, dafür aber bei der Lösung ähnlicher Probleme von größerem Nutzen. Wir haben versucht, dadurch einen Mittelweg einzuschlagen, daß wir uns auf die einfachsten „realistischen" Probleme (Atome mit höchstens drei Valenzelektronen, einfach kubische Kristalle) beschränkt und diese ausführlich behandelt haben.

Was diese Beispiele veranschaulichen sollen, ist im zweiten Teil des Buches zusammengefaßt. Dort wird ganz allgemein gezeigt, welche Beziehungen zwischen der Gruppentheorie und der (nichtrelativistischen) Quantenmechanik bestehen und wie sie ausgenützt werden können, um ein gegebenes Eigenwertproblem zu vereinfachen (Symmetriegruppen) oder gar vollständig zu lösen (dynamische Invarianzgruppen). Da er das Programm enthält, nach dem im folgenden stets vorgegangen wird, kann dieser Teil als das Kernstück des ganzen Buches angesehen werden.

Wann die im zweiten Teil angeführten Methoden überhaupt anwendbar sind und wie in verschiedenen Fällen im Einzelnen vorzugehen ist, zeigt der erste Teil des Buches, in dem alle später benötigten mathematischen Begriffe kurz erklärt werden. Um Lesern, die keine Mathematiker sind, den Zugang zu erleichtern, haben wir bei schwierigeren oder längeren Beweisführungen nur auf die einschlägige Literatur verwiesen. Dem selben Zweck dienen auch die über dreihundert Beispiele und Aufgaben (mit bekannten Lösungen), die sich meistens auf den rein mathematischen Teil eines der später behandelten Probleme beziehen. Da bei diesen Anwendungen der Gruppentheorie nur Darstellungen kompakter Gruppen auftreten, werden im ersten Teil vor allem die Eigenschaften dieser Gruppen beschrieben. Durch die Art, in der die meisten Aussagen formuliert sind, treten dabei die gemeinsamen Eigenschaften der endlichen und der kompakten Lieschen Gruppen besonders hervor. Noch deutlicher ist dies bei den diesen Gruppen zugeordneten Gruppenalgebren der Fall, die nicht nur im rein mathematischen, sondern auch in allen anwendungsorientierten Teilen unseres Buches eine besondere Stellung einnehmen. Dies sollte dazu beitragen, weitere Kreise mit dieser Konstruktion, die äußerst nützlich (Projektionsoperatoren anstelle von unitären Operatoren), aber leider zu wenig bekannt ist, vertraut zu machen.

Wir haben uns bemüht, den Text so abzufassen, daß er nicht nur zur Unterstützung einer Spezialvorlesung oder als Diskussionsgrundlage eines Seminars dienen kann, sondern auch zum Selbststudium geeignet ist. Wenn die Darstellung an manchen Stellen von vertrauten Formulierungen abweicht, dann nicht, weil wir um jeden Preis originell sein wollten, sondern nur deshalb, weil uns die schließlich gewählte Formulierung den Sachverhalt klarer wiederzugeben schien. Wir hoffen, daß das Streben nach Klarheit, das die Form dieses Buches vom logischen Aufbau bis zur Wortwahl bestimmte, dem Leser helfen wird, sich seinen Inhalt schneller und leichter anzueignen, als es uns möglich war. Noch schöner wäre es allerdings, wenn beim Lesen dieses Buches auch etwas von jenem Reiz spürbar würde, den jede Methode besitzt, mit der eine ganze Schar von Problemen vollständig gelöst werden kann.

Rainer Dirl
Wien, Januar 1977   *Peter Kasperkovitz*

Inhalt

Teil II: Gruppentheorie und Quantenmechanik

Teil III: Atomphysik

Teil V: Festkörperphysik

Hinweise für den Leser

Lesern, die sich rasch einen Überblick über die allgemeine Methode, über Anwendungen in der Atomphysik {und Kristallfeldtheorie} oder solche in der Festkörperphysik verschaffen wollen, empfehlen wir, sich [in dem in den Klammern angegebenen Ausmaß] mit folgenden Begriffen vertraut zu machen:

(1) *Allgemeine Methode*

Kap. 1: Gruppe [(1.1A.1−3)], Komplex [(1.1A.7)], Untergruppe.

Kap. 2: Mittelwert [(2.1.1−5, 9); (2.5A.1); (2.5B.2)], Hilbertraum $L^2(G)$ [(2.2.1−6)], reguläre Darstellung [(2.3.1, 2)], Gruppenalgebra [(2.4.1, 3−5, 7−11)].

Kap. 3: Einheiten [(3.2.1−4)], UIRs [(3.2.45−49)], Zusammenhang zwischen Einheiten und UIRs [(3.2.44)], Zerlegung des Einheitsoperators [(3.2.54)].

Kap. 4: primitive idempotente Zentrumselemente [(4.3.10)], primitive Charaktere [(4.3.12, 14−18)].

Kap. 5: Homomorphismus [(5.1A.1)], Darstellung, Matrixdarstellung, treu.

Kap. 6: direkte Produkte [(6.1.12, 13); s. auch Konvention (5.1A.37)], Kronecker-Produkte [(6.4.1−5)], CG-Koeffizienten [(6.4.11, 12, 22, 23)], Kopplungskoeffizienten [(6.5.1, 2)].

Kap. 7: zeitliche Entwicklung [(7.1.1, 2)], Topologie einer Gruppe von Operatoren [(7.1.3)], angepaßte Basis [(7.2.1, 2, 12, 13, 15, 16)], Tensoroperator [(7.3.9)], Tensorzerlegung eines Operators [(7.3.13−15)], WE-Theorem [(7.4.4, 5, 7, 9, 11, 12)].

Kap. 8: Symmetriegruppe [(8.1.1)], Vereinfachung des Eigenwertproblems [(8.1.5, 7−11); Bild 8.1−4], Nicht-Symmetriegruppe [Abschnitt 8.3], gebrochene Symmetrie (Verträglichkeitsbedingungen) [Abschnitt 8.5 bis (8.5.16)].

(2) *Atomphysik {und Kristallfeldtheorie}*

Kap. 1−8 wie unter (1), außerdem

Kap. 1: S_n [B-1.1.5], {O^* [B-1.1.10]}, $SU(2)$ [B-1.1.3, 12; (1.1A.13)], Euler-Winkel [B-1.4.3, 4], Liesche Algebra von $SU(2)$ [B-1.4.6, 9, 10].

Kap. 2: Gewichtsfunktion (Euler-Winkel) [(2.5B.10)], Drehimpulsoperatoren [(2.5B.20, 21); B-2.5.3].

Kap. 3: UIRs von S_n [B-3.3.1], {UIRs von O^* [B-3.3.2]}, UIRs von $SU(2)$ [B-3.3.7, 8].

Kap. 4: reelle 3-dimensionale UIR von $SU(2)$ [(4.2.18−21)], {Charaktertafel von O^* [Tab. 4.4]}, Casimiroperator von $SU(2)$ [B-4.4.3].

Kap. 5: $SU(2)^n$ ($\times S_n$ [B-5.3.3].

Kap. 6: UIRs von $SU(2)^n$ [A-6.1.15], UIRs von $SU(2)^2$ ($\times S_2$ [B-6.2.5], {$D^j \downarrow O^*$ [B-6.3.1]}, Vielfachheiten für S_n und $SU(2)$ [B-6.4.1; (6.4.9)], CG-Koeffizienten für S_n und $SU(2)$ [B-6.4.3, 4].

Kap. 10:   antisymmetrische Zustände [Abschnitt 10.1], Zentralfeldnäherung
            [Abschnitt 10.2].

Kap. 11:   1-Teilchen-Zustände [Abschnitt 11.1], Spin-Bahn-Wechselwirkung und
            äußeres Magnetfeld [Abschnitt 11.2, 3, 5].

Kap. 12:   2-Teilchen-Zustände (LS-Kopplung) [Abschnitt 12.1 bis (12.1.17);
            Abschnitt 12.2 bis (12.2.4)], Coulomb- und Spin-Bahn-Wechselwirkung
            [Abschnitt 12.3; 12.4 bis (12.4.11); Abschnitt 12.6 bis Bild 12.1].

{Kap. 17:   Kristallfeld [(17.1.1, 5, 15)], Aufspaltung [(17.1.18, 21, 25, 27−29);
            (17.2.1, 3, 4, 7, 8); Bild 17.1]}.

(3) *Festkörperphysik*

Kap. 1−8   wie unter (1), außerdem

Kap. 1: O [B-1.1.11], D_4 [B-1.1.13], C_n [B-1.1.14], Nebenklassenrepräsentanten
            [(1.1A.16, 17)].

Kap. 3:   UIRs von D_4 [B-3.3.3], UIRs von C_n [B-3.3.4].

Kap. 4:   Charaktertafeln von D_4 und O [Tab. 4.3, 5].

Kap. 5:   Raumgruppen [B-5.1.8, 9], O_h [B-5.1.11], UIRs von O [(5.2.23)], $^cT^3 (\times O_h$
            und $^fT^3 (\times O_h$ [B-5.3.1, 2].

Kap. 6:   UIRs von $^cT^3$ und $^fT^3$ [B-6.1.1, 2], UIRs von $^cT^3 (\times O_h$ und $^fT^3 (\times O_h$
            [B-6.2.1−4].

Kap. 20:   ebene Wellen und Bloch-Funktionen [Abschnitt 20.1], periodisches Potential
            [(20.2.1−3)], Energiebänder [Abschnitt 20.3 bis zu (20.3.35)], Näherungs-
            methoden [Abschnitt 20.4].

Kap. 21:   Variablen [(21.1.1−5, 23, 31, 38); (21.2.16, 26)], Gleichgewichtskonfigura-
            tionen [(21.2.1−4, 12, 13, 20−22)], Symmetrien der Wechselwirkung
            [(21.1.30, 42); (21.2.17, 18)], harmonische Näherung [Abschnitt 21.3 bis
            „zufällige Entartung"; (21.3.38−40)], Eigenfrequenzen und Polarisations-
            vektoren [Abschnitt 21.4], Normalschwingungen [(21.5.1, 2, 7, 11)],
            Phononen [(21.5.17, 18)].

Symbolliste

Allgemeine Symbole:

$A \Rightarrow B$	wenn A gilt, gilt B
$A \Longleftrightarrow B$	A gilt dann und nur dann, wenn B gilt
$S = \{x : A\}$	Menge aller Elemente mit der Eigenschaft A
$x \in S$	x ist Element der Menge S
$S' \subseteq S (S' \subset S)$	S' ist (echte) Teilmenge von S
$\{x\}$	Elementmenge = Menge, die nur x enthält
$\emptyset$	leere Menge = Menge, die kein Element enthält
$S_1 \cap S_2$	Durchschnitt von S_1 und S_2 = Menge der gemeinsamen Elemente
$S_1 \cup S_2$	Vereinigung von S_1 und S_2 = Menge aller Elemente von S_1 und S_2
$S_1 \times \ldots \times S_n$ $= \{(x_1, \ldots, x_n) : x_i \in S_i\}$	kartesisches Produkt der Mengen $S_1, \ldots, S_n$ = Menge aller n-Tupel $(x_1, \ldots, x_n)$ mit $x_i \in S_i$
$\mathbf{C}$	Menge (Körper) der komplexen Zahlen
$\mathbf{R}$	Menge (Körper) der reellen Zahlen
$\mathbf{R}^n$	Menge (Vektorraum) der reellen n-Tupel $(r_1, \ldots, r_n)$, $r_i \in \mathbf{R}$
$c\mathbf{Z}$	Menge der ganzzahligen Vielfachen von $c \in \mathbf{R}$
$c\mathbf{Z}^n$	Menge der n-Tupel $(cg_1, \ldots, cg_n)$, $c \in \mathbf{R}$, $g_i \in \mathbf{Z}$
$\mathbf{Z}$	Menge der ganzen Zahlen
$\mathbf{N}$	Menge der natürlichen Zahlen
$f : S_1 \to S_2$	Abbildung von S_1 auf S_2 (Funktion: Definitionsbereich S_1, Wertebereich S_2)
$f(x_1)$	Bild von $x_1 \in S_1$ in S_2 (Funktionswert für x_1)
M^T	transponierte Matrix, $(M^T)_{jk} = M_{kj}$
M^+	adjungierte Matrix, $(M^+)_{jk} = M_{kj}^*$

Spezielle Symbole:

$\mathbf{a}, \mathbf{a}^+$ 20, 22

A_G 33

$A(G), A^\alpha(G), A^\alpha_{.k}(G)$ 20, 33, 37

$(\alpha w \| T^{\beta v} \| \alpha' w')$ 123

$[\alpha w \| T^{\beta v} \| \alpha' w']$ 123

$B(a)$ 118

$BZ, \Delta BZ$ 87, 92

C^α 102

χ^α 58

cI, cI^3 73, 83

C^j 104

C_n 5

$^cT^3, {}^cT^3(\times O_h$ 83, 84

D, D 2

D^α, D^α 40

$D^{\alpha_1} \otimes D^{\alpha_2}$ 86

$D^\alpha \downarrow G_1$ 102

D^α_{jk} 38

$D^{[1^n]}, D^{[n]}$ 41

$D^{(i)}$ 42, 43

$D^j_{mm'}$ 46

D_n, D_4 5

$e, e^\alpha, e^\alpha_{jk}$ 40, 34, 33

E^α, E^α_{jk} 118

$e^{\alpha_1 \alpha_2}_{j_1 j_2, k_1 k_2}$ 88

$e^{\alpha_1 \alpha_2}_{\underline{x}_1 j_1 j_2, \underline{x}_2 k_1 k_2}$ 96

$([1^n] 0 | [\lambda] u [\lambda'] u')$ 111

ϵ_{jkl} 15

$\| f \|$ 19

$\langle f, g \rangle$ 19

$^fT^3, {}^fT^3(\times O_h$ 83, 84

G 1

$|G|$ 3

$G_1 \times \ldots \times G_n$ 75

$G_1(\times \ldots (\times G_n$ 72

$G \to G'$ 69

$G \leftrightarrow G'$ 2, 9

$G : G'$ 5

γ_{jkl} 14

$(\gamma lv | \alpha j \beta k)$ 110

$[\gamma lv | \alpha j \bar\beta k]$ 114

G/N 71

G^n 75

$G^{[n]}$ 109

$G'_x, {}_xG'$ 5

$H, \Sigma \oplus H^\alpha_j, H_1 \otimes H_2$ 116, 147

$(n_1 l_1, \ldots, n_N l_N)_H$ 149

$(n_1 l_1) \ldots (n_N l_N)_H$ 153

I, I^3 73, 83

$(j_1 m_1 j_2 m_2 | j_3 m_3)$ 111

$J_j, \vec{J}^2$ 27, 68

K 3, 10

$[\lambda], [\bar\lambda]$ 41, 110

$L(G)$ 16

$L^2(G), L^\alpha_k(G)$ 18, 40

$m_{\alpha, \alpha_1}, m_{\alpha\beta, \gamma}$ 102, 109

$M[f]$ 16

n_α 36, 40

$(n_1 l_1) \ldots (n_N l_N)$ 153

O, O^* 4

O_h, O^*_h 74

$O^{\vec{k}}_h, O^{\vec{q}}_h$ 93

$O(n)$ 2

$\omega = (\alpha, \beta, \gamma)$ 11

$\vec{q}\{\vec{k}\}, \vec{Q}\{\vec{k}\}$ 236, 91

$\rho(\omega)$ 25

σ_i 28

S_n 2

$SO(n), SO(3), SO(4)$ 4, 50, 70

$SU(n)$ 4

$SU(2)$ 4

$SU(2)^n(\times S_n$ 84

$\{T^\beta_p : p = 0, \ldots, n_\beta - 1\}$ 121

$T^\beta_{pq}[Q]$ 121, 122

$\vec{T}\{\vec{x}\}$ 83

$U(1)$ 2

$U(G)$ 19

$U(n)$ 2

$U(x)$ 117

V_ω 11

$\mathbf{x}$ 19

Y_{jm} 46

$Z[A(G)]$ 56

$Z[G]$ 52

Z_2, Z'_2 52, 71

Teil I:
Mathematische Begriffe

In diesem rein mathematischen Teil des Buches geht es vor allem um folgende Fragen:

- Was ist eine kompakte Gruppe?
- Was ist die Gruppenalgebra einer solchen Gruppe?
- Was versteht man unter der regulären, was unter einer irreduziblen Darstellung?
- Wie kann man (zumindest im Prinzip) für eine gegebene Gruppe einen vollständigen Satz von irreduziblen Darstellungen finden?
- Was sind Charaktere und was läßt sich aus ihnen ablesen?
- Welche Beziehungen können zwischen verschiedenen Gruppen und ihren Darstellungen bestehen?

Wer auf diesem Gebiet noch keine Erfahrungen besitzt, sollte, wenn er diesen Teil zum ersten Mal liest, nicht versuchen, sich alle Definitionen zu merken oder jede Schlußfolgerung genau zu verstehen, sondern sich damit begnügen, die wichtigsten Zusammenhänge (kursiv gedruckte Satzteile) in großen Zügen zu erfassen. Details können später durch wiederholtes Lesen der entsprechenden Stelle erarbeitet werden. Wenn eine allgemeine Aussage Schwierigkeiten bereitet, überlege man sich zuerst die dazugehörigen Beispiele (Aufgaben).

1. Kompakte Gruppen

1.1A. Gruppen

Der grundlegende algebraische Begriff ist der der *Gruppe*. Bei dieser handelt es sich um eine Menge S, für die eine zweistellige Relation $M : S^2 \to S$ definiert ist. Man bezeichnet die Gruppe mit $G = (S, M)$ und schreibt die *Gruppenmultiplikation* M meist in der Form

$$M(x, y) = xy = z. \tag{1.1A.1}$$

M muß *assoziativ* sein:

$$(xy)z = x(yz). \tag{1.1A.2}$$

S muß ein *1-Element* e und zu jedem $x \in S$ ein *inverses Element* $x^{-1} \in S$ enthalten; für diese Elemente muß

$$\begin{aligned} xy = x &\Rightarrow y = e \quad \Leftarrow \quad yx = x \\ xy = e &\Rightarrow y = x^{-1} \quad \Leftarrow \quad yx = e \end{aligned} \tag{1.1A.3}$$

gelten.

B-1.1.1:   *Die (additiven) Gruppen* $^+\mathbf{Z}, ^+\mathbf{R}, ^+\mathbf{C}$: S ist $\mathbf{Z}, \mathbf{R}, \mathbf{C}$ (s. Symbolliste), $M(x, y)$
ist die Summe $x + y$, e ist 0, x^{-1} ist $(-x)$.

Kontinuierliche [diskrete] Translationsgruppe $T[^d T]$ mit Elementen $(t) \in T$
$[^d T]$, $t \in \mathbf{R}[\mathbf{Z}]$, ist nur eine andere Bezeichnung für die Gruppe $^+\mathbf{R}[^+\mathbf{Z}]$ und
ihre Elemente.

B-1.1.2:   *Die (additiven) Gruppen* $^+\mathbf{Z}^n, ^+\mathbf{R}^n, ^+\mathbf{C}^n$ ($n \in \mathbf{N}$): S ist die Menge aller n-Tupel
$\vec{x} = (x_1, \dots, x_n)$; $x_i \in \mathbf{Z}, \mathbf{R}, \mathbf{C}$. $M(x, y)$ ist die Vektorsumme $\vec{x} + \vec{y}$, e ist der
Nullvektor $\vec{0}$, $(\vec{x})^{-1}$ ist $(-\vec{x})$. (Für $n = 1$ erhält man die additiven Gruppen
von B-1.1.1.) *Achtung:* $^+\mathbf{R}^n[^+\mathbf{C}^n]$ ist kein reeller [komplexer] Vektorraum,
da Produkte der Art $\gamma \vec{t}$, $\gamma \in \mathbf{R}[\mathbf{C}]$, $\vec{t} \in {}^+\mathbf{R}^n[^+\mathbf{C}^n]$, noch nicht definiert sind
(s. aber B-5.1.8).

Kontinuierliche [diskrete] Translationsgruppe $T^n[^d T^n]$ mit den Elementen
$(\vec{t}) \in T^n[^d T^n]$, $\vec{t} \in \mathbf{R}^n[\mathbf{Z}^n$, s. Symbolliste] ist nur eine andere Bezeichnung
für die Gruppe $^+\mathbf{R}^n[^+\mathbf{Z}^n]$ und ihre Elemente.

B-1.1.3:   *Die (unitären) Gruppen* $U(n)$ ($n \in \mathbf{N}$): Jedes Element $x \in U(n)$ ist eineindeutig
einer n-reihigen unitären Matrix $D(x)$ zugeordnet, $x \leftrightarrow D(x)$. M entspricht der
Matrixmultiplikation, d.h. $xy \leftrightarrow D(xy) = D(x) D(y)$. $e \leftrightarrow$ 1-Matrix,
$x^{-1} \leftrightarrow D(x^{-1}) = D^+(x)$.

B-1.1.4:   *Die (orthogonalen) Gruppen* $O(n)$ ($n \in \mathbf{N}$): Jedes Element $x \in O(n)$ ist eineindeutig einer n-reihigen orthogonalen Matrix $D(x)$ zugeordnet, $x \leftrightarrow D(x)$,
$xy \leftrightarrow D(xy) = D(x) D(y)$, $e \leftrightarrow$ 1-Matrix, $x^{-1} \leftrightarrow D(x^{-1}) = D^T(x)$.

B-1.1.5:   *Die (symmetrischen) Gruppen* S_n ($n \in \mathbf{N}$): Jedes Element $r \in S_n$ ist einein-
deutig einer Folge (Permutation) rn, $\dots$, r1 der Ziffern n, $\dots$, 1 zugeordnet,
$r \leftrightarrow (ri \leftarrow i)$. Rationell ist die Zyklenschreibweise, bei der zyklisch ausgetauschte
Ziffern in je einer Klammer zusammengefaßt werden, z.B. $(5 \leftarrow 6, 6 \leftarrow 5, 1 \leftarrow 4,$
$3 \leftarrow 3, 4 \leftarrow 2, 2 \leftarrow 1) = (65)(3)(421)$. *Achtung:* Üblicherweise werden die
Zyklen im entgegengesetzten Sinn definiert, d.h. ri wird rechts von i geschrieben. Unsere Konvention ist dem Multiplikationsgesetz besser angepaßt, da man
stets von rechts nach links fortschreitet. M ist durch die sukzessive Durch-
führung der Permutationen gegeben, $(ri \leftarrow i)(si \leftarrow i) = (r(si) \leftarrow si)(si \leftarrow i) =$
$(r(si) \leftarrow i) = ((rs)i \leftarrow i)$ (z.B. $(32)(1)(321) = (2)(31)$). $e \leftrightarrow (i \leftarrow i) = (1) \dots (n)$,
$r^{-1} \leftrightarrow (i \leftarrow ri)$ (z.B. $r \leftrightarrow (2)(431)$, $r^{-1} \leftrightarrow (2)(341)$).

A-1.1.1:   Man überzeuge sich, daß für B-1.1.5 die Gleichungen (1.1A.2.3) gelten.

Gibt es für die Elemente $x_i \in G_i$ zweier Gruppen G_1, G_2 eine Zuordnung $x_1 \leftrightarrow x_2$,
so daß $x_1 y_1 \leftrightarrow x_2 y_2$ gilt, dann nennt man die beiden Gruppen *isomorph*. Wir schreiben
dafür kurz $G_1 \leftrightarrow G_2$.

B-1.1.6: $O(1) \leftrightarrow S_2$: $+1 \leftrightarrow (2)(1)$, $-1 \leftrightarrow (21)$.

Aus (1.1A.3) folgt

$$(xy)^{-1} = y^{-1} x^{-1}.$$

(1.1A.4)

Man bezeichnet die Abbildung I: $S \to S$,

$$I(x) = x^{-1},\tag{1.1A.5}$$

die jede Gleichung zwischen Produkten von Gruppenelementen wieder in eine solche (i.a. aber verschiedene) überführt, als *Antiautomorphismus*. Gilt

$$xy = yx \quad \text{für alle } x, y,\tag{1.1A.6}$$

dann heißt die Gruppe *abelsch (kommutativ)*; $x \to x^{-1}$ ist dann ein Automorphismus (s. Abschnitt 4.1A).

B-1.1.7:   Die in B-1.1.1,2 definierten Gruppen sind abelsch.

A-1.1.2:   Welche der Gruppen $U(n), O(n), S_n$ sind abelsch?

Die Kardinalzahl von S wird *Ordnung von G* genannt und mit $|G|$ bezeichnet. Nach ihrer Mächtigkeit heißt G *endlich, abzählbar* oder *kontinuierlich*.

B-1.1.8:   Die Gruppen T^n, $U(n)$ und $O(n > 1)$ sind kontinuierlich, die Gruppen $^dT^n$ abzählbar.

A-1.1.3: $|O(1)| = 2$, $|S_n| = n!$ Warum?

Jede Teilmenge $S' \subseteq S$ definiert einen *Komplex* $K = (S', M) \subseteq G$. Ist S' eine echte Teilmenge von $S(S' \neq S)$, dann schreiben wir $S' \subset S$ und $K \subset G$. *Durchschnitt, Vereinigung* und *Produkt von Komplexen* sind durch

$$K_1 = (S_1, M), \quad K_2 = (S_2, M)$$
$$K_1 \cap K_2 = (S_1 \cap S_2, M), \quad K_1 \cup K_2 = (S_1 \cup S_2, M)\tag{1.1A.7}$$
$$K_1 K_2 = (\{z : z = xy, x \in S_1, y \in S_2\}, M)$$

definiert, *Potenzen eines Komplexes* induktiv ($K^{(n+1)} = K^{(n)}K$, $K^{(1)} = K$). Die Elemente von K heißen *erzeugende Elemente*, wenn für die Vereinigung aller Potenzen $\bigcup\limits_{n=1}^{\infty} K^{(n)} = G$ gilt. Dies ist genau dann der Fall, wenn man jedes x dadurch erhält, daß man hinreichend viele (nicht unbedingt verschiedene) Elemente $y \in K$ miteinander multipliziert.

B-1.1.9:   Die Translationsgruppe T wird von jedem Komplex $K_\epsilon = (S_\epsilon, +)$ mit $S_\epsilon = \{(x) : |x| < \epsilon\}, \epsilon > 0$, erzeugt, d.h. man erhält jede Translation als Summe (hinreichend) vieler (beliebig) kleiner.

A-1.1.4:   Man verallgemeinere dieses Resultat für T^n.

B-1.1.10:   *Die (Doppelpunkt-)Gruppe* O^* wird von einem Komplex $K = (S', M)$ erzeugt. Die Elemente von $S' = \{p, q, r, s, z\}$ sind eineindeutig 2-reihigen Matrizen zugeordnet:

$$z \leftrightarrow D^{(5)}(z) = \begin{bmatrix} -1 & 0 \\ 0 & -1 \end{bmatrix} \tag{1.1A.8}$$

$$p \leftrightarrow D^{(5)}(p) = \begin{bmatrix} -i & 0 \\ 0 & i \end{bmatrix} \qquad q \leftrightarrow D^{(5)}(q) = \begin{bmatrix} 0 & -1 \\ 1 & 0 \end{bmatrix}$$

$$r \leftrightarrow D^{(5)}(r) = \frac{1}{2}\begin{bmatrix} 1-i & -1+i \\ 1+i & 1+i \end{bmatrix}$$

$$s \leftrightarrow D^{(5)}(s) = \frac{1}{\sqrt{2}}\begin{bmatrix} 0 & 1+i \\ -1+i & 0 \end{bmatrix} \tag{1.1A.9}$$

M ist durch $xy \leftrightarrow D^{(5)}(x)\,D^{(5)}(y)$ definiert.

A-1.1.5:   Man berechne die Matrizen $D^{(5)}(x)$. Hinweis:

$$|O^*| = 48 \tag{1.1A.10}$$

B-1.1.11:   *Die (Punkt-)Gruppe* O wird von einem Komplex $K = (S', M)$ erzeugt. Die Elemente von $S' = \{p, q, r, s\}$ sind eineindeutig 3-reihigen Matrizen zugeordnet.

$$p \leftrightarrow D^{(3)}(p) = \begin{bmatrix} -1 & 0 & 0 \\ 0 & -1 & 0 \\ 0 & 0 & 1 \end{bmatrix} \qquad q \leftrightarrow D^{(3)}(q) = \begin{bmatrix} -1 & 0 & 0 \\ 0 & 1 & 0 \\ 0 & 0 & -1 \end{bmatrix}$$

$$r \leftrightarrow D^{(3)}(r) = \begin{bmatrix} 0 & -1 & 0 \\ 0 & 0 & 1 \\ -1 & 0 & 0 \end{bmatrix} \qquad s \leftrightarrow D^{(3)}(s) = \begin{bmatrix} 0 & 1 & 0 \\ 1 & 0 & 0 \\ 0 & 0 & -1 \end{bmatrix} \tag{1.1A.11}$$

M ist durch $xy \leftrightarrow D^{(3)}(x)\,D^{(3)}(y)$ definiert.

A-1.1.6:   Man berechne die Matrizen $D^{(3)}(x)$. Hinweis:

$$|O| = 24 \tag{1.1A.12}$$

Als *Untergruppe* $G' = (S', M)$ bezeichnet man einen Komplex, für den $G'G' = G'$ gilt. Wenn $S' \neq S$ ist, schreiben wir $G' \subset G$.

A-1.1.7:   Man zeige mit (1.1A.3), daß G' eine Gruppe ist.

B-1.1.12:   *Die (speziellen oder unimodularen unitären [orthogonalen]) Gruppen* $SU(n)$ $[SO(n)]$ umfassen jene Elemente $x \in U(n)$ $[O(n)]$, für die det $D(x)$ $[\det D(x)] = 1$ ist.

A-1.1.8:   Man zeige, daß die *Elemente von* $SU(2)$ *eineindeutig den Punkten der Oberfläche einer 4-dimensionalen Kugel zugeordnet* werden können. Hinweis: Jede unitäre unimodulare 2-reihige Matrix hat die Form

$$\begin{bmatrix} A & B \\ -B^* & A^* \end{bmatrix} \text{ mit } AA^* + BB^* = 1. \tag{1.1A.13}$$

B-1.1.13:   *Die (Dieder-)Gruppen D_n ($n \in \mathbb{N}$) werden von den Elementen* r, s $\in S_n$,
       r $\leftrightarrow$ (n n-1 ... 21), s $\leftrightarrow$ (n$+2$/2n/2) ... (n-1 2) (n1) *für* n = 2m *und*
       s $\leftrightarrow$ (n$+1$/2) (n$+3$/2 n-1/2) ... (n-1 2) (n1) *für* n = 2m$+1$ *erzeugt.*
       $|D_n| = 2n$.

B-1.1.14:   *Die (zyklischen) Gruppen C_n ($n \in \mathbb{N}$) werden von den Elementen* r $\in S_n$,
       r $\leftrightarrow$ (n n-1 ... 21), *erzeugt.* C_n *ist abelsch und* $|C_n| = n$.

A-1.1.9:   Man verifiziere folgende Relationen:

$$SU(2) \supset O^*,\ SO(3) \supset O \tag{1.1A.14}$$

$$O(n) \supset S_n' \supset D_n' \supset C_n',\ \ G' \leftrightarrow G\ \ (G = S_n, D_n, C_n) \tag{1.1A.15}$$

Hinweis: r $\leftrightarrow D(r)$, $D_{ii'}(r) = \delta_{i,\,ri'}$.

Ist $G' \subset G$ und $x \in G$, dann bezeichnen wir den Komplex $G_x' = G'\{x\}$ als *R(echts)-Nebenklasse* und den Komplex ${}_xG' = \{x\}G'$ als *L(inks)-Nebenklasse von* $G' \subset G$.

A-1.1.10: $|G_x'| = |{}_xG'| = |G'|$.   Warum?

Durch Vereinigung von genügend vielen Nebenklassen erhält man offensichtlich die ganze Gruppe G. Die Elemente eines Komplexes $K = G:G'$ für den

$$\bigcup_{x \in G:G'} G_x' = G'(G:G') = G \tag{1.1A.16}$$

$$G_x' = G_y' \iff x = y \text{ für alle } x, y \in G:G' \tag{1.1A.17}$$

bezeichnen wir als *R-Nebenklassen-Repräsentanten* (von $G' \subset G$).
   Mit der Definition

$$G' \wedge G'' = G' \cap G'',\ G' \vee G'' = \bigcup_{n=1}^{\infty} (G' \cup G'')^{(n)} \tag{1.1A.18}$$

bildet die *Menge aller Untergruppen* $\{G': G'G' = G' \subseteq G\}$ einen *Verband*. Bei der graphischen Darstellung (eines Teiles) dieses Verbandes ist dem Knoten $K(G')$ die Untergruppe G' zugeordnet. $G' \subset G''$ ist genau dann erfüllt, wenn $K(G'')$ über eine aufwärts laufende Linie erreicht werden kann. $K(G' \wedge G'')$ $(K(G' \vee G''))$ ist der Treffpunkt der von $K(G')$ und $K(G'')$ abwärts (aufwärts) laufenden Linien.

B-1.1.15:   Der Untergruppenverband von S_3:

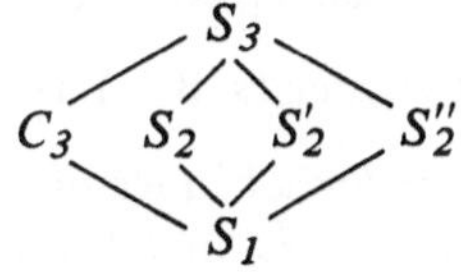

A-1.1.11:   Warum sind die Komplexe $G' \wedge G''$ und $G' \vee G''$ Untergruppen?

1.1B. Topologische Räume

Der zweite grundlegende Begriff ist der des topologischen Raumes. Eine *Topologie* T ist eine *Klasse von Teilmengen* einer gegebenen Menge S. Die Mengen $V \in T$ heißen *offen* (oder *Umgebungen* der in ihnen enthaltenen Elemente), ihre *Komplemente abgeschlossen*. T muß die *ganze Menge* S, die *leere Menge* $\emptyset$, den *Durchschnitt endlich vieler* und die *Vereinigung beliebig vieler offener Mengen* enthalten. Ein *topologischer Raum* ist ein Paar (S, T); diese Bezeichnung weist darauf hin, daß für eine Menge S verschiedene Topologien definiert werden können.

B-1.1.16:   *Die (indiskrete oder chaotische) Topologie*: $T_I = \{S, \emptyset\}$.

B-1.1.17:   *Die (diskrete) Topologie*: $T_D = \{V: V \subseteq S\}$. *Jede Teilmenge ist offen.*

B-1.1.18:   *Die (übliche) Topologie* T_U *(von* **R**): *Jede Vereinigung von offenen Intervallen der Art* $\{x: a < x < b\}$ *ist offen.*

B-1.1.19:   *Die Topologie* $T_{U(L)}$ *(von* **R**): *Jede Vereinigung von (periodisch fortgesetzten) offenen Intervallen der Art* $\{x: a + gL < x < b + gL, g \in \mathbf{Z}\}$ *ist offen.*

B-1.1.20:   *Die (übliche) Topologie* $T_{M(n,C)}$ *(für* $S_{M(n,C)}$, *die Menge aller n-reihigen Matrizen mit komplexen Koeffizienten)*: *Jede Vereinigung von Mengen* der Art $\{M: a_{ij} < \mathrm{Re}\, M_{ij} < b_{ij}, c_{ij} < \mathrm{Im}\, M_{ij} < d_{ij}\}$ *ist offen.*

T heißt *gröber (schwächer)* als T' und T' *feiner (stärker)* als $T(T \leqslant T')$, wenn jede offene Menge von T auch eine von T' ist.

A-1.1.12: $T_I \leqslant T \leqslant T_D$ für alle T. $T_{U(L)} \leqslant T_U$. Warum?

Gibt es für die Elemente $x_i \in S_i$ zweier topologischer Räume $(S_1, T_1), (S_2, T_2)$ eine Zuordnung $x_1 \leftrightarrow x_2$, durch die jedem $V_1 \in T_1$ ein $V_2 \in T_2$ zugeordnet wird und umgekehrt, d.h. $V_1 \leftrightarrow V_2$ für alle $V_i \in T_i$, dann sind die beiden Räume *homeomorph* *(topologisch äquivalent)*.

B-1.1.21: $(\mathbf{R}, T_U)$ ist nicht homeomorph zu $(\mathbf{R}, T_{U(L)})$.

Eine Klasse $B \subset T$ von offenen Mengen heißt *Basis*, wenn jedes $V \in T$, $V \neq \emptyset$, Vereinigungsmenge von offenen Mengen $V' \in B$ ist. Da die Bildung von beliebigen Vereinigungen zu den in T definierten Operationen gehört, wird die *Topologie* T *von den Elementen der Basis* B *erzeugt*. (Man beachte den Unterschied zu den erzeugenden Elementen einer Gruppe: Zum Erzeugen aller offener Mengen darf die in T ebenfalls definierte Durchschnittsoperation nicht verwendet werden.)

B-1.1.22:   Die *Elementmengen* $\{x\}$, $x \in S$, bilden eine Basis von T_D, S eine von T_I.

Eine Topologie kann durch die Angabe einer Basis definiert werden (s. B-1.1.18—20).

B-1.1.23:   *Der Produktraum einer endlichen Anzahl von topologischen Räumen:*
            $(S, T) = (S_1, T_1) \times \ldots \times (S_n, T_n)$, wenn $S = S_1 \times \ldots \times S_n$ und T von
            $B = \{V'_1 \times \ldots \times V'_n : V'_i \in B_i\}$ erzeugt wird. (S_i, T_i) sind vorgegebene topologische Räume mit Basen B_i.

B-1.1.24:   *Die (übliche) Topologie* T_{U^2} *(von* $\mathbf{R}^2$ *oder* $\mathbf{C}$*):* $(\mathbf{R}^2, T_{U^2}) = (\mathbf{R}, T_U) \times (\mathbf{R}, T_U)$. *Alle offenen Rechtecke sind Basismengen, alle offenen Flächen offene Mengen.*

A-1.1.13: $(S, T) = (S', T') \times (S', T')$. $T' = T_I \Rightarrow T = T_I$, $T' = T_D \Rightarrow T = T_D$. Warum? Hinweis: B-1.1.22.

In jeder Topologie T gibt es *Basen von geringster Mächtigkeit;* diese wird als *Gewicht* $w(S, T)$ bezeichnet.

B-1.1.25: $w(S, T_I) = 1$; $w(S, T_D) =$ Kardinalzahl von S. $(\mathbf{R}, T_U)$, $(\mathbf{R}, T_{U(L)})$, $(S_{M(n, C)}, T_{M(n, C)})$ haben abzählbares Gewicht, da man als Intervallgrenzen Rationalzahlen wählen kann.

(S', T') heißt *Unterraum* des topologischen Raumes (S, T), wenn $S' \subset S$ und $T' = \{V': V' = S' \cap V, V \in T\}$ ($=$ Durchschnitt aller offenen Mengen mit der Untermenge) ist.

A-1.1.14:   Wie sehen die offenen Mengen eines Kreises aus, der als Unterraum von $(\mathbf{R}^2, T_{U^2})$ aufgefaßt wird? Hinweis: B-1.1.24.

A-1.1.15:   Man überzeuge sich, daß der *Unterraum SU(2)* von $(S_{M(2,C)}, T_{M(2,C)})$ *dem Unterraum* $K_4 = \{\vec{X} = (X_1, X_2, X_3, X_4): \vec{X}^2 = \sum_i X_i^2 = 1\}$ von $(\mathbf{R}^4, T_{U^4})$ *homeomorph ist.* Hinweis: B-1.1.20, A-1.1.14.

B-1.1.26: $(\mathbf{Z}, T_D)$ ist Unterraum von $(\mathbf{R}, T_U)$, da T_U von offenen Mengen $V = \{x: a < x < b\}$ und T_D von offenen Mengen $V \cap \mathbf{Z} = \{g: a < g < b, g \in \mathbf{Z}\}$ erzeugt wird.

Eine *Abbildung (Funktion)* f: $(S_1, T_1) \to (S_2, T_2)$ die jedem $x_1 \in S_1$ ein $x_2 \in S_2$ zuordnet heißt *stetig,* wenn für alle $V_2 \in T_2$ $f^{-1}[V_2] \in T_1$ ist, wobei das Urbild $f^{-1}[V_2]$ die Menge $\{x: x \in S_1, f(x) \in V_2\}$ ist.

A-1.1.16:   Man überzeuge sich an Hand von Bild 1.1, daß diese Definition sich für eine reellwertige Funktion einer reellen Variablen mit der üblichen ϵ-δ-Definition der Stetigkeit deckt.

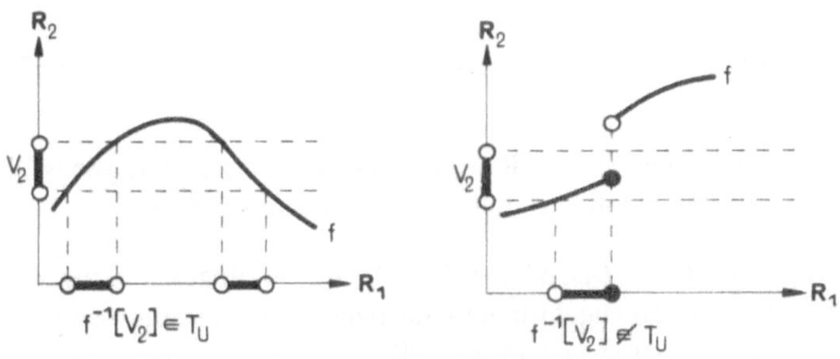

Bild 1.1. Stetige und unstetige Funktionen

A-1.1.17:   Man überzeuge sich an Hand von Skizzen, wie sie Bild 1.1 zeigt, daß *jede stetige Funktion* f: $(\mathbf{R}, T_{U(L)}) \to (\mathbf{R}, T_U)$ *nicht nur im üblichen Sinn stetig, sondern auch in* L *periodisch* sein muß.

A-1.1.18:   Jede *Abbildung (Funktion)* f: $(S_1, T_1) \to (S_2, T_2)$ *ist stetig, wenn* $T_1 = T_D$ *oder* $T_2 = T_I$ *ist.* Warum?

Ein *Vielfaches* $(\alpha f)(x) = \alpha f(x)$, die *Summe* $(f + g)(x) = f(x) + g(x)$ und das *Produkt* $(fg)(x) = f(x)\,g(x)$ *von stetigen reellwertigen Funktionen* $(S, T) \to (\mathbf{R}, T_U)$ *sind* ebenfalls *stetig.* Dasselbe gilt für *stetige komplexwertige Funktionen*, da ihre *Real- und Imaginärteile stetige reellwertige Funktionen* sind.

1.2. Topologische Gruppen

Die Begriffe „Gruppe (S, M)" und „topologischer Raum (S, T)" können zu dem der topologischen Gruppe $G = (S, M, T)$ vereint werden, wenn das Multiplikationsgesetz M und der Antiautomorphismus I in folgendem Sinn mit der Topologie T verträglich sind:
(1) *Das Multiplikationsgesetz* (1.1A.1) *ist eine stetige Abbildung* M: $(S, T) \times (S, T) \to (S, T)$.
(2) *Der Antiautomorphismus* (1.1A.5) *ist eine steige Abbildung* I: $(S, T) \to (S, T)$.

B-1.2.1:   Die *kontinuierliche Translationsgruppe* mit der üblichen Topologie $T = (\mathbf{R}, +, T_U)$: $I^{-1}[\{x: a < x < b\}] = \{x: -b < x < -a\}$. Bezüglich M siehe Bild 1.2.

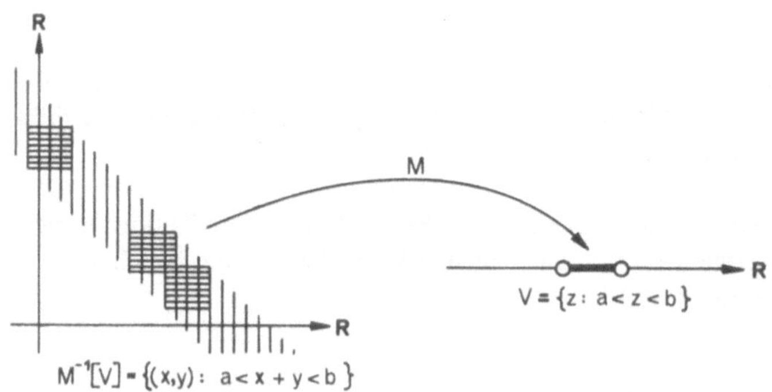

Bild 1.2. Stetigkeit des Multiplikationsgesetzes für die Translationsgruppe *T*

A-1.2.1:   Man zeige, daß auch $^{(L)}T = (\mathbf{R}, +, T_{U(L)})$ topologische Gruppe ist. Hinweis: Man setze in Bild 1.2 die offenen Mengen periodisch fort.

B-1.2.2:   *Die Gruppen* $U(n), O(n), SU(n), SO(n)$ sind topologische Gruppen, wenn die Menge der ihnen zugeordneten Matrizen als Unterraum von $(S_{M(n,C)}, T_{M(n,C)})$ (B-1.1.20) aufgefaßt wird [Ref. 2]. Für diese Gruppen wird *im folgenden immer diese Topologie* betrachtet.

A-1.2.2:   Man zeige, daß mit $T = T_D$ oder $T = T_I$ jede Gruppe (S, M) zu einer topologischen Gruppe (S, M, T) wird. Hinweis: A-1.1.13, 18.

A-1.2.3:   Man zeige, daß für eine topologische Gruppe die Abbildungen $f(x) = xy$ und $g(x) = zx$ stetig sind. Hinweis: Man fasse $\{(x,y): x \in G\}$ als Unterraum von $G \times G$ auf, benütze die Stetigkeit von M und den Homeomorphismus $x \leftrightarrow (x,y)$.

Wenn wir im folgenden für zwei topologische Gruppen $G_1 \leftrightarrow G_2$ schreiben, wird dies stets bedeuten, daß G_1 und G_2 *isomorph* und *homeomorph* sind.

B-1.2.3: $U(1) \leftrightarrow SO(2)$. Denn mit $-\pi < \alpha \leqslant \pi$ ist $e^{-i\alpha} = D(\alpha) \leftrightarrow (\alpha) \in U(1)$, $\cos\alpha = D_{11}(\alpha) = D_{22}(\alpha)$, $\sin\alpha = D_{12}(\alpha) = -D_{21}(\alpha)$, $D(\alpha) \leftrightarrow (\alpha) \in SO(2)$. Bezüglich der Topologie siehe: B-1.1.24, A-1.1.14.

Ebenso werden wir wenn wir im folgenden von einer *Untergruppe einer topologischen Gruppe* reden und $G' \subset G$ schreiben, stets meinen, daß *G' zugleich auch Unterraum* des topologischen Raums G ist.

B-1.2.4:   *Jede diskrete Translationsgruppe* $^{d(c)}T = (c\mathbf{Z}, +, T_D)$, *ist Untergruppe der kontinuierlichen Translationsgruppe* $T = (\mathbf{R}, +, T_U)$.

A-1.2.4: $^{d(c)}T = (c\mathbf{Z}, +, T_D) \not\subset {}^{(nc)}T = (\mathbf{R}, +, T_{U(nc)})$, $n \in \mathbf{N}$. Warum?

A-1.2.5: $U(n) \supset SU(n)$, $U(n) \supset O(n) \supset SO(n)$. Warum? Hinweis: B-1.1.3, 4, 12; B-1.2.2.

Nicht-leere offene Mengen, deren Durchschnitte leer sind, deren Vereinigung G ergibt und die nicht weiter in derartige Mengen zerlegt werden können, heißen *Komponenten von G*. Von besonderem Interesse ist die *e-Komponenten,* die e enthält, *Untergruppe* ist und *von jeder offenen Umgebung von* e($e \in V$, $V \in T$) im Sinne der Komplexmultiplikation *erzeugt* wird [Ref. 3].

A-1.2.6:   Wie sehen die e-Komponenten der Gruppen (S, M, T_I) und (S, M, T_D) aus?

B-1.2.5:   *Die e-Komponente von $O(n)$ ist $SO(n)$* [Ref. 4].

Eine topologische Gruppe heißt *zusammenhängend,* wenn sie mit ihrer e-Komponente übereinstimmt.

B-1.2.6:   *Die Gruppen T, $^{(l.)}T$, $U(n)$, $SU(n)$ und $SO(n)$ sind zusammenhängend* [Ref. 5].

1.3. Kompakte Gruppen

Ist *jede* (!) *Überdeckung* einer (nicht unbedingt offenen) Menge $S' \subset S$ *durch eine Klasse offener Mengen* durch Weglassen von offenen Mengen *zu einer Überdeckung mit endlich vielen reduzierbar,* dann heißt S' *kompakte Menge. Jedes stetige Abbild* einer solchen Menge *ist ebenfalls kompakt.*

B-1.3.1: $\mathbf{R}' \subset \mathbf{R}$ ist genau dann kompakt, wenn $\mathbf{R}'$ abgeschlossen und beschränkt („es gibt a, b $\in \mathbf{R}'$, so daß a $\leqslant$ x $\leqslant$ b für alle x") ist (Heine-Borel-Lebesque-Theorem).

Ist S kompakt, dann ist $G = (S, M, T)$ eine *kompakte Gruppe.*

A-1.3.1:   *Endliche Gruppen sind immer kompakt.* Warum?

B-1.3.2:   *Die Gruppe U(n) ist kompakt.* Denn mit der üblichen Topologie (s. B-1.1.20) ist $U(n)$ stetiges Abbild einer abgeschlossenen Teilmenge der $2n^2$-dimensionalen Einheitskugel; eine solche ist aber in $\mathbf{R}^{2n^2}$ kompakt (vgl. B-1.1.23, 24, B-1.3.1).

Jede Gruppe ist kompakt, wenn die Topologie grob genug gewählt wird.

A-1.3.2:   Alle Gruppen (S, M, T_I) sind kompakt, die Gruppen (S, M, T_D) nur, wenn S endlich ist. Warum?

B-1.3.3:   Die kontinuierliche Translationsgruppe $(\mathbf{R}, +, T)$ ist für $T = T_I, T_{U(L)}$ kompakt, nicht aber für $T = T_U, T_D$.

Jede *Untergruppe einer kompakten Gruppe* ist *kompakt.*

A-1.3.3:   *Die Gruppen SU(n), O(n), SO(n) sind kompakt.* Warum? Hinweis: A-1.2.5.

1.4A. Endliche Gruppen

Für *endliche Gruppen* wird im folgenden stets die *diskrete Topologie* gewählt. Man kann sich bei weiteren Überlegungen dann auf den algebraischen Teil des Problems beschränken. Daß endliche Gruppen überhaupt als topologische Gruppen angesehen werden, geschieht nur, um Ähnlichkeiten mit kompakten kontinuierlichen Gruppen klarer formulieren zu können.

Für endliche Gruppen kann das Multiplikationsgesetz in Form einer n-reihigen Matrix (*Gruppentafel*) angegeben werden. Werden die Zeilen mit e, x, y, ... und die Spalten mit $e^{-1}, x^{-1}, y^{-1}, \ldots$ indiziert, dann steht an der Stelle x, y^{-1} das Symbol $z = xy^{-1}$.

A-1.4.1:   Man stelle die Gruppentafel für $S_2 = C_2$ und $S_3 = D_3$ auf.

1.4B. Analytische Gruppen

Eine *analytische n-Parameter-Gruppe* ist eine *kontinuierliche, zusammenhängende topologische Gruppe,* die folgende Bedingungen erfüllt:

(1) *G besitzt einen offenen Komplex K, der* (als Unterraum aufgefaßt) *einem* (ebenfalls als Unterraum aufgefaßten) *zusammenhängenden* (d.h. nicht durch zwei elementfremde offene Mengen überdeckbaren) *offenen Bereich des* mit der üblichen Topologie versehenen (*Vektor-*)*Raumes* $\mathbf{R}^n$ *homeomorph ist.* Ein solcher Komplex wird als *Karte* bezeichnet. (Man beachte den Unterschied zur Umgangssprache: Eine Karte ist hier ein Teil des betrachteten Objekts und nicht sein „ebenes" Bild!)

A-1.4.2: Jede Karte enthält unendlich viele Elemente. Warum?

B-1.4.1: Die ganze Translationsgruppe $T = (\mathbf{R}, +, T_U)$ ist eine Karte, die offensichtlich zu $\mathbf{R}$ homeomorph ist.

B-1.4.2: Die Gruppe $U(1)$ ist einem Kreis homeomorph (s. B-1.2.3).
$K_\alpha = \{(\alpha): -\pi < \alpha < \pi\}$ ist eine *Karte*, die durch (unendlich viele) verschiedene Homeomorphismen h, h', ... in *offene Intervalle* $V \subset \mathbf{R}$ abgebildet werden kann: (a) $\xi = h(\alpha) = \alpha$, $V = \{\xi: -\pi < \xi < \pi\}$. (b) $\xi' = h'(\alpha) = \tan(\alpha/2)$, $V' = \mathbf{R}$ (stereographische Projektion).

B-1.4.3: *Die Gruppe SU(2)* ist K_4, der Oberfläche der 4-dimensionalen Einheitskugel, homeomorph (s. A-1.1.15). Wir identifizieren die Elemente von *SU(2)* mit den Punkten $\vec{X} = (X_4, X_3, X_2, X_1)$, $\vec{X}^2 = \sum_i X_i^2 = 1$, dieses abgeschlossenen

3-dimensionalen Unterraums von $\mathbf{R}^4$. Eine eineindeutige Zuordnung zwischen Punkten und 2-reihigen Matrizen $D^{1/2}(\vec{X})$ ist gegeben, wenn man in (1.1A.13)
(1.1A.13)

$$A = X_4 + iX_3, \quad B = X_2 + iX_1 \tag{1.4B.1}$$

setzt. Jede *Karte* ist ein zu einem *offenen Bereich* $V \subset \mathbf{R}^3$ homeomorpher Teil von K_4.

Bei der *stereographischen Projektion* wird jedes $\vec{X}$ von $\vec{Z} = (-1, 0, 0, 0)$ aus in den Unterraum $\{\vec{Y}: \vec{Y} \in \mathbf{R}^4, Y_4 = 0\}$ projiziert. Eliminiert man λ aus $\vec{X} - \vec{Z} = \lambda(\vec{Y} - \vec{Z})$, dann erhält man

$$\vec{Y} = (0, \vec{\xi}), \quad \vec{\xi} \in \mathbf{R}^3 \qquad\qquad \vec{X} \in K_{\vec{\xi}} = \{\vec{X}: \vec{X} \in \mathbf{R}^4, \vec{X}^2 = 1, X_4 \neq -1\}$$

$$\xi_j = X_j/(1 + X_4) \qquad\qquad X_j = 2\xi_j/(1 + \xi^2)$$

$$\xi^2 = \sum_j \xi_j^2 \qquad\qquad X_4 = (1 - \xi^2)/(1 + \xi^2). \tag{1.4B.2}$$

Die Karte $K_{\vec{\xi}}$ überdeckt die ganze Gruppe *SU(2)* mit Ausnahme des Elements, das dem Punkt $\vec{Z}$ (der negativen 1-Matrix) zugeordnet ist.

Eine fast ebenso umfassende Karte wie $K_{\vec{\xi}}$ stellt jene dar, die auf der Parametrisierung durch die *Euler-Winkel*

$$(\alpha, \beta, \gamma) = \omega \in V_\omega \iff -\pi < \alpha < \pi, 0 < \beta < \pi, -2\pi < \gamma < 2\pi \tag{1.4B.3}$$

beruht. Mit diesen Winkeln (aber nicht nur mit ihnen!) lassen sich in $\mathbf{R}^4$ Polarkoordinaten einführen

$$X_4 + iX_3 = X \cos\frac{\beta}{2} e^{-i(\alpha+\gamma)/2}, \quad X_2 + iX_1 = -X \sin\frac{\beta}{2} e^{-i(\alpha-\gamma)/2}$$

$$X^2 = X_1^2 + X_2^2 + X_3^2 + X_4^2 \tag{1.4B.4}$$

und die Matrizen $D^{1/2}(\vec{X})$ parametrisieren.

$$D^{1/2}(\vec{X}(\omega)) = D^{1/2}(\omega) = \begin{bmatrix} e^{-i\frac{\alpha}{2}}\cos\frac{\beta}{2}\,e^{-i\frac{\gamma}{2}} & -e^{-i\frac{\alpha}{2}}\sin\frac{\beta}{2}\,e^{i\frac{\gamma}{2}} \\[2mm] e^{i\frac{\alpha}{2}}\sin\frac{\beta}{2}\,e^{-i\frac{\gamma}{2}} & e^{i\frac{\alpha}{2}}\cos\frac{\beta}{2}\,e^{i\frac{\gamma}{2}} \end{bmatrix} \qquad (1.4\text{B}.5)$$

Die entsprechende Karte

$$K_\omega = \{\vec{X}: \vec{X}\in\mathbf{R}^4, \vec{X}^2 = 1, (X_4 + iX_3)(X_2 + iX_1) \neq 0\} \qquad (1.4\text{B}.6)$$

enthält im Gegensatz zur Karte $K_{\vec{\xi}}$ unendlich viele Elemente, darunter auch das 1-Element ($\vec{X} = \vec{E} = (1, 0, 0, 0)$), nicht. Es wird sich aber später (Abschnitt 2.5B) zeigen, daß die Menge der Elemente, die nicht in K_ω enthalten sind, „nicht ins Gewicht fällt".

Wie die Beispiele B-1.4.2,3 zeigen, ist es manchmal möglich, Karten zu finden, deren abgeschlossene Hülle mit der Gruppe übereinstimmt. Unter der abgeschlossenen Hülle $\overline{V}$ einer offenen Menge V versteht man dabei den Durchschnitt aller abgeschlossenen Mengen, die V enthalten (= „kleinste" abgeschlossene Menge, die V enthält). *Die Kenntnis einer einzigen Karte reicht* jedenfalls *immer aus, eine Überdeckung von G anzugeben.* Denn ist K_x eine Karte, die x enthält, dann ist, da die Zuordnung x ⟷ zx ein Homeomorphismus ist (s. A-1.2.3), $K_y = \{yx^{-1}\}\,K_x$ (Komplexmultiplikation!) eine Karte, die y enthält, und $\bigcup_y K_y = G$. Ist *G kompakt,* dann kann diese *Überdeckung durch unendlich viele* auf eine durch *endlich viele Karten* reduziert werden. Da jedoch jedes stetige Bild einer solchen Gruppe in $\mathbf{R}^n$ abgeschlossen ist, sind immer *mindestens zwei* Karten erforderlich.

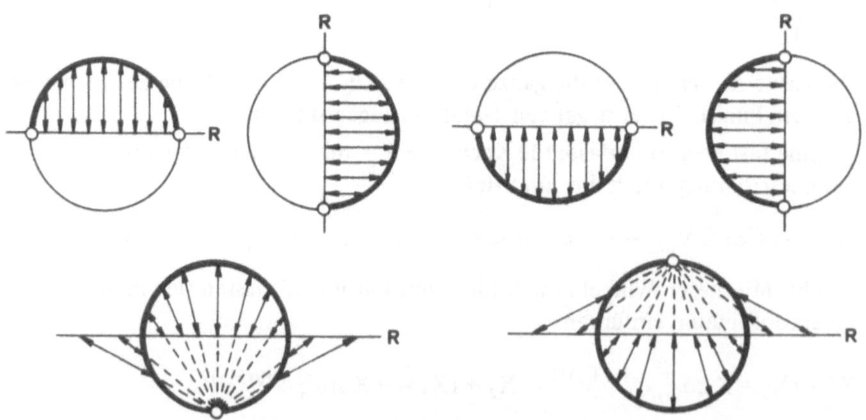

Bild 1.3. Überdeckungen von *U(1)*. Bei „Normalprojektion" sind vier, bei „stereographischer" zwei Karten erforderlich.

Die Komponenten des n-Tupels $\vec{\xi} = (\xi_1, \ldots, \xi_n) \in V$, das dem Element $x \in K$ zugeordnet ist, werden als *Koordinaten* des Gruppenelements x bezeichnet. Wie B-1.4.2 zeigt, sind die Koordinaten keineswegs durch die Angabe der Karte, sondern erst durch den Homeomorphismus H: $K \to V$ festgelegt. Zu einer gegebenen Karte K gibt es vielmehr *unendlich* viele homeomorphe Abbildungen H: $K \to V$, H': $K \to V'$, ... $(V, V', \ldots \subset \mathbf{R}^n)$ und daher ebenso *viele Möglichkeiten, die Elemente* von K *zu parametrisieren.* Nach dem vorher gesagten gilt außerdem: *Kein System von Koordinaten kann alle Elemente einer kompakten Gruppe erfassen.*

(2) *Sind K, K' zwei Karten und* $\vec{\xi} \in V$, $\xi' \in V'$ *Koordinaten ihrer Elemente, dann sind die Koordinaten* ξ_j *analytische Funktionen der Koordinaten* $\xi'_1, \ldots, \xi'_n$, *wenn man* $\vec{\xi}$ *auf die Bildmenge* $W(\subset V)$ *von* $K \cap K'$ *beschränkt.* (Eine Funktion f: $V \to \mathbf{R}$ ist in $V \subset \mathbf{R}^n$ *analytisch,* wenn es für jedes $\vec{\eta} \in V$ eine offene Umgebung gibt, in der $f(\vec{\xi})$ als (im üblichen Sinn) *konvergente Potenzreihe* in $(\xi_1 - \eta_1), \ldots, (\xi_n - \eta_n)$ dargestellt werden kann. Ein Vielfaches, die Summe und das Produkt von analytischen Funktionen sind ebenfalls analytisch).

A-1.4.3:   Man überzeuge sich, daß diese Bedingung für die in B-1.4.2,3 angegebenen Karten und Koordinaten erfüllt ist.

(3) *Sind K, K' zwei Karten, die durch den Antiautomorphismus I ineinander übergeführt werden* $(x \in K \Longleftrightarrow x^{-1} \in K')$, *und* $\vec{\xi} \in V$, $\vec{\xi'} \in V'$ *Koordinaten ihrer Elemente, dann sind die* ξ_j *analytische Funktionen von* $\xi'_1, \ldots, \xi'_n$.

B-1.4.4:   Die Karte von $SU(2)$, die die inversen Elemente der Karte (1.4B.6) enthält ist $K_{\omega'} = \{\vec{X}: \vec{X} \in \mathbf{R}^4, \vec{X}^2 = 1, (X_4 - iX_3)(X_2 + iX_1) \neq 0\}$. Ordnet man jedem $\vec{X} \in K_{\omega'}$ über zu (1.4B.4) analoge Gleichungen die Koordinaten $\omega' = (\gamma', \beta', \alpha')$ aus dem Bereich $V_{\omega'} = \{\omega': -2\pi < \gamma' < 2\pi, -\pi < \beta' < 0, -\pi < \alpha' < \pi\}$ zu, dann ist $\alpha = -\alpha', \beta = -\beta', \gamma = -\gamma'$. Wir schreiben dafür kurz

$$\omega^{-1} = (-\gamma, -\beta, -\alpha). \tag{1.4B.7}$$

A-1.4.4:   Man überzeuge sich, daß für die in B-1.4.2,3 erwähnten stereographischen Projektionen $K' = I[K] = K$ und $\xi'_j = -\xi_j$ ist.

(4) *Sind K, K', K'' drei Karten mit* $KK' \cap K'' \neq \emptyset$ *und* $\vec{\xi} \in V$, $\vec{\xi'} \in V'$, $\vec{\xi''} \in V''$ *Koordinaten ihrer Elemente, dann sind die Koordinaten* ξ''_j *analytische Funktionen der Koordinaten* $\xi_1, \ldots, \xi_n, \xi'_1, \ldots, \xi'_n$, *wenn man* $(\vec{\xi}, \vec{\xi'})$ *auf die Bildmenge* $W(\subset V \times V')$ von $K \times K' \cap M^{-1}[K'']$ beschränkt. $KK' \cap K''$ ist sicherlich $\neq \emptyset$, wenn man $K = K_e$ $(e \in K_e)$ und $K' = K'' \neq \emptyset$ setzt.

B-1.4.5:   Mit der Bezeichnung von B-1.4.2 (a) und $K_e = K' = K$ ist $W = W_{-1} \cup W_0 \cup W_{+1}$, $W_0 = \{(\xi, \xi'): -\pi < \xi, \xi', (\xi + \xi') < \pi\}$, $W_{\pm 1} = \{(\xi, \xi'): -\pi < \xi, \xi' < \pi;$ $\pm (\xi + \xi') > \pi\}$. In W_k ist $\xi'' = \xi + \xi' - k\pi$.

B-1.4.6:   *Infinitesimale Transformationen von SU(2).* Bezeichnungen wie in B-1.4.3, $K_e = K_{\vec{\xi}}, K' = K'' = K_\omega$. Hat $x \in K_{\vec{\xi}}$ die Koordinaten $\vec{\xi} = (\xi_1, \xi_2, \xi_3)$ und $y \in K_\omega$ die Koordinaten $\omega = (\alpha, \beta, \gamma)$, dann lassen sich die Koordinaten

$\omega' = (\alpha', \beta', \gamma')$ von $z = xy \in K_\omega$ aus der Matrixgleichung $D^{1/2}(\vec{X}(\omega')) =$
$= D^{1/2}(\vec{X}(\xi)) \, D^{1/2}(\vec{X}(\omega))$ berechnen. Wenn man für $\xi^2 \ll 1$ in diesen
Gleichungen nur jene Glieder berücksichtigt, die in ξ höchstens linear sind,
dann erhält man

$$\left.\begin{aligned}
\alpha' &= \alpha + 4\,(\xi_1 \cos\alpha + \xi_2 \sin\alpha)\cot\beta - 4\xi_3 \\
\beta' &= \beta + 4\,(\xi_1 \sin\alpha - \xi_2 \cos\alpha) \\
\gamma' &= \gamma - 4\,(\xi_1 \cos\alpha + \xi_2 \sin\alpha)/\sin\beta
\end{aligned}\right\} + 0(\xi^2). \qquad (1.4\text{B}.8)$$

Die Gruppen $U(n)$, $n \in \mathbf{N}$, *sind analytische Gruppen; dasselbe gilt auch für ihre*
(kontinuierlichen topologischen) *Untergruppen* $SU(n)$ *und* $SO(n)$ ($n > 1$) [Ref. 6]. Der
Vorteil dieser Eigenschaft liegt darin, daß sich das Multiplikationsgesetz dieser Gruppen
weitgehend mit den Methoden der Analysis erfassen läßt. Dies wird besonders deutlich,
wenn man zur Parametrisierung der Elemente aus K_e, einer Umgebung des 1-Elements,
kanonische Koordinaten (erster Art) verwendet, die (sich für jede solche Gruppe finden
lassen [Ref. 7, 9] und) folgende Bedingungen erfüllen: (1) $x = e \Longleftrightarrow \vec{\xi} = \vec{0}$. (2) Für jedes
$\vec{\xi} \in V$ und $|\beta| \ll 1$ ist $\beta\vec{\xi} = (\beta\xi_1, \dots, \beta\xi_n) \in V$. (3) $\beta\vec{\xi} \longleftrightarrow x_\beta \Longleftrightarrow -\beta\vec{\xi} \longleftrightarrow (x_\beta)^{-1}$.

A-1.4.5:   Die in B-1.4.2,3 durch stereographische Projektion gewonnenen Koordinaten
             sind kanonisch. Warum? Hinweis: A-1.4.4.

Die Elemente des Bereichs $K_e \times K_e \cap M^{-1}[K_e]$, der in mehrere offene Mengen J_i,
$J_i \cap J_k = \emptyset$ für $i \neq k$, zerfallen kann (s. etwa B-1.4.5), können durch Paare kanonischer
Koordinaten, d.h. durch Paare $(\vec{\xi}, \vec{\eta})$ parametrisiert werden. Für alle (x, y) aus dem
Teil J_0, der das Element (e, e) enthält, läßt sich dann das Multiplikationsgesetz als analytische Abbildung W_0 (= Bild von J_0) $\to V$ (= Bild von K_e) ausdrücken, d.h. genauer ge-
sagt, durch n analytische Funktionen $W_0 \to \mathbf{R}$.

$$\zeta_l = \xi_l + \eta_l + \frac{1}{2} \sum_{jk} \gamma_{jkl}\, \xi_j\, \eta_k + \dots. \qquad (1.4\text{B}.9)$$

Wegen $\eta_l = -\xi_l$ für $y = x^{-1}$ muß für die *Strukturkonstanten*

$$\gamma_{jkl} = -\gamma_{kjl} \qquad (1.4\text{B}.10)$$

gelten. Aus der Assoziativität von M folgt eine weitere Bedingung, nämlich

$$\sum_l (\gamma_{jkl}\,\gamma_{lmn} + \gamma_{kml}\,\gamma_{ljn} + \gamma_{mjl}\,\gamma_{lkn}) = 0. \qquad (1.4\text{B}.11)$$

B-1.4.7:   Die *Strukturkonstante von* $U(1)$ ist (s. B-1.4.5) $\gamma = 0$.

B-1.4.8:   *Alle Strukturkonstanten einer abelschen analytischen Gruppe verschwinden.*

B-1.4.9:   Für die kanonischen Koordinaten $\vec{\xi} \in \mathbf{R}^3$ der *Gruppe SU(2)* (s. B-1.4.3) er-
             hält man, indem man bei der Multiplikation der entsprechenden Matrizen

(s. (1.1A.13), (1.4B.1,2)) nur Terme von höchstens zweiter Ordnung berücksichtigt, die *Strukturkonstanten*

$$\gamma_{jkl} = -4\,\epsilon_{jkl}$$

$$\epsilon_{jkl} = \begin{cases} +1 & \text{für } jkl = 123, 231, 312 \\ -1 & \text{für } jkl = 321, 132, 213 \\ 0 & \text{sonst} \end{cases}$$

(1.4B.12)

Die Gruppenmultiplikation wird wegen (1.4B.9) in erster Näherung durch die Addition der Koordinaten beschrieben. Für alle $(\vec{\xi}, \vec{\eta}) \in W_0$ kann über

$$(\vec{\xi} + \vec{\eta})_l = \xi_l + \eta_l$$

(1.4B.13)

eine Abbildung $W_0 \to \mathbf{R}^n$ definiert werden. (Es ist für nicht-abelsche Gruppen ohne weiters möglich, daß $(\vec{\xi} + \vec{\eta}) \notin V$ ist, da diese Summe nur den ersten einer unendlichen Reihe von Schritten zur Berechnung von $\vec{\zeta}$ darstellt). Es ist naheliegend, V in den *Tangentialraum* $^{\mathbf{+}}\mathbf{R}^n$ einzubetten, indem man die Bedingung $(\vec{\xi}, \vec{\eta}) \in W_0 (\subset \mathbf{R}^n \times \mathbf{R}^n)$ durch $\vec{\xi}, \vec{\eta} \in \mathbf{R}^n$ abschwächt. (1.4B.13) ist dann die in $^{\mathbf{+}}\mathbf{R}^n$ definierte *Addition,* die wegen ihrer Kommutativität allerdings nicht ausreicht, für die Elemente (in der Nähe des 1-Elements) einer nicht-abelschen Gruppe das Multiplikationsgesetz richtig wiederzugeben. Definiert man durch

$$(\vec{\xi} \wedge \vec{\eta})_l = \sum_{jk} \gamma_{jkl}\, \xi_j\, \eta_k$$

(1.4B.14)

eine *Multiplikation,* die *weder kommutativ noch assoziativ* ist,

$$\vec{\xi} \wedge \vec{\eta} = -(\vec{\eta} \wedge \vec{\xi})$$
$$(\vec{\xi} \wedge \vec{\eta}) \wedge \vec{\zeta} + (\vec{\eta} \wedge \vec{\zeta}) \wedge \vec{\xi} + (\vec{\zeta} \wedge \vec{\xi}) \wedge \vec{\eta} = \vec{0}$$

(1.4B.15)

und mit der Addition durch die *distributiven Gesetze*

$$(\vec{\xi} + \vec{\eta}) \wedge \vec{\zeta} = \vec{\xi} \wedge \vec{\zeta} + \vec{\eta} \wedge \vec{\zeta}$$
$$\vec{\xi} \wedge (\vec{\eta} + \vec{\zeta}) = \vec{\xi} \wedge \vec{\eta} + \vec{\xi} \wedge \vec{\zeta}$$

(1.4B.16)

verbunden ist, so entsteht ein *Liescher Ring* $(\mathbf{R}^n, +, \wedge)$, in dem man offensichtlich unbegrenzt addieren und multiplizieren kann. Er ist geeignet, das Multiplikationsgesetz (1.4B.9) zumindest bis zu den linearen und gemischt quadratischen Gliedern wiederzugeben.

A-1.4.6: Man zeige, daß für *SU(2)* das Liesche Produkt $(-1/4)\,\vec{\xi} \wedge \vec{\eta}$ mit dem äußeren Produkt $\vec{\xi} \times \vec{\eta}$ der Vektoren $\vec{\xi}, \vec{\eta} \in {}^{\mathbf{+}}\mathbf{R}^3$ übereinstimmt. Hinweis: (1.4B.14,12).

A-1.4.7: Man zeige, daß das *Liesche Produkt* $\vec{\xi} \wedge \vec{\eta}$ der führende Term in der dem *Kommutator der Gruppenelemente* x *und* y

$$z = x^{-1} y^{-1} xy$$

(1.4B.17)

zugeordneten Reihe ist $(\vec{\zeta} = \vec{\xi} \wedge \vec{\eta} + \dots)$. Hinweis: (1.4B.9, 10, 14).

Mit der durch $(\alpha \vec{\xi})_j = \alpha \xi_j$ definierten *Multiplikation mit einer reellen Zahl* $\alpha \in \mathbf{R}$ kann der Fehler, der dadurch entsteht, daß man in (1.4B.9) die höheren Terme vernachlässigt, dadurch beliebig klein gehalten werden, daß man zu hinreichend kleinen Umgebungen des 1-Elements übergeht. Sie macht den Ring zugleich zu einem n-dimensionalen *Vektorraum,* der als *Liesche Algebra* $L(G)$ der analytischen Gruppe G bezeichnet wird.

Eine analytische Gruppe ist durch eine Liesche Algebra L (oder ihre Strukturkonstanten) weitgehend bestimmt. L legt das Multiplikationsgesetz nur „im Kleinen" eindeutig fest. Es läßt sich aber zeigen, daß jede analytische Gruppe, für die $L(G) = L$ ist, ein mehr oder weniger grobes Bild einer analytischen Gruppe darstellt, die als *universelle Überlagerungsgruppe* bezeichnet wird und *durch die Liesche Algebra L eindeutig bestimmt* ist [Ref. 11, 12].

B-1.4.10:   Die Gruppen $SU(2)$ und $SO(3)$ besitzen dieselbe Liesche Algebra (Strukturkonstanten s. (1.4B.12)); $SU(2)$ ist die *universelle Überlagerungsgruppe.*

Analytische Gruppen besitzen Untergruppen, die nicht unbedingt auch analytisch sind. Wir werden diese im folgenden aber immer besonders kennzeichnen. Jede kurz nur als Untergruppe bezeichnete *analytische Untergruppe* hat die Eigenschaft, daß ihre Liesche Algebra *Unteralgebra* von $L(G)$ ist, d.h. eine Liesche Algebra mit $n' \leqslant n$ linear unabhängigen Elementen [Ref. 13, 9]. Den Extremfall $(n' = 1)$ stellen jene *1-Parameter-Gruppen* dar, deren Lieschen Algebren aus den Vielfachen eines einzigen Elements $\vec{\xi} \in L(G)$ bestehen.

A-1.4.8:   Man zeige, daß die zur Unteralgebra $\{\vec{\xi}: \xi_1 = \xi_2 = 0\}$ gehörende Untergruppe von $SU(2)$ zur Gruppe $U(1)$ isomorph ist. Hinweis: (1.1A.14), (1.4B.1,2).

2. Gruppenalgebren

2.1. Das Mittelwertsfunktional

Neben algebraischen und topologischen benötigen wir eine dritte Gruppe von grundlegenden Begriffen. Sie entstammen der Integrationstheorie und ermöglichen uns, für jede kompakte Gruppe einen Hilbertraum und in diesem Scharen von Operatoren zu definieren, die für alle Anwendungen der Gruppentheorie von entscheidender Bedeutung sind.

Für jede auf einer kompakten Gruppe definierte reellwertige, stetige (und daher beschränkte) *Funktion* a: $G \to (\mathbf{R}, T_U)$ *existiert* nämlich *ein Mittelwert (Integral)*

$$M[a] = M_x\, a(x) = M_y\, a(y) = \dots , \qquad (2.1.1)$$

der im Sinn der Gleichungen

$$M[\alpha a + \beta b] = \alpha M[a] + \beta M[b]; \quad \alpha, \beta \in \mathbf{R} \qquad (2.1.2)$$

$$M[|a|] \geqslant 0, \quad M[a] = 0 \Longleftrightarrow a(x) = 0 \text{ für alle } x \in G \qquad (2.1.3)$$

$$M[1] = 1 \qquad (2.1.4)$$

$$M_x\, a(x) = M_x\, a(yxz) \text{ für alle } y, z \in G$$

$$M_x\, a(x) = M_x\, a(x^{-1}) \qquad (2.1.5)$$

linear, positiv definit, normiert, invariant und durch sie *eindeutig bestimmt* ist [Ref. 15].
Die beiden ersten Bedingungen sind genau das, was man von einem bestimmten Integral
her gewohnt ist. Die dritte würde, wenn es sich um ein gewöhnliches Integral handeln
würde, ausdrücken, daß der Integrationsbereich (= die Gruppe G) ein endliches Volumen
besitzt (während auch für gewisse nicht-kompakte Gruppen Mittelwerte existieren, die alle
anderen Bedingungen erfüllen, kann (2.1.4) nur für kompakte Gruppen erfüllt werden). Die
Bedeutung der vierten Bedingung veranschaulichen die folgenden Beispiele:

B-2.1.1:   Für die Gruppe $^{(L)}T = (\mathbf{R}, +, T_{U(L)})$ (s. A-1.2.1) ist $(x)^{-1} = (-x)$,
$(y)\,(x)\,(z) = (y + x + z)$, $a(x) = a(x + Ln)$ (s. A-1.1.17) und

$$M_x\,a(x) = \frac{1}{L} \int\limits_{x'}^{x'+L} dx\,a(x) = M_x\,a(-x) = M_x\,a(y + x + z). \tag{2.1.6}$$

B-2.1.2:   Die Elemente von $SU(2)$ wurden mit den Punkten der Kugeloberfläche
$K_4 = \{\vec{X} : \vec{X} \in \mathbf{R}^4, \vec{X}^2 = 1\}$ identifiziert (s. B-1.4.3). Ist $d\sigma$ das (3-dimensionale)
Oberflächenelement von K_4, dann ist

$$M[a] = \frac{1}{2\pi^2} \int\limits_{K_4} d\sigma\,a(\vec{X}) \tag{2.1.7}$$

Die Wirkung der Transformationen $\vec{X} \to \vec{Y}\vec{X}, \vec{X} \to \vec{X}\vec{Z}, \vec{X} \to \vec{X}^{-1}$ kann wegen
(1.1A.13), (1.4B.1) durch die Matrizen

$$\vec{Y}\vec{X} = \vec{X}' \iff \begin{bmatrix} Y_4 & -Y_3 & -Y_2 & -Y_1 \\ Y_3 & Y_4 & -Y_1 & Y_2 \\ Y_2 & Y_1 & Y_4 & -Y_3 \\ Y_1 & -Y_2 & Y_3 & Y_4 \end{bmatrix} \begin{bmatrix} X_4 \\ X_3 \\ X_2 \\ X_1 \end{bmatrix} = \begin{bmatrix} X_4' \\ X_3' \\ X_2' \\ X_1' \end{bmatrix}$$

$$\vec{X}\vec{Z} = \vec{X}'' \iff \begin{bmatrix} Z_4 & -Z_3 & -Z_2 & -Z_1 \\ Z_3 & Z_4 & Z_1 & -Z_2 \\ Z_2 & -Z_1 & Z_4 & Z_3 \\ Z_1 & Z_2 & -Z_3 & Z_4 \end{bmatrix} \begin{bmatrix} X_4 \\ X_3 \\ X_2 \\ X_1 \end{bmatrix} = \begin{bmatrix} X_4'' \\ X_3'' \\ X_2'' \\ X_1'' \end{bmatrix}$$

$$I(\vec{X}) = \vec{Y} \iff \begin{bmatrix} 1 & 0 & 0 & 0 \\ 0 & -1 & 0 & 0 \\ 0 & 0 & -1 & 0 \\ 0 & 0 & 0 & -1 \end{bmatrix} \begin{bmatrix} X_4 \\ X_3 \\ X_2 \\ X_1 \end{bmatrix} = \begin{bmatrix} Y_4 \\ Y_3 \\ Y_2 \\ Y_1 \end{bmatrix} \tag{2.1.8}$$

beschrieben werden, die als orthogonale Transformationen in $\mathbf{R}^4$ K_4 in sich
selbst überführen.

Die *Existenz* des Mittelwertes kann mit einer Konstruktion nachgewiesen werden, die
der Definition des Riemannschen Integrals als Grenzwert Riemannscher Summen ähnlich
ist [Ref. 16]. Seine *Eindeutigkeit* zeigt andererseits, daß das Funktional M von der speziellen Art der Konstruktion unabhängig ist. Jede andere Methode, selbst bloßes Raten,

wird daher zulässig sein, wenn für eine vorgegebene kompakte Gruppe ein expliziter Ausdruck gesucht wird.

A-2.1.1:   Man versuche das Funktional M für die Gruppe $U(1)$ zu erraten.

Das *Mittelwertsfunktional* kann von den stetigen *auf alle reellwertigen Funktionen ausgedehnt* werden, wenn M ebenso wie diese Funktionen auch die Werte $\pm\infty$ annehmen kann. Der *Mittelwert einer beliebigen komplexwertigen Funktion* ist dann durch

$$M[a + ib] = M[a] + iM[b] \qquad (2.1.9)$$

erklärt. Die *integrierbaren* Funktionen, d.h. die, für die $M[|a|] < \infty$ ist, bilden einen *linearen Raum*, der als Unterraum den *der stetigen Funktionen* enthält. Nimmt man zu diesen noch *alle integrierbaren Funktionen* $b (= \lim_{n\to\infty} a_n)$ hinzu, *die durch Folgen von stetigen Funktionen* a_n so angenähert *(definiert) werden können,* daß für $n \to \infty$ [n, m (von einander unabhängig) $\to \infty$] $M[|b - a_n|] \to 0$ [$M[|a_n - a_m|] \to 0$] geht, dann erhält man den *Raum* $L^1(G)$, dessen Elemente *summierbare Funktionen* heißen.

Zu den summierbaren Funktionen gehört u.a. auch jede *charakteristische Funktion*

$$c_K(y) = \left\{ \begin{matrix} 1 \\ 0 \end{matrix} \right\} \quad \text{für } y \left\{ \begin{matrix} \in \\ \notin \end{matrix} \right\} K \qquad (2.1.10)$$

eines offenen oder abgeschlossenen Komplexes K [Ref. 17]. Damit ist es möglich, jedem solchen Komplex das *Maß*

$$0 \leqslant \mu(K) = M[c_K] \leqslant 1 \qquad (2.1.11)$$

zuzuordnen.

A-2.1.2:   Man zeige, daß die Folge $\{C_n : n \in N\}$ der auf einer kontinuierlichen Gruppe definierten *normierten charakteristischen Funktionen*

$$C_n(y) = \frac{1}{\mu(K_n)} c_{K_n}(y); \quad K_{n+1} \subset K_n; \quad 0 < \mu(K_{n+1}) < \mu(K_n) \qquad (2.1.12)$$

keine summierbare Funktion definiert. Hinweis:

$$|C_{n+m}(y) - C_n(y)| = C_n(y) + C_{n+m}(y) - 2 c_{K_{n+m}}(y)/\mu(K_n)$$

2.2. Der Hilbertraum $L^2(G)$

Der Raum $L^1(G)$ enthält den Unterraum

$$L^2(G) = \{f : f, |f|^2 \in L^1(G)\}, \qquad (2.2.1)$$

dessen Elemente als *quadratisch integrierbare Funktionen* bezeichnet werden [Ref. 18].

A-2.2.1:   *Alle stetigen Funktionen sind quadratisch integrierbar;* ebenso jede der Funktionen (2.1.12). Warum?

Durch die Gleichungen

$$\| f \| = (M[|f|^2])^{1/2} \tag{2.2.2}$$

$$\langle f, g \rangle = M[f^*g] \tag{2.2.3}$$

wird jedem Element $f \in L^2(G)$ eine *Norm* und jedem Paar $f, g \in L^2(G)$ ein *Skalarprodukt* zugeordnet. Die beiden erfüllen die üblichen Bedingungen

$$\| f \| > 0 \Longleftrightarrow f \neq 0; \quad \| f \| = 0 \Longleftrightarrow f = 0$$

$$\| \gamma f \| = | \gamma | \| f \|; \quad \| f + g \| \leqslant \| f \| + \| g \| \tag{2.2.4}$$

$$\langle f, g \rangle = \langle g, f \rangle^*; \quad \langle \gamma f + \delta g, h \rangle = \gamma^* \langle f, h \rangle + \delta^* \langle g, h \rangle \tag{2.2.5}$$

und sind durch die Beziehungen

$$\| f \|^2 = \langle f, f \rangle, \quad | \langle f, g \rangle |^2 \leqslant \| f \| \, \| g \| \tag{2.2.6}$$

miteinander verknüpft. Da der *lineare Raum* $L^2(G)$ auch in dem Sinn *vollständig* ist, daß jede Folge $\{ f_n : f_n \in L^2(G), n \in \mathbf{N} \}$, für die $\| f_n - f_m \| \to 0$ geht, wenn n, m (von einander unabhängig) $\to \infty$ gehen, mit einem Element ($g = \lim_{n \to \infty} f_n$) von $L^2(G)$ identifiziert werden kann, ist $L^2(G)$ ein *komplexer Hilbertraum.*

Die *stetigen Funktionen* bilden eine *dichte Teilmenge* von $L^2(G)$, d.h. jedes $g \in L^2(G)$, das nicht selbst schon stetig ist, kann durch stetige Funktionen f_n so angenähert werden, daß $\| g - f_n \|$ beliebig klein ist [Ref. 19]. Ob $L^2(G)$ *separabel* ist, hängt also davon ab, ob der Unterraum der stetigen Funktionen eine *abzählbare Basis* besitzt. Da dies genau dann zutrifft, wenn der topologische Raum G eine abzählbare Basis besitzt [Ref. 21], ist

$$\dim L^2(G) = w(G). \tag{2.2.7}$$

B-2.2.1: $L^2(^{(L)}T)$ besitzt wegen B-1.1.25 eine abzählbare Basis. Wählt man die stetigen Funktionen D^k,

$$D^k(x) = e^{-ikx}, \quad k \in \frac{2\pi}{L} \, \mathbf{Z}, \tag{2.2.8}$$

als Basiselemente, so erkennt man, daß $L^2(^{(L)}T)$ alle Funktionen enthält, die durch *Fourierreihen* dargestellt werden können.

A-2.2.2: $G = (S, M, T_I) \Rightarrow \dim L^2(G) = 1$. Warum? Hinweis: B-1.1.25.

2.3. Die reguläre Darstellung

In $L^2(G)$ wird durch

$$[xf](y) = f(x^{-1}y) \tag{2.3.1}$$

jedem Gruppenelement $x \in G$ *ein unitärer Operator* x *zugeordnet.* Die Zuordnung $x \to x$, die G auf die Gruppe

$$U(G) = \{ x : x \in G \} \tag{2.3.2}$$

abbildet, heißt *reguläre Darstellung* von G.

A-2.3.1:   Man zeige, daß die Operatoren $x \in U(G)$ unitär sind. Hinweis: (2.2.5), (2.1.5).

A-2.3.2:   Man zeige, daß $U(G)$ eine Gruppe ist.

Die reguläre Darstellung ist *treu*, wenn die Gruppen G und $U(G)$ (im rein algebraischen Sinn) *isomorph* sind. Dies trifft nur dann zu, wenn es für Elemente $x_1 \neq x_2$ ($x_2^{-1} x_1 = x \neq e$) ein $f \in L^2(G)$ gibt, so daß $f(x_1^{-1} y) \neq f(x_2^{-1} y)$ ($f(y') \neq f(xy')$) ist. Dies ist sicher dann der Fall, wenn es zu jedem $x \neq e$ einen offenen Komplex K_e, $e \in K_e$, gibt, so daß $K_e \cap K_x = \emptyset$ ist, wenn $K_x = \{x\} K_e$ ($x \in K_x$) ist. Denn für $c_{K_e} \in L^2(G)$ ist dann $c_{K_e}(e) = 1$, $c_{K_e}(x) = 0$. G ist in diesem Fall eine *Hausdorffsche Gruppe*.

A-2.3.3:   *Jede Untergruppe einer Hausdorffschen Gruppe ist eine ebensolche Gruppe.*
             Warum? Hinweis: $K_e' = K_e \cap G'$, $G' \subset G$.

B-2.3.1:   *Die Gruppen T (B-1.2.1) und $U(n)$ (B-1.2.2) (und alle ihre Untergruppen)*
             sind Hausdorffsche Gruppen.

B-2.3.2: $^{(L)}T$ ist keine Hausdorffsche Gruppe, da jedes offene Intervall mit 0 auch alle
             Elemente Lg, $g \in \mathbf{Z}$, enthält. Für jede Funktion $f \in L^2(^{(L)}T)$ ist $[xf](y) =$
             $= f(y - x) = f(y - x - Lg) = [(x + Lg)] f(y)$.

Ein *algebraischer Isomorphismus* kann *zu einem topologischen erweitert* werden, wenn man als offene Mengen von $U(G)$ die Bilder der offenen Komplexe $K \subset G$ wählt. Die so auf $U(G)$ induzierte Topologie kann aber auch anders charakterisiert werden, da jeder unitäre Operator beschränkt ist. (Ein Operator q ist *beschränkt*, wenn es ein $N(q) \in \mathbf{R}$ gibt, so daß $\|qf\| \leqslant N(q)\|f\|$ für alle $f \in L^2(G)$ ist.) Für $B(G)$, die *Menge der beschränkten Operatoren* von $L^2(G)$, können durch die Angabe von Basen verschiedene Topologien definiert werden. Bei der (*schwachen Operator-*) *Topologie* T_W ist eine typische Basismenge der Durchschnitt von endlich vielen Mengen der Form

$$W_{f,g;\gamma,\gamma'} = \{q : {\textstyle{\mathrm{Re} \atop \mathrm{Im}}}\, \gamma < {\textstyle{\mathrm{Re} \atop \mathrm{Im}}}\, \varphi_{f,g}(q) < {\textstyle{\mathrm{Re} \atop \mathrm{Im}}}\, \gamma'; \quad q \in B(G); \quad \gamma, \gamma' \in \mathbf{C}\}$$

$$\varphi_{f,g}(q) = \langle f, qg \rangle; \quad f, g \in L^2(G). \tag{2.3.3}$$

T_W ist die *gröbste Topologie, für die alle Funktionen* $\varphi_{f,g}: (B(G), T_W) \rightarrow (\mathbf{C}, T_{U^2})$ *stetig* sind. $U(G)$ *ist als Unterraum von* $(B(G), T_W)$ *zu G homeomorph, wenn $U(G)$ und G algebraisch isomorph* sind [Ref. 22].

Ist dim $L^2(G)$ endlich oder abzählbar, dann kann durch die Wahl einer Basis jedem unitären Operator y (und damit jedem Gruppenelement y) eine *unitäre Matrix* $D^{reg}(y)$ zugeordnet werden. Mit der üblichen Matrixmultiplikation und einer geeignet gewählten Topologie stellt die Menge $\{D^{reg}(y): y \in G\}$ eine zu G isomorphe Gruppe dar, die als *reguläre Matrixdarstellung von G* bezeichnet wird.

2.4. Die Gruppenalgebra $A(G)$

Jeder Funktion $a \in L^2(G)$ kann durch

$$[af](y) = a * f(y) = M_x\, a(x) f(x^{-1} y) \tag{2.4.1}$$

ein *linearer Operator* a zugeordnet werden, der wegen

$$\|af\| \leqslant \|a\| \, \|f\| \tag{2.4.2}$$

beschränkt ist.

A-2.4.1:   Man beweise Gl. (2.4.2). Hinweis: $f(x^{-1}y) = g(y^{-1}x) = [yf](x)$, (2.2.6), (2.1.4).

Eine zu (2.4.1) gleichwertige Definition ist

$$\langle f, \mathbf{a}g \rangle = M_x \, a(x) \, \langle f, xg \rangle \quad \text{für alle } f, g \in L^2(G). \tag{2.4.3}$$

Wir verwenden im folgenden für Gleichungen der Art (2.4.3) die Kurzschreibweise

$$\mathbf{a} = M_x \, a(x) \, x \tag{2.4.4}$$

und bezeichnen die Menge der so definierten Operatoren mit

$$A(G) = \{\mathbf{a}: a \in L^2(G)\}. \tag{2.4.5}$$

A-2.4.2:   Man beweise die Gleichung

$$\mathbf{a} \in A(G) \Rightarrow \mathbf{xaz} \in A(G) \text{ für alle } x, z \in G. \tag{2.4.6}$$

Hinweis: (2.4.3), (2.1.5), $a'(y) = a(x^{-1}yz^{-1})$, (2.2.2).

$A(G)$ ist ein *linearer Raum,* wenn das Vielfache und die Summe auf die übliche Art definiert werden.

$$\alpha \mathbf{a} + \beta \mathbf{b} = M_y \, (\alpha a(y) + \beta b(y)) \, y \tag{2.4.7}$$

Mit der Definition

$$\langle \mathbf{a}, \mathbf{b} \rangle = \langle a, b \rangle \tag{2.4.8}$$

wird $A(G)$ ein *zu* $L^2(G)$ *isomorpher Hilbertraum.*

A-2.4.3:   Man zeige, daß die Zuordnung $\mathbf{a} \leftrightarrow a$ eineindeutig ist ($\mathbf{a} = \mathbf{b} \Longleftrightarrow a = b$).
Hinweis: (2.4.7), (2.2.4), $\|d\| = 0 \Rightarrow d = 0$.

$A(G)$ kann andererseits auch zu einem *Ring* gemacht werden, in dem man nicht nur addieren, sondern auch unbeschränkt multiplizieren kann, wenn man das (assoziative, i.a. nichtkommutative) *Produkt* $\mathbf{ab}$ durch die sukzessive Wirkung der beiden Operatoren („erst b, dann a") erklärt. Wegen (2.4.1) und A-2.4.3 ist

$$\mathbf{ab} = \mathbf{c} \Longleftrightarrow c(x) = a * b \, (x). \tag{2.4.9}$$

Die durch (2.4.1) definierte Funktion $a * b$ wird als *Faltung* der Funktionen a und b bezeichnet.

A-2.4.4:   Wenn G *abelsch* ist, ist das *Produkt* (die *Faltung*) *kommutativ.* Warum?
Hinweis: (1.1A.6), (2.4.1), (2.1.5).

Schließlich kann auch jedem $\mathbf{a} \in A(G)$ ein *adjungiertes Element* zugeordnet werden, das durch

$$\mathbf{a}^{+} = M_{\mathbf{x}}\, a^{+}(\mathbf{x})\, \mathbf{x}, \quad a^{+}(\mathbf{x}) = a*(\mathbf{x}^{-1}) \tag{2.4.10}$$

definiert ist. Die Zuordnung $\mathbf{a} \to \mathbf{a}^{+}$ stellt wegen

$$(\alpha\mathbf{a} + \beta\mathbf{b})^{+} = \alpha*\mathbf{a}^{+} + \beta*\mathbf{b}^{+}, \quad (\mathbf{ab})^{+} = \mathbf{b}^{+}\mathbf{a}^{+}$$

$$\langle \mathbf{a}^{+}, \mathbf{b}^{+} \rangle = \langle \mathbf{a}, \mathbf{b} \rangle* \tag{2.4.11}$$

einen *Antiautomorphismus* des Hilbertrings $A(G)$ dar.

A-2.4.5:   Man zeige, daß (2.4.10) der üblichen Definition des adjungierten Operators entspricht.

A-2.4.6:   Man zeige, daß zwischen dem Produkt (2.4.9) und dem Skalarprodukt (2.4.8) folgende Beziehung besteht:

$$\langle \mathbf{a}, \mathbf{b} \rangle = \mathbf{a}^{+} * b(e). \tag{2.4.12}$$

Der durch die Gln. (2.4.7–10) definierte *symmetrische* $(A^{+}(G) = A(G))$ *Hilbertring* wird im folgenden als die *Gruppenalgebra von G* bezeichnet.

Eine Teilmenge $A'(G)$ von $A(G)$ heißt *Unteralgebra* $(A'(G) \subseteq A(G))$, wenn mit $\mathbf{a}, \mathbf{b} \in A'(G)$ und $\alpha \in \mathbf{C}$ auch die Elemente $\mathbf{a} + \mathbf{b}, \mathbf{ab}, \alpha\mathbf{a}$ zu $A'(G)$ gehören und $A'(G)$ ein (im Sinne der Norm (2.2.2) vollständiger) Unterraum des Hilbertraums $A(G)$ ist.

Für jedes $\mathbf{x} \in U(G)$ *gibt es Elemente* $\mathbf{x}_n \in A(G)$, *die* $\mathbf{x}$ im Sinne der Norm (2.2.2) *beliebig gut annähern* $(\|(\mathbf{x} - \mathbf{x}_n)\, f\| \to 0$ für alle f und $n \to \infty)$. Beispiele solcher Elemente sind jene, die den (unstetigen) Funktionen (2.1.12) zugeordnet sind, wenn die Komplexe so gewählt werden, daß für alle n $\mathbf{x} \in K_n$ ist.

B-2.4.1:   Für die auf $^{(L)}T$ definierten stetigen Funktionen ist (s. B-2.1.1) nach dem Mittelwertsatz der Integralrechnung $[\mathbf{x}_n f](y) = f(y - \mathbf{x}'), \mathbf{x}' \in [\mathbf{x} - 1/n, \mathbf{x} + 1/n]$, wenn für $z + Lg \in (\mathbf{x} - 1/n, \mathbf{x} + 1/n), g \in \mathbf{Z}, x_n(z) = n/2$ und ansonsten $x_n(z) = 0$ ist.

Aus (2.4.3) folgt, daß man die Matrix $B^{reg}(\mathbf{a})$, die die Wirkung des Operators $\mathbf{a}$ auf eine Basis von $L^2(G)$ wiedergibt (*reguläre Matrixdarstellung von* $A(G)$), mittels

$$B^{reg}(\mathbf{a}) = M_{\mathbf{x}}\, a(\mathbf{x})\, D^{reg}(\mathbf{x}) \tag{2.4.13}$$

aus der entsprechenden regulären Matrixdarstellung von G erhält.

2.5A. Gruppenalgebren endlicher Gruppen

Für endliche Gruppen (mit diskreter Topologie) ist der *Mittelwert* durch

$$M[\mathbf{a}] = \frac{1}{|G|} \sum_{\mathbf{x}} a(\mathbf{x}) \tag{2.5A.1}$$

gegeben.

A-2.5.1:   Man überzeuge sich, daß dieses Funktional die Gln. (2.1.2−5) erfüllt.

Alle auf einer endlichen Gruppe definierten Funktionen sind stetig (s. A-1.1.18) *und quadratisch integrierbar.* Die Funktionen c_x,

$$c_x(y) = \delta_{x,y}, \qquad (2.5A.2)$$

bilden eine *orthogonale* und auf $|G|^{1/2}$ normierte *Basis* von $L^2(G)$. Für die zugehörige *reguläre Permutationsdarstellung* gilt

$$D_{xy}^{perm}(z) = \delta_{z,xy^{-1}} \qquad (2.5A.3)$$

$$D^{perm}(x)\,D^{perm}(y) = D^{perm}(z) \Longleftrightarrow xy = z. \qquad (2.5A.4)$$

$D^{perm}(z)$ ist eine *Permutationsmatrix* (= eine Matrix, die in jeder Reihe einmal 1 und sonst lauter Nullen enthält), die aus der Gruppentafel einfach dadurch gewonnen werden kann, daß z durch 1 und alle Elemente $x \neq z$ durch 0 ersetzt werden.

A-2.5.2:   Man beweise die letzte Behauptung und bestimme die Matrizen (2.5A.3) für S_2 und S_3. Hinweis: A-1.4.1.

A-2.5.3:   Aus (2.5A.4) folgt, daß die *reguläre Darstellung einer endlichen Gruppe treu* ist. Man begründe dies indem man zeigt, daß jede Gruppe mit diskreter Topologie eine Hausdorffsche Gruppe ist.

Da die Funktionen (2.5A.2) die charakteristischen Funktionen der Elementmengen $\{x\}$ sind, kann *jeder unitäre Operator* x in $A(G)$ nicht nur angenähert werden, sondern *ist selbst Element von $A(G)$*.

$$U(G) \subset A(G) \qquad (2.5A.5)$$

Die Gruppenalgebra $A(G)$ kann daher, da diese Elemente eine Basis von $A(G)$ bilden, *mit dem komplexen Vektorraum identifiziert werden, der von den $|G|$ Gruppenelementen aufgespannt wird, und das Produkt zweier Elemente mit Hilfe des distributiven Gesetzes und des Multiplikationsgesetzes von G definiert werden.*

$$a = \frac{1}{|G|} \sum_x a(x)\,x \qquad (2.5A.6)$$

$$ab = c \Longleftrightarrow c(x) = \frac{1}{|G|} \sum_y a(y)\,b(y^{-1}x) \qquad (2.5A.7)$$

A-2.5.4:   Man definiere die Gruppenalgebra über ihre reguläre Matrixdarstellung. Hinweis: (2.5A.3), (2.4.13), (2.5A.1).

Der Antiautomorphismus $a \rightarrow a^+$ von $A(G)$ beinhaltet den von G (I, s. Gln. (1.1A.4−5)), da für alle $x \in U(G)$

$$x^+ = x^{-1} \qquad (2.5A.8)$$

ist.

2.5B. Gruppenalgebren analytischer Gruppen

Um die Diskussion zu vereinfachen, wollen wir von nun an nur analytische Gruppen betrachten, die eine Karte $K_{\vec{\eta}}$ mit der Eigenschaft

$$\mu(K_{\vec{\eta}}) = \mu(G) = 1 \tag{2.5B.1}$$

besitzen. Die dazugehörigen Koordinaten $\vec{\eta} \in V_{\vec{\eta}}$ bezeichnen wir daher als *globale Koordinaten*.

B-2.5.1:   Für die Karten $K_\alpha \subset U(1)$ (s. B-1.4.2) und $K_{\vec{\xi}}, K_\omega \subset SU(2)$ (s. B-1.4.3) ist (2.5B.1) erfüllt.

Gl. (2.5B.1) legt nahe, für das *Mittelwertsfunktional* den *Ansatz*

$$M[a] = \int\limits_{V_{\vec{\eta}}} d^n\eta\, \rho(\vec{\eta})\, a(\vec{\eta}) \tag{2.5B.2}$$

zu machen, wobei das Integral im Riemannschen Sinn verstanden werden kann, wenn die durch $a(\vec{\eta}) = a(y(\vec{\eta}))$ definierte Funktion im üblichen Sinne stetig ist. Die *Gewichtsfunktion* $\rho(\vec{\eta})$ ist *durch die Invarianz des Mittelwerts bis auf einen Proportionalitätsfaktor bestimmt*. Denn nach Gl. (2.1.5) kann man $a(y)$ durch $a(z)$, $z = x^{-1}y$, und daher $a(\vec{\eta})$ durch $a(\vec{\eta}'')$, $\vec{\eta}'' = $ Koordinate von z, ersetzen, ohne daß sich der Mittelwert ändert.

$$\int\limits_{V_{\vec{\eta}}} d^n\eta\, \rho(\vec{\eta})\, a(\vec{\eta}) = \int\limits_{V_{\vec{\eta}}} d^n\eta\, \rho(\vec{\eta})\, a(\vec{\eta}'') \tag{2.5B.3}$$

Wählt man als $a(z)$ eine stetige Funktion, die im äußeren einer kleinen Umgebung von $y_0(\leftrightarrow \vec{\eta}_0)$ verschwindet, dann verschwindet $a(y)$ nur in der Nähe von $xy_0(\leftrightarrow \vec{\eta}_0')$ nicht. Daraus folgt $(\vec{\eta}_0 \to \vec{\eta}, \vec{\eta}_0' \to \vec{\eta}')$

$$d^n\eta'\, \rho(\vec{\eta}') = d^n\eta\, \rho(\vec{\eta}). \tag{2.5B.4}$$

Andererseits existieren für $\vec{\eta}'$ und die Funktionaldeterminante $|d\vec{\eta}'/d\vec{\eta}|$, wenn x Element von K_e, einer hinreichend kleinen Umgebung von e, ist und kanonische Parameter $\vec{\xi} \in V_{\vec{\xi}}$ besitzt, die Potenzreihenentwicklungen (s. Abschnitt 1.5B, Bedingung (2))

$$\eta_j' = \eta_j + \sum_k \emptyset_{jk}(\vec{\eta})\,\xi_k + 0(\vec{\xi}^2)$$

$$\vec{\eta}' = \vec{\eta} + \emptyset(\vec{\eta}) \cdot \vec{\xi} + 0(\vec{\xi}^2) \tag{2.5B.5}$$

$$|d\vec{\eta}'/d\vec{\eta}| = 1 + \frac{\partial}{\partial\vec{\eta}} \cdot \emptyset(\vec{\eta}) \cdot \vec{\xi} + 0(\vec{\xi}^2). \tag{2.5B.6}$$

Ist $\rho(\vec{\eta})$ in $V_{\vec{\eta}}$ stetig differenzierbar, so gilt außerdem

$$\rho(\vec{\eta}') = \rho(\vec{\eta}) + \left(\frac{\partial}{\partial\vec{\eta}}\, \rho(\vec{\eta})\right) \cdot \emptyset(\vec{\eta}) \cdot \vec{\xi} + 0(\vec{\xi}^2). \tag{2.5B.7}$$

Da (2.5B.4–7) für alle $x \in K_e$ gilt, muß $\rho(\vec{\eta})$ die n Differentialgleichungen

$$\frac{\partial}{\partial \vec{\eta}} \cdot (\rho(\vec{\eta})\,\emptyset(\vec{\eta})) = 0 \qquad\qquad (2.5B.8)$$

erfüllen. Den *Proportionalitätsfaktor,* um den sich die gesuchte Gewichtsfunktion von jeder anderen Lösung von (2.5B.8) unterscheidet, *legt die Normierung des Mittelwerts* (Gl. (2.1.4)) *fest.*

B-2.5.2:   Für $K_\omega \subset SU(2)$ (s. B-1.4.3) ist $\dfrac{\partial}{\partial \vec{\eta}} = \left(\dfrac{\partial}{\partial \alpha}, \dfrac{\partial}{\partial \beta}, \dfrac{\partial}{\partial \gamma} \right)$ und (s. B-1.4.6)

$$\emptyset(\omega) = 4 \begin{bmatrix} \cos\alpha \cot\beta & \sin\alpha \cot\beta & -1 \\[2mm] \sin\alpha & -\cos\alpha & 0 \\[2mm] -\dfrac{\cos\alpha}{\sin\beta} & -\dfrac{\sin\alpha}{\cos\beta} & 0 \end{bmatrix} \qquad\qquad (2.5B.9)$$

$$\frac{\partial\rho}{\partial\alpha} = \frac{\partial\rho}{\partial\gamma} = 0, \quad \frac{\partial\rho}{\partial\beta} = \rho \cot\beta$$

$$\rho(\omega) = \frac{1}{16\pi^2} \sin\beta. \qquad\qquad (2.5B.10)$$

A-2.5.5:   Aus (2.5B.10) und (2.1.7) folgt für das Oberflächenelement von K_4: $d\sigma =$
$= \frac{1}{8}\,\rho(\omega)\,d\omega$. Man überprüfe dieses Ergebnis dadurch, daß man das Volums-element $d^4X = dX_4 \dots dX_1$ in den Polarkoordinaten X, α, β, γ (Gl. (1.4B.4)) ausdrückt.

A-2.5.6:   Man bestimme $\rho(\alpha)$ für $K_\alpha \subset U(1)$, $\eta = \alpha$ (s. B-1.4.2(a)). Hinweis: B-1.4.5 $(k = 0, \xi' = \alpha, \xi'' = \alpha')$.

Unter den bisherigen Voraussetzungen kann $L^2(G)$ daher durch den *Raum* $L^2(G, \vec{\eta})$ ersetzt werden, dessen Elemente jene *komplexwertigen Funktionen von* $\vec{\eta} \in V_{\vec{\eta}}$ sind, die *bezüglich des Integrals* (2.5B.2) *quadratisch integrierbar* sind. Er hat die bemerkenswerte Eigenschaft, daß der *Unterraum der analytischen Funktionen* in dem der stetigen und da-mit *in* $L^2(G, \vec{\eta})$ *dicht* ist [Ref. 23]. Dies gestattet uns, für die weiteren Überlegungen stets analytische (und daher beliebig oft stetig differenzierbare) Funktionen heranzuziehen.

Die *reguläre Darstellung einer analytischen Gruppe ist treu* $(U(G)\leftrightarrow G)$, weil jede Karte einer Teilmenge von $\mathbf{R}^n$ homeomorph ist und dort zwei verschiedene Punkte stets in zwei offene Quader, die keinen Punkt gemein haben, eingebettet werden können.

Bezeichnen wir wieder mit $\vec{\xi} \in V$ die kanonischen Koordinaten von $x \in K_e(x^{-1} \leftrightarrow -\vec{\xi})$ und mit $\vec{\eta}, \vec{\eta}''$ die globalen Koordinaten von y, y'', dann gilt für

$$y'' = x^{-1}y: \ \vec{\eta}'' = \vec{\eta} - \emptyset(\vec{\eta}) \cdot \vec{\xi} + 0(\vec{\xi}^2). \qquad\qquad (2.5B.11)$$

Die *Wirkung eines unitären Operators* $x(\vec{\xi})$ auf eine analytische Funktion a,

$$[x(\vec{\xi})\,a](\vec{\eta}) = a(\vec{\eta}) - \left[\frac{\partial}{\partial\vec{\eta}}\,a \right](\vec{\eta}) \cdot \emptyset(\vec{\eta}) \cdot \vec{\xi} + 0(\vec{\xi}^2), \qquad\qquad (2.5B.12)$$

ist daher *in erster Näherung durch einen Differentialoperator gegeben.*

$$x(\vec{\xi}) = 1 + K(\vec{\xi}) + 0(\vec{\xi}^{2}) \quad (1 = e = x(\vec{0})) \tag{2.5B.13}$$

$$K(\vec{\xi}) = -i\,\vec{\xi}\cdot\vec{K} = -i\sum_{j}\xi_{j}\,K_{j} = -\vec{K}(-\vec{\xi}) \tag{2.5B.14}$$

$$\vec{K} = -i\,\emptyset^{T}(\vec{\eta})\cdot\frac{\partial}{\partial\vec{\eta}}, \quad \emptyset^{T}_{jk}(\vec{\eta}) = \emptyset_{kj}(\vec{\eta}) \tag{2.5B.15}$$

Die n in (2.5B.15) zusammengefaßten Differentialoperatoren K_{j} werden daher auch als die (infinitesimalen) *Erzeugenden* der regulären Darstellung bezeichnet. Für den einem Kommutator (s. (1.4B.17)) zugeordneten Operator

$$x(\vec{\xi}'') = x(-\vec{\xi})\,x(-\vec{\xi}')\,x(\vec{\xi})\,x(\vec{\xi}') \tag{2.5B.16}$$

ergeben sich mit (2.5B.13) die Reihendarstellungen

$$1 + K(\vec{\xi}'') + 0(\vec{\xi}''^{2}) = 1 + K(\vec{\xi})\,K(\vec{\xi}') - K(\vec{\xi}')\,K(\vec{\xi}) + 0(\vec{\xi}^{2},\vec{\xi}'^{2}). \tag{2.5B.17}$$

Aus ihnen folgt zusammen mit $\vec{\xi}'' = \vec{\xi}\wedge\vec{\xi}'$, daß die Zuordnung

$$\alpha\vec{\xi} + \beta\vec{\xi}' \longleftrightarrow \alpha K(\vec{\xi}) + \beta K(\vec{\xi}')$$

$$\vec{\xi}\wedge\vec{\xi}' \longleftrightarrow [K(\vec{\xi}),K(\vec{\xi}')] = K(\vec{\xi})\,K(\vec{\xi}') - K(\vec{\xi}')\,K(\vec{\xi}), \tag{2.5B.18}$$

die als *reguläre Darstellung der Lieschen Algebra* bezeichnet wird, ein Isomorphismus zwischen $L(G)$ und einer *Algebra* $L(G,\vec{\eta})$ ist, *deren Elemente Differentialoperatoren in* $L^{2}(G,\vec{\eta})$ *sind.* (Zwei Liesche Algebren werden als isomorph bezeichnet, wenn sich ihre Elemente so aufeinander abbilden lassen, daß die Bilder von Vielfachen, Summen und Produkten mit den Vielfachen, Summen und Produkten der Bilder übereinstimmen.) *Die Erzeugenden* K_{j} *bilden eine Basis des Vektorraums* $L(G,\vec{\eta})$ *und erfüllen die folgenden Vertauschungsrelationen:*

$$[K_{j},K_{k}] = i\sum_{l}\gamma_{jkl}\,K_{l} \tag{2.5B.19}$$

A-2.5.7: Man verifiziere (2.5B.17).

A-2.5.8: Man zeige, daß für $K_{\omega}\subset SU(2)$ und die kanonischen Koordinaten $\vec{\xi}$ (s. B-1.4.3) die Erzeugenden die Form

$$K_{1} = -4i\left(\cos\alpha\cot\beta\,\frac{\partial}{\partial\alpha} + \sin\alpha\,\frac{\partial}{\partial\beta} - \frac{\cos\alpha}{\sin\beta}\,\frac{\partial}{\partial\gamma}\right)$$

$$K_{2} = -4i\left(\sin\alpha\cot\beta\,\frac{\partial}{\partial\alpha} - \cos\alpha\,\frac{\partial}{\partial\beta} - \frac{\sin\alpha}{\sin\beta}\,\frac{\partial}{\partial\gamma}\right)$$

$$K_{3} = 4i\,\frac{\partial}{\partial\alpha} \tag{2.5B.20}$$

haben. Hinweis: B-2.5.2.

A-2.5.9:   (Bezeichnungen wie in A-2.5.8). Die von γ unabhängigen Elemente von $L^2(SU(2), \omega)$ können mit den auf der Kugeloberfläche ($-\pi < \alpha < \pi$, $0 < \beta < \pi$) definierten quadratisch integrierbaren Funktionen identifiziert werden. Man überzeuge sich, daß sich die Operatoren

$$J_j = -\frac{1}{4} K_j \qquad (2.5B.21)$$

in diesem Fall zu den (in Polarkoordinaten ausgedrückten) üblichen *Drehimpulsoperatoren* reduzieren, und bestimme ihre Vertauschungsrelationen. Hinweis: (1.4B.12).

Da die Operatoren $x(\vec{\xi})$ unitär sind, sind die *Erzeugenden* K_j *hermitesche* ($K(\vec{\xi})$ antihermitesche) *Operatoren in* $L^2(G, \vec{\eta})$. Dies hat zur Folge, daß der Operator, der einem $K(\vec{\kappa}) \in L(G, \vec{\eta})$, $\vec{\kappa} \in \mathbf{R}^n$, durch die *exponentielle Abbildung*

$$K(\vec{\kappa}) \to e^{K(\vec{\kappa})} = e^{-i\vec{\kappa} \cdot \vec{K}} \qquad (2.5B.22)$$

zugeordnet wird, unitär ist. Jeder dieser Operatoren stellt sogar ein Element $x(\vec{\kappa}) \in U(G)$ dar. Denn *die von Operatoren* (2.5B.22) *erzeugte Gruppe stimmt* zunächst sicher in einer kleinen Umgebung des 1-Operators ($\vec{\kappa} = \vec{0}$) *mit* $U(G)$ *überein* ($\vec{\kappa} = \vec{\xi} + 0(\vec{\xi}^2)$). Aus jeder solchen offenen Umgebung kann aber die ganze Gruppe $U(G)$ erzeugt werden, da sie wie G zusammenhängend ist.

Man kann, von $\vec{\kappa} = \vec{0}$ ausgehend, zusammenhängende Bereiche von $\mathbf{R}^n$ finden, deren Punkte den Gruppenelementen eineindeutig zugeordnet sind. Der größte darin enthaltene offene Bereich $V_{\vec{\kappa}}$ definiert eine Karte $K_{\vec{\kappa}}$, für die (2.5B.1) gilt. Die *Koordinaten* $\vec{\kappa} \in V_{\vec{\kappa}}$ sind also *global und kanonisch*. Zum Unterschied von den kanonischen Koordinaten $\vec{\xi}$, die auch global sein können (s. B-1.4.2, 3), kann für die Elemente $x \in K_{\vec{\kappa}}$ das *Multiplikationsgesetz vollständig* (und nicht nur bis zur ersten Ordnung) *mit Hilfe der Lieschen Algebra ausgedrückt* werden. Denn aus der Baker-Campell-Hausdorff-Formel [Ref. 24]

$$e^A e^B = e^C, \quad C = A + B + \tfrac{1}{2}[A,B] + \tfrac{1}{12}([A,[A,B]] + [B,[B,A]]) + ... \quad (2.5B.23)$$

folgt mit (2.5B.14, 18, 22)

$$x(\vec{\kappa})x(\vec{\kappa}') = x(\vec{\kappa}'') \iff \vec{\kappa}'' = \vec{\kappa} + \vec{\kappa}' + \tfrac{1}{2}(\vec{\kappa} \wedge \vec{\kappa}') +$$
$$+ \tfrac{1}{12}\{\vec{\kappa} \wedge (\vec{\kappa} \wedge \vec{\kappa}') + \vec{\kappa}' \wedge (\vec{\kappa}' \wedge \vec{\kappa})\} + ... \qquad (2.5B.24)$$

Man sollte allerdings nicht übersehen, daß wir, um dieses Ergebnis zu erhalten, nicht nur lokale Eigenschaften von G (wie die Koordinaten $\vec{\xi}$) als bekannt vorausgesetzt haben, sondern auch globale (wie die Koordinaten $\vec{\eta}$).

B-2.5.3:   Um für $SU(2)$ die gewohnten Ergebnisse zu erhalten, verwenden wir anstelle von $\vec{K}$ und $\vec{\kappa}$ die *Erzeugenden* $\vec{J}$ (Gl. (2.5B.21)) und die durch

$$\vec{\lambda} = -4\vec{\kappa}, \quad K(\vec{\kappa}) = J(\vec{\lambda}) = -i\vec{\lambda} \cdot \vec{J}$$
$$\vec{\kappa} = \vec{\kappa}' \wedge \vec{\kappa}'' \iff \vec{\lambda} = \vec{\lambda}' \times \vec{\lambda}'' \quad \text{(s. A-1.4.6)} \qquad (2.5B.25)$$

definierten *Koordinaten* $\vec{\lambda}$. Ihr Wertevorrat $V_{\vec{\lambda}}$ kann mit Hilfe der Zuordnungen

$$e^{-i\vec{\lambda}\cdot\vec{J}} \leftrightarrow \vec{X}(\vec{\lambda}) \leftrightarrow D^{1/2}(\vec{X}(\vec{\lambda})) = D^{1/2}(\vec{\lambda})$$

$$e^{-i\vec{\lambda}\cdot\vec{J}} = (e^{-i(\vec{\lambda}/n)\cdot\vec{J}})^n \leftrightarrow D^{1/2}(\vec{\lambda}) = (D^{1/2}(\vec{\lambda}/n))^n \tag{2.5B.26}$$

bestimmt werden. Denn für $\lambda^2 \ll 1$ ist

$$\vec{\xi} = \vec{\kappa} + 0(\vec{\kappa^2}) = -\vec{\lambda}/4 + 0(\vec{\lambda^2})$$

$$D^{1/2}(\vec{\lambda}/n) = E^{1/2} - i\vec{\lambda}\cdot\vec{\sigma}/2n + 0(\vec{\lambda^2}/n^2) \tag{2.5B.27}$$

$$E^{1/2} = \begin{bmatrix} 1 & 0 \\ 0 & 1 \end{bmatrix} \qquad\qquad \sigma_3 = \begin{bmatrix} 1 & 0 \\ 0 & -1 \end{bmatrix}$$

$$\sigma_2 = \begin{bmatrix} 0 & -i \\ i & 0 \end{bmatrix} \qquad\qquad \sigma_1 = \begin{bmatrix} 0 & 1 \\ 1 & 0 \end{bmatrix} \tag{2.5B.28}$$

($\sigma_1, \sigma_2, \sigma_3$: *Pauli-Matrizen*) und für ein beliebiges $\vec{\lambda}$ daher

$$D^{1/2}(\vec{\lambda}) = (E^{1/2} - i\vec{\lambda}\cdot\vec{\sigma}/2n)^n + 0(\vec{\lambda^2}/n^2) =$$

$$= \lim_{n\to\infty} \sum_p \binom{n}{p}(-i\vec{\lambda}\cdot\vec{\sigma}/2n)^p = \sum_p \frac{1}{p!}(-i\vec{\lambda}\cdot\vec{\sigma}/2)^p =$$

$$= E^{1/2}\cos(\lambda/2) - (i\vec{\lambda}\cdot\vec{\sigma}/2)\sin(\lambda/2)/(\lambda/2)$$

$$\lambda^2 = \lambda_1^2 + \lambda_2^2 + \lambda_3^2. \tag{2.5B.29}$$

Vergleicht man diese Parametrisierung der 2-reihigen Matrizen $D^{1/2}(\vec{X})$ mit
früheren ((1.1A.13), (1.4B.1,5)), dann sieht man, daß

$$K_{\vec{\lambda}} = \{\vec{X}: \vec{X}\in\mathbf{R}^4, \vec{X}^2 = 1, X_4 \neq 1\}$$

$$V_{\vec{\lambda}} = \{\vec{\lambda}: \vec{\lambda}\in\mathbf{R}^3, \lambda < 2\pi\} \tag{2.5B.30}$$

$$D^{1/2}(\omega) = D^{1/2}(\vec{\lambda} = (0,0,\alpha))\,D^{1/2}(\vec{\lambda}=(0,\beta,0))\,D^{1/2}(\vec{\lambda}=(0,0,\gamma)) \tag{2.5B.31}$$

ist. Aus (2.5B.31) und $K_{\vec{\lambda}}\cap K_\omega = K_\omega$ folgt die bekannte Darstellung der
Drehoperatoren $\{\vec{X}: \vec{X}\in K_\omega\}$:

$$\vec{X}(\omega) = e^{-i\alpha J_3}e^{-i\beta J_2}e^{-i\gamma J_3} \tag{2.5B.32}$$

Die Algebra $L(G, \vec{\eta})$, deren Definition auf der regulären Darstellung von G beruht,
kann nicht nur dazu verwendet werden, diese (und damit G) auf eine besonders günstige
Art zu parametrisieren. Man kann sie auch dazu verwenden, eine umfassendere Operatoralgebra, die *universelle einhüllende Algebra* $E(G, \vec{\eta})$, dadurch zu definieren, daß man als
(assoziatives!) Produkt einer endlichen Anzahl von Elementen von $L(G, \vec{\eta})$ jenen Operator
bezeichnet, der durch die sukzessive Wirkung der Faktoren bestimmt ist. *Elemente von*
$E(G, \vec{\eta})$ sind dann alle *Potenzreihen in den Erzeugenden,* deren Definitionsbereich in
$L^2(G, \vec{\eta})$ dicht ist. Bei ihnen ist zu beachten, daß die Operatoren $\mathbf{K}_j$ i.a. nicht vertauschen

und alle Polynome, die mit Hilfe der Vertauschungsrelationen (2.5B.19) ineinander übergeführt werden können, miteinander identifiziert werden müssen. Da die linearen Polynome
spezielle Potenzreihen sind, ist $L(G, \vec{\eta})$ *Unteralgebra von* $E(G, \vec{\eta})$. Aus (2.5B.22) folgt,
daß auch $U(G)$ *Teilmenge von* $E(G, \vec{\eta})$ ist. Da $\vec{\kappa}$ fast überall in $V_{\vec{\kappa}}$ eine analytische Funktion von $\vec{\eta} \in V_{\vec{\eta}}$ ist ($\mu(K_{\vec{\kappa}} \cap K_{\vec{\eta}}) = 1$), können fast alle Elemente $\mathbf{x} \in U(G)$ als Potenzreihen der Operatoren $\mathbf{K_j}$ mit $\vec{\eta}$ abhängigen Koeffizienten dargestellt werden ($\mathbf{x} = \mathbf{x}(\vec{\eta})$).
Daraus folgt aber, daß auch $A(G)$ *Unteralgebra von* $E(G, \vec{\eta})$ ist, da im Integral
$\int d^n \eta \, \rho(\vec{\eta}) \, a(\vec{\eta}) \, \mathbf{x}(\vec{\eta})$ gliedweise integriert werden kann. Ein wesentlicher Unterschied
zwischen den Elementen von $A(G)$ und denen von $E(G, \vec{\eta})$ besteht allerdings darin, daß
die einen immer beschränkt und daher auf dem ganzen Hilbertraum $L^2(G, \vec{\eta})$ definiert
sind, während die anderen auch unbeschränkt sein können (z.B. wenn sie zu $L(G, \vec{\eta})$
gehören) und dann nur auf dichten Teilmengen von $L^2(G, \vec{\eta})$ definiert sind.

3. Irreduzible Darstellungen

3.1. Ideale

Wir betrachten *im folgenden nur separable Hilberträume* $L^2(G)$. Ein *Unterraum* $L^{(1)}$
von $L^2(G)$ heißt *invariant unter* $U(G)$, wenn für seine Elemente

$$b \in L^{(1)} \Rightarrow \mathbf{x}b \in L^{(1)} \quad \text{für alle } \mathbf{x} \in G \tag{3.1.1}$$

gilt.

B-3.1.1: Der von einer Funktion $b \in L^2(G)$ erzeugte Unterraum, der von allen Elementen $\mathbf{x}b, \mathbf{x} \in G$, aufgespannt wird, ist unter $U(G)$ invariant.

B-3.1.2: Die Menge den konstanten Funktionen ($a(\mathbf{x}) = \alpha$) bildet einen 1-dimensionalen
invarianten Unterraum.

A-3.1.1: Man zeige, daß das durch

$$L^2(G) = L^{(1)}(G) \oplus \overline{L^{(1)}}(G)$$
$$c \in \overline{L^{(1)}}(G) \Longleftrightarrow \langle c, b \rangle = 0 \quad \text{für alle } b \in \overline{L^{(1)}}(G) \tag{3.1.2}$$

definierte *orthogonale Komplement* $\overline{L^{(1)}}(G)$ *eines invarianten Unterraums*
$L^{(1)}(G)$ *ebenfalls invariant ist.* Hinweis: A-2.3.1.

Aus A-3.1.1 folgt mit (2.4.3), daß ein unter $U(G)$ invarianter Unterraum auch *unter* $A(G)$
invariant ist.

$$b \in L^{(1)}(G) \Rightarrow \mathbf{a}b \in L^{(1)}(G) \quad \text{für alle } \mathbf{a} \in A(G) \tag{3.1.3}$$

Es ist aber auch umgekehrt jeder unter $A(G)$ invariante Unterraum unter $U(G)$ invariant, da jedes $\mathbf{x} \in U(G)$ durch Operatoren $\mathbf{x_n} \in A(G)$ angenähert werden kann. Wir werden
daher im folgenden unter Invarianz immer beide Eigenschaften (3.1.1, 3) verstehen.

Jedem invarianten Unterraum $L^{(1)}(G)$ ist durch die Zuordnung $b \leftrightarrow \mathbf{b}$ (Gl. (2.4.4)) eine Unteralgebra $A^{(1)}(G)$ zugeordnet, die wegen (3.1.3) die Eigenschaft

$$A(G)A^{(1)}(G) = \{\mathbf{ab}: \mathbf{a} \in A(G), \mathbf{b} \in A^{(1)}(G)\} = A^{(1)}(G) \tag{3.1.4}$$

besitzt und als $L(inks)$-$Ideal$ von $A(G)$ bezeichnet wird. Wegen (3.1.1) gilt außerdem

$$U(G)A^{(1)}(G) = \{\mathbf{xb}: \mathbf{x} \in U(G), \mathbf{b} \in A^{(1)}(G)\} = A^{(1)}(G). \tag{3.1.5}$$

A-3.1.2:   (Bezeichnung wie in B-1.1.5 und Abschnitt 2.5A.) Man zeige, daß die Elemente

$$\mathbf{b} = \alpha[(1)(2)(3) + (3)(21)] + \beta[(321) + (2)(31)] +$$
$$+ \gamma[(231) + (32)(1)] \tag{3.1.6}$$

ein 3-dimensionales L-Ideal $A^{(1)}(S_3)$ von $A(S_3)$ bilden. Hinweis: A-1.4.1.

A-3.1.3:   (Bezeichnungen wie in B-2.1.1, 2.2.1.) Man zeige, daß die Elemente $\alpha\mathbf{c} + \beta\mathbf{s}$ mit

$$\mathbf{c} = \frac{1}{L}\int_0^L dx \cos kx\,(\mathbf{x})$$

$$\mathbf{s} = \frac{1}{L}\int_0^L dx \sin kx\,(\mathbf{x}) \tag{3.1.7}$$

ein 2-dimensionales Ideal $A^{\pm k}(^{(L)}T)$ von $A(^{(L)}T)$ bilden. Hinweis: B-2.2.1, (2.4.9, 1), (2.1.6).

Dem L-Ideal $A^{(1)}(G)$ kann durch den Antiautomorphismus $\mathbf{b} \rightarrow \mathbf{b}^+$ ein $R(echts)$-$Ideal$

$$A^{(1)+}(G) = \{\mathbf{b}^+: \mathbf{b} \in A^{(1)}(G)\} \tag{3.1.8}$$

zugeordnet werden, für das

$$A^{(1)+}(G)A(G) = A^{(1)+}(G)U(G) = A^{(1)+}(G) \tag{3.1.9}$$

gilt.

A-3.1.4:   Man zeige, daß

$$(\mathbf{xa})^+ = \mathbf{a}^+\mathbf{x}^{-1} \tag{3.1.10}$$

ist. Hinweis: (2.4.3, 10), (2.1.5).

Jedes L-Ideal $A^{(1)}(G)$ erzeugt eine Unteralgebra

$$A^{(2)}(G) = A^{(1)}(G)U(G) = A^{(1)}(G)A(G) = A^{(1)}(G)A^{(1)+}(G), \tag{3.1.11}$$

die die Gleichungen

$$A(G)\,A^{(2)}(G) = A^{(2)}(G)\,A(G) = U(G)\,A^{(2)}(G) = A^{(2)}(G)\,U(G) =$$

$$= A^{(2)+}(G) = A^{(2)}(G) \tag{3.1.12}$$

erfüllt und daher $Z(weiseitiges)$-$Ideal$ genannt wird. Das Z-Ideal (3.1.11) ist das kleinste, das die Bedingungen (3.1.12) erfüllt und $A^{(1)}(G)$ enthält.

A-3.1.5:   (Bezeichnungen wie in A-3.1.2.) Man zeige, daß das von $A^{(1)}(S_3)$ erzeugte Z-Ideal $A^{(2)}(S_3)$ alle Elemente von $A(S_3)$ enthält, die zu

$$e^1 = \tfrac{1}{6}\,[(3)\,(2)\,(1) + (321) + (231) -$$

$$-\,(3)\,(21) - (2)\,(31) - (32)\,(1)] \tag{3.1.13}$$

orthogonal sind. Hinweis: A-1.4.1.

A-3.1.6:   *Wenn G abelsch ist, ist jedes L [R]-Ideal ein Z-Ideal.* Warum? Hinweis: A-2.4.4.

A-3.1.7:   (Bezeichnungen wie in A-3.1.3.) Man zeige, daß $A^{\pm k}(^{(L)}T)$ mit dem von ihm erzeugten Z-Ideal übereinstimmt. Hinweis: A-3.1.6.

A-3.1.8:   *Das orthogonale Komplement $\bar{A}'(G)$ eines $L [R, Z]$-Ideals $A'(G)$ ist ein $L [R, Z]$-Ideal.* Warum? Hinweis: (3.1.2), A-2.3.1, 2.4.5, (2.4.10, 11), (3.1.10).

A-3.1.9:   Der Durchschnitt zweier L [R, Z]-Ideale (= Menge der beiden gemeinsamen Elemente) ist ein L [R, Z]-Ideal. *Der Durchschnitt eines Ideals mit seinem orthogonalen Komplement enthält nur das Element* **0.** Warum? Hinweis: $(3.1.4, 5, 9, 12)$; $b \in A'(G) \cap \bar{A}'(G) \Rightarrow \langle b, a \rangle = 0$ für alle $a \in L^2(G)$.

Aus den Ergebnissen von A-3.1.8, 9 folgt: Ist ein *Ideal $A'(G)$ gegeben,* dann gibt es *für jedes $a \in A(G)$ eine eindeutige Zerlegung*

$$a = a' + a''; \quad a' \in A'(G), \quad a'' \in A''(G) = \bar{A}'(G). \tag{3.1.14}$$

Überdies gilt, falls $A'(G)$ Z-Ideal ist, wegen A-3.1.9 und $A'(G)\,\bar{A}'(G) \subseteq A'(G) \cap \bar{A}'(G)$

$$a'a'' = a''a' = 0 \Longleftrightarrow A'(G) = Z\text{-Ideal}. \tag{3.1.15}$$

Wir schreiben dann kurz

$$A(G) = A'(G) \oplus A''(G), \quad A'(G)\,A''(G) = A''(G)\,A'(G) = \{0\}. \tag{3.1.16}$$

Die in (3.1.16) zusammengefaßte *Zerfällung von $A(G)$ in sich gegenseitig annullierende Z-Ideale* wird anschaulicher, wenn man in $L^2(G)$ eine orthonormierte Basis wählt, die sich aus Basen jener Unterräume $L'(G)$ und $L''(G)$ zusammensetzt, die den Idealen $A'(G)$ und $A''(G)$ zugeordnet sind. Die zugehörige reguläre Matrixdarstellung $B^{reg}(a)$ zerfällt dann in zwei kleinere Matrizen $B'(a)$ und $B''(a)$.

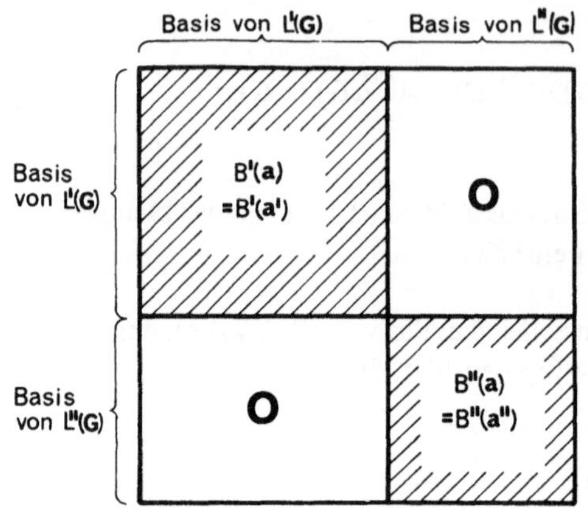

Bild 3.1

Zerfällung der regulären Matrixdarstellung
von $A(G)$

Man bezeichnet die Matrix $B^{reg}(a)$ in diesem Fall als *direkte Summe* der Matrizen $B'(a)$
und $B''(a)$ und schreibt

$$B^{reg}(a) = B'(a) \oplus B''(a). \tag{3.1.17}$$

Jeder Summand in (3.1.17) definiert eine Matrixdarstellung von geringerer Dimension, da
aus (3.1.17)

$$\alpha\, a + \beta\, b = c \Rightarrow \alpha\, B'(a) + \beta\, B'(b) = B'(c)$$

$$ab = c \Rightarrow B'(a)\,B'(b) = B'(c)$$

$$a^+ = b \Rightarrow B'^{+}(a) = B'(b) \tag{3.1.18}$$

und analoge Gleichungen für $B''(a)$ folgen (Bild 3.1). Für diese Matrixdarstellungen folgt
(im Gegensatz zur regulären!) aus $B'(a) = B'(b)$ nicht $a = b$. Denn aus (3.1.16) folgt mit
(2.4.9, 12)

$$B'(a) = B'(a'), \quad B''(a) = B''(a''), \tag{3.1.19}$$

d.h., es ist z.B. $B'(a'') = 0$, auch wenn $a'' \neq 0$ ist. Aus der letzten Gleichung, die aus
A-2.4.5 folgt, ergibt sich zusammen mit (3.1.19), daß *jedes Z-Ideal selbstadjungiert* ist
$(a \in A'(G) \Longleftrightarrow a^+ \in A'(G))$.

Jeder invariante Unterraum $L^{(1)}$ enthält selbst invariante Unterräume. Die Unterräume
$L^{(1)}$ und $\{0\}$ werden als unechte, alle anderen als echte invariante Unterräume bezeichnet.
Ein invarianter Unterraum heißt *irreduzibel,* wenn er keine echten invarianten Unterräume
besitzt. Das einem solchen Unterraum zugeordnete *minimale L-Ideal* $A^{(1)}(G)$ enthält offensichtlich kein echtes (= von ihm selbst und vom Nullideal $\{0\}$ verschiedenes) L-Ideal.

B-3.1.3:   (Bezeichnungen wie in A-3.1.2.) Das L-Ideal $A^{(1)}(S_3)$ ist nicht minimal, da es
             mit den Vielfachen des Elements

$$e^0 = \tfrac{1}{6}\,[(3)\,(2)\,(1) + (321) + (231) +$$

$$+ (3)\,(21) + (2)\,(31) + (32)\,(1)] \tag{3.1.20}$$

ein 1-dimensionales L-Ideal enthält (s. B-3.1.2).

Jedes minimale L-Ideal erzeugt gemäß (3.1.11) ein *minimales Z-Ideal,* d.h. eines, das kein echtes Z-Ideal enthält. Da auf diese Weise jedem irreduziblen Unterraum von $L^2(G)$ (jedem minimalen L-Ideal von $A(G)$) ein minimales Z-Ideal zugeordnet ist, ist der Menge aller dieser Unterräume (L-Ideale) eine Menge von Z-Idealen zugeordnet, die wir mit den Elementen von

$$A_G = \{\alpha\} = \text{Indexmenge für die minimalen Z-Ideale von } A(G) \qquad (3.1.21)$$

indizieren. Die Menge $\{A^\alpha(G): \alpha \in A_G\}$ kann auch dadurch definiert werden, daß man sich die *Zerfällung von* $A(G)$ *in sich gegenseitig annullierende Z-Ideale* (Gl. (3.1.16)) solange fortgesetzt denkt, bis *alle Summanden minimale Z-Ideale* sind.

$$A(G) = \sum_\alpha \oplus A^\alpha(G)$$

$$A^\alpha(G) A^\beta(G) = \{0\} \text{ für } \alpha \neq \beta$$

$$A^{\alpha\,+}(G) = A^\alpha(G) \qquad (3.1.22)$$

$$a = \sum_\alpha a^\alpha$$

$$a^\alpha b^\beta = b^\beta a^\alpha = 0 \quad \text{für } \alpha \neq \beta \qquad (3.1.23)$$

3.2. Einheiten und UIRs

Da sich die Summanden in (3.1.22) gegenseitig annullieren, ergeben sich die algebraischen Eigenschaften von $A(G)$ aus denen der Ideale $A^\alpha(G)$. Deren Eigenschaften sind aber im wesentlichen dadurch bestimmt, daß *jedes minimale Z-Ideal endlich-dimensional* ist [Ref. 25]. Aus dieser Tatsache folgt nämlich schon, daß die Ideale $A^\alpha(G)$ *Basen* $\{e^\alpha_{jk}: j, k = 0, 1, \ldots, n_\alpha - 1\}$ besitzen, deren Elemente die folgenden Bedingungen erfüllen:

$$e^{\alpha\,+}_{jk} = e^\alpha_{kj} \qquad (3.2.1)$$

$$e^\alpha_{jk} e^\beta_{lm} = \delta_{\alpha\beta} \delta_{kl} e^\alpha_{jm} \qquad (3.2.2)$$

$$x\, e^\alpha_{jk} = \sum_l D^\alpha_{lj}(x) e^\alpha_{lk} \qquad (3.2.3)$$

$$a = \sum_{\alpha jk} \left(\frac{1}{n_\alpha}\right) \langle e^\alpha_{jk}, a \rangle e^\alpha_{jk} \qquad (3.2.4)$$

Die *Elemente dieser Basen,* die wir als *Einheiten* bezeichnen, spielen bei allen Anwendungen eine entscheidende Rolle. Wir skizzieren daher kurz eine *Methode mit der Einheiten konstruiert werden* können. Sie ist *rein algebraischer Natur* und (zumindest prinzipiell) immer anwendbar, *wenn die endlich-dimensionalen Ideale $A^\alpha(G)$ bereits bekannt sind.*

(1) *Das multiplikative 1-Element von $A^\alpha(G)$ (e^α).* Die erste Aufgabe besteht darin, das Element

$$e^\alpha = \sum_j e^\alpha_{jj} \tag{3.2.5}$$

zu finden, das wegen (3.2.1, 2, 4) die Gleichungen

$$e^\alpha = (e^\alpha)^2 = e^{\alpha+} \tag{3.2.6}$$

$$a^\alpha e^\alpha = e^\alpha a^\alpha = a^\alpha \quad \text{für alle } a^\alpha \in A^\alpha(G) \tag{3.2.7}$$

erfüllt. Man sucht dazu ein *normales Element* $n_1 \in A^\alpha(G)$, d.h. eines, für das $n_1 n_1^+ = n_1^+ n_1$ ist. Von den Potenzen dieses Elements kann nur eine endliche Anzahl ($\leq \dim A^\alpha(G)$) linear unabhängig sein, d.h. es existiert ein Polynom niedrigster Ordnung (*Minimalpolynom*), so daß

$$P_N(n_1) = n_1^N + \gamma_{N-1} n_1^{N-1} + \ldots + \gamma_1 n_1 = 0 \tag{3.2.8}$$

ist. Man sucht eine von Null verschiedene Wurzel der algebraischen Gleichung $P_N(x) = 0$ und definiert mit ihrer Hilfe ein Polynom vom Grad $N-1$.

$$P_N(\xi) = 0, \quad \xi \neq 0$$

$$Q_{N-1}(x) = \frac{P_N(x)}{x - \xi} \tag{3.2.9}$$

Das Element

$$e_1 = \frac{Q_{N-1}(n_1)}{Q_{N-1}(\xi)} \tag{3.2.10}$$

ist dann (wegen $\| e_1 - e_1 e_1^+ \| = 0$) *selbstadjungiert* und *idempotent:*

$$e_1 = e_1^+ = (e_1)^2 \tag{3.2.11}$$

Gibt es ein von Null verschiedenes Element der Form

$$a_2 = a - a e_1 - e_1 a + e_1 a e_1, \tag{3.2.12}$$

dann sicher auch ein normales (z.B. $a_2^+ a_2$). Wenn man für dieses Element das Verfahren wiederholt, erhält man ein Element e_2 für das

$$e_2 = e_2^+ = (e_2)^2, \quad e_2 e_1 = e_1 e_2 = 0 \tag{3.2.13}$$

gilt. Gibt es unter den Elementen

$$a_3 = a - a(e_1 + e_2) - (e_1 + e_2)a + (e_1 + e_2)a(e_1 + e_2) \tag{3.2.14}$$

von Null verschiedene, muß das Verfahren für ein normales Element n_3 wiederholt werden. Man erhält so schließlich eine endliche Anzahl von Elementen e_k, so daß für alle $a \in A^\alpha(G)$

$$a - a\left(\sum_k e_k\right) - \left(\sum_k e_k\right)a + \left(\sum_k e_k\right)a\left(\sum_k e_k\right) = 0 \tag{3.2.15}$$

ist. Da dann aber jedes $\mathbf{a} \in A^\alpha(G)$ bei einer Multiplikation mit $\sum\limits_k \mathbf{e}_k$ reproduziert wird, erfüllt das Element

$$\sum_k{}' \mathbf{e}_k = \mathbf{e}^\alpha \qquad (3.2.16)$$

die Gln. (3.2.6, 7).

(2) *Die selbstadjungierten Einheiten* $(\mathbf{e}_{jj}^\alpha)$. Unter den Elementen der Form

$$\mathbf{a}_{11} = \mathbf{e}_1 \mathbf{a} \mathbf{e}_1 \qquad (3.2.17)$$

gibt es von Null verschiedene (z.B. $\mathbf{e}_1$) und daher auch normale $(\mathbf{n}_{11}\mathbf{n}_{11}^\dagger = \mathbf{n}_{11}^\dagger \mathbf{n}_{11})$. Diese erfüllen Minimalpolynome der Form

$$P_M'(\mathbf{n}_{11}, \mathbf{e}_1) = \mathbf{n}_{11}^M + \gamma_{M-1}' \mathbf{n}_{11}^{M-1} + \ldots + \gamma_1' \mathbf{n}_{11} + \gamma_0' \mathbf{e}_1 = \mathbf{0}. \qquad (3.2.18)$$

Ist ζ eine Lösung der algebraischen Gleichung $P_M'(x, 1) = 0$, dann ist

$$P_M'(\zeta, 1) = 0, \quad \mathbf{n}_{11} \neq \zeta \mathbf{e}_1 \Longleftrightarrow M > 1 \qquad (3.2.19)$$

und durch die folgenden Gleichungen eine Zerlegung von $\mathbf{e}_1$ in zwei sich gegenseitig annullierende selbstadjungierte Idempotente $\mathbf{e}_{1,1}$ und $\mathbf{e}_{1,2}$ gegeben.

$$Q_{M-1}'(x, y) = \frac{P_M'(x, y)}{(x - \zeta y)}$$

$$\mathbf{e}_{1,1} = \frac{Q_{M-1}'(\mathbf{n}_{11}, \mathbf{e}_1)}{Q_{M-1}'(\zeta, 1)}$$

$$\mathbf{e}_{1,1} = \mathbf{e}_{1,1}^\dagger = (\mathbf{e}_{1,1})^2 = \mathbf{e}_1 \mathbf{e}_{1,1} = \mathbf{e}_{1,1} \mathbf{e}_1$$

$$\mathbf{e}_{1,2} = \mathbf{e}_1 - \mathbf{e}_{1,1} = \mathbf{e}_{1,2}^\dagger = (\mathbf{e}_{1,2})^2$$

$$\mathbf{e}_{1,1} \mathbf{e}_{1,2} = \mathbf{e}_{1,2} \mathbf{e}_{1,1} = \mathbf{0} \qquad (3.2.20)$$

Geht man bei den anderen Elementen $\mathbf{e}_k$ ebenso vor, dann erhält man eine Verfeinerung der Zerlegung von $\mathbf{e}^\alpha$.

$$\mathbf{e}^\alpha = \sum_{k\kappa} \mathbf{e}_{k,\kappa} \qquad (3.2.21)$$

Enthält die Summe Idempotente für die nicht alle Elemente $\mathbf{e}_{k,\kappa} \mathbf{a} \mathbf{e}_{k,\kappa}$ Vielfache von $\mathbf{e}_{k,\kappa}$ sind, dann wird das Verfahren für diese Idempotente wiederholt. Auf diese Weise erhält man nach einer endlichen Anzahl $(\leqslant \dim A^\alpha(G))$ von Schritten eine Zerlegung von $\mathbf{e}^\alpha$ in *primitive Idempotente*,

$$\mathbf{e}_{k,\kappa,\kappa'\ldots}\,\mathbf{a}\,\mathbf{e}_{k,\kappa,\kappa'\ldots} = \gamma_{k,\kappa,\kappa'\ldots}(\mathbf{a})\,\mathbf{e}_{k,\kappa,\kappa'\ldots}$$
$$\text{für alle } \mathbf{a} \in A^\alpha(G), \qquad (3.2.22)$$

die, wie der Vergleich mit (3.1.1, 2) zeigt, mit den selbstadjungierten Einheiten identifiziert werden können.

$$j \longleftrightarrow (k, \kappa, \kappa', \dots); \quad e_{jj} = e_{k, \kappa, \kappa'\dots} \tag{3.2.23}$$

Als Wertevorrat für den Index j wählen wir die Zahlen

$$j = 0, 1, \dots, n_\alpha - 1;$$

n_α = größte Zahl von sich gegenseitig annullierenden primitiven
  Idempotenten von $A^\alpha (G)$. $\tag{3.2.24}$

(3) *Die übrigen Einheiten* ($e_{jk}^\alpha, j \neq k$). Aus der Primitivität von e_{11} und (2.4.12), (2.2.4, 6) folgt

$$(e_{00}^\alpha a e_{11}^\alpha)^+ (e_{00}^\alpha a e_{11}^\alpha) = e_{11}^\alpha a^+ e_{00}^\alpha a e_{11}^\alpha = \gamma (a) e_{11}^\alpha = \gamma (a) e_{11}^{\alpha +} e_{11}^\alpha$$

$$\| e_{00}^\alpha a e_{11}^\alpha \|^2 = \gamma (a) \| e_{11}^\alpha \|, \; e_{00}^\alpha a e_{11}^\alpha \neq 0 \Rightarrow \gamma(a) = \gamma^*(a) > 0. \tag{3.2.25}$$

Ist dim $A^\alpha (G) \neq 1$, dann gibt es immer ein $a \in A^\alpha (G)$, für das $e_{00}^\alpha a e_{11}^\alpha \neq 0$ ist, da ansonsten $A^\alpha (G)$ mit $A(G) e_{00}^\alpha A(G)$ ein echtes Z-Ideal enthielte. Für ein solches a setzt man

$$e_{01}^\alpha = \gamma(a)^{-1/2} e_{00}^\alpha a e_{11}^\alpha, \tag{3.2.26}$$

die übrigen Einheiten $e_{j,j+1}^\alpha$ erhält man auf dieselbe Weise, die restlichen aus

$$e_{j,j+h}^\alpha = e_{j,j+1}^\alpha e_{j+1,j+2}^\alpha \cdots e_{j+h-1,j+h}^\alpha$$

$$e_{j+h,j}^\alpha = e_{j,j+h}^{\alpha +} \quad (h > 0). \tag{3.2.27}$$

B-3.2.1:   *Einheiten von S_3.*

$$A(S_3) = A^0(S_3) \oplus A^1(S_3) \oplus A^2(S_3)$$

$$i = 0, 1: A^i(S_3) = \{\gamma e^i : \gamma \in \mathbf{C}\}$$

$$e^0 \text{ s. Gl. (3.1.20)}, \; e^1 \text{ s. Gl. (3.1.13)}. \tag{3.2.28}$$

Das 4-dimensionale minimale Z-Ideal $A^2(S_3)$ enthält alle zu e^0 und e^1 orthogonalen Elemente von $A(S_3)$, u.a. auch $a_1 = \frac{1}{3} [2(2)(31) - (3)(21) - (32)(1)]$. a_1 ist normal und besitzt das Minimalpolynom $P_3 = x^3 - x$ mit der Wurzel $\xi = 1$. $Q_2(x) = x^2 + x$, $e_1 = (a_1^2 + a_1)/2$. Das Element $a_2 = a_1 - a_1 e_1 - e_1 a_1 + e_1 a_1 e_1 = a_1 - a_1 e_1$ ist normal und besitzt das Minimalpolynom $P_2(x) = x^2 - x$, so daß $Q(x) = x$ und $e_2 = a_2$ ist. Da e_1 und e_2 schon primitiv sind, setzen wir $e_{00}^2 = e_1, e_{11}^2 = e_2$.

$$e_{00}^2 = \frac{1}{6} [2(3)(2)(1) - (321) - (231) +$$
$$+ 2(2)(31) - (3)(21) - (32)(1)]$$

$$e_{11}^2 = \frac{1}{6} [2(3)(2)(1) - (321) - (231) -$$
$$- 2(2)(31) + (3)(21) + (32)(1)]. \tag{3.2.29}$$

Die beiden anderen Einheiten ergeben sich mit

$$b = e_{00}^2 (231) e_{11}^2 \neq 0 \quad \text{aus} \quad b^+ b = \frac{3}{4} e_{11}^2 \quad \text{zu} \quad e_{01}^2 = e_{10}^{2\,+} = \frac{2}{\sqrt{3}} b.$$

$$e_{01}^2 = \frac{1}{2\sqrt{3}} \left[-(321) + (231) - (3)(21) + (32)(1) \right]$$

$$e_{10}^2 = \frac{1}{2\sqrt{3}} \left[(321) - (231) - (3)(21) + (32)(1) \right]. \tag{3.2.30}$$

Die hier beschriebene Konstruktion der Einheiten beruht darauf, daß man Wurzeln von hinreichend vielen algebraischen Gleichungen findet. Dies scheint, wenn $\dim A^\alpha(G)$ nicht sehr klein ist, bald zu einem Problem der numerischen Mathematik zu werden. Die Methode ist jedoch nicht so zwangsläufig, daß sie nicht der Kunst, durch eine geschickte Auswahl der Elemente $a_1, a_2, \ldots, a_{11}, \ldots$ Gleichungen mit bereits bekannten (nicht-numerischen) Lösungen zu erhalten, einen großen Spielraum ließe. Auf alle Fälle aber begründet die Konstruktion der Einheiten zusammen mit (3.1.23) ihre Eigenschaften (3.2.1,2).

Aus (3.2.2) und der Primitivität der Einheiten e_{jj}^α folgt, daß für alle $a \in A(G)$

$$e_{jj}^\alpha a e_{kk}^\alpha = (e_{jj}^\alpha a e_{kj}^\alpha e_{jj}^\alpha) e_{jk}^\alpha = B_{jk}^\alpha(a) e_{jj}^\alpha e_{jk}^\alpha = B_{jk}^\alpha(a) e_{jk}^\alpha \tag{3.2.31}$$

ist, wobei die Zahl

$$B_{jk}^\alpha(a) = B_{jk}^\alpha(a^\alpha) \tag{3.2.32}$$

durch a, α, j, k bestimmt ist. Andererseits wurde e^α so bestimmt, daß dieses Element die Gln. (3.2.7) erfüllt. Daher ist

$$a = \sum_\alpha a^\alpha = \sum_\alpha e^\alpha a^\alpha e^\alpha = \sum_{\alpha j k} e_{jj}^\alpha a e_{kk}^\alpha = \sum_{\alpha j k} B_{jk}^\alpha(a) e_{jk}^\alpha \tag{3.2.33}$$

$$a e_{jk}^\alpha = \sum_l B_{lj}^\alpha(a) e_{lk}^\alpha \tag{3.2.34}$$

Gl. (3.2.33) zeigt, daß

$$A_{\cdot k}^\alpha(G) = \left\{ \sum_j \gamma_{jk} e_{jk}^\alpha : \gamma_{jk} \in \mathbf{C} \right\} \tag{3.2.35}$$

ein n_α-dimensionales L-Ideal ist. Zusammen mit (3.1.4,5) begründet dies die Gln. (3.2.3).

Aus (3.2.33) folgt aber auch, daß die zu $A^\alpha(G)$ gehörenden Einheiten eine Basis dieses Z-Ideals bilden und daß daher

$$\dim A^\alpha(G) = n_\alpha^2 \tag{3.2.36}$$

ist.

A-3.2.1:   Man zeige, daß die *Einheiten auf folgende Weise orthonormiert* sind:

$$\langle e^{\alpha}_{jk}, e^{\beta}_{lm} \rangle = \delta_{\alpha\beta} \delta_{jl} \delta_{km} N_{\alpha} \tag{3.2.37}$$

Hinweis: (2.4.12, 9, 11), (3.2.1, 2), $\langle e^{\alpha}_{jk}, e^{\alpha}_{jk} \rangle = \langle e^{\alpha}_{jk}, e^{\alpha}_{jl} e^{\alpha}_{lk} \rangle$, A-2.4.5.

Aus (3.2.33, 37) folgt daher (3.2.4), wenn die *Normierungskonstante*

$$N_{\alpha} = n_{\alpha} \tag{3.2.38}$$

ist. Um (3.2.38) zu beweisen, setzen wir

$$e^{\alpha}_{jk} = M_x \, E^{\alpha}_{jk}(x) \, x. \tag{3.2.39}$$

Für die Funktionen E^{α}_{jk} gilt wegen (3.2.1, 2), (2.4.9, 10, 12) und (3.2.37)

$$E^{\alpha}_{jk}(e) = E^{\alpha+}_{lj} * E^{\alpha}_{lk}(e) = \langle e^{\alpha}_{lj}, e^{\alpha}_{lk} \rangle = \delta_{jk} N_{\alpha} \tag{3.2.40}$$

und wegen (2.4.3), (2.3.1), (2.1.5) und (3.2.3)

$$E^{\alpha}_{jk}(x^{-1}y) = \sum_{l} D^{\alpha}_{lj}(x) \, E^{\alpha}_{lk}(y), \tag{3.2.41}$$

woraus mit $y = e$, $x \to x^{-1}$

$$E^{\alpha}_{jk}(x) = N_{\alpha} D^{\alpha}_{kj}(x^{-1}) \tag{3.2.42}$$

folgt. Da die Einheiten eine orthonormierte Basis bilden und der Operator x in $L^2(G)$ und daher wegen (2.4.8) auch in $A(G)$ unitär ist, können die Koeffizienten $D^{\alpha}_{jk}(x)$ zu einer unitären Matrix zusammengefaßt werden. Daher ist

$$N_{\alpha} = \langle E^{\alpha}_{jk}, E^{\alpha}_{jk} \rangle = N^2_{\alpha} M_x \, D^{\alpha}_{kj}{}^*(x^{-1}) \, D^{\alpha}_{kj}(x^{-1}) =$$

$$= N^2_{\alpha} M_x \, D^{\alpha}_{jk}(x) \, D^{\alpha}_{kj}(x^{-1}) = \frac{1}{n_{\alpha}} \sum_{k} \langle E^{\alpha}_{jk}, E^{\alpha}_{jk} \rangle =$$

$$= \frac{N^2_{\alpha}}{n_{\alpha}} M_x \sum_{k} D^{\alpha}_{jk}(x) \, D^{\alpha}_{kj}(x^{-1}) = \frac{N^2_{\alpha}}{n_{\alpha}} M[1] \tag{3.2.43}$$

$$e^{\alpha}_{jk} = M_x \, n_{\alpha} \, D^{\alpha}_{jk}{}^*(x) \, x. \tag{3.2.44}$$

Man kann die Gln. (3.2.1—4) auch als Aussagen über die den Einheiten zugeordneten Funktionen formulieren. *Die Funktionen* $D^{\alpha}_{jk}: G \to \mathbf{C}$ *sind bezüglich der Faltung abgeschlossen und bilden eine orthogonale, auf* $n^{-1/2}_{\alpha}$ *normierte Basis von* $L^2(G)$. *Die Funktionswerte* $D^{\alpha}_{jk}(x)$ *lassen sich zu unitären Matrizen* $D^{\alpha}(x)$ *zusammenfassen, die das Multiplikationsgesetz der Gruppe wiedergeben.*

A-3.2.2: Man zeige, daß die Funktionen D_{jk}^{α} die folgenden zu (3.2.1–4) äquivalenten Gleichungen erfüllen:

$$D_{jk}^{\alpha}(x^{-1}) = D_{kj}^{\alpha *}(x) \tag{3.2.45}$$

$$D_{jk}^{\alpha} * D_{lm}^{\beta}(x) = \delta_{\alpha\beta}\delta_{kl}\left(\frac{1}{n_{\alpha}}\right)D_{jm}^{\alpha}(x) \tag{3.2.46}$$

$$D_{jk}^{\alpha}(xy) = \sum_{l} D_{jl}^{\alpha}(x) D_{lk}^{\alpha}(y) \tag{3.2.47}$$

$$a = \sum_{\alpha jk} n_{\alpha} \langle D_{jk}^{\alpha *}, a\rangle D_{jk}^{\alpha *}. \tag{3.2.48}$$

Hinweis: (3.2.1–4, 44), (2.4.8–11), (2.3.1).

A-3.2.3: Man zeige, daß die Funktionen $D_{jk}^{\alpha *}$ die *Orthogonalitätsrelationen*

$$\langle D_{jk}^{\alpha *}, D_{lm}^{\beta *}\rangle = \delta_{\alpha\beta}\,\delta_{jl}\,\delta_{km}\,\frac{1}{n_{\alpha}} \tag{3.2.49}$$

erfüllen. Hinweis: (3.2.48).

Alle Funktionen D_{jk}^{α} sind stetig, da die reguläre Darstellung $x \rightarrow x$ bezüglich der schwachen Operator-Topologie stetig ist (s. Abschnitt 2.3) und $n_{\alpha}\langle D_{jl}^{\alpha *}, xD_{kl}^{\alpha *}\rangle = D_{jk}^{\alpha}(x)$ ist.

Wenn man die *Funktionen* $D_{jk}^{\alpha *}$ *als Basis von* $L^2(G)$ wählt und die Gln. (2.3.1), (2.4.1), (3.2.44–47) berücksichtigt, dann werden die *Operatoridentitäten*

$$x = \sum_{\alpha} x^{\alpha}, \quad x^{\alpha} = \sum_{jk} D_{jk}^{\alpha}(x)\, e_{jk}^{\alpha} \tag{3.2.50}$$

offensichtlich. (Wenn G kontinuierlich ist, ist zwar die zweite Gleichung eine Identität in $A(G)$, die erste jedoch nur eine im Ring der beschränkten Operatoren von $L^2(G)$.)

A-3.2.4: Die Indizes $\alpha \in A_G$ können so angeordnet werden, daß

$$\alpha(n) < \alpha(m) \Rightarrow n_{\alpha(n)} \leqslant n_{\alpha(m)} \tag{3.2.51}$$

ist. Man zeige, daß die Teilsummen

$$x_n = \sum_{\alpha \leqslant \alpha(n),jk} D_{jk}^{\alpha}(x)\, e_{jk}^{\alpha} \tag{3.2.52}$$

Elemente von $A(G)$ sind, die x annähern ($\|(x - x_n)\,f\|$ beliebig klein für hinreichend großes n), und daß der „Grenzwert" δ_x der dazugehörigen stetigen, quadratisch integrierbaren Funktionen

$$\Delta_x^{(n)}(y) = \sum_{\alpha \leqslant \alpha(n),j} n_{\alpha} D_{jj}^{\alpha}(xy^{-1}) \tag{3.2.53}$$

eine δ-„Funktion" ist ($M_y \delta_x(y)\, f(y) = f(x)$). Hinweis: (3.2.2–4, 45–48), (2.4.1).

Mit $x = e$ $(D_{jk}(e) = \delta_{jk})$ erhält man aus (3.2.50) folgende *Zerlegung des Einheitsoperators*:

$$1 = e = \sum_{\alpha} e^{\alpha} = \sum_{\alpha k} e_{kk}^{\alpha} \tag{3.2.54}$$

Sie drückt aus, daß $L^2(G)$ in eine direkte Summe von irreduziblen Unterräumen $L_k^{\alpha}(G)$ zerfällt, die den minimalen L-Idealen $A_{\cdot k}^{\alpha}(G)$ (Gl. (3.2.35)) eineindeutig zugeordnet sind.

$$L^2(G) = \sum_{\alpha k} \oplus\, L_k^{\alpha}(G), \quad L_k^{\alpha}(G) = e_{kk}^{\alpha}\, L^2(G) \tag{3.2.55}$$

Für *die zur Basis* $\{D_{jk}^{\alpha *} : \alpha \in A_G;\ j,k = 0, 1, \ldots, n_{\alpha}-1\}$ *gehörenden vollständig zerfällten regulären Matrixdarstellungen von* G *und* $A(G)$ ergibt sich daher folgendes Bild: *Alle Matrizen zerfallen*, wie man aus (2.4.1), (3.2.33, 44–47) sieht, zunächst *in eine direkte Summe von Matrizen der Dimension* n_{α}^2. Dies entspricht, wie das Bild 3.1 zeigt, der Zerfällung von $A(G)$ in die minimalen Z-Ideale $A^{\alpha}(G)$. *Jede* n_{α}^2-*dimensionale Matrix zerfällt*, wie man aus (3.2.46–48) sieht, *selbst weiter in eine direkte Summe von* n_{α} *identischen Matrizen der Dimension* n_{α}. Dies reflektiert die Tatsache, daß jedes Z-Ideal $A^{\alpha}(G)$ in die n_{α} isomorphen minimalen L-Ideale $A_{\cdot k}^{\alpha}(G)$ zerlegt werden kann.

Die irreduziblen Matrixdarstellungen von $A(G)$,

$$B_{jk}^{\alpha}(a) = B_{jk}^{\alpha}(a^{\alpha}) = M_x\, a(x)\, D_{jk}^{\alpha}(x) = \frac{1}{n_{\alpha}} \langle e_{jk}^{\alpha}, a \rangle, \tag{3.2.56}$$

können nur Beziehungen zwischen den Komponenten $a^{\alpha}, b^{\alpha}, \ldots$ wiedergeben. Daß die *unitären irreduziblen Matrixdarstellungen* $D^{\alpha} = \{D^{\alpha}(x)\colon x \in G\}$, die im folgenden stets kurz als *U(nitary) I(rreducible) R(epresentation)s* bezeichnet werden, das Multiplikationsgesetz von G wiedergeben $(xy = z \Rightarrow D^{\alpha}(x)\, D^{\alpha}(y) = D^{\alpha}(z))$, zeigt (3.2.47). Ob sie allerdings *treue Darstellungen* sind $(D^{\alpha}(x)\, D^{\alpha}(y) = D^{\alpha}(z) \Rightarrow xy = z)$, muß im Einzelfall entschieden werden. Daß alle Matrizen unitär sind, zeigen die Gln. (3.2.45, 47); sind alle Matrizen sogar *orthogonal* (UIR = OIR), dann verwenden wir das Symbol D^{α} anstelle von D^{α}.

B-3.2.2:   *Die identische Darstellung*

$$D^0(x) = 1 \tag{3.2.57}$$

ist orthogonal und, wenn $|G| > 1$ ist, nicht treu.

B-3.2.3:   *UIRs (OIRs) von* S_3. Aus (3.1.20, 13) und (3.2.29, 30) erhält man mit (3.2.44) folgende Matrixdarstellungen der erzeugenden Elemente:

(1) *Die identische Darstellung*

$$D^{(0)}((321)) = 1 \qquad D^{(0)}((2)(31)) = 1 \tag{3.2.58}$$

(2) *Die alternierende Darstellung*

$$D^{(1)}((321)) = 1 \qquad D^{(1)}((2)(31)) = -1 \tag{3.2.59}$$

(3) *Die treue UIR*

$$D^{(2)}((321)) = \begin{bmatrix} c & -s \\ s & c \end{bmatrix} \qquad D^{(2)}((2)(31)) = \begin{bmatrix} 1 & 0 \\ 0 & -1 \end{bmatrix}$$

$$c = \cos\left(\frac{2\pi}{3}\right) = -\frac{1}{2}, \quad s = \sin\left(\frac{2\pi}{3}\right) = \frac{\sqrt{3}}{2} \qquad (3.2.60)$$

3.3A. Irreduzible Darstellungen endlicher Gruppen

Da für endliche Gruppen $U(G) \subset A(G)$ ist, können (3.2.49) und (3.2.44) (mit $M_x = (1/|G|)\sum\limits_x$) als Gleichungen aufgefaßt werden, die zeigen, wie die orthogonalen Basen $\{x: x \in G\}$ und $\{e_{jk}^{\alpha} : \alpha \in A_G; j, k = 0, 1, \dots, n_\alpha - 1\}$ miteinander zusammenhängen. Da beide Basen die gleiche Anzahl von Elementen besitzen müssen, besteht zwischen den Dimensionen der UIRs und der Ordnung einer endlichen Gruppe die Beziehung (*Satz von Burnside*):

$$|G| = \sum_{\alpha} n_\alpha^2 \qquad (3.3A.1)$$

B-3.3.1: *UIRs (OIRs) von S_n.* Es existiert ein systematisches Verfahren, mit dem man für jede symmetrische Gruppe einen vollständigen Satz von OIRs konstruieren kann. Teile davon findet man in den meisten Lehrbüchern der Gruppentheorie; eine vollständige und leicht lesbare Darstellung ist Ref. [26]. Wir erwähnen hier nur einige Tatsachen, die wir später benötigen.

(1) *Indizierung der OIRs.* Als Index α dienen die *Aufteilungen von* n *in natürliche Summanden, die nach ihrer Größe geordnet sind.*

$$A_{S_n} = \{[\lambda] = [l_1, l_2, \dots] : l_i \in N, \ l_i \geqslant l_{i+1}, \sum_i l_i = n\}. \qquad (3.3A.2)$$

Ist in (3.3A.2) $l_{i-1} \neq l_i = l_{i+1} = \dots = l_{i+j} \neq l_{i+j+1}$, dann verwendet man für das Symbol $[\dots l_{i-1}, l_i, l_{i+1}, \dots l_{i+j}, l_{i+j+1}, \dots]$ die Kurzform $[\dots l_{i-1}, l_i^j, l_{i+j+1}, \dots]$ (z. B. $[5, 3, 3, 2, 2, 2] = [5, 3^2, 2^3]$).

(2) *Die identische Darstellung*

$$D^{[n]}(r) = 1 \qquad (3.3A.3)$$

(3) *Die alternierende Darstellung*

$$D^{[1^n]}(r) = (-1)^{p(r)}$$

$$p(r) = i \iff r \in K_i \qquad (3.3A.4)$$

Die *Untergruppe* K_0 ist durch

$$K_0 \subset S_n, \ |K_0| = \frac{|S_n|}{2}$$

$$K_0^{(2)} = K_0, \ (n) \dots (3)(21) \notin K_0 \qquad\qquad (3.3A.5)$$

eindeutig bestimmt, der Komplex K_1 durch

$$K_0 \cap K_1 = \emptyset, \ K_0 \cup K_1 = S_n. \qquad\qquad (3.3A.6)$$

Daß (3.3A.4) eine OIR ist, folgt aus

$$K_i K_0 = K_0 K_i = K_i, \ K_i^{(2)} = K_0. \qquad\qquad (3.3A.7)$$

(4) *Alle anderen OIRs sind mehr-dimensional.*

A-3.3.1:   Man bestimme alle OIRs von S_2. Hinweis: A-1.4.1, (3.3A.3–6, 1).

A-3.3.2:   Man bestimme für S_3 die Komplexe K_i und zeige, daß zwischen den in
             B-3.2.3 verwendeten Indizes und denen, die durch (3.3A.2) gegeben sind,
             die Zuordnung

$$\langle 0 \rangle \longleftrightarrow [3], \ \langle 1 \rangle \longleftrightarrow [1^3], \ \langle 2 \rangle \longleftrightarrow [2,1] \qquad\qquad (3.3A.8)$$

             besteht. Hinweis: (3.3A.3–6), (3.2.59), A-1.4.1.

B-3.3.2:   *UIRs von O** (Bezeichnungsweise wie in B-1.1.10)
             (1) *Die identische Darstellung*

             für alle x: $D^{\langle 0 \rangle}(x) = 1$ $\qquad\qquad (3.3A.9)$

             (2) *Die zweite 1-dimensionale UIR*

             $x = z, p, q, r: \ D^{\langle 1 \rangle}(x) = 1, \ D^{\langle 1 \rangle}(s) = -1 \qquad\qquad (3.3A.10)$

             (3) *Die nicht-treue 2-dimensionale UIR*

             $x = z, p, q: \ D^{\langle 2 \rangle}(x) = 1\text{-Matrix}$

$$D^{\langle 2 \rangle}(r) = \frac{1}{2}\begin{bmatrix} -1 & -\sqrt{3} \\ \sqrt{3} & -1 \end{bmatrix} \qquad D^{\langle 2 \rangle}(s) = \begin{bmatrix} 1 & 0 \\ 0 & -1 \end{bmatrix} \qquad\qquad (3.3A.11)$$

             (4) *Die erste 3-dimensionale UIR*

             $D^{\langle 3 \rangle}(z) = 1\text{-Matrix}; \ x = p, q, r, s: \ D^{\langle 3 \rangle}(x)$ s. (1.1A.11)
             nicht-reelle Form: $D^{\langle 3 \rangle}(x) = W^+ D^{\langle 3 \rangle}(x) W$

$$W = \begin{bmatrix} a & 0 & -a \\ b & 0 & b \\ 0 & -1 & 0 \end{bmatrix} \qquad a = \frac{1}{\sqrt{2}}, \ b = \frac{i}{\sqrt{2}} \qquad\qquad (3.3A.12)$$

(5) *Die zweite 3-dimensionale UIR*

für alle x: $D^{\langle 4\rangle}(x) = D^{\langle 1\rangle}(x)\, D^{\langle 3\rangle}(x)$

nicht-reelle Form: $D^{\langle 4\rangle}(x) = D^{\langle 1\rangle}(x)\, D^{\langle 3\rangle}(x)$ $\qquad\qquad$ (3.3A.13)

(6) *Die erste treue 2-dimensionale UIR*

$x = z, p, q, r, s$: $D^{\langle 5\rangle}(x)$ s. (1.1A.8, 9) $\qquad\qquad$ (3.3A.14)

(7) *Die zweite treue 2-dimensionale UIR*

für alle x: $D^{\langle 6\rangle}(x) = D^{\langle 1\rangle}(x)\, D^{\langle 5\rangle}(x)$ $\qquad\qquad$ (3.3A.15)

(8) *Die treue 4-dimensionale UIR*

$D^{\langle 7\rangle}(z) = $ negative 1-Matrix

$$D^{\langle 7\rangle}(p) = \begin{bmatrix} i & 0 & 0 & 0 \\ 0 & -i & 0 & 0 \\ 0 & 0 & i & 0 \\ 0 & 0 & 0 & -i \end{bmatrix} \qquad D^{\langle 7\rangle}(q) = \begin{bmatrix} 0 & 0 & 0 & -1 \\ 0 & 0 & 1 & 0 \\ 0 & -1 & 0 & 0 \\ 1 & 0 & 0 & 0 \end{bmatrix}$$

$$D^{\langle 7\rangle}(r) = \begin{bmatrix} -a & b & -b & a \\ b^* & -a^* & -a^* & b^* \\ b & a & -a & -b \\ -a^* & -b^* & -b^* & -a^* \end{bmatrix} \qquad D^{\langle 7\rangle}(s) = \begin{bmatrix} 0 & 0 & 0 & -c^* \\ 0 & 0 & -c & 0 \\ 0 & c^* & 0 & 0 \\ c & 0 & 0 & 0 \end{bmatrix}$$

$$a = \frac{1+i}{4} = \frac{b}{\sqrt{3}}, \quad c = \sqrt{2}\,(1+i) \qquad\qquad (3.3A.16)$$

B-3.3.3: $\quad$ *UIRs (OIRs) von D_4* (Bezeichnungen wie in B-1.1.13)

$\qquad\qquad$ (1) *Die identische Darstellung*

$D^{\langle 0\rangle}(r) = D^{\langle 0\rangle}(s) = 1$ $\qquad\qquad$ (3.3A.17)

(2) *Die zweite 1-dimensionale OIR*

$D^{\langle 1\rangle}(r) = -D^{\langle 1\rangle}(s) = 1$ $\qquad\qquad$ (3.3A.18)

(3) *Die dritte 1-dimensionale OIR*

$D^{\langle 2\rangle}(r) = -D^{\langle 2\rangle}(s) = -1$ $\qquad\qquad$ (3.3A.19)

(4) *Die vierte 1-dimensionale OIR*

$D^{\langle 3\rangle}(r) = D^{\langle 3\rangle}(s) = -1$ $\qquad\qquad$ (3.3A.20)

(5) *Die treue OIR*

$$D^{\langle 4\rangle}(r) = \begin{bmatrix} 0 & -1 \\ 1 & 0 \end{bmatrix} \quad D^{\langle 4\rangle}(s) = \begin{bmatrix} 1 & 0 \\ 0 & -1 \end{bmatrix} \qquad\qquad (3.3A.21)$$

B-3.3.4:   *UIRs von C_n* (Bezeichnungen wie in B-1.1.14)

$$A_{C_n} = \{l\} = \{0, 1, \dots, n-1\}$$

$$D^l(r^m) = e^{-i\frac{2\pi}{n} lm} \tag{3.3A.22}$$

3.3B. Irreduzible Darstellungen analytischer Gruppen

Wie in Abschnitt 2.5B gezeigt wurde, ist es, wenn G eine analytische Gruppe ist, vorteilhaft, neben den Operatoren $\mathbf{x} \in U(G)$ und $\mathbf{a} \in A(G)$ auch die Operatoren $\mathbf{K}(\vec{\xi}) \in L(G, \vec{\eta})$ zu betrachten, die die Elemente $\vec{\xi} \in L(G)$ darstellen. Dies gilt, wenn man eine Basis wählt, die zum Definitionsbereich der Operatoren $\mathbf{K}(\vec{\xi})$ gehört, auch für jene Matrizen, in denen die Wirkung der Operatoren auf die Elemente dieser Basis zum Ausdruck kommt. *Die so definierte reguläre Matrixdarstellung von $L(G)$ zerfällt genau dann in eine direkte Summe, wenn es auch die regulären Matrixdarstellungen von G und $A(G)$ tun.*

Denn sind die UIRs $\{D^\alpha(\vec{\eta}) = D^\alpha(\mathbf{x}(\vec{\eta})): \vec{\eta} \in V_{\vec{\eta}}\}$ bekannt, dann sind es auch die irreduziblen Unterräume $L_k^\alpha(G, \vec{\eta})\,(\subset L^2(G, \vec{\eta}))$, die von den Funktionen $D_{0k}^{\alpha*}, \dots,$ $D_{n_\alpha - 1, k}^{\alpha*}$ aufgespannt werden. Die Wirkung eines Operators $\mathbf{x} \in U(G)$ mit den kanonischen Koordinaten $\vec{\xi}$, $\mathbf{x} = \mathbf{x}(\vec{\xi})$, ist dort wegen (2.3.1) und (3.2.47, 45) mit $D^\alpha(\vec{\xi}) = D^\alpha(\mathbf{x}(\vec{\xi}))$ durch

$$\mathbf{x}(\vec{\xi})\, D_{lk}^{\alpha*} = \sum_m D_{ml}^\alpha(\vec{\xi})\, D_{mk}^{\alpha*} \tag{3.3B.1}$$

gegeben. Man kann nun folgende Tatsache berücksichtigen: *Wenn G eine analytische Gruppe ist, sind die den Matrixelementen einer UIR zugeordneten Funktionen D_{lk}^α analytisch* [Ref. 23]. Dann ist wegen (2.5B.13)

$$\mathbf{x}(\vec{\xi})\, D_{lk}^{\alpha*} = (1 + \mathbf{K}(\vec{\xi}) + 0(\vec{\xi}^2))\, D_{lk}^{\alpha*} \tag{3.3B.2}$$

und daher

$$\mathbf{K}(\vec{\xi})\, D_{lk}^{\alpha*} = \sum_m K_{ml}^\alpha(\vec{\xi})\, D_{mk}^{\alpha*} \tag{3.3B.3}$$

$$K_{ml}^\alpha(\vec{\xi}) = -i \sum_j \xi_j\, K_{ml}^\alpha(j) \tag{3.3B.4}$$

$$K_{ml}^\alpha(j) = \lim_{\xi \to 0} \frac{1}{\xi}\, (D_{ml}^\alpha(\vec{\xi}^j) - \delta_{ml}); \quad (\vec{\xi}^j)_k = \xi\, \delta_{jk}. \tag{3.3B.5}$$

Die Matrizen $\{K^\alpha(\vec{\xi}): \vec{\xi} \in \mathbf{R}^n\}$ bilden eine *irreduzible Matrixdarstellung der Lieschen Algebra $L(G)$.* Denn aus (2.5B.19), (3.3B.3, 4) folgt mit (3.2.49), daß die *hermiteschen Matrizen $K^\alpha(j)$* die gleichen Vertauschungsrelationen erfüllen wie die Erzeugenden,

$$[K^\alpha(j),\ K^\alpha(k)] = i \sum_l \gamma_{jkl}\, K^\alpha(l), \tag{3.3B.6}$$

wenn auch für $n_\alpha^2 < n$ in mehr oder weniger trivialer Weise ($K^\alpha(j) = 0$ für einige j). Zusammen mit der Linearität der Operatoren K_j zeigt dies, daß die Matrizen $K^\alpha(\vec{\xi})$ tatsächlich eine Darstellung von $L(G)$ bilden.

B-3.3.5: Die zur identischen Darstellung $D^0(\vec{\eta}) = 1$ gehörende Darstellung von $L(G)$ ist nicht treu, da alle (1-dimensionalen) Matrizen $K^0(\vec{\xi}) = 0$ sind. (Eine Matrixdarstellung $\vec{\xi} \to K(\vec{\xi})$ der Lie-Algebra $L(G)$ heißt *treu*, wenn $K(\vec{\xi}) = K(\vec{\xi}') \Rightarrow \vec{\xi} = \vec{\xi}'$ gilt.)

Die Irreduzibilität der Matrixdarstellungen $K^\alpha(\vec{\xi})$ bedeutet, daß $L_k^\alpha(G, \vec{\eta})$ keinen echten Unterraum $L_k^{\alpha\,\prime}(G, \vec{\eta})$ enthält, der unter allen Operatoren $K(\vec{\xi})$ invariant ist. Denn dann wäre, da die Operatoren K_j hermitesch sind, auch das orthogonale Komplement $\overline{L_k^{\alpha\,\prime}}(G, \vec{\eta})$ invariant und man erhielte durch die exponentielle Abbildung $K(\vec{\xi}) \to \exp K(\vec{\xi})$ eine Matrixdarstellung

$$D^\alpha(\vec{\kappa}) = e^{K^\alpha(\vec{\kappa})} = e^{-i\vec{\kappa}\cdot\vec{K}^\alpha}, \quad (\vec{K}^\alpha)_j = K^\alpha(j), \tag{3.3B.7}$$

die (im Widerspruch zur Irreduzibilität der Matrixdarstellung D^α) eine direkte Summe kleinerer Matrixdarstellungen wäre.

Eine irreduzible Matrixdarstellung von $L(G, \vec{\eta})$ kann in naheliegender Weise zu einer von $E(\vec{G}, \vec{\eta})$ erweitert werden. Keine dieser Darstellungen ist treu, da es in $L_k^\alpha(G, \vec{\eta})$ nur n_α^2 linear unabhängige Operatoren gibt. Diese Matrixdarstellungen zeigen aber, daß man, solange man *in einem einzigen irreduziblen Unterraum von* $L^2(G, \vec{\eta})$ bleibt (oder höchstens einer endlichen Anzahl), die *Einheiten* auch *als Polynome in den Erzeugenden* ansehen kann. Zur Konstruktion der primitiven Idempotenten, die im wesentlichen darin besteht, genügend viele vertauschbare normale Operatoren zu diagonalisieren, kann man daher auch Elemente von $E(G, \vec{\eta})$ heranziehen. Es ist naheliegend, dann zuerst die *Elemente einer maximalen kommutativen Unteralgebra von* $L(G, \vec{\eta})$ zu *diagonalisieren*. Ihre *Eigenwerte reichen* aber *i.a. nicht aus, die Zeilen einer UIR eindeutig zu kennzeichnen*, d.h. man benötigt (im Gegensatz zu den folgenden Beispielen) auch Elemente von $E(G, \vec{\eta})$, um innerhalb eines Z-Ideals Einheiten (UIRs) zu konstruieren.

B-3.3.6: *Irreduzible Darstellungen von* $U(1)$ *(Bezeichnungen wie in B-1.4.2(a))*
           Infinitesimal erzeugender Operator:

$$K = -i\,\frac{d}{d\alpha} \text{ (vgl. A-1.4.8, (2.5B.20, 21))} \tag{3.3B.8}$$

Indizes: $A_{U(1)} = \{m\} = \mathbf{Z}$ \hfill (3.3B.9)

Dimensionen: $n_m = 1$ \hfill (3.3B.10)

Irreduzible Darstellungen: $K^m = m; \quad D^m(\alpha) = e^{-im\alpha}$ \hfill (3.3B.11)

Die Ganzzahligkeit von m ergibt sich aus $D^0(\alpha) = 1$, $\langle D^{m*}, D^{0*}\rangle = 0$ für $m \neq 0$ und

$$M[f] = \frac{1}{2\pi} \int_{-\pi}^{\pi} d\alpha\, f(\alpha). \tag{3.3B.12}$$

B-3.3.7: *Irreduzible Darstellungen von SU(2)* (Bezeichnungen wie in B-1.4.3, 2.5.3)

Indizes: $A_{SU(2)} = \{j\} = \{0, \frac{1}{2}, 1, \frac{3}{2}, 2, \frac{5}{2}, \ldots\}$

$$\text{Zeilen/Spalten } \{m\} = \{j, j-1, \ldots, -j+1, -j\} \tag{3.3B.13}$$

Dimensionen: $n_j = 2j + 1$ $\tag{3.3B.14}$

Irreduzible Darstellungen der Erzeugenden:

$$J^j_{mm'}(3) = \delta_{mm'} m \tag{3.3B.15}$$

$$J^j_{mm'}(\pm) = J^j_{mm'}(1) \pm iJ^j_{mm'}(2) =$$
$$= \delta_{m,m' \mp 1} \sqrt{(j \mp m)(j \pm m + 1)} \tag{3.3B.16}$$

Diese Matrixdarstellungen, die *für $j \neq 0$ treu* sind, ergeben sich (bis auf die Phasen von (3.3B.16)) aus den Vertauschungsrelationen der Drehimpulsoperatoren $\mathbf{J}_j$ und der Annahme, daß $A^j(SU(2))$ endlich-dimensional ist.

UIRs (Drehmatrizen) für $\vec{X} \in K_\omega$:

$$D^j_{mm'}(\omega) = e^{-im\alpha} d^j_{mm'}(\beta) e^{-im'\gamma} \tag{3.3B.17}$$

$$d^j_{mm'}(\beta) = (e^{-i\beta J^j(2)})_{mm'} = d^{j*}_{mm'}(\beta) \tag{3.3B.18}$$

$$j = \frac{1}{2}; \quad m, m' = +\frac{1}{2}, -\frac{1}{2}: \quad D^{1/2}(\omega) \quad \text{s. Gl. (1.4B.5)}$$

$$j = 1; \quad m, m' = +1, 0, -1:$$

$$d^1(\beta) = \begin{bmatrix} \frac{1}{2}(1 + \cos\beta) & -\frac{1}{\sqrt{2}}\sin\beta & \frac{1}{2}(1 - \cos\beta) \\[2mm] \frac{1}{\sqrt{2}}\sin\beta & \cos\beta & -\frac{1}{\sqrt{2}}\sin\beta \\[2mm] \frac{1}{2}(1 - \cos\beta) & \frac{1}{\sqrt{2}}\sin\beta & \frac{1}{2}(1 + \cos\beta) \end{bmatrix} \tag{3.3B.19}$$

$$\mathbf{J}_3 D^{j*}_{mm''} = m D^{j*}_{mm''}$$
$$(\mathbf{J}_1 \pm i\mathbf{J}_2) D^{j*}_{mm''} = \sqrt{(j \mp m)(j \pm m + 1)} \, D^{j*}_{m \pm 1, m''} \tag{3.3B.20}$$

$$\vec{X}(\omega') D^{j*}_{mm''} = \sum_{m'} D^j_{m'm}(\omega') D^{j*}_{m'm''} \tag{3.3B.21}$$

B-3.3.8: *Kugelflächenfunktionen* (vgl. A-2.5.9)

$$m' = 0 \Rightarrow j \in \mathbf{Z}, \quad Y_{jm}(\beta\alpha) = \sqrt{\frac{2j+1}{4\pi}} \, D^{j*}_{m0}(\omega) \tag{3.3B.22}$$

$$\mathbf{J}_3 Y_{jm} = -i \frac{\partial}{\partial\alpha} Y_{jm} = m Y_{jm}$$

$$(\mathbf{J}_1 \pm i\mathbf{J}_3)\, Y_{jm} = e^{\pm\, i\alpha} \left(\pm \frac{\partial}{\partial \beta} + i \cot\beta \, \frac{\partial}{\partial\alpha} \right) Y_{jm} =$$

$$= \sqrt{(j \mp m)\,(j \pm m + 1)}\; Y_{jm \pm 1} \qquad (3.3\text{B}.23)$$

$$\vec{\mathbf{X}}(\omega')\, Y_{jm} = \sum_{m'} D^j_{m'm}(\omega')\, Y_{jm'} \qquad (3.3\text{B}.24)$$

$$\int\limits_0^{2\pi} d\alpha \int\limits_{-1}^{1} d(\cos\beta)\, Y^*_{jm}(\beta\alpha)\, Y_{j'm'}(\beta\alpha) = \delta_{jj'}\,\delta_{mm'} \qquad (3.3\text{B}.25)$$

4. Charaktere

4.1. Automorphismen einer Gruppe

Eine Abbildung A: $G \to G$ wird als *Automorphismus der Gruppe G* bezeichnet, wenn

$$A(x)\, A(y) = A(xy)$$
$$A(x^{-1}) = (A(x))^{-1} \qquad\qquad (4.1.1)$$

gilt und eine zu A *inverse Abbildung* A^{-1} *existiert.*

B-4.1.1:   Automorphismen der additiven Gruppe $^+\mathbf{R}\,[^+\mathbf{C}]$: Zu jeder Zahl $\gamma \in \mathbf{R}\,[\mathbf{C}]$, $\gamma \neq 0$ gibt es eine Abbildung $A_\gamma : \mathbf{R} \to \mathbf{R}\,[\mathbf{C} \to \mathbf{C}]$, $A_\gamma(x) = (\gamma x)$, die wegen $\gamma x + \gamma y = \gamma(x+y)$, $\gamma(-x) = -\gamma x$ und $A^{-1}_\gamma = A_{\gamma^{-1}}$ ein Automorphismus ist.

B-4.1.2:   Automorphismen der additiven Gruppe $^+\mathbf{Z}$: Da $A(1) \in \mathbf{Z}$ sein muß, gibt es nur die beiden Automorphismen $A_\pm$ mit $A_\pm(g) = (\pm g)$.

A-4.1.1:   Jeder nicht-singulären n-reihigen Matrix mit Elementen aus $\mathbf{R}\,[\mathbf{C}]$ ist ein Automorphismus von $^+\mathbf{R}^n\,[^+\mathbf{C}^n]$ zugeordnet. Warum? Hinweis: B-1.1.2, B-4.1.1.

A-4.1.2:   Jeder n-reihigen Matrix M mit Elementen aus $\mathbf{Z}$ und $\det M = \pm 1$ ist ein Automorphismus von $^+\mathbf{Z}^n$ zugeordnet. Warum? Hinweis: B-1.1.2, A-4.1.1, $M_{jk} \in \mathbf{Z} \Rightarrow (\det M)\,(M^{-1})_{jk} \in \mathbf{Z}$.

A-4.1.3:   Man zeige, daß die durch $I(x) = x^{-1}$ definierte Abbildung genau dann ein Automorphismus ist, wenn G abelsch ist. Hinweis: (1.1A.4).

Definiert man das *Produkt* $A_1 A_2$ *von zwei Automorphismen* A_1 und A_2 durch $(A_1 A_2)\,(x) = A_1(A_2(x))$, dann bildet die Menge der Automorphismen einer gegebenen Gruppe G selbst eine Gruppe.

A-4.1.4:   Man verifiziere die letzte Behauptung. Hinweis: Abschnitt 1.A1.

Wir nennen diese Gruppe die (!) *Automorphismengruppe von G*, jede echte Untergruppe eine (!) solche.

A-4.1.5:   Die Automorphismengruppe einer endlichen Gruppe G ist eine Untergruppe
            von $S_{|G|-1}$. Warum? Hinweis: A: $G \to G$, (4.1.1) $\Rightarrow$ A(e) = e.

A-4.1.6:   Die Automorphismengruppe von C_3 ist S_2. Warum? Hinweis: A-4.1.3, 5.

Ein Automorphismus einer topologischen Gruppe G wird als *topologisch* bezeichnet,
wenn für alle offenen Komplexe von G

$$K \text{ offen} \iff AK = \{A(x): x \in K\} \text{ offen} \tag{4.1.2}$$

gilt.

A-4.1.7:   Man zeige, daß die topologischen Automorphismen eine Gruppe bilden.

Die topologischen Automorphismen einer kompakten Gruppe sind maßerhaltend, d.h.
es gilt für sie

$$M_x \, a(x) = M_x \, a(A^{-1}(x)) = M_{A(x)} \, a(x), \tag{4.1.3}$$

weil wegen (3.2.48, 49, 57), (2.2.3)

$$M[a] = \langle D^0, a \rangle \tag{4.1.4}$$

und $D^0(A^{-1}(x)) = D^0(x) \, (= 1)$ ist.

   Die für uns interessantesten topologischen Automorphismen sind die *inneren Automorphismen*. Als solche bezeichnet man die Abbildungen C_y mit

$$C_y(x) = yxy^{-1}. \tag{4.1.5}$$

Jede von ihnen ist durch das Element $y \in G$ und das Multiplikationsgesetz von G vollständig bestimmt.

A-4.1.8:   Man zeige, daß die inneren Automorphismen eine Gruppe bilden.
            Hinweis: (1.1A.2–4).

A-4.1.9:   Welche inneren Automorphismen besitzt eine abelsche Gruppe?
            Hinweis: (4.1.5), (1.1A.6).

B-4.1.3:   *Die inneren Automorphismen von SU(2)* lassen sich am einfachsten disku-
            tieren, wenn man die Parameter $\vec{\lambda} \in V_{\vec{\lambda}}$ (s. Gln. (2.5B.28, 29)) verwendet,
            die sowohl kanonisch als auch global sind. Der Vorteil dieser Parametrisierung
            zeigt sich zunächst daran, daß jeder innere Automorphismus die zu $V_{\vec{\lambda}}$ ge-
            hörende Karte $K_{\vec{\lambda}}$ in sich selbst überführt, da wegen B-1.1.12, A-1.1.8,
            (1.4B.1) und B-1.1.3 das einzige Element von $SU(2)$, das $K_{\vec{\lambda}}$ nicht enthält,
            unter allen inneren Automorphismen invariant ist.

$$\vec{Z} = (-1, 0, 0, 0): \quad \vec{X}\vec{Z} = \vec{Z}\vec{X} = -\vec{X}. \tag{4.1.6}$$

            Jedem $\vec{X}' = \vec{X}(\vec{\lambda}') \in K_{\vec{\lambda}}$ ist in $L^2(SU(2), \omega)$ (= Hilbertraum der auf den glo-
            balen Koordinaten $\omega \in V_\omega$ definierten und quadratisch integrierbaren Funk-
            tionen) ein unitärer Operator $\vec{X}(\vec{\lambda}')$ zugeordnet, der eine Potenzreihenent-

wicklung der Art $\exp J(\vec{\lambda'})$ besitzt (s. B-2.5.3). Der dem Element $\vec{X}$ zugeordnete innere Automorphismus ist daher vollständig bestimmt, wenn man weiß, wie sich dabei $J(\vec{\lambda'})$, das erzeugende Element von $\vec{X}(\vec{\lambda'})$, ändert. Dies läßt sich aber aus den Operatoridentitäten

$$e^{A}\, e^{B}\, e^{-A} = e^{(e^{A}Be^{-A})} \tag{4.1.7}$$

$$e^{A}Be^{-A} = B + \sum_{k \geqslant 1} \frac{1}{k!} \overset{k}{[A,B]}$$

$$\overset{k+1}{[A,B]} = [A, \overset{k}{[A,B]}], \quad \overset{1}{[A,B]} = [A,B] \tag{4.1.8}$$

ablesen, wenn man $A = J(\vec{\lambda})$ und $B = J(\vec{\lambda'})$ setzt. Aus (2.5B.18, 25) folgt

$$\overset{k}{[J(\vec{\lambda}), J(\vec{\lambda'})]} = J((\vec{\lambda}x)^{k}\, \vec{\lambda'})$$
$$(\vec{\lambda}x)^{k}\, \vec{\lambda'} = \vec{\lambda}x\,[(\vec{\lambda}x)^{k-1}\, \vec{\lambda'}], \quad (\vec{\lambda}x)^{0}\, \vec{\lambda'} = \vec{\lambda'}. \tag{4.1.9}$$

Da die auf der rechten Seite von (4.1.8) auftretenden Summanden $J(\vec{\lambda'})$, $J(\vec{\lambda}\times\vec{\lambda'})$, ... gemäß (2.5B.18) zu $J(\vec{\lambda} + \vec{\lambda}\times\vec{\lambda'} + ...)$ addiert werden können, empfiehlt es sich in $\mathbf{R}^{3}$ einen Operator

$$D(\vec{\lambda}) = \sum_{k=0}^{\infty} \frac{1}{k!} (\vec{\lambda}x)^{k} \tag{4.1.10}$$

einzuführen, dessen Wirkung durch die Matrixdarstellung

$$(\vec{\lambda}x) \leftrightarrow J^{1}(\vec{\lambda}) = \begin{bmatrix} 0 & -\lambda_3 & \lambda_2 \\ \lambda_3 & 0 & -\lambda_1 \\ -\lambda_2 & \lambda_1 & 0 \end{bmatrix}$$

$$D(\vec{\lambda}) \leftrightarrow D^{1}(\vec{\lambda}) = e^{J^{1}(\vec{\lambda})} =$$

$$= \begin{bmatrix} 1 + (\lambda_1^2 - \lambda^2)C(\lambda) & \lambda_1\lambda_2 C(\lambda) - \lambda_3 S(\lambda) & \lambda_1\lambda_3 C(\lambda) + \lambda_2 S(\lambda) \\ \lambda_2\lambda_1 C(\lambda) + \lambda_3 S(\lambda) & 1 + (\lambda_2^2 - \lambda^2)C(\lambda) & \lambda_2\lambda_3 C(\lambda) - \lambda_1 S(\lambda) \\ \lambda_3\lambda_1 C(\lambda) - \lambda_2 S(\lambda) & \lambda_3\lambda_2 C(\lambda) - \lambda_1 S(\lambda) & 1 + (\lambda_3^2 - \lambda^2)C(\lambda) \end{bmatrix}$$

$$C(\lambda) = \frac{1 - \cos\lambda}{\lambda^2} = \frac{2\sin^2\lambda/2}{\lambda^2}$$

$$S(\lambda) = \frac{\sin\lambda}{\lambda} = \frac{2\sin\lambda/2 \cos\lambda/2}{\lambda} \tag{4.1.11}$$

$$(D(\vec{\lambda})\vec{\lambda'})_j = \sum_{j'} D^{1}_{jj'}(\vec{\lambda})\lambda'_{j'} \tag{4.1.12}$$

besonders deutlich zum Ausdruck gebracht wird. Mit seiner Hilfe läßt sich wegen

$$e^{\mathbf{J}(\vec{\lambda})}\,\mathbf{J}(\vec{\lambda}')\,e^{-\mathbf{J}(\vec{\lambda})} = \mathbf{J}(D(\vec{\lambda})\,\vec{\lambda}') \tag{4.1.13}$$

die Wirkung der den Elementen von $K_{\vec{\lambda}}$ zugeordneten Automorphismen auf die Elemente dieser Karte durch

$$\vec{\mathbf{X}}(\vec{\lambda})\,\vec{\mathbf{X}}(\vec{\lambda}')\,\vec{\mathbf{X}}(-\vec{\lambda}) = \vec{\mathbf{X}}(D(\vec{\lambda})\,\vec{\lambda}') \tag{4.1.14}$$

ausdrücken. Daß dem Element $\vec{Z}\,(\notin K_{\vec{\lambda}})$ der identische Automorphismus $\vec{X} \to \vec{X}$ zugeordnet ist, folgt aus (4.1.6) und

$$\vec{Z}\vec{Z} = \vec{E}. \tag{4.1.15}$$

Daraus folgt aber, daß *den Elementen* $\vec{X}$ *und* $\vec{Z}\vec{X} = \vec{X}\vec{Z} = -\vec{X}$ *derselbe Automorphismus zugeordnet* ist; für $\vec{X} \neq \vec{Z}$ läßt sich dies auch direkt aus (2.5B.28, 27) und (4.1.11) ablesen. *Die Gruppe der inneren Automorphismen von SU(2) ist isomorph zu SO(3).* Denn wegen

$$(D^1(\vec{\lambda}))^{\mathrm{T}} = (D^1(\vec{\lambda}))^{-1} = D^1(-\vec{\lambda}) \tag{4.1.16}$$

$$\det D^1(\vec{\lambda}) = \det e^{J^1(\vec{\lambda})} = e^{\operatorname{Spur}J^1(\vec{\lambda})} = 1 \tag{4.1.17}$$

ist jedem Automorphismus eine 3-reihige orthogonale Matrix mit Determinante = 1 zugeordnet. Andererseits läßt sich aber auch jede orthogonale 3-reihige Matrix $D\,(D^{\mathrm{T}} = D^{-1})$ mit det $D = 1$ auf die Form (4.1.11) bringen. Die Zahl $\lambda\,(0 \leqslant \lambda < 2\pi)$ ergibt sich als eine der beiden Lösungen der Gleichung

$$\operatorname{Spur} D = \sum_{j} D_{jj} = 1 + 2\cos\lambda. \tag{4.1.18}$$

Sobald λ (und damit $S(\lambda)$) bekannt ist, können die Komponenten $\lambda_j\,(j = 1, 2, 3)$ aus den Gleichungen

$$2S(\lambda)\,\lambda_j = -\sum_{kl} \epsilon_{jkl}\,D_{kl} \tag{4.1.19}$$

berechnet werden.

Man faßt Elemente, die durch einen inneren Automorphismus ineinander übergeführt werden können, zu Komplexen C_μ zusammen und nennt diese *Klassen (konjugierter Elemente)*.

$$C_G = \{\mu\} = \text{Indexmenge für die Klassen konjugierter Elemente} \tag{4.1.20}$$

$$C_{(x)} = \{yxy^{-1}:\ y \in G\}$$

$$x \in C_\mu \iff C_\mu = C_{(x)} \tag{4.1.21}$$

A-4.1.10:   Man zeige, daß

$$\bigcup_\mu C_\mu = G$$

$$C_\mu \cap C_{\mu'} = \emptyset \iff C_\mu \neq C_{\mu'} \qquad\qquad (4.1.22)$$

ist. Hinweis: (4.1.21).

B-4.1.4:   *Klassen von S_n* (Definition und Bezeichnungen s. B-1.1.5). Zwei Elemente
von S_n gehören genau dann zur selben Klasse, wenn für alle m, $1 \leqslant m \leqslant n$,
die Anzahl von Zyklen, die m Ziffern enthalten („Zyklen der Länge m"), für
beide Elemente gleich groß ist. Dies folgt aus

$$(ri \leftarrow i)\,(si \leftarrow i)\,(i \leftarrow ri) = (rsr^{-1}i \leftarrow i)$$

$$s^l i = i \iff (rsr^{-1})^l ri = ri \qquad\qquad (4.1.23)$$

und daraus, daß ein Zyklus der Länge m die Form $(s^{m-1}i \ldots si\, i)$ hat. Man
wählt daher als Klassenindizes die Elemente der Menge

$$C_{S_n} = \left\{ \{\mu\} = \{m_1, m_2, \ldots\} : m_i \in \mathbf{N},\, m_i \geqslant m_{i+1},\, \sum_i m_i = n \right\}, \qquad (4.1.24)$$

die analog zu A_{S_n} definiert und von gleicher Mächtigkeit ist (s. (3.3A.2)).

A-4.1.11:   Man überzeuge sich, daß die *Klassen von S_3* durch

$$C_{\{1^3\}} = \{(3)\,(2)\,(1)\}$$
$$C_{\{2,1\}} = \{(3)\,(21),\,(2)\,(31),\,(32)\,(1)\}$$
$$C_{\{3\}} = \{(321)\,(231)\} \qquad\qquad (4.1.25)$$

gegeben sind. Hinweis: B-4.1.4, (4.1.5), A-1.4.1.

A-4.1.12:   Man zeige, daß die Gruppe S_4 fünf Klassen besitzt. Hinweis: (4.1.24).

A-4.1.13:   *Klassen von O* (Definition und Bezeichnungen s. B-1.1.11). Man zeige, daß O
fünf Klassen besitzt, die durch die fünf Elemente e, s, p, r, qs eindeutig gekennzeichnet sind. Hinweis: B-1.1.11, A-1.1.6). Ein anderer Beweis ergibt
sich aus

$$O \leftrightarrow S_4: p \leftrightarrow (43)\,(21), \quad q \leftrightarrow (32)\,(41)$$
$$r \leftrightarrow (4)\,(321), \quad s \leftrightarrow (4)\,(3)\,(21) \qquad\qquad (4.1.26)$$

und A-4.1.12.

B-4.1.5:   *Klassen von O^** (Definition und Bezeichnungen s. B-1.1.10). O^* besitzt acht
Klassen, die durch die Elemente $e, z, p, r, rz, s, qs, qsz$ eindeutig gekennzeichnet
werden können.

A-4.1.14:   *Klassen von D_4* (Definition und Bezeichnungen s. B-1.1.13). Man zeige, daß
            die Klassen von D_4 durch

$$\{e\}, \{r^2\}, \{r,r^3\}, \{s,r^2s\}, \{rs,r^3s\} \tag{4.1.27}$$

gegeben sind. Hinweis: B-1.1.13, B-1.1.5.

A-4.1.15:   *Klassen von $SU(2)$*: Man zeige, daß die Komplexe $\{\vec{Z}\}$ und $C_{\lambda'} = \{\vec{X}:$
            $\vec{X} = \vec{X}(\vec{\lambda}) \in K_{\vec{\lambda}}, \lambda = \lambda'\}$ Klassen von $SU(2)$ sind. Hinweis: (4.1.6, 11–15).

Wenn eine Klasse nur aus einem einzigen Element besteht ($C_\mu = \{z\}$), dann vertauscht
dieses Gruppenelement mit allen anderen. Die Gesamtheit dieser Elemente bildet eine
Untergruppe $Z[G]$,

$$z \in Z[G] \Longleftrightarrow zx = xz \quad \text{für alle } x \in G, \tag{4.1.28}$$

die als *Zentrum der Gruppe G* bezeichnet wird.

A-4.1.16:   *$Z[G]$ ist eine abelsche Gruppe.* Warum? Hinweis: Abschnitt 1.1A.

A-4.1.17:   Man verifiziere die Aussage

$$Z[G] = G \Longleftrightarrow G \text{ ist abelsch.} \tag{4.1.29}$$

Hinweis: (4.1.28), (1.1A.6).

A-4.1.18:   *Zentrum von O^*.* Man zeige, daß

$$Z[O^*] = \{e,z\} \leftrightarrow S_2 \tag{4.1.30}$$

ist. Hinweis: B-4.1.5, B-1.1.10 und

$$z \in Z[G] \Rightarrow C_{(z)} = \{z\}. \tag{4.1.31}$$

A-4.1.19:   *Zentrum von $SU(2)$*: Man zeige, daß

$$Z_2 = Z[SU(2)] = \{\vec{E}, \vec{Z}\} \leftrightarrow S_2 \tag{4.1.32}$$

ist. Hinweis: (4.1.6, 15).

4.2. Automorphismen einer Gruppenalgebra

Eine Abbildung A: $A(G) \to A(G)$ wird als *Automorphismus der Gruppenalgebra $A(G)$*
bezeichnet, wenn

$$\begin{aligned}
A(a^+) &= (A(a))^+ \\
A(a + b) &= A(a) + A(b) \\
A(ab) &= A(a)\,A(b) \\
A(\alpha a) &= \alpha A(a)
\end{aligned} \tag{4.2.1}$$

gilt und eine zu A *inverse Abbildung* A^{-1} *existiert.* Ein Automorphismus von $A(G)$ führt
Einheiten e_{jk}^α in Elemente

$$A(e_{jk}^\alpha) = \bar{e}_{jk}^{\bar\alpha} = M_x\, n_{\bar\alpha}\, \bar{D}_{jk}^{\bar\alpha *}(x)\, x \tag{4.2.2}$$

über, die i.a. nicht mit den ursprünglichen Einheiten übereinstimmen, aber wegen (4.2.1) jedenfalls die Gln. (3.2.1, 2) erfüllen. Da wegen (4.2.1) ein Automorphismus von $A(G)$ aber auch minimale L[Z]-Ideale in ebensolche Ideale überführt, ist die durch

$$x\bar{e}^{\bar{\alpha}}_{jk} = \sum_l \bar{D}^{\bar{\alpha}}_{lj}(x)\bar{e}^{\bar{\alpha}}_{lk} \tag{4.2.3}$$

definierte Matrixdarstellung $\bar{D}^{\bar{\alpha}}$ eine UIR von derselben Dimension wie D^α.

$$n_{\bar{\alpha}} = n_\alpha \tag{4.2.4}$$

A-4.2.1: Man zeige, daß aus (4.2.1)

$$\langle \bar{e}^{\bar{\alpha}}_{jk}, \bar{e}^{\bar{\beta}}_{lm} \rangle = \langle e^\alpha_{jk}, e^\beta_{lm} \rangle \tag{4.2.5}$$

und daraus

$$\langle A(a), A(b) \rangle = \langle a, b \rangle \tag{4.2.6}$$

folgt. Hinweis: (4.2.1–4), A-3.2.1, (3.2.38, 4).

Daraus ergibt sich: *Jeder Automorphismus von $A(G)$ führt einen Satz von Einheiten in einen (i.a. anderen) Satz von Einheiten über.*

A-4.2.2: Die einem topologischen Automorphismus einer kompakten Gruppe G durch

$$A(M_x\, a(x)\, x) = M_x\, a(x)\, A(x) = M_x\, a(A^{-1}(x))\, x \tag{4.2.7}$$

zugeordnete Abbildung A: $A(G) \to A(G)$ ist ein Automorphismus von $A(G)$. Warum? Hinweis: (4.1.1, 3), (2.4.7–10, 1), (4.2.1).

Mit der durch $(A_1 A_2)(a) = A_1(A_2(a))$ definierten *Multiplikation* bildet auch hier die Menge aller [einiger] dieser Automorphismen die [eine] *Automorphismengruppe* von $A(G)$. Jene *Automorphismen, die alle minimalen Z-Ideale $A^\alpha(G)$ in sich selbst überführen,* bilden eine *Untergruppe.* Die Wirkung einer solchen Abbildung wird innerhalb eines dieser Z-Ideale vollständig durch die Transformation einer Basis $\{e^\alpha_{jk} : j, k = 0, 1, \ldots, n_\alpha - 1\}$ bestimmt.

$$A(e^\alpha_{jk}) = \bar{e}^\alpha_{jk} \quad (\bar\alpha = \alpha \text{ für alle } \alpha \in A_G) \tag{4.2.8}$$

Da $e^\alpha_{jk} \neq 0$ ist, ist auch $\bar{e}^\alpha_{jk} \neq 0$. Es gibt daher für einen festen Index k ein Indexpaar l, j, so daß $\langle e^\alpha_{kk}, e^\alpha_{lj} \rangle \neq 0$ ist. Dann ist wegen (2.4.9, 12) aber auch $\bar{e}^\alpha_{kk} e^\alpha_{lj} \neq 0$; wegen (3.2.2) muß dann sogar für alle m $e^\alpha_{mk} e^\alpha_{lj} \neq 0$ sein. Definiert man die Zahl $\gamma^\alpha_{kl} \in \mathbf{R}$ und das Element $u^\alpha \in A^\alpha(G)$ durch

$$(\gamma^\alpha_{kl})^{-2} = n^{-1}_\alpha \langle \bar{e}^\alpha_{kk}, e^\alpha_{ll} \rangle = n^{-1}_\alpha \langle e^\alpha_{ll}, \bar{e}^\alpha_{kk} \rangle =$$
$$= \bar{B}^\alpha_{kk}(e^\alpha_{ll}) = B^\alpha_{ll}(\bar{e}^\alpha_{kk}) \neq 0 \tag{4.2.9}$$

$$u^\alpha = \gamma^\alpha_{kl} \sum_j \bar{e}^\alpha_{jk} e^\alpha_{lj}, \tag{4.2.10}$$

dann gilt wegen (3.2.33)

$$\mathbf{u}^{\alpha}\,\mathbf{e}_{jm}^{\alpha}\,\mathbf{u}^{\alpha+} = \bar{\mathbf{e}}_{jm}^{\alpha}\,. \tag{4.2.11}$$

Ein Automorphismus der Art (4.2.8) wirkt daher in einem minimalen Z-Ideal $A^{\alpha}(G)$ als *innerer Automorphismus.*

$$A(\mathbf{a}^{\alpha}) = \bar{\mathbf{a}}^{\alpha} = \mathbf{u}^{\alpha}\,\mathbf{a}^{\alpha}\,\mathbf{u}^{\alpha+} \tag{4.2.12}$$

A-4.2.3:   Man zeige, daß für den durch (4.2.12, 10, 9), (3.2.1–4) und die entsprechenden Gleichungen für die Einheiten $\bar{\mathbf{e}}_{jk}^{\alpha}$ definierten Automorphismus des Z-
Ideals $A^{\alpha}(G)$

$$\mathbf{e}^{\alpha} = \mathbf{u}^{\alpha+}\,\mathbf{u}^{\alpha} = \mathbf{u}^{\alpha}\,\mathbf{u}^{\alpha+} = \bar{\mathbf{e}}^{\alpha} \tag{4.2.13}$$

gilt und die Gln. (4.2.1) erfüllt sind, falls man $\mathbf{a} \to \mathbf{a}^{\alpha}$, $\mathbf{b} \to \mathbf{b}^{\alpha}$ ersetzt. Hinweis:
(4.2.9, 10), (3.2.1–7), (2.4.4, 7, 9, 10).

A-4.2.4:   Man zeige, daß die Entwicklungskoeffizienten eines Elements

$$\mathbf{u}^{\alpha} = \sum_{jk}{}' U_{kj}^{\alpha}{}^{*}\mathbf{e}_{jk}^{\alpha} \tag{4.2.14}$$

Elemente einer unitären Matrix

$$(U^{\alpha})^{+} = (U^{\alpha})^{-1} \tag{4.2.15}$$

sind, falls $\mathbf{u}^{\alpha}$ (4.2.13) erfüllt, und umgekehrt. Hinweis: (2.4.10), (3.2.1).

A-4.2.5:   *Gruppe der inneren Automorphismen eines minimalen Z-Ideals $A^{\alpha}(G)$:* Man
zeige, daß die Elemente $\mathbf{u}^{\alpha}$, die (4.2.13) erfüllen, eine zu $U(n_{\alpha})$ isomorphe
Gruppe bilden. Hinweis: A-4.2.4, B-1.1.3.

Da es für $n_{\alpha} > 1$ unendlich viele unitäre Matrizen gibt, die nicht Vielfache der 1-Matrix
sind, folgt aus A-4.2.4, daß jedes mehr-dimensionale Z-Ideal $A^{\alpha}(G)$ unendlich viele verschiedene innere Automorphismen besitzt. Die Elemente

$$\mathbf{a}^{\alpha} = \sum_{jk}{}' B_{jk}^{\alpha}(\mathbf{a})\,\mathbf{e}_{jk}^{\alpha} = \sum_{jk}{}' \bar{B}_{jk}^{\alpha}(\mathbf{a})\,\bar{\mathbf{e}}_{jk}^{\alpha}$$

$$\mathbf{x}^{\alpha} = \sum_{jk}{}' D_{jk}^{\alpha}(\mathbf{x})\,\mathbf{e}_{jk}^{\alpha} = \sum_{jk}{}' \bar{D}_{jk}^{\alpha}(\mathbf{x})\,\bar{\mathbf{e}}_{jk}^{\alpha} \tag{4.2.16}$$

($\mathbf{x}^{\alpha}$ s. Gl. (3.2.50)) besitzen daher *für $n_{\alpha} > 1$ unendlich viele Matrixdarstellungen,* die
durch Gleichungen der Art

$$\bar{B}^{\alpha}(\mathbf{a}) = U^{\alpha}\,B^{\alpha}(\mathbf{a})\,U^{\alpha+} \quad (\textit{kurz:}\ \bar{B}^{\alpha}(\mathbf{a}) \sim B^{\alpha}(\mathbf{a}))$$

$$\bar{D}^{\alpha}(\mathbf{x}) = U^{\alpha}\,D^{\alpha}(\mathbf{x})\,U^{\alpha+} \quad (\textit{kurz:}\ \bar{D}^{\alpha}(\mathbf{x}) \sim D^{\alpha}(\mathbf{x})) \tag{4.2.17}$$

miteinander verknüpft sind und als *äquivalent* bezeichnet werden.

A-4.2.6: Man zeige, daß die Matrizen

$$D^1(\omega) = D^1_{(3)}(\alpha)\, D^1_{(2)}(\beta)\, D^1_{(3)}(\gamma) \tag{4.2.18}$$

$$D^1_{(2)}(\beta) = \begin{bmatrix} \cos\beta & 0 & \sin\beta \\ 0 & 1 & 0 \\ -\sin\beta & 0 & \cos\beta \end{bmatrix}$$

$$D^1_{(3)}(\delta) = \begin{bmatrix} \cos\delta & -\sin\delta & 0 \\ \sin\delta & \cos\delta & 0 \\ 0 & 0 & 1 \end{bmatrix} \tag{4.2.19}$$

deren Reihen mit j = 1, 2, 3 indiziert werden, eine 3-dimensionale OIR von $SU(2)$ definieren. Hinweis: (1.4B.7) und

$$D^1_{(2)}(\beta) = W\, D^1(0\beta 0)\, W^+, \quad D^1_{(3)}(\delta) = W\, D^1(\delta 00)\, W^+ \tag{4.2.20}$$

$$W = \begin{bmatrix} \dfrac{1}{\sqrt{2}} & 0 & -\dfrac{1}{\sqrt{2}} \\ \dfrac{i}{\sqrt{2}} & 0 & \dfrac{i}{\sqrt{2}} \\ 0 & -1 & 0 \end{bmatrix}. \tag{4.2.21}$$

Wenn für jedes Z-Ideal $A^\alpha(G)$ ein innerer Automorphismus gegeben ist, ist damit auch ein Automorphismus von $A(G)$, für den (4.2.8) gilt, gegeben. Er bildet das Element $\mathbf{a} \in A(G)$ auf das Element $\mathbf{uau}^+ \in A(G)$ ab, wobei die Größen

$$\mathbf{u} = \sum_\alpha \mathbf{u}^\alpha, \quad \mathbf{u}^+ = \sum_\alpha \mathbf{u}^{\alpha+} \tag{4.2.22}$$

i.a. keine Elemente von $A(G)$, sondern nur beschränkte Operatoren in $L^2(G)$ sind.

$$\mathbf{u}, \mathbf{u}^+ \in B(G), \quad \mathbf{u}^\alpha, \mathbf{u}^{\alpha+} \in A^\alpha(G) \tag{4.2.23}$$

A-4.2.7: *Gruppe der Automorphismen, die alle Z-Ideale $A^\alpha(G)$ invariant lassen:* Man zeige, daß $\mathbf{u}$ die Gleichungen

$$\mathbf{u}\,\mathbf{u}^+ = \mathbf{u}^+\,\mathbf{u} = \mathbf{e} = \mathbf{1} \tag{4.2.24}$$

$$\mathbf{u}\,\mathbf{e}^\alpha = \mathbf{e}^\alpha\mathbf{u} \quad \text{für alle } \alpha \tag{4.2.25}$$

erfüllt und ein unitärer Operator in $L^2(G)$ ist und daß die Menge der durch (4.2.24, 25) definierten Operatoren eine Gruppe bildet, wenn die Multiplikation durch $\mathbf{u}_1(\mathbf{u}_2 f) = (\mathbf{u}_1\mathbf{u}_2)f$ für alle $f \in L^2(G)$ definiert wird. Hinweis: (3.2.54, 5), A-2.4.5, A-4.2.5.

Da die Elemente $x \in U(G)$ die Gln. (4.2.24, 25) erfüllen (s. A-2.3.1−2, (3.2.50, 54)), ist *jedem Gruppenelement* $x \in G$ durch

$$c_x a = x a x^{-1} \quad \text{für alle } a \in A(G)$$

$$[c_x a](y) = a(x^{-1} y x) \quad \text{für alle } a \in L^2(G) \tag{4.2.26}$$

ein Automorphismus der Gruppenalgebra zugeordnet. Wir nennen

$$T(G) = \{c_x : x \in G\} \tag{4.2.27}$$

die *Tensordarstellung von* G [Ref. 27].

A-4.2.8:   Die Elemente von $T(G)$ sind unitäre Operatoren in $A(G)$ ($L^2(G)$). Warum?
         Hinweis: (2.4.8), (4.2.26, 3), (2.1.5).

Die Tensordarstellung $T(G)$ darf nicht mit der regulären Darstellung $U(G)$ verwechselt werden. In beiden Fällen wird zwar jedem $x \in G$ ein unitärer Operator in $A(G)$ zugeordnet; während c_x aber einen Automorphismus des Hilbert*rings* darstellt ($(c_x a)(c_x b) = c_x(ab)$ für alle $a, b \in A(G)$), stellt x nur einen des Hilbert*traums* dar (es gibt $a, b \in A(G)$, so daß $(x a)(x b) \neq x(ab)$). Ein weiterer Unterschied ergibt sich, wenn $Z[G] \neq \{e\}$ ist.

A-4.2.9:   Die Tensordarstellung wird als treu bezeichnet, wenn

$$c_x c_y = c_z \iff xy = z \tag{4.2.28}$$

         gilt. Man zeige, daß für eine Hausdorffsche Gruppe (4.2.28) genau dann gilt, wenn $Z[G] = \{e\}$ ist. Hinweis: A-3.2.4, $c_z x_n = x_n$ für alle $x \in G$, $n \in N \Rightarrow \Rightarrow z x z^{-1} = x$ für alle $x \in G$, (4.1.28).

4.3. Das Zentrum der Gruppenalgebra

Das *Zentrum der Gruppenalgebra* $A(G)$ ist eine mit $Z[A(G)]$ bezeichnete *Unteralgebra,* deren *Elemente* auf verschiedene Weise gekennzeichnet werden können: Als *Invariante der Tensordarstellung* $T(G)$,

$$c \in Z[A(G)] \iff y c y^{-1} = c \quad \text{für alle } y \in G, \tag{4.3.1}$$

als *die den Klassenfunktionen* (= Funktionen $c \in L^2(G)$, die für alle Elemente einer Klasse denselben Wert annehmen) *zugeordneten Elemente von* $A(G)$

$$c = M_x c(x) x \in Z[A(G)] \iff c(x) = c(y^{-1} xy) \quad \text{für alle } y \in G, \tag{4.3.2}$$

als *jene Elemente von* $A(G)$, *die mit allen anderen vertauschen,*

$$c \in Z[A(G)] \iff ca = ac \quad \text{für alle } a \in A(G), \tag{4.3.3}$$

oder schließlich als *normierbare Linearkombinationen der Elemente* e^α,

$$c \in Z[A(G)] \iff c = \sum_\alpha \gamma^\alpha e^\alpha, \quad \sum_\alpha |n_\alpha \gamma^\alpha|^2 < \infty. \tag{4.3.4}$$

A-4.3.1: $Z[A(G)]$ *ist eine kommutative Algebra.* Warum? Hinweis: (4.3.3).

A-4.3.2:   Man verifiziere die Aussage

$$Z[A(G)] = A(G) \Longleftrightarrow G = \text{abelsch.} \tag{4.3.5}$$

Hinweis: A-4.3.1, A-2.4.4.

A-4.3.3:   Man zeige, daß die Definitionen (4.3.1–4) gleichwertig sind. ((4.3.1) $\Rightarrow$ (4.3.2) $\Rightarrow$ (4.3.3) $\Rightarrow$ (4.3.4) $\Rightarrow$ (4.3.1)). Hinweis: (4.2.26); (2.4.9, 1), (2.1.5); (3.2.2, 4, 5, 37, 38), (2.2.1–3); (3.2.3, 1, 47, 45).

Aus der Gleichwertigkeit von (4.3.1) und (4.3.4) folgt die Beziehung

$$xcx^{-1} = c \quad \text{für alle } x \in G \Longleftrightarrow c = \sum_{\alpha} \gamma^{\alpha} e^{\alpha}, \tag{4.3.6}$$

die in einer Matrixdarstellung $a \to B(a)$, $x \to D(x)$

$$ab = c \Rightarrow B(a)\,B(b) = B(c)$$
$$xy = z \Rightarrow D(x)\,D(y) = D(z) \tag{4.3.7}$$

die Form

$$[B(c), D(x)] = 0 \quad \text{für alle } x \in G \Longleftrightarrow B(c) = \sum_{\alpha} \gamma^{\alpha} B(e^{\alpha}) \tag{4.3.8}$$

annimmt. Aus (4.3.7, 8) ergibt sich mit (3.2.5, 2) das *Irreduzibilitätskriterium* (M = Matrix von gleicher Dimension wie $D(x)$)

$$\{M: [M, D(x)] = 0 \quad \text{für alle } x \in G\} = \{\mu D(e): \mu \in C\} \Rightarrow D = \text{UIR von } G, \tag{4.3.9}$$

das als *Schursches Lemma* bekannt ist: *Die Menge der Matrizen, die mit allen (unitären) Matrizen* $D(x)$ *vertauschen, die Elemente einer kompakten Gruppe darstellen, enthält genau dann nur die Vielfachen der 1-Matrix, wenn die (unitäre) Darstellung irreduzibel ist.*

B-4.3.1:   Irreduzibilität der UIR $D^{(5)}$ von O^*: Jede mit $D^{(5)}(p)$ vertauschbare Matrix hat die Form $\alpha D^{(5)}(e) + \beta D^{(5)}(p)$, jede, die mit $D^{(5)}(q)$ vertauscht, die Form $\gamma D^{(5)}(e) + \delta D^{(5)}(q)$. Da $D^{(5)}(p)$ und $D^{(5)}(q)$ linear unabhängig und alle Matrizen unitär sind, ist $D^{(5)}$ eine UIR.

A-4.3.4:   Man überzeuge sich an Hand einiger Beispiele, daß auch die anderen in Kapitel 3 angegebenen UIRs das Irreduzibilitätskriterium (4.3.9) erfüllen.

Gl. (4.3.4) zeigt, daß die *primitiven idempotenten Zentrumselemente*

$$e^{\alpha} = \sum_{j} e^{\alpha}_{jj} = M_x \, \chi^{\alpha *}(x)\, x \tag{4.3.10}$$

eine *Basis von* $Z[A(G)]$ bilden.

A-4.3.5:   Man zeige, daß die Elemente (4.3.10) die Gleichungen

$$e^\alpha = e^{\alpha+}$$

$$e^\alpha e^\beta = \delta_{\alpha\beta} e^\alpha, \quad c e^\alpha = \gamma^\alpha e^\alpha \quad \text{für alle } c \in Z[A(G)] \tag{4.3.11}$$

erfüllen und durch sie *bis auf die Indizierung eindeutig bestimmt* sind.
Hinweis: (3.2.5, 1, 2), (4.3.4).

Die den Elementen (4.3.10) zugeordneten Klassenfunktionen χ^α,

$$\chi^\alpha(x) = \sum_j D_{jj}^\alpha(x) = \text{Spur } D^\alpha(x), \tag{4.3.12}$$

heißen *primitive Charaktere* und sind durch die *Spuren der UIRs* gegeben. Da jede unitäre (und daher normale) Matrix einer Diagonalmatrix mit unimodularen Diagonalelementen äquivalent ist und sich die Spur einer Matrix bei einer unitären Transformation nicht ändert, ist

$$|\chi^\alpha(x)| \leqslant n_\alpha. \tag{4.3.13}$$

Aus den Eigenschaften der Funktionen $D_{rs}^{\alpha*}$ (Gln. (3.2.45–49)) folgen die Beziehungen

$$\chi^\alpha(x^{-1}) = \chi^{\alpha*}(x) \tag{4.3.14}$$

$$(\chi^\alpha * \chi^\beta)(y) = M_x(\chi^\alpha(x) \chi^\beta(x^{-1} y)) = \delta_{\alpha\beta} \frac{1}{n_\alpha} \chi^\alpha(y) \tag{4.3.15}$$

$$\chi^\alpha(e) = n_\alpha \tag{4.3.16}$$

$$c = \sum_\alpha \langle \chi^{\alpha*}, c \rangle \chi^{\alpha*}, \ c(x) = c(y^{-1} xy) \tag{4.3.17}$$

$$\langle \chi^{\alpha*}, \chi^{\beta*} \rangle = \delta_{\alpha\beta}. \tag{4.3.18}$$

Die letzten beiden zeigen, daß die primitiven Charaktere eine *orthonormierte Basis für die Klassenfunktionen* bilden.

Eine andere Folgerung aus (4.3.4) ist

$$c \in Z[A(G)] \Rightarrow c a^\alpha = \gamma^\alpha a^\alpha \quad \text{für alle } a^\alpha \in A^\alpha(G). \tag{4.3.19}$$

Dies ist ein Hinweis darauf, daß *jedes minimale Z-Ideal $A^\alpha(G)$ durch die Eigenwerte γ_i^α von hinreichend vielen Zentrumselementen c_i gekennzeichnet* werden kann. Man kann daher, wenn man UIRs einer Gruppe G sucht, zunächst versuchen, das *E(igen)W(ert)-Problem* (= Bestimmung der *Spektralzerlegung* $c = \sum_i \gamma_i e_i$; γ_i = *Eigenwert* von c, $e_i =$ $= e_i e_i^+$ = *Eigenprojektion* von c) für so viele Zentrumselemente zu lösen, daß zumindest einer der Projektoren, die zu den gemeinsamen Eigenvektoren ($\in L^2(G)$) gehören, mit einem der Elemente e^α übereinstimmt. Da alle Zentrumselemente normal sind ($c^+ c = cc^+$), braucht man nur auf die lineare Unabhängigkeit der dabei verwendeten Elemente zu achten. Diese Freiheit stellt vor allem dann einen Vorteil dar, wenn es durch geschickte Aus-

wahl gelingt, die einzelnen EW-Probleme auf bereits gelöste oder diesen ähnliche zurückzuführen.

Man kann, um die minimalen Z-Ideale zu bestimmen, auch einen etwas weniger direkten Weg einschlagen. Man geht dabei ähnlich vor wie bei der Bestimmung der irreduziblen
Darstellungen von $A(G)$ mit Hilfe derjenigen von G. Man definiert nämlich auch in diesem Fall in $L^2(G)$ und damit auch in $A(G)$ einen zweiten Satz von normalen Operatoren,
der die gleichen invarianten Unterräume besitzt wie der erste. Für die minimalen L-Ideale
übernahmen die den Gruppenelementen zugeordneten unitären Operatoren $\mathbf{x}$ diese Rolle.
Für die minimalen Z-Ideale tun es die in

$$Cl(G) = \{\mathbf{c}(\mathbf{x}): \mathbf{x} \in G\} \tag{4.3.20}$$

zusammengefaßten und durch

$$[\mathbf{c}(\mathbf{x})\,\mathbf{f}]\,(\mathbf{z}) = \mathbf{M}_\mathbf{y}\,\mathbf{f}(\mathbf{y}\,\mathbf{x}^{-1}\mathbf{y}^{-1}\mathbf{z}) \tag{4.3.21}$$

definierten *Klassenoperatoren*

$$\mathbf{c}(\mathbf{x}) = \mathbf{M}_\mathbf{y}\,\mathbf{y}\mathbf{x}\mathbf{y}^{-1}, \tag{4.3.22}$$

die offensichtlich den Klassen von G eineindeutig zugeordnet werden können. Aus
$(3.2.3, 49)$ und $(4.3.12)$ folgt

$$\mathbf{c}(\mathbf{x})\,\mathbf{e}_{jk}^\alpha = \frac{1}{n_\alpha}\,\chi^\alpha(\mathbf{x})\,\mathbf{e}_{jk}^\alpha. \tag{4.3.23}$$

Da die *Eigenwerte* der Klassenoperatoren *den Charakteren proportional* sind, sind die
invarianten Unterräume, deren Elemente zur selben Schar von Eigenwerten gehören,
gerade die minimalen Z-Ideale $A^\alpha(G)$. Man benötigt, um die Z-Ideale $A^\alpha(G)$ zu finden,
gar nicht alle Klassenoperatoren. Es genügt vielmehr die EW-Probleme jener Operatoren
zu lösen, die jenen Klassen zugeordnet sind, aus denen sich ein invarianter Komplex er-
zeugender Elemente

$$K = \{\mathbf{x}\}K\,\{\mathbf{x}^{-1}\} = \{\mathbf{x}\mathbf{y}\mathbf{x}^{-1} : \mathbf{y} \in K\} \quad \text{für alle } \mathbf{x} \in G$$

$$\bigcup_{n=1}^\infty K^{(n)} = G \tag{4.3.24}$$

zusammensetzt. Denn durch eine unitäre irreduzible Matrixdarstellung der erzeugenden
Elemente ist die UIR vollständig bestimmt, durch die primitiven Charaktere dieser Elemente bis auf Äquivalenz.

A-4.3.6: Warum sind die Klassenoperatoren *beschränkte Operatoren* mit Norm 1?
          Hinweis: $(3.2.4), (4.3.23, 13), (3.2.57)$.

A-4.3.7: Man zeige, daß jeder Klassenoperator $\mathbf{c}(\mathbf{x}) \in Cl(G)$ durch Elemente
          $\mathbf{c}(\mathbf{x})_n \in A(G)$ beliebig gut angenähert werden kann $(\|\,[\mathbf{c}(\mathbf{x}) - \mathbf{c}(\mathbf{x})_n]\,\mathbf{f}\|$
          beliebig klein für hinreichend großes n). Hinweis: $(2.2.6), (2.4.8), (3.2.4),$
          $\sum_{\alpha jk} |\langle \mathbf{e}_{jk}^\alpha, \mathbf{f}\rangle|^2 < \infty, (4.3.23, 19)$, A-3.2.4.

A-4.3.8:   Man zeige, daß

$$z \in Z[G] \Rightarrow c(z) = z \qquad\qquad (4.3.25)$$

gilt. Hinweis: (4.3.21), (4.1.28), (2.1.4).

Aus (4.3.5, 25, 23) folgt: *Eine abelsche Gruppe besitzt nur 1-dimensionale UIRs und diese sind durch die (unimodularen) Eigenwerte der den Gruppenelementen zugeordneten (unitären) Operatoren vollständig bestimmt.*

A-4.3.9:   Man überprüfe die letzte Behauptung für die zyklischen Gruppen C_n. Hinweis: B-1.1.14, B-3.3.4.

4.4A. Normierte Klassensummen

Da für endliche Gruppen alle Komplexe offen sind, kann *jedem Automorphismus von G einer von $A(G)$ zugeordnet* werden. Es genügt dazu, den Automorphismus von G als *Übergang von der Basis* $\{x : x \in G\}$ *zur Basis* $\{A(x) : x \in G\}$ aufzufassen (s. Gl. (4.2.7)). *Automorphismen, die alle minimalen Z-Ideale $A^\alpha(G)$ invariant lassen, sind immer innere Automorphismen* von $A(G)$, da die Summen (4.2.22) nur endlich viele Glieder enthalten.

Für endliche Gruppen können wegen (2.5A.1, 5) die Klassenoperatoren mit Elementen von $Z[A(G)]$ identifiziert werden.

$$Cl(G) \subset Z[A(G)] \qquad\qquad (4.4A.1)$$

Man schreibt in diesem Fall

$$c(x) = \frac{1}{|G|} \sum_y yxy^{-1} = \frac{1}{|C_\mu|} \sum_{z \in C_\mu} z = c_\mu, \quad C_\mu = C_{(x)} \qquad (4.4A.2)$$

und nennt diese Ausdrücke *normierte Klassensummen.* $|C_\mu|$ ist dabei die Anzahl der Elemente in C_μ.

A-4.4.1:   Die normierten Klassensummen von S_3 haben die Form

$$c_{\{1^3\}} = (3)\,(2)\,(1)$$
$$c_{\{2,1\}} = \tfrac{1}{3}\,[(3)\,(21) + (2)\,(31) + (32)\,(1)]$$
$$c_{\{3\}} = \tfrac{1}{2}\,[(321) + (231)]. \qquad\qquad (4.4A.3)$$

Warum? Hinweis: A-4.1.10.

Die normierten Klassensummen bilden eine *orthogonale Basis von* $Z[A(G)]$.

A-4.4.2:   Man beweise diese Behauptung. Hinweis: Orthogonale Basis $\{x\}$ (s. Abschnitt 2.5A), (4.3.1), (4.1.5).

Da auch die Elemente e^α eine orthogonale Basis von $Z[A(G)]$ bilden, gilt

$$\dim Z[A(G)] = |C_G| = \text{Anzahl der Klassen von } G = |A_G| =$$
$$= \text{Anzahl der inäquivalenten UIRs von } G. \qquad (4.4A.4)$$

A-4.4.3:   Man überzeuge sich, daß (4.4A.4) für die Gruppen S_n, D_4, O^* gilt. Hinweis: B-4.1.3, B-3.3.1; A-4.1.12, B-3.3.3; B-4.1.4, B-3.3.2.

A-4.4.4:   Man beweise die Aussage

$$\dim D^\alpha = 1 \quad \text{für alle } \alpha \in A_G \iff |A_G| = |G| \iff G \text{ ist abelsch.} \qquad (4.4A.5)$$

Hinweis: (4.4A.4), (4.3.5), (3.3A.1).

Der Zusammenhang zwischen den Basen $\{e^\alpha : \alpha \in A_G\}$ und $\{c_\mu : \mu \in C_G\}$ ist mit der Bezeichnung

$$\chi_\mu^\alpha = \chi^\alpha(x) \iff C_\mu = C_{(x)} \qquad (4.4A.6)$$

durch folgende Gleichungen gegeben:

$$e^\alpha = \sum_\mu \frac{n_\alpha \, |C_\mu|}{|G|} \, \chi_\mu^{\alpha *} \, c_\mu \qquad (4.4A.7)$$

$$c_\mu = \sum_\alpha \frac{1}{n_\alpha} \, \chi_\mu^\alpha e^\alpha \qquad (4.4A.8)$$

A-4.4.5:   Man leite aus (4.4A.7, 8) und

$$\langle e^{\alpha *}, c_\mu \rangle = \chi_\mu^\alpha \qquad (4.4A.9)$$

die *Orthogonalitäts- und Vollständigkeitsrelationen für die Charaktere einer endlichen Gruppe*

$$\sum_\mu |C_\mu| \, \chi_\mu^{\alpha *} \, \chi_\mu^\beta = \delta_{\alpha\beta} \, |G| \qquad (4.4A.10)$$

$$\sum_\alpha \chi_\mu^\alpha \chi_\nu^{\alpha *} = \delta_{\mu\nu} \, \frac{|G|}{|C_\mu|} \qquad (4.4A.11)$$

ab. Wie hängen diese Gleichungen mit den Gln. (4.3.16, 15) zusammen? Hinweis: (3.2.5, 37, 38), (2.5A.1), (4.4A.2).

Da $Z[A(G)]$ endlich-dimensional ist, ist auch die *Bestimmung der minimalen Z-Ideale ein rein algebraisches Problem*. Denn auf die gleiche Weise, in der in Abschnitt 3.2 in $A^\alpha(G)$ die primitiven Idempotente e_{jj}^α konstruiert wurden, können in $Z[A(G)]$ die primitiven idempotenten Zentrumselemente e^α konstruiert werden. Obwohl die Verhältnisse nun etwas einfacher sind, da $Z[A(G)]$ kommutativ ist, besteht auch hier die Kunst darin, Elemente zu finden, deren Minimalpolynome faktorisiert werden können, ohne numerische Methoden verwenden zu müssen.

B-4.4.1:   *Minimale Z-Ideale von $A(S_3)$*: Verwendet man die normierten Klassensummen zur Konstruktion der primitiven idempotenten Zentrumselemente, dann empfiehlt es sich, zuerst für diese Elemente eine Multiplikationstabelle aufzustellen.

Tabelle 4.1. *Multiplikationstabelle für die normierten Klassensummen von S_3.*
(Bezeichnungsweise s. (4.4A.3), $c_{\{\mu\}} \to \{\mu\}$). Im Schnittpunkt
der Reihen $\{\mu\}$ und $\{\nu\}$ steht das Produkt $\{\mu\}\{\nu\} = \{\nu\}\{\mu\}$

$\{1^3\}$	$\{2,1\}$	$\{3\}$	
$\{1^3\}$	$\{2,1\}$	$\{3\}$	$\{1^3\}$
	$\frac{1}{3}\{1^3\} + \frac{2}{3}\{3\}$	$\{2,1\}$	$\{2,1\}$
		$\frac{1}{2}\{1^3\} + \frac{1}{2}\{3\}$	$\{3\}$

Aus Tabelle 4.1 ergeben sich für die normierten Klassensummen die Minimalpolynome ($\{1^3\} \leftrightarrow 1$)

$$\{1^3\} \; : \; (x-1)$$
$$\{2,1\}: \; x^3 - x = (x-1)\,x\,(x+1)$$
$$\{3\} \; : \; x^2 - \tfrac{1}{2}x - \tfrac{1}{2} = (x-1)\,(x+\tfrac{1}{2}), \qquad\qquad (4.4\text{A}.12)$$

deren Faktorisierung zu folgenden Idempotenten führt (s. (3.2.9, 10)):

$$c_{\{1^3\}} = e^{[1^3]} + e^{[2,1]} + e^{[3]}$$
$$\tfrac{1}{6}c_{\{1^3\}} + \tfrac{1}{2}c_{\{2,1\}} + \tfrac{1}{3}c_{\{3\}} = e^{[1^3]}$$
$$\tfrac{2}{3}c_{\{1^3\}} - \tfrac{2}{3}c_{\{3\}} = e^{[2,1]}$$
$$\tfrac{1}{6}c_{\{1^3\}} - \tfrac{1}{2}c_{\{2,1\}} + \tfrac{1}{3}c_{\{3\}} = e^{[3]}$$
$$\tfrac{1}{3}c_{\{1^3\}} + \tfrac{2}{3}c_{\{3\}} = e^{[1^3]} + e^{[3]}$$
$$\tfrac{2}{3}c_{\{1^3\}} - \tfrac{2}{3}c_{\{3\}} = e^{[2,1]} \qquad\qquad (4.4\text{A}.13)$$

Daß es sich bei den den Wurzeln von $c_{\{2,1\}}$ zugeordneten Idempotenten schon um die gesuchten handelt, folgt aus $|C_{S_3}| = |A_{S_3}| = 3$ und A-4.3.5 oder aus der Tatsache, daß $C_{\{2,1\}}$ ein Komplex ist, der (4.3.24) erfüllt. Aus (4.4A.13) lassen sich wegen (4.4A.8) die Eigenwerte $(1/n_{[\lambda]})\chi^{[\lambda]}_{\{\mu\}}$ der Elemente $c_{\{\mu\}}$ ablesen. Um die Charaktere von S_3 zu erhalten, hat man nur noch die Größen $n_{[\lambda]}$ zu bestimmen. Aus (4.4A.13), (4.1.25) und dem Multiplikationsgesetz von S_3 (s. B-1.1.5 oder A-1.4.1) läßt sich schnell ablesen, daß $n_{[1^3]} = n_{[3]} = 1$ ist; wegen (3.3A.1) ist damit auch $n_{[2,1]}$ gegeben.

$$n_{[1^3]} = n_{[3]} = 1, \quad n_{[2,1]} = 2 \qquad\qquad (4.4\text{A}.14)$$

Die Charaktere von endlichen Gruppen werden meistens in *Charaktertafeln* zusammengefaßt. Wir verwenden als *Zeilenindex* $\alpha \in A_G$, als *Spaltenindex* $\mu \in C_G$ (oder Elemente aus C_μ) und geben über diesen Symbol *in Klammern die Zahl* $|C_\mu|$ an. An der Stelle α, μ steht χ^α_μ.

A-4.4.6: Man überzeuge sich von der Richtigkeit folgender Charaktertafeln:

Tabelle 4.2. *Charaktertafel von S_3* (Bezeichnungen s. B-3.3.1, B-4.1.4)

	(1) e $\{1^3\}$	(3) s $\{2,1\}$	(2) r $\{3\}$
$\langle 0 \rangle$ [3]	1	1	1
$\langle 2 \rangle$ [2,1]	2	0	-1
$\langle 1 \rangle$ [1^3]	1	-1	1

Hinweis: B-4.4.1 oder (4.3.12), (3.3A.8), B-3.2.3.

Tabelle 4.3. *Charaktertafel von D_4* (Bezeichnungen s. A-4.1.14, B-3.3.3)

	(1) e	(1) r^2	(2) r	(2) s	(2) rs
$\langle 0 \rangle$	1	1	1	1	1
$\langle 1 \rangle$	1	1	1	-1	-1
$\langle 2 \rangle$	1	1	-1	1	-1
$\langle 3 \rangle$	1	1	-1	-1	1
$\langle 4 \rangle$	2	-2	0	0	0

Tabelle 4.4. *Charaktertafel von O^** (Bezeichnungen s. B-4.1.5, B-3.3.2)

	(1) e	(1) z	(6) p	(8) r	(8) rz	(12) s	(6) qs	(6) qsz
$\langle 0 \rangle$	1	1	1	1	1	1	1	1
$\langle 1 \rangle$	1	1	1	1	1	-1	-1	-1
$\langle 2 \rangle$	2	2	2	-1	-1	0	0	0
$\langle 3 \rangle$	3	3	-1	0	0	-1	1	1
$\langle 4 \rangle$	3	3	-1	0	0	1	-1	-1
$\langle 5 \rangle$	2	-2	0	1	-1	0	$\sqrt{2}$	$-\sqrt{2}$
$\langle 6 \rangle$	2	-2	0	1	-1	0	$-\sqrt{2}$	$\sqrt{2}$
$\langle 7 \rangle$	4	-4	0	-1	1	0	0	0

Charaktertafeln sind nur dann übersichtlich, wenn $|G|$ nicht allzu groß ist. Für spezielle Typen von Gruppen, die für jedes $n \in \mathbf{N}$ definiert werden können (z.B. S_n, D_n, C_n), wird man daher eher nach geschlossenen Ausdrücken für die Charaktere oder Algorithmen zu ihrer Berechnung suchen.

B-4.4.2:   *Charaktere von S_n*:

(1) *Die Charaktere der 1-dimensionalen Darstellungen* (3.3A.3, 4) stimmen mit diesen überein. Die Zugehörigkeit eines Elements der Klasse $C_{\{\mu\}}$ zu einem der beiden Komplexe K_i ist durch

$$C_{\{m_1, m_2, \ldots\}} \subset K_i \iff (-1)^{(m_1-1)+(m_2-1)+\cdots} = (-1)^i \qquad (4.4A.15)$$

gegeben. Daher ist

$$\chi^{[n]}_{\{\mu\}} = 1$$
$$\chi^{[1^n]}_{\{m_1, m_2, \ldots\}} = (-1)^{(m_1-1)+(m_2-1)+\cdots}. \qquad (4.4A.16)$$

(2) *Die Charaktere der mehr-dimensionalen Darstellungen* können nach verschiedenen Verfahren berechnet werden [Ref. 29, 26]. Mit

$$\{\mu\} = \{\ldots, 3^\gamma, 2^\beta, 1^\alpha\} \qquad (4.4A.17)$$

(s. B-4.1.4, B-3.3.1, (1)) erhält man z.B.

$$\chi^{[n-1,1]}_{\{\ldots, 3^\gamma, 2^\beta, 1^\alpha\}} = \alpha - 1$$

$$\chi^{[n-2,1^2]}_{\{\ldots, 3^\gamma, 2^\beta, 1^\alpha\}} = \frac{1}{2}(\alpha-1)(\alpha-2) - \beta$$

$$\chi^{[n-2,2]}_{\{\ldots, 3^\gamma, 2^\beta, 1^\alpha\}} = \frac{1}{2}(\alpha-1)(\alpha-2) + \beta - 1. \qquad (4.4A.18)$$

A-4.4.7:   Warum hat die Charaktertafel von S_4 die in Tabelle 4.5 angegebene Form?

Tabelle 4.5. *Charaktertafel von $S_4(O)$* (Bezeichnungen s. B-4.1.4, B-3.3.1, bzw. B-1.1.11, A-4.1.13, $A_0 = \{\langle i\rangle\colon i = 0, \ldots, 4\}$).

		(1) $\{1^4\}$ e	(3) $\{2^2\}$ p	(8) $\{3,1\}$ r	(6) $\{2,1^2\}$ s	(6) $\{4\}$ qs
[4]	$\langle 0\rangle$	1	1	1	1	1
[1^4]	$\langle 1\rangle$	1	1	1	-1	-1
[2^2]	$\langle 2\rangle$	2	2	-1	0	0
[$2,1^2$]	$\langle 3\rangle$	3	-1	0	-1	1
[3,1]	$\langle 4\rangle$	3	-1	0	1	-1

Hinweis: (4.4A.16, 18).

A-4.4.8:   Die Charaktere von C_n sind durch (3.3A.22) gegeben. Warum? Hinweis: (4.3.12).

4.4B. Casimiroperatoren

Jedem Automorphismus einer kompakten analytischen Gruppe (der mit (4.1.2) zu einem topologischen gemacht werden kann) kann nicht nur ein Automorphismus der Gruppenalgebra $A(G)$ zugeordnet werden (s. Gl. (4.1.3)), sondern auch ein *Automorphismus der Lieschen Algebra* $L(G)$. Darunter versteht man die Abbildung A: $L(G) \rightarrow L(G)$, für die

$$A(\gamma\vec{\xi}) = \gamma A\vec{\xi}$$
$$A(\vec{\xi} + \vec{\eta}) = A\vec{\xi} + A\vec{\eta}$$
$$A(\vec{\xi} \wedge \vec{\eta}) = A\vec{\xi} \wedge A\vec{\eta} \tag{4.4B.1}$$

gilt. Die ersten beiden Gleichungen zeigen, daß A ein linearer Operator im Vektorraum $L(G)$ ist; die letzte, daß dieser Operator das Liesche Produkt invariant läßt. Besitzt G eine Karte $K_{\vec{\kappa}}$, deren Koordinaten $\vec{\kappa} \in V_{\vec{\kappa}}$ kanonisch und global sind (s. Abschnitt 2.5B), dann ist der dem Automorphismus von G zugeordnete Automorphismus von $L(G)$ durch

$$A(x(\vec{\kappa})) = A(e^{K(\vec{\kappa})}) = e^{AK(\vec{\kappa})} \tag{4.4B.2}$$

definiert.

A-4.4.9:   Man zeige, daß aus (4.1.1) und (4.4B.2), (4.4B.1) folgt. Hinweis: (2.5B.22, 24), A-1.4.7.

Wie sich für den Spezialfall $G = SU(2)$ schon in B-4.1.3 zeigte, ist die reguläre Darstellung und die Parametrisierung der Gruppenelemente mit den Koordinaten $\vec{\kappa}$ auch besonders geeignet, die inneren Automorphismen von G zu erfassen. In Verallgemeinerung der Ergebnisse von B-4.1.3 findet man, daß der dem Element $x(\vec{\kappa}) \in K_{\vec{\kappa}}$ zugeordnete Automorphismus durch den linearen Operator

$$C(x(\vec{\kappa})) = C(\vec{\kappa}) = \sum_{k \geq 0} \frac{1}{k!} (\vec{\kappa} \wedge)^k$$
$$(\vec{\kappa} \wedge)^k \vec{\kappa}' = \vec{\kappa} \wedge ((\vec{\kappa} \wedge)^{k-1}\vec{\kappa}'), \quad (\vec{\kappa} \wedge)^0 \vec{\kappa}' = \vec{\kappa}' \tag{4.4B.3}$$

gegeben ist. Für Elemente $x \notin K_{\vec{\kappa}}$ ist $C(x)$ direkt aus

$$x e^{K(\vec{\kappa}')} x^{-1} = e^{K(C(x)\vec{\kappa}')} \tag{4.4B.4}$$

zu bestimmen. Die so definierte Darstellung von G wird als *adjungierte Darstellung* bezeichnet. Jede Basis des n-dimensionalen reellen Vektorraums $L(G)$ definiert eine *reelle Matrixdarstellung*, die, falls sie nicht schon *orthogonal* ist, sich durch eine nichtsinguläre lineare Transformation W des Vektorraums $L(G)$ stets in eine solche überführen läßt [Ref. 30].

$$(C(x)\vec{\kappa})_j = \sum_{klm} W_{jk}^{-1} D_{kl}(x) W_{lm} \kappa_m \tag{4.4B.5}$$

$$D(x) = D^*(x), \quad (D(x))^T = (D(x))^{-1}$$
$$xy = z \Rightarrow D(x) D(y) = D(z) \tag{4.4B.6}$$

Die Bedeutung der adjungierten Darstellung wird offensichtlich, wenn man die Klassenoperatoren in der Form

$$c_{\vec{\kappa}} = M_x\, xx(\vec{\kappa})\, x^{-1} = 1 + \sum_{p \geqslant 1} \frac{(-i)^p}{p!}\, M_x\, (K \cdot C(x)\vec{\kappa})^p \tag{4.4B.7}$$

schreibt. Daß eine Reihenentwicklung der Art (4.4B.7) sinnvoll ist, wird glaubhaft, wenn man bedenkt, daß die Operatoren $c_{\vec{\kappa}}$ durch Elemente $c_{\vec{\kappa},n} \in A(G)$ und diese durch Summen von Elementen $x \in U(G)$ angenähert werden können. Berücksichtigt man, daß

$$c_{\vec{\kappa}} = y^{-1} c_{\vec{\kappa}} y = c_{C(y)\,\vec{\kappa}} = M_y\, c_{C(y^{-1})\vec{\kappa}} \tag{4.4B.8}$$

ist, dann nimmt (4.4B.7) mit den Abkürzungen

$$J_j = ((W^{-1})^T\, \vec{K})_j = \sum_k W^{-1}_{kj} K_k$$

$$\lambda_j = (W\vec{\kappa})_j = \sum_k W_{jk}\kappa_k \tag{4.4B.9}$$

$$\vec{Y} = \vec{K},\ \vec{\lambda}:\ Y_j(x) = (D(x)\vec{Y})_j = \sum_k D_{jk}(x)\, Y_k \tag{4.4B.10}$$

$$C^{(p)}(\vec{\lambda}, \vec{J}) = \sum_{j_1 \dots j_p} C_{j_1 \dots j_p}(\vec{\lambda})\, C_{j_1 \dots j_p}(\vec{J}) \tag{4.4B.11}$$

$$C_{j_1 \dots j_p}(\vec{Y}) = C_{j_1 \dots j_p}(\vec{Y}(x^{-1})) = M_z\, (Y_{j_1}(z^{-1}) \dots Y_{j_p}(z^{-1})) \tag{4.4B.12}$$

folgende Form an:

$$c_{\vec{\lambda}} = 1 + \sum_{p \geqslant 1} \frac{(-i)^p}{p!}\, C^{(p)}(\vec{\lambda}, \vec{J}) \tag{4.4B.13}$$

Die Operatoren $C^{(p)}(\vec{\lambda}, \vec{J})$ sind so wie die Summanden, aus denen sie sich zusammensetzen, *Polynome p-ten Grades in den Erzeugenden* J_i und daher Elemente der einhüllenden Algebra. Die Polynome $C_{j_1 \dots j_p}(\vec{\lambda})$ und $C_{j_1 \dots j_p}(\vec{J})$ können, obwohl beide durch (4.4B.12) definiert sind, sehr unterschiedliche Formen annehmen. Dieser scheinbare Widerspruch erklärt sich daraus, daß die reellen Zahlen λ_j vertauschen, während es die Operatoren J_j i.a. nicht tun. Daraus folgt, daß die Polynome $C_{j_1 \dots j_p}(\vec{\lambda})$ zwar in allen Indizes symmetrisch sind,

$$C_{j_1 \dots j_p}(\vec{\lambda}) = C_{\{j_1 \dots j_p\}}(\vec{\lambda}) \tag{4.4B.14}$$

$$C_{\{j_1 \dots j_p\}}(\vec{Y}) = \frac{1}{p!} \sum_r C_{(rj_1) \dots (rj_p)}(\vec{Y}), \tag{4.4B.15}$$

die Polynome $C_{j_1 \ldots j_p}(\vec{J})$ aber mit Hilfe der Vertauschungsregeln

$$[J_j, J_k] = i \sum_l \bar{\gamma}_{jkl} J_l \tag{4.4B.16}$$

$$\bar{\gamma}_{jkl} = \sum_{j'k'l'} W_{j'j}^{-1} W_{k'k}^{-1} W_{ll'} \gamma_{j'k'l'} \tag{4.4B.17}$$

nur auf die Form

$$C_{j_1 \ldots j_p}(\vec{J}) = C_{\{j_1 \ldots j_p\}}(\vec{J}) + \text{Polynom vom Grade } (p-1) \tag{4.4B.18}$$

gebracht werden können.

Aus (4.4B.4–6, 9, 10) folgt

$$x J_j x^{-1} = J_j(x^{-1}), \tag{4.4B.19}$$

so daß die Polynome $C_{j_1 \ldots j_p}(\vec{J})$ *unter allen inneren Automorphismen invariant* sind. Sie vertauschen deshalb auch mit allen Erzeugenden J_j (s. Gl. (4.1.8)) und deren Potenzen und sind daher *Elemente des Zentrums der einhüllenden Algebra*.

A-4.4.10: Jedes invariante Polynom vom Grade q in den Erzeugenden ist eine Linearkombination der Polynome $C_{j_1 \ldots j_p}(\vec{J})$ mit $p \leqslant q$. Warum?
Hinweis: (4.4B.18, 12).

A-4.4.10 und die Iteration von (4.4B.18) zeigen, daß *jedes invariante Polynom* der Variablen $\vec{Y}(= \vec{\lambda}, \vec{J})$ *als Linearkombination von symmetrischen Polynomen der Art* (4.4B.15) *darstellbar* ist. Weniger offensichtlich ist, daß *alle diese Polynome von einer endlichen Anzahl, die nicht größer ist als die Anzahl der Variablen, durch Multiplikation und Linearkombination erzeugt* werden können, wobei es gleichgültig zu sein scheint, ob die Variablen vertauschen ($\vec{Y} = \vec{\lambda}$) oder nicht ($\vec{Y} = \vec{J}$) [Ref. 34]. Es gibt daher für jede kompakte analytische Gruppe G eine *endliche Anzahl von Zentrumselementen der einhüllenden Algebra, deren Eigenwerte ausreichen, die minimalen Z-Ideale $A^\alpha(G)$ vollständig zu bestimmen*. Operatoren, die dies leisten, werden als *Casimiroperatoren* bezeichnet.

Wenn die Matrixdarstellung (4.4B.6) eine mehr-dimensionale OIR ist, können die Orthogonalitätsrelationen der Matrixelemente (Gl. (3.2.49)) ausgenützt werden, um die beiden ersten invarianten Polynome zu bestimmen. Aus $\langle D^0, D_{jk}^\alpha \rangle = 0$ für $n_\alpha > 1$ und $\langle D_{jk}^\alpha, D_{lm}^\alpha \rangle = \delta_{jl}\delta_{km}/n_\alpha$ folgt

$$D = D^\alpha = \text{OIR von } G, \quad n = n_\alpha > 1 \Rightarrow$$

$$C_j(\vec{Y}) = 0, \quad C_{jk}(\vec{Y}) = C_{\{jk\}}(\vec{Y}) = \frac{1}{n} \delta_{jk} \sum_l Y_l^2. \tag{4.4B.20}$$

Die Eigenwerte der $m(\leqslant n)$ Casimiroperatoren ergeben sich aus der zu (4.4B.7,13) analogen Reihenentwicklung der Eigenwerte der Klassenoperatoren. Ist $J^\alpha(j)$ die zur UIR D^α gehörende Matrixdarstellung von J_j, dann ist

$$\frac{1}{n_\alpha} \chi^\alpha(\vec{\lambda}) = \frac{1}{n_\alpha} \text{Spur } e^{-i\vec{\lambda}\cdot\vec{J}^\alpha} = 1 + \sum_{p \geqslant 1} \frac{(-i)^p}{p!} \frac{1}{n_\alpha} \text{Spur } (\vec{\lambda}\cdot\vec{J}^\alpha)^p . \qquad (4.4\text{B}.21)$$

Schon die Kenntnis einer Funktion von $\vec{\lambda}$, die durch die Summe der ersten m nicht-verschwindenden Summanden definiert ist, reicht aus, α eindeutig festzulegen. Dies überrascht nicht sehr, wenn man bedenkt, daß ein Komplex $K_\epsilon = \{x(\vec{\lambda}): \vec{\lambda} \in V_{\vec{\lambda}}, \vec{\lambda}^2 < \epsilon^2\}$ invariant ist und G erzeugt (s. Abschnitt 1.2) und daher α schon durch die Eigenwerte jener Operatoren $c_{\vec{\lambda}}$ festgelegt ist, für die $\vec{\lambda}^2 < \epsilon^2$ ist (s. Abschnitt 4.3). Da die positive Zahl ϵ beliebig klein gewählt werden kann, können aber nur die ersten Summanden in (4.4B.21) wesentlich zu diesen Eigenwerten beitragen.

B-4.4.3:   *Der Casimiroperator von SU(2)*. Die durch (4.1.11) und $D^1_{jk}(\vec{Z}) = \delta_{jk}$ definierte Matrixdarstellung von *SU(2)* ist eine OIR, die zur UIR D^1 äquivalent ist (s. (2.5B.28,29), (4.1.11), (4.2.18−21)). Man wählt als *Casimiroperator* den (*Drehimpulsquadrat-*) Operator

$$\vec{J}^2 = \sum_j J_j^2, \qquad (4.4\text{B}.22)$$

dessen Eigenwerte

$$j(j+1) = \frac{3}{2j+1} \sum_{|m|\leqslant j} m^2 \qquad (4.4\text{B}.23)$$

sich mit (2.5B.31), (3.3B.17) aus der (4.4B.21) entsprechenden Reihenentwicklung ergeben.

$$\frac{1}{2j+1} \chi^j(0,0,\lambda) = \frac{1}{2j+1} \sum_{|m|\leqslant j} e^{-im\lambda} = \frac{1}{2j+1} \frac{\sin(j+1/2)\lambda}{\sin\lambda/2} =$$

$$= \frac{1}{2j+1} \sum_{p\geqslant 0} \frac{(-i\lambda)^p}{p!} \sum_{|m|\leqslant j} m^p \qquad (4.4\text{B}.24)$$

Sie reichen offensichtlich aus, die Z-Ideale $A^j(SU(2))$ eindeutig zu kennzeichnen.

$$J^2 a = a J^2 = j(j+1)a \Longleftrightarrow a \in A^j(SU(2)) \qquad (4.4\text{B}.25)$$

A-4.4.11:   Man begründe die folgende Aussage:

$$-\left[\frac{\partial^2}{\partial\beta^2} + \cot\beta \frac{\partial}{\partial\beta} + \frac{1}{\sin^2\beta}\left(\frac{\partial^2}{\partial\alpha^2} + \frac{\partial^2}{\partial\gamma^2}\right) - \frac{2\cos\beta}{\sin^2\beta}\frac{\partial^2}{\partial\alpha\partial\gamma}\right] f =$$

$$= j(j+1)f \Longleftrightarrow f \in L^j(SU(2),\omega) \qquad (4.4\text{B}.26)$$

Hinweis: (2.5B.20,21), (4.4B.25).

Ist das Zentrum einer analytischen Gruppe eine analytische Gruppe, dann sind seine Elemente Klassenoperatoren und *die dazugehörigen Erzeugenden Casimiroperatoren.*

A-4.4.12:   *Casimiroperator von U(1)* ist der in (3.3B.8) angegebene Operator **K**. Warum? Hinweis: (3.3B.10, 11).

5. Homomorphismen

5.1A. Homomorphismen

Die Abbildung einer Gruppe G auf eine Gruppe G', H: $G \rightarrow G'$, nennt man einen *Homomorphismus,* wenn

$$H(x)\,H(y) = H(xy)$$

$$H(x^{-1}) = (H(x))^{-1} \qquad\qquad (5.1A.1)$$

ist. *Wenn eine inverse Abbildung existiert,* wird H als *Isomorphismus* bezeichnet. Isomorphe Gruppen unterscheiden sich nur in der Bezeichnung der Elemente und/oder der Multiplikation; sie sind in algebraischer Hinsicht völlig gleichwertig (s. Abschnitt 1.1A). Automorphismen sind spezielle Isomorphismen (s. Abschnitt 4.1). *Echte Homomorphismen* sind *nicht umkehrbar.* Für solche Abbildungen schreiben wir $G \rightarrow G'$ und bezeichnen G' als homomorphes Abbild von G.

B-5.1.1:   Die *Projektion* $\Pi_k\colon T^n \rightarrow T$, ordnet jedem $\vec{t} \in \mathbf{R}^n$ seine k-te Komponente zu.

$$1 \leqslant k \leqslant n\colon \Pi_k(\vec{t}) = (t_k) \qquad\qquad (5.1A.2)$$

Sie ist für $n > 1$ ein echter Homomorphismus, da $\Pi_k(\vec{t}' + \vec{t}'') = (t_k' + t_k'')$ ist (s. B-1.1.2) und alle $(\vec{t}) \in T^n$ mit derselben Komponente t_k auf dasselbe Element $(t_k) \in T$ abgebildet werden.

A-5.1.1:   Man veranschauliche sich B-5.1.1 für $n = 2$, $k = 1$ an Hand einer Skizze.

B-5.1.2:   *Die Punktgruppe O ist homomorphes Abbild der Doppelpunktgruppe O*.* Denn die zu O isomorphe Matrixgruppe $\{D^{\langle 3\rangle}(x')\colon x' \in O\}$ (s. B-1.1.11) ist zugleich eine UIR von O^* (s. B-3.3.2 (4)). Die Elemente $x, zx \in O^*$ werden auf dasselbe Element $x' \in O$ abgebildet.

A-5.1.2:   *SO(3) ist homomorphes Abbild von SU(2).* Die Elemente $\pm\vec{X} \in SU(2)$ werden auf dasselbe Element von $SO(3)$ abgebildet. Warum? Hinweis: B-4.1.3.

B-5.1.3:   Die Menge $\{(\vec{X}, \vec{Y})\colon \vec{X}, \vec{Y} \in \mathbf{R}^4, \vec{X}^2 = \vec{Y}^2 = 1\}$ bildet eine Gruppe

$$SU(2) \times SU(2) = SU(2)^2, \qquad\qquad (5.1A.3)$$

wenn die Multiplikation durch die Definition

$$(\vec{X}_1, \vec{Y}_1)\,(\vec{X}_2, \vec{Y}_2) = (\vec{X}_1\vec{X}_2, \vec{Y}_1\vec{Y}_2) \qquad\qquad (5.1A.4)$$

auf die für $SU(2)$ definierte Multiplikation zurückgeführt wird. Jedem $(\vec{X}, \vec{Y})$ $\in SU(2)^2$ ist durch

$$D(\vec{X}, \vec{Y}) = D'(\vec{X})\,D''(\vec{Y}) = D''(\vec{Y})\,D'(\vec{X}) \tag{5.1A.5}$$

eine 4-reihige orthogonale Matrix mit $\det D(\vec{X}, \vec{Y}) = 1$ zugeordnet, wenn $D'(\vec{X})$ und $D''(\vec{Y})$ die in (2.1.8) angegebenen Matrizen sind ($Z_i \to X_i$). Bei der so definierten Abbildung von $SU(2)^2$ in $SO(4)$ geht der Komplex $K_\epsilon = \{(\vec{X}, \vec{Y}): \vec{X}, \vec{Y} \in \mathbf{R}^4, \vec{X}^2 = \vec{Y}^2 = 1; X_4, Y_4 > 1 - \epsilon\}$ in die Menge der Matrizen

$$D(\vec{\lambda},\vec{\mu}) = \begin{bmatrix} 1 & -(\lambda_3 + \mu_3) & -(\lambda_2 + \mu_2) & -(\lambda_1 + \mu_1) \\ (\lambda_3 + \mu_3) & 1 & (\lambda_1 - \mu_1) & -(\lambda_2 - \mu_2) \\ (\lambda_2 + \mu_2) & -(\lambda_1 - \mu_1) & 1 & (\lambda_3 - \mu_3) \\ (\lambda_1 + \mu_1) & (\lambda_2 - \mu_2) & -(\lambda_3 - \mu_3) & 1 \end{bmatrix} + O(\vec{\lambda}^2, \vec{\mu}^2, \vec{\lambda}\cdot\vec{\mu}) \tag{5.1A.6}$$

über. So wie K_ϵ eine offene Umgebung des 1-Elements $(\vec{E}, \vec{E})$ von $SU(2)^2$ ist, ist die Menge der ihr zugeordneten Matrizen eine offene Umgebung der 1-Matrix (s. B-1.1.20). Die entsprechende Umgebung des 1-Elements von $SO(4)$ erzeugt aber die ganze Gruppe, da $SO(4)$ zusammenhängend ist (s. B-1.2.6). Dieser Sachverhalt zeigt sich auch daran, daß jede 4-reihige orthogonale Matrix D mit $\det D = 1$, die sich von der 1-Matrix nur um infinitesimale Größen unterscheidet, die Form (5.1A.6) hat. Zusammen mit

$$D(-\vec{X}, -\vec{X}) = (-D'(\vec{X}))\,(-D''(\vec{Y})) = D(\vec{X}, \vec{Y}) \tag{5.1A.7}$$

folgt daraus: $SO(4)$ *ist homomorphes Abbild von* $SU(2)^2$.

Ein Homomorphismus H: $G \to G'$ heißt (unitäre) *Darstellung* von G, wenn die Elemente von G' (unitäre) Operatoren in einem Hilbertraum H sind, und (unitäre) *Matrixdarstellung* von G, wenn die Elemente von G' (unitäre) Matrizen sind. Wenn H ein Isomorphismus ist, werden diese Darstellungen als *treu* bezeichnet.

Die Menge der Elemente $x \in G$, die auf das 1-Element $e' \in G'$ abgebildet werden, heißt *Kern des Homomorphismus* H.

$$Kern\ H = \{H(x): x \in G, H(x) = e', e' = 1\text{-Element von } G'\} \tag{5.1A.8}$$

ist ein Komplex, für den ($Kern\ H \to N$)

$$N \subset G, \quad NN = N$$
$$\{x\}N\{x^{-1}\} = \{xyx^{-1}: y \in N\} = N \quad \text{für alle } x \in G \tag{5.1A.9}$$

gilt. Ein Komplex für den (5.1A.9) gilt, heißt *invariante Untergruppe* oder *Normalteiler*.

A-5.1.3:   Jede R-Nebenklasse eines Normalteilers ist auch L-Nebenklasse.

$$N_x = N\{x\} = \{x\}N = {}_xN \tag{5.1A.10}$$

Warum? Hinweis: (5.1A.9).

A-5.1.4:   Man zeige, daß *Kern H* Normalteiler ist.

B-5.1.4:   Mit den Definitionen

$$\vec{a} \cdot \vec{b} = \sum_j a_j b_j \quad (\vec{a}, \vec{b} \in \mathbf{R}^n) \tag{5.1A.11}$$

$$(\vec{n}_k)_j = \delta_{jk} \tag{5.1A.12}$$

ist der Kern des Homomorphismus (5.1A.2) durch

$$Kern \ \Pi_k = \{\vec{t}: \vec{t} \in \mathbf{R}^n, \ \vec{t} \cdot \vec{n}_k = 0\} \tag{5.1A.13}$$

gegeben.

A-5.1.5:   Man veranschauliche sich B-5.1.4 für n = 2, k = 1 an Hand einer Skizze.

A-5.1.6:   Der Kern des Homomorphismus $SU(2)^2 \rightarrow SO(4)$ ist

$$Z_2' = Z[SU(2)^{[2]}] = \{(\vec{E}, \vec{E}), (\vec{Z}, \vec{Z})\}. \tag{5.1A.14}$$

$(\vec{Z}$ s. (4.1.6)). Warum? Hinweis: B-5.1.3, $D'(\vec{X}) = (D''(\vec{Y}))^{-1} = (D''(\vec{Y}))^T \Rightarrow$
$\Rightarrow X_4 Y_4 = 1, X_j = Y_j = 0$ für j = 1, 2, 3.

A-5.1.7:   Die Gruppe O^* besitzt Normalteiler, die von den Komplexen $\{z\}, \{p\}, \{p, q\},$
$\{p, r\}$ erzeugt werden. Warum? Hinweis: B-1.1.10 oder B-3.3.2 (2–5),
UIR = homomorphes Abbild, Kern = Normalteiler.

Ein Homomorphismus ist durch seinen Kern bis auf einen Isomorphismus bestimmt.
Denn aus (5.1A.10) folgt für die R-Nebenklassen eines Normalteilers N

$$N_x N_y = N\{x\} N\{y\} = NN\{x\}\{y\} = N\{xy\} = N_{xy} \tag{5.1A.15}$$

und daraus mit (5.1A.8, 1)

$$(Kern \ H)_x \ (Kern \ H)_y = (Kern \ H)_z \Longleftrightarrow H(x) H(y) = H(z). \tag{5.1A.16}$$

(5.1A.16) zeigt, daß das Multiplikationsgesetz von G' durch das der R-Nebenklassen von
Kern H vollständig bestimmt ist. Mit x = e folgt aus (5.1A.8, 1) überdies, daß die Elemente
von G' diesen R-Nebenklassen eindeutig zugeordnet sind.

$$(Kern \ H)_y = (Kern \ H)_z \Longleftrightarrow H(y) = H(z) \tag{5.1A.17}$$

Bezeichnet man die *Menge der R-Nebenklassen eines Normalteilers N* mit

$$G/N = \{N_x : x \in G\} \tag{5.1A.18}$$

und definiert man als *Produkt* der Elemente N_x, N_y jenes Element N_{xy}, das man gemäß
(5.1A.15) durch *Komplexmultiplikation* erhält, dann ist G/N eine Gruppe, die als *Faktorgruppe* bezeichnet wird, und es gilt

$$H: G \rightarrow G' \Longleftrightarrow G/Kern \ H \leftrightarrow G'. \tag{5.1A.19}$$

A-5.1.8:   Man zeige, daß G/N eine Gruppe ist. Hinweis: Abschnitt 1.1A, (5.1A.15).

A-5.1.9:   Die Elemente der Gruppe $T^n/Kern\ \Pi_k$ haben die Form $\{\vec{t} + t\vec{n_k}: \vec{t} \in \mathbf{R}^n,$ $\vec{t} \cdot \vec{n_k} = 0\}$. Warum? Hinweis: (5.1A.13), B-1.1.2.

A-5.1.10: C_n ist Normalteiler von D_n und $D_n/C_n \leftrightarrow S_2$. Warum? Hinweis: B-1.1.13, 14; $s\,r\,s = r^{-1}$.

B-5.1.5:   Aus (5.1A.19), A-4.1.3, (4.1.32), B-5.1.3, A-5.1.6 folgt

$$SU(2)/Z\,[SU(2)] \leftrightarrow SO(3) \tag{5.1A.20}$$

$$SU(2)^2/Z[SU(2)^{[2]}] \leftrightarrow SO(4). \tag{5.1A.21}$$

Gl. (5.1A.19) zeigt, daß nicht nur jedem Homomorphismus ein Normalteiler, sondern auch *jedem Normalteiler ein homomorphes Abbild zugeordnet* werden kann.

B-5.1.6:   Als *endliche Translationsgruppe* ^fT bezeichnen wir die Faktorgruppe

$$^fT = {}^{d(a)}T/{}^{d(2Ma)}T \tag{5.1A.22}$$

$(^{d(c)}T$ s. B-1.2.4) mit den Elementen

$$[ag'] = \{(ag' + 2Mag): g \in \mathbf{Z}\} = [a(g' \pm 2M)]. \tag{5.1A.23}$$

Da aus (5.1A.23, 15), B-1.1.1 $[ag_1]\,[ag_2] = [a(g_1 + g_2)]$ folgt, stellt die Zuordnung $[ag] \leftrightarrow (2M\ 2M-1 \ldots 2\ 1)^g$ $((2M \ldots 1)$ s. B-1.1.5) einen Isomorphismus dar.

$$^fT \leftrightarrow C_{2M} \tag{5.1A.24}$$

Zur *Indizierung der Elemente einer Faktorgruppe* ist jeder *Satz von R-Nebenklassenrepräsentanten des Normalteilers* gleich gut geeignet (s. (1.1A.16, 17)). Das Multiplikationsgesetz von G/N (Gl. (5.1A.15)) wird jedoch nur dann leicht auf das von G zurückgeführt werden können, wenn mit $x, y \in G: N$ auch $xy \in G: N$ ist, d.h. *wenn es einen Satz F von R-Nebenklassenrepräsentanten gibt, der Untergruppe von G ist* $(F = FF \subset G,$ $F \leftrightarrow G/N)$. In diesem Fall bezeichnet man G als *halbdirektes Produkt* $N(\times F$. Anstelle von $N(\times F$ schreiben wir auch $G_1(\times G_2$, wenn $G_1 \leftrightarrow N$, $G_2 \leftrightarrow F$ ist und klar ist, um welche Untergruppen $N \subset G$, $F \subset G$ es sich eigentlich handelt. Es ist zu beachten, daß das *Multiplikationsgesetz von G durch das Symbol $G_1(\times G_2$ nicht eindeutig bestimmt* ist, selbst wenn das der beiden Gruppen G_1, G_2 bekannt ist. Denn jedes $x \in G$ kann zwar in der Form $x_1 x_2$ mit $x_i \in G_i$ geschrieben werden; um das Element $x_1 x_2 y_1 y_2 =$ $= (x_1 x_2 y_1 x_2^{-1})(x_2 y_2)$ mit einem Element $z_1 z_2$ identifizieren zu können, muß aber auch der dem Element $x_2 \in G_2$ zugeordnete Automorphismus von G_1 $(y_1 \to x_2 y_1 x_2^{-1})$ bekannt sein. Die Definition eines halbdirekten Produkts $G_1(\times G_2$ enthält daher die von *drei Gruppen*: Neben der der beiden *Gruppen G_1 und G_2* die einer *Automorphismengruppe von G_1, die homomorphes Abbild von G_2 ist*.

Ist $G = G_1(\times G_2', (G_1 \subset G, G_2' \subset G)$ und $G_2' = G_2(\times G_3, (G_2 \subset G, G_3 \subset G)$ dann kann G wegen

$$G_1(\times [G_2(\times G_3] = [G_1(\times G_2](\times G_3 \tag{5.1A.25}$$

einfach als *mehrfaches halbdirektes Produkt* bezeichnet werden $(G = G_1(\times G_2(\times G_3).$

B-5.1.7:   (Bezeichnungen wie in B-5.1.6). $^{d(a)}T$ ist kein halbdirektes Produkt, da die
            Faktorgruppe ^fT endlich, alle von $\{(0)\}$ verschiedenen Untergruppen von
            $^{d(a)}T$ aber abzählbare Gruppen sind. Um einen einfacheren Ausdruck für
            das Multiplikationsgesetz von ^fT zu erhalten, indizieren wir die Elemente
            von ^fT mit

$$t \in aI \Longleftrightarrow \frac{1}{a}t \in I, I = \{-M+1, -M+2, \dots, M-1, M\} \tag{5.1A.26}$$

            und definieren durch

$$x + T\{x\} \in J, J = (-Ma, Ma] \tag{5.1A.27}$$

            auf $\mathbf{R}$ eine Funktion $T\{x\}$ mit dem Wertebereich $2Ma\mathbf{Z}$.

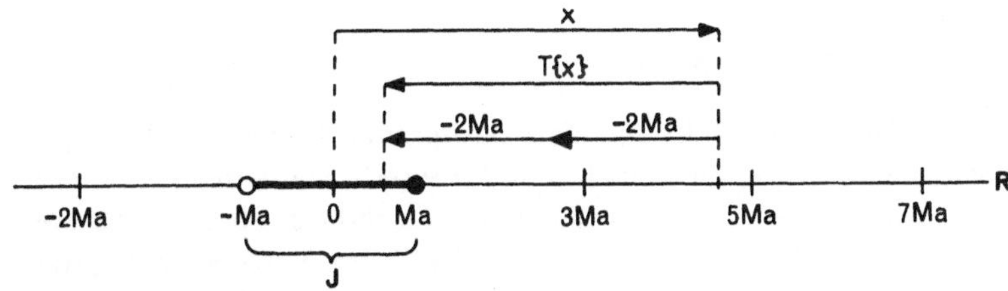

Bild 5.1. *Bedeutung der Funktion* $T\{x\}$

            Das Multiplikationsgesetz von ^fT lautet dann

$$[t_1][t_2] = [t_1 + t_2 + T\{t_1 + t_2\}]. \tag{5.1A.28}$$

A-5.1.11:   Man zeige, daß

$$S_3 = D_3 = C_3 (\times S_2 \tag{5.1A.29}$$

            ist und verallgemeinere dieses Resultat für D_n $(n > 3)$. Hinweis: A-5.1.10.

B-5.1.8:   *Die Gruppe der linearen Transformationen* $\vec{x} \to M\vec{x} + \vec{t}$ *eines komplexen*
            [reellen] Vektorraums. Ein Element $(\vec{t}|M)$ ist durch ein n-Tupel $\vec{t}$ von kom-
            plexen [reellen] Zahlen und eine n-reihige quadratische Matrix M mit Ele-
            menten $M_{jk} \in \mathbf{C}[\mathbf{R}]$ und $\det M \neq 0$ gekennzeichnet. Das Multiplikations-
            gesetz lautet $(\vec{t}_1|M_1)(\vec{t}_2|M_2) = (\vec{t}_1 + M_1\vec{t}_2|M_1 M_2)$. Die Gruppe ist *das*
            halbdirekte Produkt der additiven Gruppe $^+\mathbf{C}^n[^+\mathbf{R}^n \leftrightarrow T^n]$ mit Elementen
            $(\vec{t}|E)$, E = 1-Matrix, *und der allgemeinen linearen Gruppe GL*$(n, C[R])$ mit
            Elementen $(\vec{0}|M)$. Die Definition von $^+C^n(\times GL(n, C)[^+R^n(\times GL(n, R)]$
            beinhaltet die des entsprechenden *Vektorraums,* da seine Elemente mit denen
            des Normalteilers identifiziert und der Übergang zu einem Vielfachen $(\vec{t} \to \gamma\vec{t})$
            als der dem Element $(\vec{0}|\gamma E)$ zugeordnete innere Automorphismus aufgefaßt
            werden können (s. B-4.1.1, A-4.1.1).
            Durch die Forderung $M^T = M^{-1}$ wird *GL*(n, R) auf *O*(n) und $^+R^n(\times GL(n, R)$
            auf die *Euklidische Bewegungsgruppe* $T^n(\times O(n)$ eingeschränkt.

B-5.1.9:   *Raumgruppen* sind diskrete Untergruppen der kontinuierlichen euklidischen
Bewegungsgruppe $T^3 (\times O(3))$. *Symmorphe Raumgruppen* sind *halbdirekte
Produkte* der Form $^{d(\vec{a}_j)}T(\times P)$. Die Elemente $(\vec{t}\,|\,e)$ der diskreten Transla-
tionsgruppe $^{d(\vec{a}_j)}T$ sind *Gittervektoren* $\vec{t} = g_1 \vec{a}_1 + g_2 \vec{a}_2 + g_3 \vec{a}_3$ zugeordnet,
die ganzzahlige Linearkombinationen von drei linear unabhängigen Vektoren
$\vec{a}_j \in \mathbf{R}^3$ sind. Die *Punktgruppe* P ist eine endliche Untergruppe von $O(3)$,
deren Elemente $(\vec{0}\,|\,p)$ die Gleichung $\{(\vec{0}\,|\,p)\}^{d(\vec{a}_j)}T\,\{(\vec{0}\,|\,p^{-1})\} = {}^{d(\vec{a}_j)}T$ er-
füllen. *Nicht-symmorphe Raumgruppen* sind Untergruppen symmorpher
Raumgruppen, die selbst *keine halbdirekten Produkte* sind.

A-5.1.12:   Die Gruppe O^* ist ein mehrfaches halbdirektes Produkt von zyklischen
Gruppen.

$$O^* = C_4 (\times\, C_2 (\times\, C_3 (\times\, C_2 \tag{5.1A.30}$$

Warum? Hinweis: A-5.1.7.

Ist G ein halbdirektes Produkt und die Faktorgruppe F nicht nur Untergruppe, sondern
sogar Normalteiler von G, dann ist nicht nur $F \leftrightarrow G/N$, sondern auch $N \leftrightarrow G/F$. Wir bezeichnen in diesem Fall $G = N \times F$ als das *direkte Produkt* der beiden Faktoren N und F.
Wie beim halbdirekten Produkt schreiben wir falls $G_1 \leftrightarrow N$, $G_2 \leftrightarrow F$ ist, statt $N \times F$ auch
$G_1 \times G_2$, wenn keine Verwechslungen möglich sind. Da jedem Element von G_2 der iden-
tische Automorphismus von G_1 zugeordnet ist, ist das *Multiplikationsgesetz eines direkten Produkts durch das der Faktoren eindeutig bestimmt* $(x_1 x_2 y_1 y_2 = (x_1 y_1)(x_2 y_2))$.

B-5.1.10:   Die in B-5.1.3 definierte Gruppe $SU(2)^2$ ist das direkte Produkt der beiden
zu $SU(2)$ isomorphen Untergruppen $\{(\vec{X}, \vec{E})\}$, $\{(\vec{E}, \vec{Y})\}$.

B-5.1.11:   Die *Punktgruppe* O_h kann durch jene treue OIR definiert werden, die man
aus der OIR $D^{\langle 3 \rangle}$ von O (s. (1.1A.11)) erhält, wenn man die negative 1-Matrix
(*Inversion*) hinzunimmt.

$$D^{\langle 3,1 \rangle}(p') = D^{\langle 3 \rangle}(p') \Longleftrightarrow p' \in O(\subset O_h)$$

$$D^{\langle 3,1 \rangle}(e') = \text{negative 1-Matrix} \tag{5.1A.31}$$

$$O_h = O \times S_2 \tag{5.1A.32}$$

B-5.1.12:   Die *Doppelpunktgruppe* O_h^* kann, da sie keine treue UIR besitzt, nur durch
die Angabe der Menge

$$p' \in O_h^* \Longleftrightarrow p' = \left\{ \begin{matrix} p \\ pe' \end{matrix} \right\}, \quad p \in O^*(\subset O_h^*) \tag{5.1A.33}$$

und des Multiplikationsgesetzes

$$(p_1 e')(p_2 e') = p_1 p_2 \qquad\qquad (\in O^*)$$

$$(p_1 e')(p_2) = (p_1)(p_2 e') = (p_1 p_2)e' \quad (\notin O^*) \tag{5.1A.34}$$

definiert werden. Aus (5.1A.34) folgt

$$O_h^* = O_h \times S_2. \tag{5.1A.35}$$

A-5.1.13:   Man überzeuge sich an Hand der treuen 3-dimensionalen Matrixdarstellung, daß

$$O(3) = SO(3) \times S_2 \qquad\qquad (5.1A.36)$$

ist. Hinweis: B-1.1.4, B-1.1.12, (5.1A.31).

Sind alle Faktorgruppen, die in einem mehrfachen halbdirekten Produkt auftreten, nicht nur Untergruppen sondern auch Normalteiler, dann ist die Gruppe ein *mehrfaches direktes Produkt* (z.B. $G = G_1 \times G_2 \times G_3$). Wenn alle Faktoren zueinander isomorph sind, schreiben wir kurz

$$G \times \ldots \times G \quad (\text{n Faktoren}) = G^n. \qquad\qquad (5.1A.37)$$

B-5.1.13:   In der Bezeichnung der *Translationsgruppen* $(T^n, {}^d T^n, {}^{d(c)} T^n)$ kommt zum Ausdruck, daß jede von ihnen *n-faches direktes Produkt einer additiven Gruppe* $({}^+\mathbf{R}, {}^+\mathbf{Z}, {}^+c\mathbf{Z})$ ist.

5.1B. Bistetige Abbildungen

Von den hier betrachteten topologischen Räumen (die zugleich Gruppen sind) sind vor allem die kompakten interessant (da sich für sie eine Gruppenalgebra definieren läßt). Auch die Frage, ob ein solcher topologischer Raum zusammenhängend ist, ist von Interesse (da daraus Rückschlüsse auf die erzeugenden Elemente gezogen werden können). Schließlich ist auch das Gewicht des topologischen Raums hier von Bedeutung (da es, falls er eine kompakte Gruppe ist, mit der Dimension der Gruppenalgebra übereinstimmt).

A-5.1.14:   *Ist* f: $(S_1, T_1) \to (S_2, T_2)$ *eine stetige Abbildung und* (S_1, T_1) *kompakt (zusammenhängend), dann ist es auch* (S_2, T_2). Warum? Hinweis: „stetig", „zusammenhängend", „kompakt" s. Kapitel 1.

Aus der Stetigkeit von f: $(S_1, T_1) \to (S_2, T_2)$ läßt sich allerdings nicht schließen, daß (S_2, T_2) eine abzählbare Basis besitzt, wenn (S_1, T_1) eine besitzt. Damit dies der Fall ist, müssen die Bilder der offenen Mengen offen sein $(V_1 \in T_1 \Rightarrow f[V_1] = \{f(x_1): x_1 \in V_1\} \in T_2)$. Eine Abbildung mit dieser Eigenschaft heißt *offen*.

A-5.1.15:   Jede Abbildung f: $(S_1, T_1) \to (S_2, T_2)$ ist offen, wenn $T_2 = T_D$ ist. Warum?

B-5.1.14:   (Bezeichnung s. B-1.1.18, 19). f: $(\mathbf{R}, T_U) \to (\mathbf{R}, T_{U(L)})$, $f(x) = x$ ist stetig, aber nicht offen. g: $(\mathbf{R}, T_{U(L)}) \to (\mathbf{R}, T_U)$, $g(x) = x$, ist offen, aber nicht stetig.

A-5.1.16:   (Bezeichnungen s. B-1.1.24, 18). Die Projektion $\Pi_1: (\mathbf{R}^2, T_{U2}) \to (\mathbf{R}, T_U)$, $\Pi_1(\vec{x}) = x_1$, ist offen und stetig. Warum? Hinweis: Man veranschauliche sich den Sachverhalt an Hand einer Skizze.

A-5.1.17:   Ist f: $(S_1, T_1) \to (S_2, T_2)$ offen und stetig, dann ist $w(S_2, T_2) \leqslant w(S_1, T_1)$. Warum? Hinweis: Definition von $w(S, T)$ s. Abschnitt 1.2.

Eine Abbildung f: $(S_1, T_1) \to (S_2, T_2)$ ist genau dann *bistetig,* wenn für sie

$$V_2 \in T_2 \Longleftrightarrow f^{-1}[V_2] = \{x_1: f(x_1) \in V_2\} \in T_1 \qquad\qquad (5.1B.1)$$

gilt. Eine solche Abbildung ist offensichtlich stetig, muß aber nicht offen sein, da $f^{-1}[V_2]$ nicht alle (!) $V_1 \in T_1$ durchlaufen muß, wenn V_2 alle offenen Mengen von T_2 durchläuft. Eine bistetige Abbildung h: $(S_1, T_1) \to (S_2, T_2)$, für die eine *inverse Abbildung existiert*, wird als *Homeomorphismus* bezeichnet. Homeomorphe topologische Räume unterscheiden sich nur in der Bezeichnung der Elemente, sie sind in topologischer Hinsicht völlig gleichwertig (s. Abschnitt 1.1B).

Für jede Abbildung f: $(S_1, T_1) \to (S_2, T_2)$ läßt sich ein zu (S_2, T_2) homeomorpher Raum definieren, dessen Elemente Teilmengen von S_1 sind. Ausgangspunkt dieser Konstruktion ist die zu f gehörende *Zerlegung* von S_1 *in paarweise elementfremde Teilmengen*. Bezeichnet man mit

$$W_{x_2} = f^{-1}[\{x_2\}] = \{x_1 : x_1 \in S_1, f(x_1) = x_2\} \tag{5.1B.2}$$

das Urbild der Elementmenge $\{x_2\}$ in S_1, dann gilt

$$W_{x_2} \cap W_{y_2} = \emptyset \quad \text{für } x_2 \neq y_2$$

$$\bigcup_{x_2 \in S_2} W_{x_2} = S_1 . \tag{5.1B.3}$$

Die Menge dieser Teilmengen von S_1,

$$S_2' = \{W_{x_2} : x_2 \in S_2\} \tag{5.1B.4}$$

ist von gleicher Mächtigkeit wie S_2. Definiert man für S_2' eine Topologie T_2' durch

$$\{W_{x_2} : x_2 \in V_2\} \in T_2' \Longleftrightarrow V_2 \in T_2, \tag{5.1B.5}$$

dann ist h: $(S_2, T_2) \to (S_2', T_2')$, $h(x_2) = W_{x_2}$, ein Homeomorphismus. Wird die *natürliche Abbildung* n: $(S_1, T_1) \to (S_2', T_2')$ durch

$$n(x_1) = W_{x_2} \Longleftrightarrow x_1 \in W_{x_2} \tag{5.1B.6}$$

definiert, dann ist n(= hf) genau dann (bi)stetig, wenn f es ist. Sind f und n bistetig, dann kann die Topologie T_2' auch durch

$$V_2' \in T_2' \Longleftrightarrow n^{-1}[V_2'] = \bigcup_{W_{x_2} \in V_2'} W_{x_2} \in T_1 \tag{5.1B.7}$$

charakterisiert werden.

Eine bistetige Abbildung ist durch die dazugehörige Aufteilung bis auf einen Homeomorphismus bestimmt. Denn die Kenntnis einer Aufteilung (5.1B.3) mit der Indexmenge S_2 genügt, um durch (5.1B.4) die *Quotientenmenge* S_2' und durch (5.1B.6) die natürliche Abbildung n: $S_1 \to S_2'$ zu definieren. Mit der durch (5.1B.7) definierten *Quotiententopologie* T_2' wird S_2' zum *Quotientenraum* (S_2', T_2'). n: $(S_1, T_1) \to (S_2', T_2')$ ist dann bistetig und kann sich von einer bistetigen Abbildung f: $(S_1, T_1) \to (S_2, T_2)$, die gemäß (5.1B.2) zur selben Aufteilung von S_1 führt, nur durch einen Homeomorphismus unterscheiden.

A-5.1.18:   Der Quotientenraum (S_2', T_2') eines topologischen Raums (S_1, T_D) ist homeomorph zu (S_2, T_D). Warum? Hinweis: B-1.1.17.

B-5.1.15:   Ist $W_x \subset \mathbf{R}$ durch $W_x = \{x + Lg: g \in \mathbf{Z}\}$ definiert und $L = 2Ma$, dann stellen die Mengen W_x, $x \in \mathbf{J}$, $\mathbf{J} = (-Ma, Ma]$ eine Zerlegung von $\mathbf{R}$ dar, für die (5.1B.3) gilt. $\mathbf{J'} = \{W_x: x \in \mathbf{J}\}$ und die natürliche Abbildung n: $(\mathbf{R}, T_U) \rightarrow$ $\rightarrow (\mathbf{J'}, T')$ ist durch $n(x) = W_{x + T}\{x\}$ gegeben ($T\{x\}$ s. (5.1A.27)). Aus (5.1B.7) folgt, daß $V' = \{W_x: x \in V\}$, das Bild der Teilmenge $V \subset \mathbf{R}$, genau dann offen ist ($V' \in T'$), wenn $n^{-1}[V'] = \{x + Lg: x \in V, g \in \mathbf{Z}\}$, die mit L periodisch fortgesetzte Teilmenge V, entweder mit $\mathbf{R}$ übereinstimmt oder sich aus periodisch fortgesetzten Intervallen $I_i \subset \mathbf{J}$, $I_i \cap I_j = \emptyset$ für $i \neq j$, zusammensetzt ($n^{-1}[V'] \in T_U$).

A-5.1.19:   Die Mengen $W_y = \{(x_1, x_2): x_2 = y\}$ definieren eine Zerlegung von $\mathbf{R}^2$. Man definiere den dazugehörigen Quotientenraum und zeige, daß er zu $(\mathbf{R}, T_U)$ homeomorph ist. Hinweis: Man veranschauliche sich den Sachverhalt an Hand einer Skizze.

Die Mengen $W_{x_1} = \{(x_1, x_2): x_2 \in S_2\}$, $x_1 \in S_1$, und $\overline{W}_{x_2} = \{(x_1, x_2): x_1 \in S_1\}$, $x_2 \in S_2$, sind Zerlegungen der Produktmenge $S_1 \times S_2 = \{(x_1, x_2): x_1 \in S_1, x_2 \in S_2\}$, die (5.1B.3) erfüllen. Ist $(S_1 \times S_2, T)$ ein topologischer Raum, dann ist der Quotientenraum (S'_1, T'_1) durch die natürliche Abbildung $n_1: (S_1 \times S_2, T) \rightarrow (S'_1, T'_1)$, $n_1(x_1, x_2) = W_{x_1}$, eindeutig bestimmt. Eine Teilmenge V'_1 von $S'_1 = \{W_{x_1}: x_1 \in S_1\}$ ist genau dann offen, wenn $n_1^{-1}[V'_1] = \{(x_1, x_2): W_{x_1} \in V'_1, x_2 \in S_2\}$ offene Teilmenge von $S_1 \times S_2$ ist. Entsprechendes gilt für den Quotientenraum (S'_2, T'_2). $(S_1 \times S_2, T)$ ist genau dann zum *Produktraum* $(S'_1, T'_1) \times (S'_2, T'_2)$ homeomorph, wenn $\{n_1^{-1}[V'_1] \cap n_2^{-1}[V'_2]: V'_1 \in T'_1, V'_2 \in T'_2\}$ eine Basis von T ist.

A-5.1.20:   Man veranschauliche sich diesen Sachverhalt für $(\mathbf{R}^2, T_{U2})$. Hinweis: B-1.1.24.

A-5.1.21: $(S_1 \times S_2, T_D)$ ist homeomorph zu $(S_1, T_D) \times (S_2, T_D)$. Warum? Hinweis: A-5.1.14.

5.2. Offene Homomorphismen

Die Abbildung einer topologischen Gruppe G auf eine topologische Gruppe G', H: $G \rightarrow G'$, wird als *offener Homomorphismus* bezeichnet, wenn H ein Homomorphismus und bistetig ist. Warum ein solcher Homomorphismus „offen" und nicht „bistetig" genannt wird, wird später klar werden (s. A-5.2.2). Existiert eine inverse Abbildung, dann ist H ein Isomorphismus und ein Homeomorphismus. In diesem Fall sagen wir meist kurz, daß G und G' isomorph sind, oder schreiben einfach $G \leftrightarrow G'$ (s. Abschnitt 1.2). Für *echte offene Homomorphismen* existiert *keine inverse Abbildung*. Wir schreiben, wenn wir nur darauf hinweisen wollen, daß G' ein (bekanntes oder noch näher zu bestimmendes) *offen-homomorphes Abbild* von G ist, kurz $G \rightarrow G'$.

A-5.2.1:   *Jeder Homomorphismus einer endlichen Gruppe ist ein offener Homomorphismus.* Warum? Hinweis: $T = T' = T_D$, (5.1B.1).

B-5.2.1:   Die Projektion $\Pi_k: T^n \rightarrow T$, $\Pi_k(\vec{t}) = t_k$, ist ein offener Homomorphismus, wenn T^n und T mit der (für $\mathbf{R}^n$ und $\mathbf{R}$) üblichen Topologie versehen werden (s. B-1.1.23, 24, B-5.1.1, A-5.1.16).

B-5.2.2:   Die in A-4.1.3 beschriebene Abbildung von $SU(2)$ auf $SO(3)$ ist ein offener
             Homomorphismus, da die Gruppe der orthogonalen 3-reihigen Matrizen D
             auf die übliche Art topologisiert wird (s. B-1.2.2) und sich der (offene) Kom-
             plex von $SU(2)$, der Urbild eines (offenen) Komplexes von $SO(3)$ ist, aus
             den Gln. (4.1.18, 19) ergibt. Beim offenen Homomorphismus $SU(2)^2 \to SO(4)$
             sind die Verhältnisse ähnlich.

   *Ein offener Homomorphismus ist durch seinen Kern bis auf einen Isomorphismus und
einen Homeomorphismus bestimmt.* Der algebraische Teil der Aussage ergibt sich aus
Abschnitt 5.1A, der topologische, wenn man *Kern H = N* setzt und die *natürliche Abbildung* n: $G \to G/N$ durch

$$n(x) = N_x \tag{5.2.1}$$

definiert, aus Abschnitt 5.1B. Die der Topologisierung von G/N zugrunde liegende Aufteilung von G ist die Zerlegung von G in R-Nebenklassen von N. Die offenen Komplexe
von G/N sind wegen (5.1B.7), (1.1A.7) durch

$$\{N_x : x \in K\} \text{ offen} \iff \bigcup_{x \in K} N_x = NK \text{ offen} \tag{5.2.2}$$

gegeben.

A-5.2.2:   *Die natürliche Abbildung* (5.2.1) *ist offen*

             $$K \text{ offen} \Rightarrow \{N_x : x \in K\} \text{ offen} \tag{5.2.3}$$

             Warum? Hinweis: K offen $\iff \{z\}K$ offen (s. A-1.2.3), (5.2.2).

   Die Definition der Faktorgruppe und die des Quotientenraums sind verträglich, d.h.
die mit der Quotiententopologie versehene Faktorgruppe ist eine topologische Gruppe.
(Für H: $G \to G', N = Kern H,$ folgt dies schon aus $G/Kern H \leftrightarrow G', G' =$ topologische
Gruppe.)

A-5.2.3: N ist Normalteiler der topologischen Gruppe G, G/N die mit der Quotienten-
             topologie versehene Faktorgruppe. Man zeige, daß die Abbildungen I': $G/N \to$
             $\to G/N$, $I'(N_x) = N_{x^{-1}}$, und M': $G/N \times G/N$ (Produktraum) $\to G/N$,
             $M'(N_x, N_y) = N_{xy}$, stetig sind, wenn die Abbildungen I: $G \to G$, $I(x) = x^{-1}$,
             und M: $G \times G$ (Produktraum) $\to G$, $M(x,y) = xy$, es sind. Hinweis: (5.2.2),
             NK offen $\iff I[NK]$ offen, (5.1A.9) $\Rightarrow I[NK] = N I [K]$; (5.2.2),
             $M^{-1}[NK] = \{(x,y): xy \in NK\}$, $N(x,y) = (N_x, N_y)$, N: $G \times G \to G/N \times G/N$
             ist offen, $xy \in NK \Rightarrow N_x N_y = N_z$ und $z \in K$.

Jeder Normalteiler einer topologischen Gruppe G legt also schon durch seine algebraischen
Eigenschaften (Nebenklassenzerlegung) eindeutig eine topologische Gruppe G' fest, die
offen-homomorphes Abbild von G ist.

B-5.2.3:   Als *kompakte Translationsgruppe* ^cT bezeichnen wir die Faktorgruppe

$$^cT = T/^{d(L)}T \tag{5.2.4}$$

mit $T = (\mathbf{R}, +, T_U)$ (s. B-1.2.1) und $^{d(L)}T = (L\mathbf{Z}, +, T_D)$ (s. B-1.2.4). Die Elemente von ^cT

$$[\tau] = \{\tau + Lg: g \in \mathbf{Z}\} = [\tau \pm L] \tag{5.2.5}$$

können für $L = 2Ma$ mit $\tau \in \mathbf{J}, \mathbf{J} = (-Ma, Ma]$ indiziert werden. Das Multiplikationsgesetz hat dann die Form

$$[\tau_1][\tau_2] = [\tau_1 + \tau_2 + T\{\tau_1 + \tau_2\}] \tag{5.2.6}$$

($T\{x\}$ s. B-5.1.7). Die Zuordnung $[\tau] \leftrightarrow e^{-i(2\pi/L)\tau}$, $[\tau_1][\tau_2] \leftrightarrow e^{-i(2\pi/L)\tau_1} e^{-i(2\pi/L)\tau_2}$, zeigt, daß

$$^cT \leftrightarrow U(1) \tag{5.2.7}$$

und ^cT daher (s. B-1.2.3, B-1.4.2) eine *kompakte analytische 1-Parameter-Gruppe* ist, die mit dem globalen und kanonischen Parameter $\tau \in V_\tau = (-L/2, L/2)$ parametrisiert werden kann.

$$M[f] = \frac{1}{L} \int\limits_{L/2}^{L/2} d\tau\, f(\tau) \tag{5.2.8}$$

$L(^cT)$ ist 1-dimensional; das erzeugende Element ist (vgl. (3.3B.8))

$$P = -i\frac{d}{d\tau}\,. \tag{5.2.9}$$

B-5.2.4:   Den Zusammenhang zwischen den bisher definierten Translationsgruppen T (s. B-1.2.1), $^{d(c)}T$ (s. B-1.2.4) mit $c = 2Ma = L$ und $c = a$, ^cT (s. B-5.2.3), ^fT (s. B-5.1.6) und $^{(L)}T$ (s. A-1.2.1) zeigt das folgende Schema:

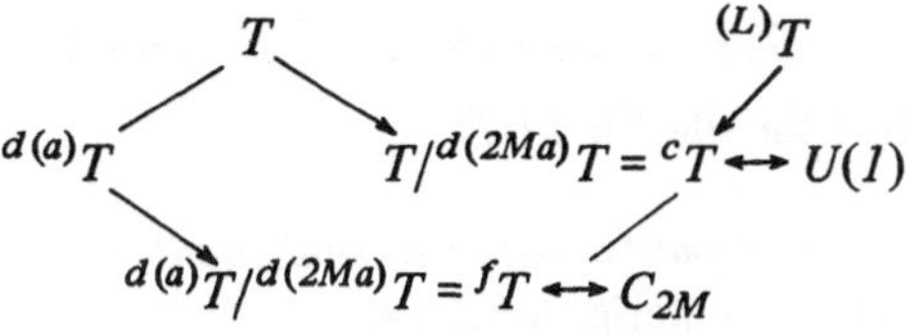

Die Gruppen T, $^{(L)}T$, ^cT sind kontinuierlich, $^{d(a)}T$ und $^{d(2Ma)}T$ sind abzählbar, ^fT ist endlich. Die Gruppen $^{(L)}T$, ^cT, ^fT sind kompakt, die Gruppen T, $^{d(a)}T$, $^{d(2Ma)}T$ nicht. Für die reguläre Darstellung von $^{(L)}T$ gilt $^{(L)}T \to U(^{(L)}T) \leftrightarrow {}^cT$, da $^{(L)}T$ (als einzige) keine Hausdorffsche Gruppe ist (s. B-2.3.2).

B-5.2.5:   *Irreduzible Darstellungen von ^cT* (vgl. B-3.3.6).

$$\text{Indizes: } A_{c_T} = \{k\} = \frac{2\pi}{L} \, \mathbf{Z} \qquad\qquad (5.2.10)$$

$$\text{Dimensionen: } n_k = 1 \qquad\qquad (5.2.11)$$

$$\text{Irreduzible Darstellungen: } P^k = k; \; D^k(\tau) = e^{-ik\tau} \qquad\qquad (5.2.12)$$

Die Bedeutung dieser UIRs für die *Fourieranalyse* (Darstellung periodischer
Funktionen f: $\mathbf{R} \rightarrow \mathbf{C}$ als Fourierreihen) ergibt sich aus B-5.2.4, B-2.2.1.
B-2.2.1.

B-5.2.6:   *Irreduzible Darstellungen von ^fT* (s. (5.1A.24), B-3.3.4).

$$\text{Indizes: } A_{f_T} = \{q\} = \frac{\pi}{Ma} \, I \quad (\text{vgl. } (5.1A.26)) \qquad\qquad (5.2.13)$$

$$\text{UIRs: } D^q(t) = e^{-iqt} \qquad\qquad (5.2.14)$$

A-5.2.4:   *Offen-homomorphe Abbilder zusammenhängender Gruppen sind ebenfalls*
             zusammenhängend. Warum? Hinweis: n: $G \rightarrow G/G_1$ ist stetig, A-5.1.14.

Jedes offen-homomorphe Abbild G_2 einer analytischen Gruppe G ist selbst eine ana-
lytische Gruppe. G_1, der Kern des Homomorphismus, ist ein Normalteiler, der ein abge-
schlossener Komplex von G ist. Ist G_1 diskret, d.h. ist er als Unterraum von G ein Raum
mit diskreter Topologie (T_D s. B-1.1.17), *dann besitzt G_2 dieselbe Liesche Algebra wie*
$G(L(G_2) = L(G))$. Alle analytischen Gruppen, die dieselbe Liesche Algebra besitzen,
sind offen-homomorphe Abbilder einer einzigen analytischen Gruppe. Diese „universelle
Überlagerungsgruppe" ist durch ihre Liesche Algebra eindeutig bestimmt [Ref. 13, 11].

A-5.2.5:   *SU(2) ist die universelle Überlagerungsgruppe von SO(3).* Man überzeuge sich
             davon, daß der Kern von $SU(2) \rightarrow SO(3)$ diskret ist und beide Gruppen die-
             selbe Liesche Algebra besitzen. Hinweis: (5.1A.20), (2.5B.27, 28), (4.1.11).

Ist der Kern G_1 eines offenen Homomorphismus $G \rightarrow G/G_1$ selbst eine analytische Gruppe,
dann ist seine Liesche Algebra $L(G_1)$ nicht nur Unteralgebra von $L(G)$ (s. Abschnitt 1.5A),
sondern wegen A-1.4.7 sogar *Z-Ideal von* $L(G)$.

$$G_1 = \text{Normalteiler von } G \Rightarrow L(G_1) = \text{Z-Ideal von } L(G) \Longleftrightarrow \text{wenn } \vec{\xi}_1 \in L(G_1),$$
$$\text{dann } \vec{\xi} \wedge \vec{\xi}_1, \vec{\xi}_1 \wedge \vec{\xi} \in L(G_1) \text{ für alle } \vec{\xi} \in L(G) \qquad (5.2.15)$$

A-5.2.6:   *Offen-homomorphe Abbilder kompakter Gruppen sind ebenfalls kompakt.*
             Warum? Hinweis: n: $G \rightarrow G/G_1$ ist stetig, A-5.1.14.

Ist G kompakt und $G_2 \longleftrightarrow G/G_1$, dann kann $L^2(G_2)$ mit jenem Unterraum $L^{(2)}(G) \subset$
$\subset L^2(G)$ identifiziert werden, der durch

$$f \in L^{(2)}(G) \Longleftrightarrow xf = f \quad \text{für alle } x \in G_1 (G_1 \subset G) \qquad (5.2.16)$$

definiert ist.

A-5.2.7:   Man beweise folgende Aussagen:

$$f \in L^{(2)}(G) \Longleftrightarrow f(y) = g(G_{1,y}) \quad (G_{1,y} = G_1\{y\}) \tag{5.2.17}$$

$$f \in L^{(2)}(G) \Rightarrow f^+ \in L^{(2)}(G) \tag{5.2.18}$$

$$f, g \in L^{(2)}(G) \Rightarrow \alpha f + \beta g \in L^{(2)}(G) \tag{5.2.19}$$

$$f \in L^{(2)}(G) \Rightarrow f * g, g * f \in L^{(2)}(G) \quad \text{für alle } g \in L^{(2)}(G) \tag{5.2.20}$$

Hinweis: (5.1A.9); (2.4.10), (5.2.16); (2.4.1), (2.1.5).

Durch (5.2.17) ist jedem $f \in L^{(2)}(G)$ eine auf G/G_1 definierte Funktion zugeordnet. Auch sie ist quadratisch integrierbar, wenn für $G/G_1 (\longleftrightarrow G_2)$ der Mittelwert durch

$$M^{(2)}[g] = M[f], \quad f(x) = g(G_{1,x}) \tag{5.2.21}$$

definiert wird.

A-5.2.8:   Man überzeuge sich, daß (5.2.21) die Bedingungen (2.1.2–5) erfüllt.

Dies zeigt, daß $L^{(2)}(G)$ und $L^2(G/G_1)$ *isomorphe Hilberträume* sind (eineindeutige Zuordnung der Elemente: $f \longleftrightarrow g$, Invarianz des Skalarprodukts $\langle f_1, f_2 \rangle = M[f_1^* f_2] = = M^{(2)}[g_1^* g_2] = \langle g_1, g_2 \rangle$). Für die entsprechenden Hilbertringe $A^{(2)}(G)$ und $A(G/G_1)$ folgt darüber hinaus aus (5.2.18–20) und $G_2 \longleftrightarrow G/G_1$: $A(G_2)$ *kann mit* $A^{(2)}(G)$, *dem* $L^{(2)}(G)$ *zugeordneten Z-Ideal von* $A(G)$, *identifiziert werden. Ein vollständiger Satz von Einheiten (UIRs) von G enthält daher auch einen von* G_2. Denn $A^{(2)}(G)$ ist (wie jedes Z-Ideal) eine direkte Summe von minimalen Z-Idealen $A^{\alpha}(G)$ (s. Abschnitt 3.1). *Eine UIR von G ist genau dann eine von* $G_2 \longleftrightarrow G/G_1$, *wenn*

$$D_{jk}^{\alpha}(x) = \delta_{jk} \quad \text{für alle } x \in G_1 (G_1 \subset G) \tag{5.2.22}$$

ist.

A-5.2.9:   *UIRs (OIRs) von O.* Ist $D^{(i)}$ eine der in B-3.3.2 angegebenen UIRs von O^*, dann gilt

$$D^{(i)} = \text{OIR von } O \Longleftrightarrow i = 0, 1, 2, 3, 4 \tag{5.2.23}$$

Warum? Hinweis: B-3.3.2, (5.2.22),

$$O^*/Z[O^*] \longleftrightarrow O \tag{5.2.24}$$

(s. B-3.3.2 (4), B-1.1.11) (4.1.30)).

B-5.2.7:   *UIRs von SO(3)* sind wegen (5.1A.20), (4.1.32), (5.2.22) jene UIRs von *SU(2)*, für die $\vec{Z}$ durch die 1-Matrix dargestellt wird. Da $\vec{Z} \notin K_\omega$ ist, muß $D^j(\vec{Z})$ durch $\lim\limits_{\epsilon \to 0} D^j(0, 0, 2\pi - \epsilon)$ ersetzt werden. Wegen (3.3B.17, 18) ist

$$D_{mm'}^{j}(\vec{Z}) = (-1)^{2j} \delta_{mm'} \quad \text{und daher}$$

$$D^j = \text{UIR von } SO(3) \Longleftrightarrow j = 0, 1, 2, 3, \dots . \tag{5.2.25}$$

5.3. Halbdirekte Produkte

Wir bezeichnen die topologische Gruppe G als *halbdirektes Produkt zweier topologischer Gruppen*, wenn G zwei (topologische) Untergruppen N und F mit folgenden Eigenschaften besitzt:

$$NF = G \qquad \text{(Komplexmultiplikation)}$$

$$N \cap F = \{e\} \quad (e = \text{1-Element von } G) \tag{5.3.1}$$

N ist Normalteiler von G

F ist isomorph zur Faktorgruppe G/N $\qquad\qquad$ (5.3.2)

N ist homeomorph zum Quotientenraum G/F
(dessen Elemente die L-Nebenklassen $_xF$, $x \in N$, sind)

F ist homeomorph zum Quotientenraum G/N
(dessen Elemente die R-Nebenklassen N_x, $x \in F$, sind) $\qquad$ (5.3.3)

G ist homeomorph zum Produktraum $N \times F$ $\qquad\qquad$ (5.3.4)

Die ersten beiden Bedingungen sorgen dafür, daß G im rein algebraischen Sinn das halbdirekte Produkt von N und F ist (s. Abschnitt 5.1A). Sind auch die beiden anderen erfüllt, dann schreiben wir kurz $G = N(\times F$ oder $G = G_1(\times G_2$, wenn $G_1 \leftrightarrow N$, $G_2 \leftrightarrow F$ (Isomorphismus und Homeomorphismus) und klar ist, um welche Untergruppen von G es sich eigentlich handelt.

Sind G_1 und G_2 bekannte Gruppen, dann muß man um das Multiplikationsgesetz von G angeben zu können, auch die G_2 zugeordnete Automorphismengruppe von G_1 kennen (s. Abschnitt 5.1A). Beim *direkten Produkt zweier topologischer Gruppen* besteht sie nur aus dem identischen Automorphismus. In diesem Fall gilt außer (5.3.1–4) noch

F ist Normalteiler von G

N ist isomorph zur Faktorgruppe G/F $\qquad\qquad$ (5.3.5)

und wir schreiben $G = N \times F$, bzw. $G = G_1 \times G_2$. *Mehrfache (halb)direkte Produkte* können durch Bedingungen der Art (5.3.1–4(5)) *induktiv definiert* werden.

Für endliche Gruppen ergeben sich die topologischen Eigenschaften (5.3.3, 4) *aus den algebraischen Eigenschaften* (5.3.1, 2) *und der diskreten Topologie.*

A-5.3.1: $\quad$ Ist G eine Gruppe mit diskreter Topologie, dann gilt: (5.3.1, 2) $\Rightarrow$ (5.3.3, 4). Warum? Hinweis: A-5.1.21.

Wegen (5.3.1, 3, 4) ist ganz allgemein die *Topologie von $G_1(\times G_2$ durch die der beiden Gruppen G_1 und G_2 bestimmt und umgekehrt.*

A-5.3.2: $\quad$ $G = G_1(\times G_2$ *ist genau dann kompakt (Hausdorffsch), wenn G_1 und G_2 es sind.* Warum? Hinweis: Die Abbildungen $n_1 : G \to G/G_2$, $n_1(x_1x_2) = {}_{x_1}G_2$, und $n_2 : G \to G/G_1$, $n_2(x_1x_2) = G_{1,x_2}$, sind offen und stetig, A-5.1.14, $x_1x_2 \neq y_1y_2 \Longleftrightarrow x_1 \neq y_1$ oder/und $x_2 \neq y_2$.

B-5.3.1: Als *kompakte Translationsgruppe* bezeichnen wir die Gruppe

$$^{c}T^{3} = {}^{c}T \times {}^{c}T \times {}^{c}T \tag{5.3.6}$$

(^{c}T s. B-5.2.3). Ihre Elemente $[\vec{\tau}]$ können mit den Vektoren

$$\vec{\tau} \in \mathbf{J}^{3} \iff \tau_{j} \in \mathbf{J}, \ \mathbf{J} = (-\mathrm{Ma}, \mathrm{Ma}] \tag{5.3.7}$$

indiziert werden. Mit der Definition

$$\vec{x} + \vec{\mathbf{T}}\{\vec{x}\} \in \mathbf{J}^{3} \iff [\vec{\mathbf{T}}\{\vec{x}\}]_{j} = \mathbf{T}\{x_{j}\} \tag{5.3.8}$$

($\mathbf{T}\{x\}$ s. B-5.1.7) lautet das Multiplikationsgesetz

$$[\vec{\tau}_{1}][\vec{\tau}_{2}] = [\vec{\tau}_{1} + \vec{\tau}_{2} + \vec{\mathbf{T}}\{\vec{\tau}_{1} + \vec{\tau}_{2}\}]. \tag{5.3.9}$$

Die kompakte Gruppe $^{c}T^{3}$ ist daher offen-homomorphes Abbild der nicht-kompakten Translationsgruppe T^{3} (vgl. B-5.2.4).

Die *endliche Translationsgruppe*

$$^{f}T^{3} = {}^{f}T \times {}^{f}T \times {}^{f}T \tag{5.3.10}$$

(^{f}T s. B-5.1.6) ist jene endliche Untergruppe von $^{c}T^{3}$ deren Elemente $[\vec{t}]$ durch die Vektoren

$$\vec{t} \in a\mathbf{I}^{3} \iff \frac{1}{a}\vec{t} \in \mathbf{I}^{3} \iff \frac{1}{a}t_{j} \in \mathbf{I}, \quad \mathbf{I} \text{ s. } (5.1A.26) \tag{5.3.11}$$

gekennzeichnet sind.

$$|{}^{f}T^{3}| = (2\mathrm{M})^{3} \tag{5.3.12}$$

Die in B-5.3.1 definierte Gruppe $^{c}T^{3}$ ist ein direktes Produkt von (drei) analytischen Gruppen. Für ein direktes Produkt $G = G_{1} \times \ldots \times G_{n}$, bei dem alle Faktoren analytisch sind, ist wegen (5.2.15) die Liesche Algebra der Produktgruppe in folgendem Sinn die direkte Summe der Lieschen Algebren der Faktoren:

$$G = G_{1} \times \ldots \times G_{n} \ \Rightarrow \ L(G) = \sum_{i=1}^{n} \oplus L(G_{i}) \iff$$

jedes $\vec{\xi} \in L(G)$ besitzt eine eindeutige Zerlegung $\vec{\xi} = \sum_{i} \vec{\xi}_{i}$,
$\vec{\xi}_{i} \in L(G_{i})$ und alle $L(G_{i})$ sind Z-Ideale von $L(G)$ $\tag{5.3.13}$

A-5.3.3: Man begründe, warum

$$L(SO(4)) = L(SU(2)^{2}) = L(SU(2)) \oplus L(SU(2)) \tag{5.3.14}$$

ist. Hinweis: (5.1A.21, 14), (5.3.13).

B-5.3.2:   Als *kompakte Raumgruppe* bezeichnen wir die Gruppe $^cT^3(\times O_h$ $(^cT^3$
s. B-5.3.1, O_h s. B-5.1.11) mit den Elementen $(\vec{\tau}\,|\,\mathrm{p})$, $\vec{\tau} \in \mathbf{J}^3$, $\mathrm{p} \in O_h$. Mit
der Definition

$$(\vec{x}(\mathrm{p}))_j = (D(\mathrm{p})\vec{x})_j = \sum_k D_{jk}^{\langle 3,1 \rangle}(\mathrm{p})\, x_k \tag{5.3.15}$$

$(D^{\langle 3,1 \rangle}(\mathrm{p})$ s. B-5.1.11), durch die jedem $\mathrm{p} \in O_h$ ein Automorphismus von
$T^3(^+\mathbf{R}^3)$ zugeordnet wird (s. A-4.1.1), lautet das Multiplikationsgesetz von
$^cT^3(\times O_h$

$$(\vec{\tau}_1\,|\,\mathrm{p}_1)(\vec{\tau}_2\,|\,\mathrm{p}_2) = (\vec{\tau}_1 + \vec{\tau}_2(\mathrm{p}_1) + \vec{T}\{\vec{\tau}_1 + \vec{\tau}_2(\mathrm{p}_1)\}\,|\,\mathrm{p}_1\mathrm{p}_2). \tag{5.3.16}$$

Die *endliche Raumgruppe* $^fT^3(\times O_h$ ist die endliche Untergruppe von
$^cT^3(\times O_h$ mit den Elementen $(\vec{\mathrm{t}}\,|\,\mathrm{p})$, $\vec{\mathrm{t}} \in a\mathbf{I}^3$.

$$|^fT^3(\times O_h| = 48\,(2\mathrm{M})^3 \tag{5.3.17}$$

Sie ist *offen-homomorphes Abbild der nicht-kompakten symmorphen Raum-*
gruppe $^{d(a)}T^3(\times O_h$ (*internationales Symbol:* Pm3m).

B-5.3.3:   Die *Gruppe* $SU(2)^n(\times S_n$ $(\mathrm{n} \in \mathbf{N})$ hat die Elemente
$(\vec{X}_1, \ldots, \vec{X}_n\,|\,\mathrm{r})((\omega_1, \ldots, \omega_n\,|\,\mathrm{r}))$ mit $\vec{X}_i \in SU(2)$ $(\omega_i \in \mathrm{V}_\omega)$, $\mathrm{r} \in S_n$, und das
Multiplikationsgesetz

$$(\vec{X}_1, \ldots, \vec{X}_n\,|\,\mathrm{r})(\vec{Y}_1, \ldots, \vec{Y}_n\,|\,\mathrm{s}) = (\vec{X}_1\vec{Y}_{\mathrm{r}^{-1}1}, \ldots, \vec{X}_n\vec{Y}_{\mathrm{r}^{-1}n}\,|\,\mathrm{rs}). \tag{5.3.18}$$

Die in B-5.3.2, 3 definierten Gruppen $^cT^3(\times O_h$ und $SU(2)^n(\times S_n$ sind *halbdirekte*
Produkte, bei denen der Normalteiler eine kompakte analytische Gruppe und die Faktor-
gruppe endlich ist. Gruppen dieser Art nennt man *kompakte Liesche Gruppen.*

6. Induzierte und subduzierte Darstellungen

6.1. Irreduzible Darstellungen direkter Produkte

Wie in Abschnitt 5.2 gezeigt wurde, enthält ein vollständiger Satz von UIRs der Gruppe
$G = G_1(\times G_2$ auch einen der Untergruppe G_2. Ist $G = G_1 \times G_2$, dann enthält er vollständige Sätze von UIRs beider Untergruppen. Wesentlich interessanter als die Möglichkeit,
die UIRs einer Untergruppe aus denen der Gruppe zu erhalten, ist die umgekehrte Vorgangsweise: die *Konstruktion der UIRs einer Gruppe mit Hilfe bekannter UIRs von Unter-*
gruppen.

Bezeichnen wir die Elemente von $G = G_1(\times G_2$ mit $(\mathrm{x}_1\,|\,\mathrm{x}_2)$, $\mathrm{x}_i \in G_i$, und das Element
von G_1, auf das der dem Element $\mathrm{x}_2 \in G_2$ zugeordneten topologischen Automorphismus
A_{x_2} das Element $\mathrm{x}_1 \in G_1$ abbildet, mit

$$A_{\mathrm{x}_2}(\mathrm{x}_1) = \mathrm{x}_1(\mathrm{x}_2), \quad [\mathrm{x}_1(\mathrm{y}_2)](\mathrm{x}_2) = \mathrm{x}_1(\mathrm{x}_2\mathrm{y}_2), \tag{6.1.1}$$

dann hat das Multiplikationsgesetz von G die Form

$$(x_1 \mid x_2)\,(y_1 \mid y_2) = (x_1 y_1(x_2) \mid x_2 y_2). \tag{6.1.2}$$

Die beiden den Gruppen G_i zugeordneten Untergruppen $G_i' \subset G$, $G_i' \leftrightarrow G_i$, sind daher $G_1' = \{x_1' = (x_1 \mid e_2): x_1 \in G_1\}$ und $G_2' = \{x_2' = (e_1 \mid x_2): x_2 \in G_2\}$ und es ist $(x_1(x_2) \mid e_2) = x_2' x_1' (x_2')^{-1}$.

Wenn die Gruppen G_1 und G_2 kompakt sind, ist es auch G (s. Abschnitt 5.2). Das zu dieser Gruppe gehörende Mittelwertsfunktional M läßt sich auf die Funktionale $M_{(i)}$, die zu den beiden Gruppen G_i gehören zurückführen, wobei es gleichgültig ist, wie die Automorphismengruppe $\{A_{x_2}: x_2 \in G_2\}$ im einzelnen aussieht.

$$M\,[f] = M_{(1)}\,[M_{(2)}\,[f]] = M_{(2)}\,[M_{(1)}\,[f]] \tag{6.1.3}$$

A-6.1.1:   Man zeige, daß $M_{(1)}\,[M_{(2)}\,[f]]$ und $M_{(2)}\,[M_{(1)}\,[f]]$ die Bedingungen (2.1.2–5) erfüllen. Hinweis: (6.1.2), (4.1.3).

A-6.1.2:   Man verallgemeinere (6.1.3) für mehrfache halbdirekte Produkte und überzeuge sich von der Richtigkeit folgender Aussagen:

$$f \in L^2({}^f T^3(\times O_h)): M\,[f] = \frac{1}{48(2M)^3} \sum_{\vec{t}\,\in\,a I^3,\,p\,\in\,O_h} f(\vec{t} \mid p) \tag{6.1.4}$$

$$f \in L^2({}^c T^3(\times O_h)): M\,[f] = \frac{1}{48 L^3} \sum_{p\,\in\,O_h} \int\!\!\!\int\!\!\!\int_{-L/2}^{L/2} d\tau_1\,d\tau_2\,d\tau_3\,f(\vec{\tau} \mid p) \tag{6.1.5}$$

$$f \in L^2(SU(2)^n(\times S_n)): M\,[f] = \frac{1}{n!} \sum_{r\,\in\,S_n} \int\cdots\int_{V_\omega^n} d\omega_1 \ldots d\omega_n \rho(\omega_1) \ldots \rho(\omega_n) f(\omega_1,\ldots, \alpha \tag{6.1.6}$$

Hinweis: (2.5A.1), (2.5B.2); (5.3.17); (5.1A.32), (1.1A.12), (5.2.8); A-1.1.3, (2.5B.10).

Sind die Funktionen $D_{j_i k_i}^{\alpha_i}$ durch die Elemente der zu einem vollständigen Satz von UIRs von G_i gehörenden Matrizen definiert, dann folgt aus (6.1.3), daß die durch

$$D_{j_1 j_2, k_1 k_2}^{\alpha_1 \alpha_2}(x_1 \mid x_2) = D_{j_1 k_1}^{\alpha_1}(x_1)\,D_{j_2 k_2}^{\alpha_2}(x_2) \tag{6.1.7}$$

definierten stetigen Funktionen $D_{j_1 j_2, k_1 k_2}^{\alpha_1 \alpha_2}$ eine *orthogonale Basis von* $L^2(G)$ bilden, deren Elemente auf $(n_{\alpha_1} n_{\alpha_2})^{-1/2}$ normiert sind. Diese Normierung und die Orthogonalität ergeben sich aus den entsprechenden Aussagen für die Faktoren $D_{j_i k_i}^{\alpha_i} \in L^2(G_i)$ (s. (3.2.49)).

Ist f: $G \to \mathbf{C}$ eine stetige Funktion, dann sind auch alle Funktionen $f_{x_1'}: x_1' G_2' \to \mathbf{C}$, $f_{x_1'}(x_1 \mid x_2) = f(x_1 \mid x_2)$, stetig, wenn die L-Nebenklassen $x_1' G_2'$ als Unterräume von G aufgefaßt werden. Da die Zuordnungen $x_1' x_2' \leftrightarrow x_2' \leftrightarrow x_2$ wegen der Stetigkeit der Multiplikation M (s. A-1.2.3) und $G_2' \leftrightarrow G_2$ Homeomorphismen sind, sind dann aber auch alle anderen Funktionen $f_{x_1}: G_2 \to \mathbf{C}$, $f_{x_1}(x_2) = f(x_1 \mid x_2)$, stetig und können daher nach den Funktionen $D^{\alpha_2\,*}_{j_2 k_2}$ entwickelt werden. Aus

$$f_{x_1} = \sum_{\alpha_2 j_2 k_2} F^{\alpha_2}_{j_2 k_2}(x_1)\, D^{\alpha_2\,*}_{j_2 k_2} \qquad (6.1.8)$$

folgt aber mit (6.1.2, 6)

$$\langle D^{\alpha_1 \alpha_2\,*}_{j_1 j_2, k_1 k_2}, f \rangle = 0 \quad \text{für alle } \alpha_i j_i k_i \Rightarrow$$

$$\Rightarrow \langle D^{\alpha_1\,*}_{j_1 k_1}, F^{\alpha_2}_{j_2 k_2} \rangle_{(1)} = 0 \quad \text{für alle } \alpha_i j_i k_i \Rightarrow$$

$$\Rightarrow F^{\alpha_2}_{j_2 k_2} = 0 \quad \text{für alle } \alpha_2 j_2 k_2 \Rightarrow f = 0 \qquad (6.1.9)$$

d.h., jede stetige Funktion f, die zu allen Funktionen $D^{\alpha_1 \alpha_2\,*}_{j_1 j_2, k_1 k_2}$ orthogonal ist, verschwindet identisch. Da die stetigen Funktionen in $L^2(G)$ dicht sind, folgt daraus die Vollständigkeit der Funktionen $D^{\alpha_1 \alpha_2\,*}_{j_1 j_2, k_1 k_2}$.

Da $L^2(G)$ eine Basis besitzt, deren Elemente Produkte von Basiselementen der Räume $L^2(G_i)$ sind, bezeichnet man den *Hilbertraum* $L^2(G)$ als *Produkt der Hilberträume* $L^2(G_i)$ und schreibt dafür kurz

$$L^2(G_1 (\times G_2) = L^2(G_1) \otimes L^2(G_2). \qquad (6.1.10)$$

Ist G nicht nur ein halbdirektes, sondern sogar ein *direktes Produkt* ($G = G_1 \times G_2$), dann schreiben wir für die Elemente (x_1, x_2) anstelle von $(x_1 \mid x_2)$. Wegen

$$x_1(x_2) = x_1 \quad \text{für alle } x_i \in G_i \qquad (6.1.11)$$

lautet dann das Multiplikationsgesetz

$$(x_1, x_2)(y_1, y_2) = (x_1 y_1, x_2 y_2). \qquad (6.1.12)$$

In diesem Fall bildet die Menge der Matrizen

$$D^{\alpha_1 \alpha_2}(x_1, x_2) = D^{\alpha_1}(x_1) \otimes D^{\alpha_2}(x_2)$$

$$D^{\alpha_1 \alpha_2}_{j_1 j_2, k_1 k_2}(x_1, x_2) = D^{\alpha_1}_{j_1 k_1}(x_1)\, D^{\alpha_2}_{j_2 k_2}(x_2) \qquad (6.1.13)$$

schon eine *UIR der Produktgruppe* $G_1 \times G_2$. Man schreibt für ein solches *Tensorprodukt der UIRs von* G_1 *und* G_2 kurz $D^{\alpha_1 \alpha_2} = D^{\alpha_1} \otimes D^{\alpha_2}$.

A-6.1.3: Man zeige, daß aus (6.1.13, 12, 3), (3.2.45–47) die Gleichungen

$$D^{\alpha_1 \alpha_2}_{j_1 j_2, k_1 k_2}(x_1^{-1}, x_2^{-1}) = D^{\alpha_1 \alpha_2\,*}_{k_1 k_2, j_1 j_2}(x_1, x_2) \qquad (6.1.14)$$

$$D^{\alpha_1 \alpha_2}_{j_1 j_2, k_1 k_2} * D^{\beta_1 \beta_2}_{l_1 l_2, m_1 m_2}(x_1, x_2) =$$

$$= \delta_{\alpha_1 \beta_1} \delta_{\alpha_2 \beta_2} \delta_{k_1 l_1} \delta_{k_2 l_2} (1/n_{\alpha_1} n_{\alpha_2}) D^{\alpha_1 \alpha_2}_{j_1 j_2, m_1 m_2}(x_1, x_2) \qquad (6.1.15)$$

$$D^{\alpha_1 \alpha_2}_{j_1 j_2, k_1 k_2}(x_1 y_1, x_2 y_2) =$$

$$= \sum_{l_1 l_2} D^{\alpha_1 \alpha_2}_{j_1 j_2, l_1 l_2}(x_1, x_2) \, D^{\alpha_1 \alpha_2}_{l_1 l_2, k_1 k_2}(y_1, y_2) \qquad (6.1.16)$$

folgen, die die Funktionen $D^{\alpha_1 \alpha_2}_{j_1 j_2, k_1 k_2}$ neben ihrer Vollständigkeit erfüllen müssen, damit sie UIRs von $G = G_1 \times G_2$ definieren (s. (3.2.45–48)).

A-6.1.4: Man verallgemeinere die Gln. (6.1.10, 12, 13) für mehrfache direkte Produkte.

B-6.1.1: *Irreduzible Darstellungen von* $^cT^3$ (UIRs von ^cT s. B-5.2.5)

Indizes: $A_{cT3} = \{\vec{k}\} = \dfrac{2\pi}{L} \, \mathbf{Z}^3, \left(\vec{k} \in \dfrac{2\pi}{L} \, \mathbf{Z}^3 \Longleftrightarrow \dfrac{L}{2\pi} \, k_j \in \mathbf{Z} \right) \qquad (6.1.17)$

Dimensionen: $n_{\vec{k}} = 1 \qquad (6.1.18)$

Irreduzible Darstellungen: $P^{\vec{k}}(j) = k_j, \quad D^{\vec{k}}(\vec{\tau}) = e^{-i\vec{k} \cdot \vec{\tau}} \qquad (6.1.19)$

B-6.1.2: *Irreduzible Darstellungen von* $^fT^3$ (UIRs von ^fT s. B-5.2.6)

Indizes: $A_{fT3} = \{\vec{q}\} = \dfrac{\pi}{Ma} \, \mathbf{I}^3 = BZ$

$$\left(\vec{q} \in \frac{\pi}{Ma} \, \mathbf{I}^3 \Longleftrightarrow \frac{Ma}{\pi} \, q_j \in \mathbf{I}, \quad \mathbf{I} \text{ s. (5.1A.26)} \right) \qquad (6.1.20)$$

Hinweis: Als *Brillouinzone* (BZ) wird meist der ganze Bereich $\{ \vec{q} : q_j \in (-Ma, Ma], j = 1, 2, 3\}$ bezeichnet. Wir bezeichnen mit BZ nur jene $(2M)^3$ Vektoren, die UIRs von $^fT^3$ kennzeichnen.

UIRs: $D^{\vec{q}}(\vec{t}) = e^{-i\vec{q} \cdot \vec{t}} \qquad (6.1.21)$

A-6.1.5: Wie sehen die UIRs von $SU(2)^n$ aus? Hinweis: (6.1.13), B-3.3.7.

A-6.1.6: Die *UIRs von* $SO(4)$ (in der Parametrisierung durch $(\omega_1, \omega_2) \in V^2_\omega$) sind durch

$$D^{j_1} \otimes D^{j_2} = \text{UIR von } SO(4) \Longleftrightarrow j_1 + j_2 = 0, 1, 2, \ldots \qquad (6.1.22)$$

gegeben. Warum? Hinweis: (5.1A.21, 14), A-6.1.5, B-5.2.7.

Aus (6.1.13) läßt sich leicht ablesen, daß die *primitiven Charaktere eines direkten Produkts* die *Produkte der primitiven Charaktere der Faktoren* sind.

$$\chi^{\alpha_1 \alpha_2}(x_1, x_2) = \chi^{\alpha_1}(x_1) \, \chi^{\alpha_2}(x_2) \qquad (6.1.23)$$

In (6.1.23) kommt, da Charaktere Klassenfunktionen sind, zum Ausdruck, daß die Klassen von $G_1 \times G_2$ durch die Komplexe $C'_1 C'_2$, $C'_i =$ Klasse der Untergruppe G'_i, gegeben sind.

A-6.1.7:   Warum hat die Charaktertafel von O_h die in Tabelle 6.1 angegebene Form?

Tabelle 6.1. *Charaktertafel von O_h* (Elemente von O_h s. B-5.1.11;
$i = 0, \ldots, 4$; $\chi^{(i)}(x)$ s. Tabelle 4.5)

	$x \in O$	$xe' \in O$
$\langle i, 0 \rangle$	$\chi^{(i)}(x)$	$\chi^{(i)}(x)$
$\langle i, 1 \rangle$	$\chi^{(i)}(x)$	$-\chi^{(i)}(x)$

Hinweis: (6.1.23), B-5.1.11, A-4.4.8.

Aus (3.2.44), (6.1.3,13) folgt, daß die *Einheiten eines direkten Produkts $G_1 \times G_2$ faktorisierbar* sind,

$$e^{\alpha_1 \alpha_2}_{j_1 j_2, k_1 k_2} = e^{\alpha_1}_{j_1 k_1} e^{\alpha_2}_{j_2 k_2} = e^{\alpha_2}_{j_2 k_2} e^{\alpha_1}_{j_1 k_1}, \tag{6.1.24}$$

wobei die *miteinander vertauschbaren Faktoren*

$$e^{\alpha_i}_{j_i k_i} = M_{(i)} \, n_{\alpha_i} D^{\alpha_1 *}_{j_i k_i}(x_i) x'_i \tag{6.1.25}$$

$(x'_1 = (x_1, e_2), x'_2 = (e_1, x_2))$, i.a. keine Elemente von $A(G_1 \times G_2)$, sondern nur solche von $B(G_1 \times G_2)$ sind.

6.2. Irreduzible Darstellungen halbdirekter Produkte

Von den halbdirekten Produkten, die keine direkten sind $(G = G_1 \,(\times\, G_2 \neq G_1 \times G_2)$, betrachten wir im folgenden nur jene, bei denen die *Gruppe G_2 endlich* ist.

A-6.2.1:   Man zeige, daß in diesem Fall die durch

$$F^{\alpha_1, z_2}_{j_1 k_1}(y_1 | y_2) = n_{\alpha_1} D^{\alpha_1 *}_{j_1 k_1}(y_1) | G_2 | \delta_{y_2, z_2}$$

$$D^{\alpha_1} = \text{UIR von } G_1 \tag{6.2.1}$$

definierten Funktionen $F^{\alpha_1, z_2}_{j_1 k_1}$ stetig sind und eine *orthogonale Basis von* $L^2(G)$ bilden, deren Elemente auf $(n_{\alpha_1} | G_2 |)^{1/2}$ normiert sind. Hinweis: (5.3.4), B-1.1.23, 22; (6.1.3), (2.2.3), (3.2.49), (2.5A.1).

Das Transformationsverhalten der den Funktionen $F^{\alpha_1, z_2}_{j_1 k_1} \in L^2(G)$ zugeordneten Elemente $f^{\alpha_1, z_2}_{j_1 k_1} \in A(G)$,

$$f^{\alpha_1, z_2}_{j_1 k_1} = M_{x_1} M_{x_2} F^{\alpha_1, z_2}_{j_1 k_1}(x_1 | x_2)(x_1 | x_2) =$$

$$= M_{x_1} n_{\alpha_1} D^{\alpha_1 *}_{j_1 k_1}(x_1)(x_1 | z_2) \tag{6.2.2}$$

ergibt sich aus der Tatsache, daß jedem $x_2 \in G_2$ auch ein Automorphismus von $A(G_1)$ zugeordnet ist, bei dem wegen (4.2.7, 2, 17) die ursprünglichen Einheiten

$$f^{\alpha_1}_{j_1 k_1} = M_{x_1} n_{\alpha_1} D^{\alpha_1 *}_{j_1 k_1}(x_1) x_1 \quad (\in A(G_1)) \tag{6.2.3}$$

in die neuen Einheiten

$$A_{x_2}(f^{\alpha_1}_{j_1 k_1}) = M_{x_1} n_{\alpha_1} D^{\alpha_1 *}_{j_1 k_1}(x_1) x_1(x_2) =$$

$$= M_{x_1} n_{\alpha_1} D^{\alpha_1 *}_{j_1 k_1}(x_1(x_2^{-1})) x_1 =$$

$$= M_{x_1} n_{\alpha_1} \sum_{j_1' k_1'} U^{\alpha_1 *}_{j_1 j_1'}(x_2^{-1}) D^{\alpha_1 [x_2] *}_{j_1' k_1'}(x_1) U^{\alpha_1 *}_{k_1' k_1}(x_2) x_1 =$$

$$= \sum_{j_1' k_1'} U^{\alpha_1 *}_{j_1 j_1'}(x_2^{-1}) f^{\alpha_1 [x_2]}_{j_1' k_1'} U^{\alpha_1 *}_{k_1' k_1}(x_2) \qquad (6.2.4)$$

übergehen. In welches Z-Ideal $A^{\alpha_1'}(G_1)$ das Z-Ideal $A^{\alpha_1}(G_1)$ dabei übergeht, läßt sich am schnellsten aus

$$A_{x_2}(e^{\alpha_1}) = e^{\alpha_1 [x_2]}, \quad \chi^{\alpha_1}(x_1(x_2^{-1})) = \chi^{\alpha_1 [x_2]}(x_1) \qquad (6.2.5)$$

ablesen. Mit (6.1.2, 1) läßt sich (6.2.4) auch in der Form

$$(e_1 | x_2) f^{\alpha_1, e_2}_{j_1 k_1}(e_1 | x_2^{-1}) = \sum_{j_1' k_1'} U^{\alpha_1 *}_{j_1 j_1'}(x_2^{-1}) f^{\alpha_1 [x_2], e_2}_{j_1' k_1'} U^{\alpha_1 *}_{k_1' k_1}(x_2) \qquad (6.2.6)$$

schreiben.

Definiert man die Teilmenge $[\alpha_1] \subset A_{G_1}$ durch

$$[\alpha_1] = \{\alpha_1 [x_2] : x_2 \in G_2\}, \qquad (6.2.7)$$

dann folgt für das selbstadjungierte idempotente Element

$$f^{[\alpha_1]} = \sum_{\beta_1 \in [\alpha_1]} \sum_{j_1} f^{\beta_1, e_2}_{j_1 j_1} = (f^{[\alpha_1]})^2 = f^{[\alpha_1]+} \qquad (6.2.8)$$

aus (6.2.6) und der Unitarität der Matrizen $U^{\alpha_1}(x_2^{-1})$

$$(x_1 | x_2) f^{[\alpha_1]}(x_1^{-1}(x_2^{-1}) | x_2^{-1}) = f^{[\alpha_1]}. \qquad (6.2.9)$$

Dies bedeutet aber, wie Gl. (4.3.1) zeigt, daß $f^{[\alpha_1]} \in Z[A(G)]$ und

$$A^{[\alpha_1]}(G) = A(G) f^{[\alpha_1]} A(G) \qquad (6.2.10)$$

ein endlich-dimensionales Z-Ideal von $A(G)$ ist.

$$\dim A^{[\alpha_1]}(G) = n_{\alpha_1}^2 |[\alpha_1]| |G_2| \leqslant n_{\alpha_1}^2 |G_2|^2 \qquad (6.2.11)$$

$(|[\alpha_1]| = $ Anzahl der Elemente von $[\alpha_1]$). Läßt man in (6.2.7) α_1 alle Elemente von A_{G_1} durchlaufen, dann erhält man Mengen $[\alpha_1], [\beta_1], \dots ,$ die wegen

$$\beta_1 \in [\alpha_1] \Longleftrightarrow \beta_1 [x_2] = \alpha_1 \quad \text{für ein } x_2 \in G_2 \qquad (6.2.12)$$

eine *Zerlegung von* A_{G_1} *in paarweise elementfremde Teilmengen* darstellen. Wählt man als *Indexmenge* dieser Teilmengen die *Elemente eines Grundbereichs* $\Delta A_{G_1} \subset A_{G_1}$, dann gilt

$$[\alpha_1] \cap [\beta_1] = \emptyset \quad \text{für } \alpha_1, \beta_1 \in \Delta A_{G_1}; \ \alpha_1 \neq \beta_1$$

$$\bigcup_{\alpha_1 \in \Delta A_{G_1}} [\alpha_1] = A_{G_1}. \tag{6.2.13}$$

Jedem $\alpha_1 \in \Delta A_{G_1}$ ist ein Z-Ideal der Art (6.2.10) zugeordnet und

$$A(G) = \sum_{\alpha_1 \in \Delta A_{G_1}} \oplus A^{[\alpha_1]}(G) \tag{6.2.14}$$

Die in (6.2.14) auftretenden Summanden sind i.a. keine minimalen Z-Ideale.

A-6.2.2:   In welche minimalen Z-Ideale zerfällt $A^{[0]}(G)$? Hinweis: $D^0(x_1) = 1$ für alle x_1, (6.2.4, 8, 10, 11), $G_1 (\times G_2 \to G_2$.

A-6.2.3: $A^{[\alpha_1]}(G)$ kann nur dann minimal sein, wenn $|[\alpha_1]| \ |G_2|$ eine Quadratzahl ist; hinreichend ist diese Bedingung allerdings nicht. Warum? Hinweis: (6.2.11); A-6.2.2.

Wie wir im folgenden zeigen, gibt es jedoch ein systematisches Verfahren, mit dem sich feststellen läßt, in welche minimalen Z-Ideale ein Z-Ideal $A^{[\alpha_1]}(G)$ zerfällt. Man kann auf diese Weise einen vollständigen Satz von Einheiten (UIRs) von $G_1 (\times G_2$ konstruieren, wenn man dieses Problem für den Normalteiler G_1 und alle Untergruppen der (endlichen) Gruppe G_2 schon gelöst hat. Um dieses Verfahren auf ein bestimmtes halbdirektes Produkt anwenden zu können, muß man für diese Gruppe die Zerlegung von A_{G_1} kennen und einen Grundbereich ΔA_{G_1} definiert haben.

B-6.2.1:   *Die Zerlegung von* A_{cT^3} *für die Gruppe* ${}^cT^3 (\times O_h$. Aus (6.2.5), (6.1.19), (5.3.16, 15) und

$$e^{-i\vec{k}\cdot\vec{T}\{\vec{x}\}} = 1 \quad \text{für alle } \vec{k} \in \frac{2\pi}{L} \mathbf{Z}^3, \ \vec{x} \in \mathbf{R}^3 \tag{6.2.15}$$

folgt, daß

$$\vec{k}[p] = \vec{k}(p) \quad (\vec{k}(p) \text{ s. } (5.3.15)) \tag{6.2.16}$$

ist. Wie aus B-5.1.11 ersichtlich ist, unterscheiden sich die Komponenten von $\vec{k}(p)$ von denen von $\vec{k}$ nur durch die Reihenfolge oder/und das Vorzeichen. Man bezeichnet daher die Menge $\{\vec{k}(p): p \in O_h\}$ als *Stern* und ihre Elemente als Zacken. Wenn man eine Zacke kennt, kann man die anderen leicht dadurch bestimmen, daß man die Komponenten permutiert und ihre Vorzeichen wechselt. Als *Grundbereich* wählen wir daher die durch

$$\vec{k} \in \frac{2\pi}{L} \Delta\mathbf{Z}^3 \Longleftrightarrow \vec{k} \in \frac{2\pi}{L} \mathbf{Z}^3 \text{ und } 0 \leqslant k_1 \leqslant k_2 \leqslant k_3 \tag{6.2.17}$$

definierte Menge $\frac{2\pi}{L} \Delta\mathbf{Z}^3$, da sie von jedem Stern nur eine Zacke enthält.

B-6.2.2:   *Die Zerlegung von* A_{fT3} *für die Gruppe* $^fT^3$ $(\times O_h$. Aus (6.2.5), (6.1.21), (5.3.16, 15), (6.2.15) folgt

$$e^{-i\vec{q}(p)\cdot\vec{t}} = e^{-i\vec{q}\cdot\vec{t}(p^{-1})}, \tag{6.2.18}$$

wobei $\vec{t}(p^{-1})$ durch (5.3.13) mit $\vec{x} \to \vec{t}, p \to p^{-1}$ gegeben ist. Definiert man durch

$$\vec{k} + \vec{Q}\{\vec{k}\} \in BZ \tag{6.2.19}$$

analog zur Funktion $\vec{T}\{\vec{x}\}$ auf $\mathbf{R}^3$ eine Funktion $\vec{Q}\{\vec{k}\}$ mit dem Wertebereich $\dfrac{2\pi}{a}\mathbf{Z}^3$, dann ist

$$e^{-i\vec{Q}\{\vec{k}\}\cdot\vec{t}} = 1 \;\; \text{für alle } \vec{k}\in\mathbf{R}^3, \vec{t}\in\dfrac{\pi}{Ma}\mathbf{I}^3 \tag{6.2.20}$$

$$\vec{q}[p] = \vec{q}(p) + \vec{Q}\{\vec{q}(p)\}. \tag{6.2.21}$$

Die *reziproken Gittervektoren* $\vec{Q}\{\vec{q}(p)\}$ sind nur dann von Null verschieden, wenn mindestens eine der drei Komponenten q_j die Größe π/a hat. In diesen Fällen enthält der Stern $\{\vec{q}[p]: p\in O_h\}$ weniger Elemente als die Menge $\{\vec{q}(p): p\in O_h\}$.

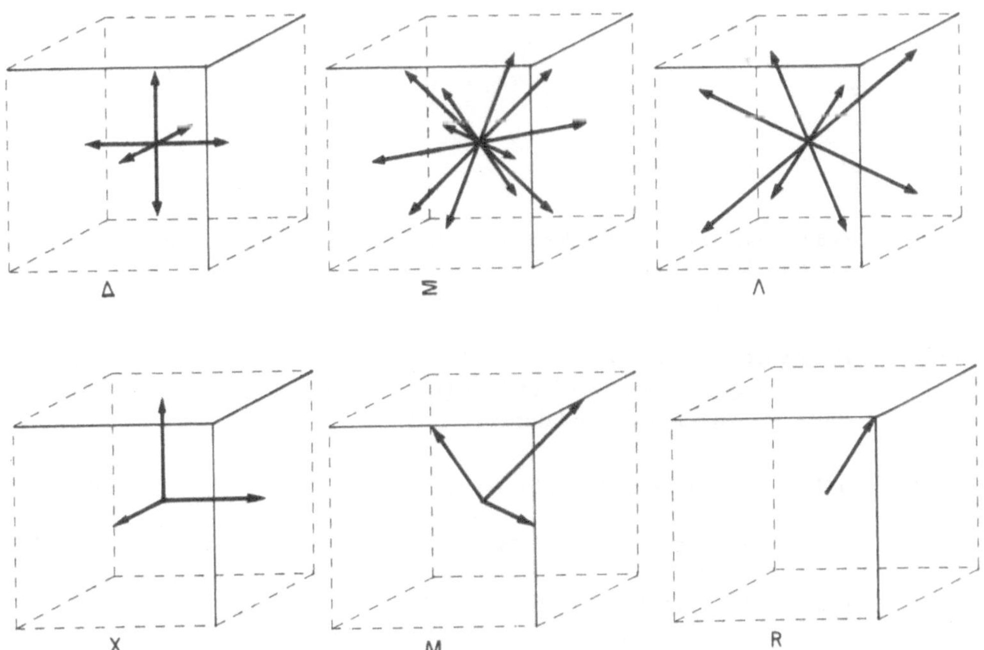

Bild 6.1. *Beispiele von Sternen für* $^fT^3$ $(\times O_h$

Obwohl $\vec{q}\,[p] \neq \vec{q}\,(p)$ sein kann, kann man, ähnlich wie in B-6.2.2, die durch

$$\vec{q} \in \Delta BZ \Longleftrightarrow \vec{q} \in BZ \quad \text{und} \quad 0 \leqslant q_1 \leqslant q_2 \leqslant q_3 \qquad (6.2.22)$$

definierte Menge ΔBZ, die $(M+1)(M+2)(M+3)/6$ Vektoren enthält, als *Grundbereich* wählen. Alle Vektoren, die ins „Innere" von BZ weisen, gehören zu Sternen mit $48\,(=|O_h|)$ Zacken. Die auf die „Oberfläche" weisenden Vektoren, werden *Punkte höherer Symmetrie* genannt und zum Teil mit eigenen Symbolen $(\Gamma, \Lambda, R, \dots)$ bezeichnet.

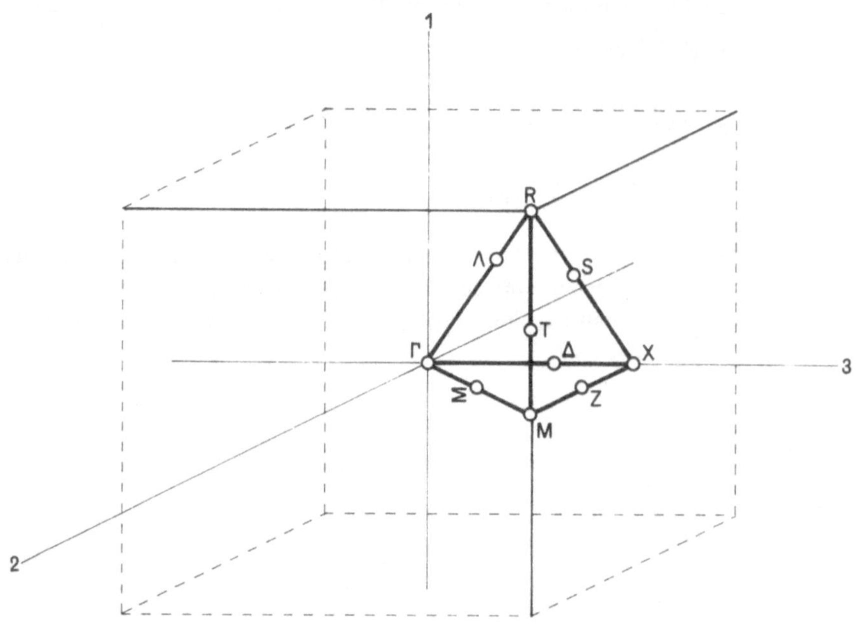

Bild 6.2. *Brillouinzone, Grundbereich und Punkte höherer Symmetrie für das einfach kubische Gitter*

A-6.2.4:   *Die Zerlegung von* $A_{SU(2)^n}$ *für die Gruppe* $SU(2)^n (\times S_n$. Die Zerlegung der Menge $A_{SU(2)^n}$, die alle n-Tupel $\vec{j} = (j_1, \dots, j_n)$ mit $j_k = 0, 1/2, 1, \dots$ enthält, und der *Grundbereich* sind durch

$$\vec{j}\,[r] = (j_1, \dots, j_n)\,[r] = (j_{r^{-1}1}, \dots, j_{r^{-1}n}) \qquad (6.2.23)$$

$$\vec{j} \in \Delta A_{SU(2)^n} \Longleftrightarrow j_1 \leqslant j_2 \leqslant \dots \leqslant j_n \qquad (6.2.24)$$

gegeben. Warum? Hinweis: (6.2.3), (5.3.18).

Wie Gl. (6.2.10) zeigt, läßt sich die Frage, in welche minimalen Z-Ideale ein Z-Ideal $A^{[\alpha_1]}(G)$ zerfällt, auf die Frage reduzieren, aus welchen primitiven idempotenten Zentrumselementen sich das erzeugende Element $f^{[\alpha_1]}$ zusammensetzt. Um dies zu sehen, definiert man zunächst für jedes $\alpha_1 \in \Delta A_{G_1}$ durch

$$\alpha_1[x_2] = \alpha_1 \Longleftrightarrow x_2 \in G_2^{\alpha_1} \tag{6.2.25}$$

eine Untergruppe von G_2, die als die zu α_1 gehörende *kleine Gruppe* bezeichnet wird. Ihre Ordnung

$$|G_2^{\alpha_1}| = \frac{|G_2|}{|[\alpha_1]|} \tag{6.2.26}$$

ergibt sich schon aus den Definitionsgleichungen (6.2.7, 25).

A-6.2.5:　　Die *kleinen Gruppen* $O_h^{\vec{k}}$ sind durch

$$\vec{k}(p) = \vec{k} \Longleftrightarrow p \in O_h^{\vec{k}} \tag{6.2.27}$$

definiert. Warum? Hinweis: (6.2.25, 16).

A-6.2.6:　　Man zeige, daß für die *kleinen Gruppen* $O_h^{\vec{q}}$, die durch

$$\vec{q}(p) + \vec{Q}\{\vec{q}(p)\} = \vec{q} \Longleftrightarrow p \in O_h^{\vec{q}} \tag{6.2.28}$$

definiert sind, folgende Bezeichungen gelten:

$$0 < q_1 < q_2 < q_3 < \frac{\pi}{a} \Longleftrightarrow O_h^{\vec{q}} = \{e\}$$

$$O_h = O_h^R = O_h, \quad O_h^M \leftrightarrow O_h^X \leftrightarrow D_4 \times S_2,$$

$$O_h^T \leftrightarrow O_h^\Lambda \leftrightarrow D_4, \quad O_h^\Lambda \leftrightarrow S_3, \quad O_h^\Sigma \leftrightarrow S_2^2 \tag{6.2.29}$$

Hinweis: Bild 6.1, (5.3.13), B-5.1.11, (6.2.14).

A-6.2.7:　　Die *kleinen Gruppen* $S_n^{\vec{j}}$ sind durch

$$\vec{j}[r] = \vec{j} \Longleftrightarrow r \in S_n^{\vec{j}} \tag{6.2.30}$$

definiert und es gilt für sie

$$S_n^{\vec{j}} \leftrightarrow S_{m_1} \times \dots \times S_{m_k}, \quad \sum_k m_k \leqslant n. \tag{6.2.31}$$

Warum? Hinweis: (6.2.25, 23).

Jedem $x_2 \in G_2^{\alpha_1}$ *ist* wegen (6.2.4, 25) *ein innerer Automorphismus von* $A^{\alpha_1}(G_1)$ *zuge-ordnet*, der die Matrix $U^{\alpha_1}(x_2)$ bis auf einen unimodularen Faktor bestimmt (siehe Abschnitt 4.2). Für $n_{\alpha_1} = 1$ kann dieser Phasenfaktor immer gleich 1 gesetzt werden. Aus (6.2.6) folgt, daß die Matrizen $U^{\alpha_1}(x_2)$, $x_2 \in G_2^{\alpha_1}$, so gewählt werden können, daß sie eine unitäre Darstellung von G_2 bilden.

$$x_2, y_2 \in G_2^{\alpha_1}: \ U^{\alpha_1}(x_2)\, U^{\alpha_1}(y_2) = U^{\alpha_1}(x_2 y_2), \ U^{\alpha_1+}(x_2) = U^{\alpha_1}(x_2^{-1}) \tag{6.2.32}$$

A-6.2.8:   Für die Gruppe $SU(2)^n (\times S_n$ haben die Matrizen $U^{\vec{\jmath}}(r)$, $r \in S_n^{\vec{\jmath}}$, die Elemente

$$U^{\vec{\jmath}}_{\vec{m},\vec{m}'}(r) = \delta_{\vec{m},\vec{m}'[r]} = \delta_{m_1,m'_{r^{-1}1}} \cdots \delta_{m_n,m'_{r^{-1}n}}, \qquad (6.2.33)$$

wenn die Reihen mit $\vec{m} = (m_1, \dots, m_n)$ indiziert werden. Warum? Hinweis: (6.2.4), (6.1.13), (5.3.16).

Definiert man Elemente $u^{\alpha_1}(x_2) \in A(G)$ durch

$$u^{\alpha_1}(x_2) = \sum_{j_1 k_1} U^{\alpha_1 *}_{k_1 j_1}(x_2^{-1}) f^{\alpha_1, e_2}_{j_1 k_1} \quad (x_2 \in G_2^{\alpha_1}) \qquad (6.2.34)$$

(vgl. (4.2.14)), dann ist wegen (6.2.6, 32, 34)

$$u^{\alpha_1}(x_2^{-1})(e_1 | x_2) = (e_1 | x_2) u^{\alpha_1}(x_2^{-1}) \qquad (6.2.35)$$

$$u^{\alpha_1}(x_2^{-1})(e_1 | x_2) f^{\alpha_1, e_2}_{j_1 k_1} = f^{\alpha_1, e_2}_{j_1 k_1} u^{\alpha_1}(x_2^{-1})(e_1 | x_2). \qquad (6.2.36)$$

Da die Elemente $u^{\alpha_1}(x_2^{-1})(e_1 | x_2)$ mit den $n_{\alpha_1}^2$ Elementen $f^{\alpha_1, e_2}_{j_1 k_1}$ vertauschen, tun dies auch die Elemente

$$g^{(\alpha_1)\alpha_2}_{j_2 k_2} = \frac{n_{\alpha_2}}{|G_2^{\alpha_1}|} \sum_{x_2 \in G_2^{\alpha_1}} D^{\alpha_2 *}_{j_2 k_2}(x_2) u^{\alpha_1}(x_2^{-1})(e_1 | x_2)$$

$$D^{\alpha_2} = \text{UIR von } G_2^{\alpha_1}. \qquad (6.2.37)$$

Von den Produkten

$$h^{\alpha_1 \alpha_2}_{j_1 j_2, k_1 k_2} = f^{\alpha_1, e_2}_{j_1 k_1} g^{(\alpha_1)\alpha_2}_{j_2 k_2} = g^{(\alpha_1)\alpha_2}_{j_2 k_2} f^{\alpha_1, e_2}_{j_1 k_1} \qquad (6.2.38)$$

sind jene mit $j_i = k_i$ selbstadjungiert und idempotent, da die Faktoren $f^{\alpha_1, e_2}_{j_1 j_1}$ und $g^{(\alpha_1)\alpha_2}_{j_2 j_2}$ diese Eigenschaften besitzen und vertauschbar sind.

Daß es sich bei den Elementen $h^{\alpha_1 \alpha_2}_{j_1 j_2, j_1 j_2}$ sogar schon um *primitive Idempotente* von $A(G)$ handelt, sieht man am schnellsten, wenn man für $G_2^{\alpha_1}$ einen Satz von R-Nebenklassenrepräsentanten wählt. Wegen

$$G_2 = G_2^{\alpha_1} (G_2 : G_2^{\alpha_1}) \qquad (6.2.39)$$

besitzt dann jedes $x_2 \in G_2$ eine eindeutige Faktorisierung der Art

$$x_2 = \bar{x}_2 \underline{x}_2, \quad x_2 \in G_2, \quad \bar{x}_2 \in G_2^{\alpha_1}, \quad \underline{x}_2 \in G_2 : G_2^{\alpha_1} \qquad (6.2.40)$$

(s. Gln. (1.1.16, 17)). Aus den Definitionsgleichungen (6.2.37, 34) und den Eigenschaften der UIRs von G_1 und $G_2^{\alpha_1}$ (vgl. (3.2.44, 2, 50)) folgt

$$f_{j_1 k_1}^{\alpha_1, e_2} f_{l_1 m_1}^{\beta_1, e_2} = \delta_{\alpha_1 \beta_1} \delta_{k_1 l_1} f_{j_1 m_1}^{\alpha_1, e_2} \tag{6.2.41}$$

$$g_{j_2 k_2}^{(\alpha_1)\alpha_2} g_{l_2 m_2}^{(\alpha_1)\beta_2} = \delta_{\alpha_2 \beta_2} \delta_{k_2 l_2} g_{j_2 m_2}^{(\alpha_1)\alpha_2} \tag{6.2.42}$$

$$(e_1 | \bar{x}_2) g_{j_2 k_2}^{(\alpha_1)\alpha_2} = u^{\alpha_1}(\bar{x}_2) u^{\alpha_1}(\bar{x}_2^{-1}) (e_1 | \bar{x}_2) g_{j_2 k_2}^{(\alpha_1)\alpha_2} =$$

$$= u^{\alpha_1}(\bar{x}_2) \sum_{l_2} D_{l_2 j_2}^{\alpha_2}(\bar{x}_2) g_{l_2 k_2}^{(\alpha_1)\alpha_2} . \tag{6.2.43}$$

Wählt man als Nebenklassenrepräsentanten von $G_2^{\alpha_1}$ das Element e_2,

$$x_2 \in G_2^{\alpha_1} \Longleftrightarrow \underline{x}_2 = e_2, \tag{6.2.44}$$

dann ist wegen (6.2.38, 6, 25, 41–44)

$$h_{j_1 j_2, j_1 j_2}^{\alpha_1 \alpha_2} f_{l_1 m_1}^{\beta_1, \bar{x}_2} (e_1 | \underline{x}_2) h_{j_1 j_2, j_1 j_2}^{\alpha_1 \alpha_2} =$$

$$= \delta_{\alpha_1 \beta_1} \delta_{j_1 l_1} U_{m_1 j_1}^{\alpha_1}(\bar{x}_2) D_{j_2 j_2}^{\alpha_2}(\bar{x}_2) \delta_{\underline{x}_2, e_2} h_{j_1 j_2, j_1 j_2}^{\alpha_1 \alpha_2} . \tag{6.2.45}$$

Da die Elemente $f_{l_1 m_1}^{\beta_1, \bar{x}_2}(e_1 | \underline{x}_2) = f_{l_1 m_1}^{\beta_1, x_2}$ wegen A-6.2.1, (6.2.2) eine Basis von $A(G)$ bilden, ist mit (6.2.45) die Primitivität der Idempotente $h_{j_1 j_2, j_1 j_2}^{\alpha_1 \alpha_2}$ bewiesen (s. Gl. (3.2.32)).

Da $h_{j_1 j_2, j_1 j_2}^{\alpha_1 \alpha_2}$ ein primitives Idempotent ist, erzeugt es ein minimales L-Ideal

$A(G) h_{j_1 j_2, j_1 j_2}^{\alpha_1 \alpha_2}$ (s. Gln. (3.2.34, 35)). Seine Dimension $n_{\alpha_1 \alpha_2}$ ergibt sich aus der Anzahl der linear unabhängigen Elemente der Form $a h_{j_1 j_2, j_1 j_2}^{\alpha_1 \alpha_2}$, $a \in A(G)$. Wegen (3.1.10), (3.2.1), (6.2.41–43) ist

$$(f_{l_1 m_1}^{\beta_1, e_2}(e_1 | x_2))^{+} h_{j_1 j_2, j_1 j_2}^{\alpha_1 \alpha_2} = (e_1 | x_2^{-1}) f_{m_1 l_1}^{\beta_1, e_2} h_{j_1 j_2, j_1 j_2}^{\alpha_1 \alpha_2} =$$

$$= (e_1 | \underline{x}_2^{-1}) (e_1 | \bar{x}_2^{-1}) f_{m_1 l_1}^{\beta_1, e_2} f_{j_1 j_1}^{\alpha_1, e_2} g_{j_2 j_2}^{(\alpha_1)\alpha_2} =$$

$$= \delta_{\alpha_1 \beta_1} \delta_{l_1 j_1} (e_1 | \underline{x}_2^{-1}) (e_1 | \bar{x}_2^{-1}) g_{j_2 j_2}^{(\alpha_1)\alpha_2} f_{m_1 j_1}^{\alpha_1, e_2} =$$

$$= \delta_{\alpha_1 \beta_1} \delta_{l_1 j_1} \sum_{k_1 k_2} U_{k_1 m_1}^{\alpha_1}(\bar{x}_2^{-1}) D_{k_2 j_2}^{\alpha_2}(\bar{x}_2^{-1}) (e_1 | \underline{x}_2^{-1}) h_{k_1 k_2, j_1 j_2}^{\alpha_1 \alpha_2} . \tag{6.2.46}$$

Die auf der rechten Seite auftretenden Elemente $(e_1 | \underline{x}_2^{-1}) h_{k_1 k_2, j_1 j_2}^{\alpha_1 \alpha_2}$ sind wegen der Unitarität des Operators $(e_1 | \underline{x}_2^{-1})$ und (2.4.12, 9), (6.2.41, 42) für festes $\underline{x}_2$ in den Indizes $k_1 k_2$ orthogonal. Da sie wegen (6.2.6, 25, 40, 41, 44) auch in $\underline{x}_2$ orthogonal sind, ist

$$n_{\alpha_1 \alpha_2} = n_{\alpha_1} n_{\alpha_2} |G_2 : G_2^{\alpha_1}| = n_{\alpha_1} n_{\alpha_2} \frac{|G_2|}{|G_2^{\alpha_1}|} . \tag{6.2.47}$$

Nun gilt für eine kompakte Gruppe wegen (3.1.10), (3.2.1, 3, 49) ganz allgemein: Ist e_{00}^{γ} ein primitives Idempotent, das ein minimales L-Ideal $A_{.0}^{\gamma}(G)$ der Dimension n_{γ} erzeugt, dann ist das idempotente Zentrumselement, das das dazugehörige minimale Z-Ideal $A^{\gamma}(G)$ erzeugt, durch

$$e^{\gamma} = n_{\gamma} \, M_x \, x^{-1} e_{00}^{\gamma} x \tag{6.2.48}$$

gegeben. In unserem Fall bedeutet dies, daß das Element

$$e^{\alpha_1 \alpha_2} = \frac{n_{\alpha_1} n_{\alpha_2} |G_2|}{|G_2^{\alpha_1}|} \, M_{x_1} M_{x_2} (e_1 | x_2^{-1}) (x_1^{-1} | e_2) \, h_{j_1 j_2, j_1 j_2}^{\alpha_1 \alpha_2} (x_1 | e_2) (e_1 | x_2) =$$

$$= \sum_{\underline{x}_2} (e_1 | \underline{x}_2^{-1}) f^{\alpha_1, e_2} g^{(\alpha_1) \alpha_2} (e_1 | \underline{x}_2) \tag{6.2.49}$$

$$f^{\alpha_1, e_2} = \sum_{j_1} f_{j_1 j_1}^{\alpha_1, e_2} = (e_1 | \overline{x}_2^{-1}) f^{\alpha_1, e_2} (e_1 | \overline{x}_2)$$

$$g^{(\alpha_1) \alpha_2} = \sum_{j_2} g_{j_2 j_2}^{(\alpha_1) \alpha_2} \tag{6.2.50}$$

ein minimales Z-Ideal $A^{\alpha_1 \alpha_2}(G)$ erzeugt, dessen Dimension

$$\dim A^{\alpha_1 \alpha_2}(G) = n_{\alpha_1}^2 n_{\alpha_2}^2 \frac{|G_2|^2}{|G_2^{\alpha_1}|^2} = n_{\alpha_1}^2 n_{\alpha_2}^2 \, | [\alpha_1] |^2 \tag{6.2.51}$$

sich aus (6.2.47, 26) ergibt. Wegen (3.2.54), (6.2.50, 6, 9) ist

$$\sum_{\alpha_2} e^{\alpha_1 \alpha_2} = \sum_{\underline{x}_2} (e_1 | \underline{x}_2^{-1}) f^{\alpha_1, e_2} (e_1 | \underline{x}_2) =$$

$$= \frac{1}{|G_2^{\alpha_1}|} \sum_{y_2} (e_1 | y_2) f^{\alpha_1, e_2} (e_1 | y_2^{-1}) =$$

$$= \frac{1}{|G_2^{\alpha_1}|} \sum_{\overline{y}_2} (e_1 | \overline{y}_2) f^{[\alpha_1]} (e_1 | \overline{y}_2^{-1}) = f^{[\alpha_1]} \tag{6.2.52}$$

die gesuchte Zerlegung von $f^{[\alpha_1]}$. Sie zeigt, daß

$$A^{[\alpha_1]}(G) = \sum_{\alpha_2} \oplus \, A^{\alpha_1 \alpha_2}(G) \tag{6.2.53}$$

ist, was schon die Gln. (3.3A.1), (6.2.11, 51) vermuten ließen.

Als Basis der minimalen Z-Ideale $A^{\alpha_1 \alpha_2}(G)$ wählen wir die *Einheiten*

$$e_{\underline{x}_2 j_1 j_2, \underline{y}_2 k_1 k_2}^{\alpha_1 \alpha_2} = (e_1 | \underline{x}_2^{-1}) h_{j_1 j_2, k_1 k_2}^{\alpha_1 \alpha_2} (e_1 | \underline{y}_2) =$$

$$= M_{z_1} M_{z_2} n_{\alpha_1 \alpha_2} D_{\underline{x}_2 j_1 j_2, \underline{y}_2 k_1 k_2}^{\alpha_1 \alpha_2 \, *} (z_1 | z_2) (z_1 | z_2). \tag{6.2.54}$$

A-6.2.9:　　Man zeige, daß die Einheiten (6.2.54) die Gln. (3.2.1, 2, 54) erfüllen. Hinweis: (6.2.1, 2, 32, 34–38), (3.1.10); (6.2.6, 25, 40–42); (6.2.52, 13).

Die Elemente der zu diesen Einheiten gehörenden *UIRs von* $G_1 (\times G_2$,

$$D^{\alpha_1 \alpha_2}_{\underline{x}_2 j_1 j_2, \underline{y}_2 k_1 k_2}(z_1 | z_2) =$$

$$= \sum_{l_1} D^{\alpha_1}_{j_1 l_1}(z_1(\underline{x}_2))\, \Delta^{\alpha_1}(\underline{x}_2 z_2, y_2)\, U^{\alpha_1}_{l_1 k_1}(\underline{x}_2 z_2 \underline{y}_2^{-1})\, D^{\alpha_2}_{j_2 k_2}(\underline{x}_2 z_2 \underline{y}_2^{-1}) \quad (6.2.55)$$

$$\Delta^{\alpha_1}(x_2, y_2) = \delta_{G_2^{\alpha_1}\{x_2\}, G_2^{\alpha_1}\{y_2\}}, \quad\quad (6.2.56)$$

ergeben sich aus (3.2.44) und (6.2.54, 1, 2, 6, 32, 34, 38).

B-6.2.3:　　*Irreduzible Darstellungen von* $^{c}T^{3}(\times O_h$ (Bezeichnungen s. B-6.2.1, (6.2.27))

Indizes: $A_{^{c}T^{3}(\times O_h} = \{\vec{k}\langle i\rangle : \vec{k} \in \dfrac{2\pi}{L}\, \Delta Z^3, \langle i\rangle \in A_{O_h^{\vec{k}}}\}$

Zeilen/Spalten $\{\underline{p}j: \underline{p} \in O_h : O_h^{\vec{k}}; j = 0, \dots, n_{\langle i\rangle} - 1\}$ $\quad\quad (6.2.57)$

Dimensionen: $n_{\vec{k}\langle i\rangle} = n_{\langle i\rangle} \dfrac{|O_h|}{|O_h^{\vec{k}}|}$ $\quad\quad (6.2.58)$

Irreduzible Darstellungen:

$$P^{\vec{k}\langle i\rangle}_{\underline{p}_1 j_1, \underline{p}_2 j_2}(f) = \delta_{\underline{p}_1 \underline{p}_2}\delta_{j_1 j_2} k_f$$

$$D^{\vec{k}\langle i\rangle}_{\underline{p}_1 j_1, \underline{p}_2 j_2}(\vec{\tau}|p) = e^{-i\vec{k}\cdot\vec{\tau}(\underline{p}_1)}\Delta^{\vec{k}}(\underline{p}_1 p, \underline{p}_2)\, D^{\langle i\rangle}_{j_1 j_2}(\underline{p}_1 p \underline{p}_2^{-1}) \quad (6.2.59)$$

B-6.2.4:　　*Irreduzible Darstellungen von* $^{f}T^{3}(\times O_h$ (Bezeichnungen s. B-6.2.2, A-6.2.6)

Indizes: $A_{^{f}T^{3}(\times O_h} = \{\vec{q}\langle i\rangle : \vec{q} \in \Delta BZ, \langle i\rangle \in A_{O_h^{\vec{q}}}\}$

Zeilen/Spalten $\{\underline{p}j: \underline{p} \in O_h : O_h^{\vec{q}}; j = 0, \dots, n_{\langle i\rangle} - 1\}$ $\quad\quad (6.2.60)$

Dimensionen: $n_{\vec{q}\langle i\rangle} = n_{\langle i\rangle} \dfrac{|O_h|}{|O_h^{\vec{q}}|}$ $\quad\quad (6.2.61)$

UIRs: $D^{\vec{q}\langle i\rangle}_{\underline{p}_1 j_1, \underline{p}_2 j_2}(\vec{t}|p) = e^{-i\vec{q}\cdot\vec{t}(\underline{p}_1)}\Delta^{\vec{q}}(\underline{p}_1 p, \underline{p}_2)\, D^{\langle i\rangle}_{j_1 j_2}(\underline{p}_1 p \underline{p}_2^{-1}) \quad (6.2.62)$

B-6.2.5:　　*Irreduzible Darstellungen von* $SU(2)^{2}(\times S_2$ (Bezeichnungen s. A-6.2.4, 7, 8)

Indizes: $A_{SU(2)^2(\times S_2} =$

$$= \{j_1 j_2 \kappa : j_i \in A_{SU(2)}, \; j_1 \leqslant j_2; \; \kappa \in A_{S_2^{(j_1, j_2)}}\} =$$

$$= \{j_1 j_2 : j_i \in A_{SU(2)}, \; j_1 < j_2\} \cup \{jj\kappa : j \in A_{SU(2)}; \; \kappa = 0, 1\},$$

Zeilen/Spalten für

$$j_1 j_2 : \{\vec{rm}: r \in S_2;\ \vec{m} = m_1 m_2,\ |m_i| \leqslant j_i\}$$

$$jj\kappa : \{\vec{m}: \vec{m} = m_1 m_2,\ |m_i| \leqslant j_i\} \tag{6.2.63}$$

Dimensionen: $n_{j_1 j_2} = 2\,(2j_1 + 1)\,(2j_2 + 1)$

$$n_{jj\kappa} = (2j + 1)^2 \tag{6.2.64}$$

Irreduzible Darstellungen:

$$i,k = 1,2;\ i \neq k;\ f = 1,2,3;\ J_{mm'}^j\,(f)\ s.\ (3.3B.15,16)$$

$$J_{\vec{rm},r'\vec{m}'}^{j_1 j_2}\,(i,f) = \delta_{rr'}\,\delta_{m_k m_k'}\,J_{m_i m_i'}^{j_i}\,(f)$$

$$J_{\vec{m},\vec{m}'}^{jj\kappa}\,(i,f) = \delta_{m_k m_k'}\,J_{m_i m_i'}^{j}\,(f) \tag{6.2.65}$$

$$D_{r\vec{m},r'\vec{m}'}^{j_1 j_2}\,(\omega_1,\omega_2\,|\,s) = D_{m_1 m_1'}^{j_1}\,(\omega_{r^{-1}1})\,D_{m_2 m_2'}^{j_2}\,(\omega_{r^{-1}2})\,\delta_{rs,r'}$$

$$D_{\vec{m},\vec{m}'}^{jj\kappa}\,(\omega_1,\omega_2\,|\,s) = D_{m_1 m_{s^{-1}1}'}^{j}\,(\omega_1)\,D_{m_2 m_{s^{-1}2}'}^{j}\,(\omega_2)\,D^{\kappa}\,(s)$$

$$D^{\kappa}\,((21)) = (-1)^{\kappa} \tag{6.2.66}$$

B-6.2.6:   *Irreduzible Darstellungen von* $SU(2)^3\,(\times S_3$ *(Bezeichnungen s.* A-6.2.4,7,8; (3.3A.8), (3.2.58–60))

Indizes: $A_{SU(2)^3(\times S_3} =$

$$= \{j_1 j_2 j_3\,[\lambda]:\ j_i \in A_{SU(2)},\ j_1 \leqslant j_2 \leqslant j_3;\ [\lambda] \in A_{S_3}^{(j_1,j_2,j_3)}\} =$$

$$= \{j_1 j_2 j_3:\ j_i \in A_{SU(2)},\ j_1 < j_2 < j_3\}\ \cup$$

$$\{jjj_3\kappa:\ j,j_3 \in A_{SU(2)},\ j < j_3;\ \kappa = 0,1\}\ \cup$$

$$\{jjj\,[\lambda]:\ j \in A_{SU(2)};\ [\lambda] \in A_{S_3}\}$$

Zeilen/Spalten tür

$$j_1 j_2 j_3:\ \{\vec{rm}:\ r \in S_3;\ \vec{m} = m_1 m_2 m_3,\ |m_i| \leqslant j_i\}$$

$$jjj_3\kappa:\ \{\vec{rm}:\ r \in C_3;\ \vec{m} = m_1 m_2 m_3,\ |m_i| \leqslant j_i\}$$

$$jjj\,[\lambda]:\ \{\vec{m}u:\ \vec{m} = m_1 m_2 m_3,\ |m_i| \leqslant j_i;\ u = 0, \ldots, n_{[\lambda]} - 1\} \tag{6.2.67}$$

Dimensionen: $n_{j_1 j_2 j_3} = 6(2j_1 + 1)\,(2j_2 + 1)\,(2j_3 + 1)$

$$n_{jjj_3\kappa} = 3(2j + 1)^2\,(2j_3 + 1)$$

$$n_{jjj[\lambda]} = n_{[\lambda]}(2j + 1)^3 \tag{6.2.68}$$

Irreduzible Darstellungen:

$$i,k,l = 1,2,3; \quad k \neq i \neq l; \quad f = 1,2,3; \quad J^{j}_{mm'}(f) \text{ s. } (3.3\text{B}.15,16)$$

$$J^{j_1 j_2 j_3}_{r\vec{m}, r'\vec{m}'}(i,f) = \delta_{rr'} \delta_{m_k m'_k} \delta_{m_l m'_l} J^{j_i}_{m_i m'_i}(f)$$

$$J^{jjj_3 \kappa}_{r\vec{m}, r'\vec{m}'}(i,f) = \delta_{rr'} \delta_{m_k m'_k} \delta_{m_l m'_l} J^{j_i}_{m_i m'_i}(f)$$

$$J^{jjj[\lambda]}_{\vec{m}u, \vec{m}'u'}(i,f) = \delta_{uu'} \delta_{m_k m'_k} \delta_{m_l m'_l} J^{j}_{m_i m'_i}(f) \tag{6.2.69}$$

$$D^{j_1 j_2 j_3}_{r\vec{m}, r'\vec{m}'}(\omega_1, \omega_2, \omega_3 | s) =$$

$$= D^{j_1}_{m_1 m'_1}(\omega_{r^{-1}1}) D^{j_2}_{m_2 m'_2}(\omega_{r^{-1}2}) D^{j_3}_{m_3 m'_3}(\omega_{r^{-1}3}) \delta_{rs,r'}$$

$$D^{jjj_3 \kappa}_{r\vec{m}, r'\vec{m}'}(\omega_1, \omega_2, \omega_3 | s) =$$

$$= D^{j}_{m_1, m'_{(r's^{-1}r^{-1})1}}(\omega_{r^{-1}1}) D^{j}_{m_2, m'_{(r's^{-1}r^{-1})2}}(\omega_{r^{-1}2}) D^{j_3}_{m_3 m'_3}(\omega_{r^{-1}3}) \text{ mal}$$

$$\delta_{S_2\{rs\}, S_2\{r'\}} D^{\kappa}(rsr'^{-1})$$

$$D^{jjj[\lambda]}_{\vec{m}u, \vec{m}'u'}(\omega_1, \omega_2, \omega_3 | s) =$$

$$= D^{j}_{m_1 m'_{s^{-1}1}}(\omega_1) D^{j}_{m_2 m'_{s^{-1}2}}(\omega_2) D^{j}_{m_3 m'_{s^{-1}3}}(\omega_3) D^{[\lambda]}_{uu'}(s) \tag{6.2.70}$$

Die *Konstruktion von Einheiten (UIRs) für ein halbdirektes Produkt $G = G_1 (\times G_2$, G_1 kompakt, G_2 endlich,* läßt sich also folgendermaßen zusammenfassen:

1. Man bestimme einen vollständigen Satz von Einheiten (UIRs) des Normalteilers G_1.

2. Man bestimme aus Gl. (6.2.5) die Funktion $\alpha_1[x_2]$ und definiere einen Grundbereich ΔA_{G_1} für den (6.2.13) gilt.

3. Man bestimme für jedes $\alpha_1 \in \Delta A_{G_1}$ aus Gl. (6.2.6) die Matrizen $U^{\alpha_1}(x_2)$ (Phasenkonvention!).

4. Man bestimme für jedes $\alpha_1 \in \Delta A_{G_1}$ gemäß (6.2.25) die kleine Gruppe $G_2^{\alpha_1}$ und wähle einen Satz $G_2 : G_2^{\alpha_1}$ von R-Nebenklassenrepräsentanten $\underline{x}_2$, für den die Konvention (6.2.44) gilt.

5. Man bestimme für jede kleine Gruppe $G_2^{\alpha_1}$ einen vollständigen Satz von Einheiten (UIRs).

6. Man bestimme die Einheiten (UIRs) von G gemäß (6.2.54) ((6.2.55,56)).

Für mehrfache halbdirekte Produkte $G_1 (\times G_2 (\times \ldots G_n$ kann dieses Verfahren iteriert werden, wobei man mit $G_1 (\times G_2$ beginnt und bei $(G_1 (\times \ldots G_{n-1}) (\times G_n$ endet. Die praktische Durchführbarkeit hängt allerdings immer davon ab, ob man die unter 5. angeführten Teilprobleme lösen kann.

A-6.2.10: Man überzeuge sich, daß das in diesem Abschnitt beschriebene Verfahren die Einheiten (6.1.24) (UIRs (6.1.13)) liefert, wenn $G = G_1 \times G_2$ ist. Hinweis: $(6.1.11) \Rightarrow G_2^{\alpha_1} = G_2$, $U^{\alpha_1}(x_2) = 1$-Matrix.

A-6.2.11: Man konstruiere UIRs von S_3 nach dem oben beschriebenen Verfahren und zeige, daß sie zu den OIRs (3.2.58–60) äquivalent sind. Hinweis: (5.1A.29), (3.3A.22).

A-6.2.12: Man versuche, UIRs von O^* nach dem oben beschriebenen Verfahren zu konstruieren. Hinweis: (5.1A.30), A-5.1.7, (3.3A.22).

6.3. Subduzierte und induzierte Darstellungen

Aus den Definitionen der Begriffe „topologische Untergruppe" (s. Abschnitt 1.2) und „kompakt" (s. Abschnitt 1.3) folgt, daß jede als Unterraum aufgefaßte Untergruppe G_1 einer kompakten Gruppe G auch kompakt ist. G_1 besitzt daher auch ein invariantes Integral $M_{(1)}$, mit dessen Hilfe sich in $L^2(G)$ die Operatoren

$$e^{\alpha_1}_{j_1 k_1} = M_{x_1} n_{\alpha_1} D^{\alpha_1 *}_{j_1 k_1}(x_1) x_1$$

$$D^{\alpha_1} = \text{UIR von } G_1, \, G_1 \subset G \tag{6.3.1}$$

definieren lassen. Diese Operatoren sind i.a. keine Elemente von $A(G)$. Denn ist z.B. G_1 ein offener oder abgeschlossener Komplex von G, dann gilt ($\mu(K)$ s. (2.1.10, 11))

$$\mu(G_1) \neq 0 \iff A(G_1) \subseteq A(G). \tag{6.3.2}$$

A-6.3.1: $A(^fT) \not\subset A(^cT), A(O^*) \not\subset A(SU(2))$. Warum? Hinweis: (2.1.10, 11), (5.2.8), (2.5B.2, 10).

A-6.3.2: Man beweise die folgende Aussage:

$$G \text{ endlich, } G_1 \subseteq G \Rightarrow A(G_1) \subseteq A(G) \tag{6.3.3}$$

Hinweis: (6.3.2), (2.1.10, 11), (2.5A.1).

Die Wirkung der Operatoren $e^{\alpha_1}_{j_1 k_1}$ in $L^2(G)$ ist allerdings durch die der unitären Operatoren $x_1 \in U(G)$ und (6.3.1) eindeutig bestimmt.

A-6.3.3: Man zeige, daß die Operatoren (6.3.1) folgende Gleichungen erfüllen:

$$e^{\alpha_1 +}_{j_1 k_1} = e^{\alpha_1}_{k_1 j_1}, \, e^{\alpha_1}_{j_1 k_1} e^{\beta_1}_{l_1 m_1} = \delta_{\alpha_1 \beta_1} \delta_{k_1 l_1} e^{\alpha_1}_{j_1 m_1} \tag{6.3.4}$$

$$x_1 e^{\alpha_1}_{j_1 k_1} = \sum_{l_1} D^{\alpha_1}_{l_1 j_1}(x_1) e^{\alpha_1}_{l_1 k_1} \tag{6.3.5}$$

$$1 = e_1 = \sum_{\alpha_1 j_1} e^{\alpha_1}_{j_1 j_1} \tag{6.3.6}$$

Hinweis: A-3.2.2, 4.

Die Gln. (6.3.4, 5) zeigen, daß $e^{\alpha_1}_{j_1 j_1}$ ein Projektionsoperator ist, der jenen Unterraum von $L^2(G)$ kennzeichnet, dessen Elemente sich nach der j_1-ten Zeile der UIR D^{α_1} transformieren, wenn $U(G)$ *auf* $U(G_1)$ *beschränkt* wird. Bei dieser Beschränkung bleiben die den

L-Idealen $A^\alpha_{\cdot k}(G)$ zugeordneten Unterräume $L^\alpha_k(G)$ natürlich invariant; sie verlieren jedoch i.a. ihre Eigenschaft irreduzibel zu sein.

Um die *Frage, welche UIRs der Untergruppe G_1 eine UIR der Gruppe G enthält,* zu beantworten, betrachten wir die Unterräume

$$L^\alpha_{\alpha_1 j_1, k}(G) = e^{\alpha_1}_{j_1 j_1} L^\alpha_k(G) = \{e^{\alpha_1}_{j_1 j_1} f : f \in L^\alpha_k(G)\}. \tag{6.3.7}$$

Ihre Dimension ist wegen (6.3.4) von j_1 unabhängig, da für jedes Paar j_1, k_1

$$e^{\alpha_1}_{k_1 j_1} f \in L^\alpha_{\alpha_1 k_1, k}(G) \iff e^{\alpha_1}_{j_1 j_1} f \in L^\alpha_{\alpha_1 j_1, k}(G) \tag{6.3.8}$$

$$e^{\alpha_1}_{k_1 j_1} L^\alpha_{\alpha_1 j_1, k}(G) \subseteq L^\alpha_{\alpha_1 k_1, k}(G) \subseteq e^{\alpha_1}_{k_1 j_1} L^\alpha_{\alpha_1 j_1, k}(G) \Rightarrow$$

$$\Rightarrow e^{\alpha_1}_{k_1 j_1} L^\alpha_{\alpha_1 j_1, k}(G) = L^\alpha_{\alpha_1 k_1, k}(G) \tag{6.3.9}$$

gilt. Berücksichtigt man, daß $e^{\alpha_1}_{j_1 j_1}$ ein Projektionsoperator ist und die auf $n_\alpha^{-1/2}$ normierten Funktionen $D^{\alpha *}_{jk}$ eine orthogonale Basis von $L^\alpha_k(G)$ bilden, dann folgt daraus mit (6.3.1), (3.2.47), (4.3.10, 12), daß

$$\dim L^\alpha_{\alpha_1 j_1, k}(G) = \frac{1}{n_{\alpha_1}} \sum_{j_1} \dim L^\alpha_{\alpha_1 j_1, k}(G) =$$

$$= \frac{1}{n_{\alpha_1}} \sum_{j_1} \sum_{j} n_\alpha \langle D^{\alpha *}_{jk}, e^{\alpha_1}_{j_1 j_1} D^{\alpha *}_{jk} \rangle =$$

$$= M_{x_1} \chi^{\alpha_1 *}(x_1) \sum_{j} n_{\alpha_1} \langle D^{\alpha *}_{jk}, x_1 D^{\alpha *}_{jk} \rangle =$$

$$= M_{x_1} \chi^{\alpha_1 *}(x_1) \chi^\alpha(x_1) = \langle \chi^{\alpha_1}, \chi^\alpha \rangle = m_{\alpha, \alpha_1} \tag{6.3.10}$$

auch von k unabhängig ist.

Ist $m_{\alpha, \alpha_1} \neq 0$, dann läßt sich in $L^\alpha_{\alpha_1 0, k}(G)$ eine orthogonale Basis $\{f^{\alpha *}_{\alpha_1 0 v, k} : v = 0, \dots, m_{\alpha, \alpha_1} - 1\}$ finden, deren Elemente auf $n_\alpha^{-1/2}$ normiert sind. Wegen (6.3.4, 8, 9) bilden dann die ebenso normierten Elemente

$$f^{\alpha *}_{\alpha_1 j_1 v, k} = e^{\alpha_1}_{j_1 0} f^{\alpha *}_{\alpha_1 0 v, k} \tag{6.3.11}$$

eine Basis von $L^\alpha_{\alpha_1 j_1, k}(G)$.

$$f \in L^\alpha_{\alpha_1 j_1, k}(G) \iff f = \sum_{v} n_\alpha \langle f, f^{\alpha *}_{\alpha_1 j_1 v, k} \rangle f^{\alpha *}_{\alpha_1 j_1 v, k}. \tag{6.3.12}$$

Die Funktionen $\{f^{\alpha *}_{\alpha_1 j_1 v, k} : m_{\alpha, \alpha_1} \neq 0; j_1 = 0, \dots, n_{\alpha_1} - 1; v = 0, \dots, m_{\alpha, \alpha_1} - 1\}$ bilden eine orthogonale Basis von $L^\alpha_k(G)$, da wegen (6.3.6, 7)

$$L^\alpha_k(G) = \sum_{\alpha_1 j_1} \oplus L^\alpha_{\alpha_1 j_1, k}(G) \tag{6.3.13}$$

gilt, wobei die direkte Summe auf die nicht-verschwindenden Unterräume ($m_{\alpha,\alpha_1} \neq 0$) beschränkt werden kann. Da die Funktionen $f^{\alpha*}_{\alpha_1 j_1 v, k}$ auf die selbe Art normiert sind wie die Funktionen $D^{\alpha*}_{jk}$, muß es eine n_α-reihige unitäre Matrix $C^{\alpha*}$ mit Elementen $C^{\alpha*}_{\alpha_1 j_1 v, j}$ geben, so daß

$$f^{\alpha*}_{\alpha_1 j_1 v, k} = \sum_j C^{\alpha*}_{\alpha_1 j_1 v, j} D^{\alpha*}_{jk}$$

$$D^{\alpha*}_{jk} = \sum_{\alpha_1 j_1 v} C^{\alpha}_{\alpha_1 j_1 v, j} f^{\alpha*}_{\alpha_1 j_1 v, k} \tag{6.3.14}$$

gilt. Die Wirkung der Operatoren $x_1 \in U(G)$ auf die Funktionen $D^{\alpha*}_{jk} \in L^{\alpha}_k (G)$ ist durch die Matrizen

$$D^{\alpha} \downarrow G_1 = \{D^{\alpha}(x_1): x_1 \in G_1\} \tag{6.3.15}$$

gegeben. Diese *auf die Elemente der Untergruppe beschränkte Matrixdarstellung* wird als die von der UIR D^{α} *subduzierte Matrixdarstellung* von G_1 bezeichnet. Die Wirkung der Operatoren $x_1 \in U(G)$ auf die Funktionen $f^{\alpha*}_{\alpha_1 j_1 v, k}$ ist durch eine äquivalente Matrixdarstellung gegeben, die wegen (6.3.14, 11, 5) in eine direkte Summe von UIRs der Untergruppe zerfällt.

$$D^{\alpha} = \text{UIR von } G; \quad D^{\alpha_1} = \text{UIR von } G_1; \quad G_1 \subset G; \quad x_1 \in G_1:$$

$$C^{\alpha} D^{\alpha}(x_1) C^{\alpha+} = \sum_{\alpha_1} \oplus (\oplus\, m_{\alpha,\alpha_1}) D^{\alpha_1}(x_1)$$

$$\sum_{jj'} C^{\alpha}_{\alpha_1 j_1 v, j} D^{\alpha}_{jj'}(x_1) C^{\alpha*}_{\alpha_1' j_1' v', j'} = \delta_{\alpha_1 \alpha_1'} \delta_{vv'} D^{\alpha_1}_{j_1 j_1'}(x_1) \tag{6.3.16}$$

$$\chi^{\alpha}(x_1) = \sum_{\alpha_1} m_{\alpha,\alpha_1} \chi^{\alpha_1}(x_1) \tag{6.3.17}$$

Die in (6.3.16) auftretende Matrix C^{α} wird als *Subduktionsmatrix* bezeichnet; jede der ganzen Zahlen $m_{\alpha,\alpha_1} \geqslant 0$ als *Vielfachheit* (mit der die UIR D^{α_1} in $D^{\alpha} \downarrow G_1$ enthalten ist).

A-6.3.4:   Man leite die Gleichung $m_{\alpha,\alpha_1} = M_{x_1} \chi^{\alpha_1*}(x_1) \chi^{\alpha}(x_1)$ aus (6.3.17) ab. Hinweis: (4.3.18).

A-6.3.5:   Für die von den UIRs D^j subduzierten Darstellungen von $U(1)$ ($\subset SU(2)$) gilt

$$D^j \downarrow U(1) = \sum_{m=-j}^{j} \oplus D^m . \tag{6.3.18}$$

Warum? Hinweis: A-1.4.8, (3.3B.11, 17, 18).

A-6.3.6:   Für die von den UIRs $D^{\vec{k}}$ subduzierten Darstellungen von ${}^{f}T^3$ ($\subset {}^{c}T^3$) gilt

$$D^{\vec{k}} \downarrow {}^{f}T^3 = D^{\vec{k}+\vec{Q}\{\vec{k}\}}. \tag{6.3.19}$$

Warum? Hinweis: B-5.3.1, (6.1.19, 21), (6.2.19).

B-6.3.1:   *Die von den UIRs D^j subduzierten Darstellungen von O^* ($\subset SU(2)$).*

(1) O^* als Untergruppe von $SU(2)$

Man identifiziert die Doppelpunktgruppe O^* mit einer Untergruppe von $SU(2)$, indem man für jede der Matrizen $D^{(5)}(y)$, $y \in O^*$, das Element $\vec{X}_y \in SU(2)$ sucht, für das $D^{(5)}(y) = D^{1/2}(\vec{X}_y)$ ist. Das Ergebnis ist für die Parametrisierung $\vec{X}(\omega)$ in der folgenden Tabelle zusammengefaßt, wobei der Zusatz ± 0 anzeigt, daß zwar $\vec{X}_y \notin K_\omega$ ist, K_ω aber Elemente $\vec{X}_{y,n}$ enthält, für die $\lim_{n \to \infty} D^{1/2}(\vec{X}_{y,n}) = D^{1/2}(\vec{X}_y)$ ist. Der Wert des $SU(2)$-Klassenparameters λ (s. A-4.1.15) für ein Element $\vec{X}_y$, $y \in O^*$, läßt sich aus Spur $D^{(5)}(y) = 2\cos(\lambda_y/2)$ ablesen.

Tabelle 6.2. *Euler-Winkel (α, β, γ) und Parameter λ für Elemente von O^**

	e	z	p	r	rz	s	qs	qsz
α	0	0	0	$\pi/2$	$\pi/2$	0	0	0
β	$0\,(+0)$	$0\,(+0)$	$0\,(+0)$	$\pi/2$	$\pi/2$	$\pi\,(-0)$	$0\,(+0)$	$0\,(+0)$
γ	0	$-2\pi(+0)$	π	0	$-2\pi(+0)$	$-3\pi/2$	$\pi/2$	$-3\pi/2$
λ	0	$2\pi(-0)$	π	$2\pi/3$	$4\pi/3$	π	$\pi/2$	$3\pi/2$

(2) Vielfachheiten

Da die in Tabelle 6.2 angegebenen Elemente $y \in O^*$ Repräsentanten der Klassen $C_\mu \subset O^*$ sind (s. Tabelle 4.4) lassen sich mit ihren λ-Werten aus Gl. (4.4B.24) alle Charaktere $\chi^j(y)$ berechnen. Daraus erhält man mit (6.3.10), (4.4A.10) und den in Tabelle 4.4 angegebenen Werten von $\chi_\mu^{\langle i \rangle}$, $|C_\mu|$ folgende Tabellen:

Tabelle 6.3. *Vielfachheiten* $m_{j,\langle i \rangle}$

	0	1	2	3	4	5	6
$\langle 0 \rangle$	1	0	0	0	1	0	1
$\langle 1 \rangle$	0	0	0	1	0	0	1
$\langle 2 \rangle$	0	0	1	0	1	1	1
$\langle 3 \rangle$	0	1	0	1	1	2	1
$\langle 4 \rangle$	0	0	1	1	1	1	2

	$\frac{1}{2}$	$\frac{3}{2}$	$\frac{5}{2}$	$\frac{7}{2}$	$\frac{9}{2}$	$\frac{11}{2}$
$\langle 5 \rangle$	1	0	0	1	1	1
$\langle 6 \rangle$	0	0	1	1	0	1
$\langle 7 \rangle$	0	1	1	1	2	2

Daß die treuen UIRs von $SU(2)$ (j halbzahlig) nur treue UIRs von O^* (i $\geqslant$ 5) enthalten und jede UIR von $SU(2)$, die auch eine $SO(3)$ ist (j ganz), nur solche von O^*, die auch UIRs von O sind, folgt aus (5.1A.20), (5.2.24) und $\vec{X}_z = \vec{Z}$.

$$Z[O^*] = Z[SU(2)] \tag{6.3.20}$$

$$\begin{array}{ccccc}
SU(2) & \rightarrow & SU(2)/Z[SU(2)] & \leftrightarrow & SO(3) \\
| & & | & & | \\
O^* & \rightarrow & O^*/Z[SU(2)] & \leftrightarrow & O
\end{array} \tag{6.3.21}$$

(3) *Subduktionsmatrizen*

$$j < 2: C^j = 1\text{-Matrix} \tag{6.3.22}$$

Tabelle 6.4. $j = 2$ (a $= 1/\sqrt{2}$)

	2	1	0	−1	−2
⟨2⟩ 00	0	0	−1	0	0
⟨2⟩ 10	a	0	0	0	a
⟨4⟩ 00	0	0	0	1	0
⟨4⟩ 10	a	0	0	0	−a
⟨4⟩ 20	0	−1	0	0	0

Tabelle 6.5. $j = 3$ (b $= \sqrt{3/8}$, c $= \sqrt{5/8}$)

	3	2	1	0	−1	−2	−3
⟨1⟩ 00	0	a	0	0	0	−a	0
⟨3⟩ 00	0	0	b	0	0	0	c
⟨3⟩ 10	0	0	0	−1	0	0	0
⟨3⟩ 20	c	0	0	0	b	0	0
⟨4⟩ 00	b	0	0	0	−c	0	0
⟨4⟩ 10	0	−a	0	0	0	−a	0
⟨4⟩ 20	0	0	−c	0	0	0	b

Tabelle 6.6. $j = 4$ (d $= \sqrt{5/24}$, e $= \sqrt{7/24}$, f $= \sqrt{10/24}$, g $= \sqrt{14/24}$, h $= 1/\sqrt{8}$, i $= \sqrt{7/8}$)

	4	3	2	1	0	−1	−2	−3	−4
⟨0⟩ 00	d	0	0	0	g	0	0	0	d
⟨2⟩ 00	−e	0	0	0	f	0	0	0	−e
⟨2⟩ 10	0	0	a	0	0	0	a	0	0
⟨3⟩ 00	0	0	0	i	0	0	0	h	0
⟨3⟩ 10	−a	0	0	0	0	0	0	0	a
⟨3⟩ 20	0	−h	0	0	0	−i	0	0	0
⟨4⟩ 00	0	−i	0	0	0	h	0	0	0
⟨4⟩ 10	0	0	−a	0	0	0	a	0	0
⟨4⟩ 20	0	0	0	−h	0	0	0	i	0

Tabelle 6.7. $j = 5$ $(k = \sqrt{7}/4,\ l = \sqrt{6}/8,\ m = \sqrt{21}/8,\ n = \sqrt{30}/8,$
$p = \sqrt{15}/8,\ q = \sqrt{10}/16,\ r = -9\sqrt{2}/16,\ s = \sqrt{70}/16,$
$t = \sqrt{63/128})$

	5	4	3	2	1	0	−1	−2	−3	−4	−5
⟨2⟩00	0	0	0	a	0	0	0	−a	0	0	0
⟨2⟩10	0	a	0	0	0	0	0	0	0	−a	0
⟨3⟩00	q	0	0	0	m	0	0	0	r	0	0
⟨3⟩10	0	a	0	0	0	0	0	0	0	a	0
⟨3⟩20	0	0	r	0	0	0	m	0	0	0	q
⟨3⟩01	−n	0	0	0	k	0	0	0	l	0	0
⟨3⟩11	0	0	0	a	0	0	0	a	0	0	0
⟨3⟩21	0	0	l	0	0	0	k	0	0	0	−n
⟨4⟩00	0	0	s	0	0	0	p	0	0	0	t
⟨4⟩10	0	0	0	0	0	−1	0	0	0	0	0
⟨4⟩20	t	0	0	0	p	0	0	0	s	0	0

Tabelle 6.8. $j = 6$ $(u = -\sqrt{2}/4,\ v = \sqrt{10}/8,\ w = -\sqrt{22}/8,\ x = -1/4,$
$y = -\sqrt{14}/4,\ z = \sqrt{3}/4,\ a' = -\sqrt{15/26},\ b' = -\sqrt{11/26},$
$c' = \sqrt{5/208},\ d' = \sqrt{99/208},\ e' = -\sqrt{33/416},\ f' = -\sqrt{13}/4,$
$g' = \sqrt{45/416},\ h' = \sqrt{11/208})$

	6	5	4	3	2	1	0	−1	−2	−3	−4	−5	−6
⟨0⟩00	0	0	k	0	0	0	u	0	0	0	k	0	0
⟨1⟩00	v	0	0	0	w	0	0	0	w	0	0	0	v
⟨2⟩00	0	0	x	0	0	0	y	0	0	0	x	0	0
⟨2⟩10	−w	0	0	0	v	0	0	0	v	0	0	0	−w
⟨3⟩00	0	0	0	n	0	0	0	z	0	0	0	w	0
⟨3⟩10	0	0	−a	0	0	0	0	0	0	0	a	0	0
⟨3⟩20	0	w	0	0	0	z	0	0	0	n	0	0	0
⟨4⟩00	0	a′	0	0	0	0	0	0	0	b′	0	0	0
⟨4⟩10	c′	0	0	0	−d′	0	0	0	d′	0	0	0	−c′
⟨4⟩20	0	0	0	b′	0	0	0	0	0	0	0	a′	0
⟨4⟩01	0	e′	0	0	0	f′	0	0	0	g′	0	0	0
⟨4⟩11	−h′	0	0	0	−c′	0	0	0	c′	0	0	0	h′
⟨4⟩21	0	0	0	g′	0	0	0	f′	0	0	0	e′	0

Tabelle 6.9. $j = 5/2$ $(i' = 1/\sqrt{6}, k' = \sqrt{5/6})$

	$\frac{5}{2}$	$\frac{3}{2}$	$\frac{1}{2}$	$-\frac{1}{2}$	$-\frac{3}{2}$	$-\frac{5}{2}$
$\langle 6\rangle\,00$	i'	0	0	0	$-k'$	0
$\langle 6\rangle\,10$	0	$-k'$	0	0	0	i'
$\langle 7\rangle\,00$	0	i'	0	0	0	k'
$\langle 7\rangle\,10$	0	0	-1	0	0	0
$\langle 7\rangle\,20$	0	0	0	1	0	0
$\langle 7\rangle\,30$	$-k'$	0	0	0	$-i'$	0

Tabelle 6.10. $j = 7/2$ $(l' = 1/2, m' = \sqrt{3}/2)$

	$\frac{7}{2}$	$\frac{5}{2}$	$\frac{3}{2}$	$\frac{1}{2}$	$-\frac{1}{2}$	$-\frac{3}{2}$	$-\frac{5}{2}$	$-\frac{7}{2}$
$\langle 5\rangle\,00$	0	0	0	g	0	0	0	f
$\langle 5\rangle\,10$	$-f$	0	0	0	$-g$	0	0	0
$\langle 6\rangle\,00$	0	$-m'$	0	0	0	l'	0	0
$\langle 6\rangle\,10$	0	0	$-l'$	0	0	0	m'	0
$\langle 7\rangle\,00$	0	0	m'	0	0	0	l'	0
$\langle 7\rangle\,10$	0	0	0	$-f$	0	0	0	g
$\langle 7\rangle\,20$	g	0	0	0	$-f$	0	0	0
$\langle 7\rangle\,30$	0	l	0	0	0	m'	0	0

Die Subduktionsmatrix C^α ist durch ihre Unitarität und Gl. (6.3.16) selbst dann nicht eindeutig bestimmt, wenn die Reihenfolge der direkten Summanden durch eine Konvention festgelegt wird. Denn jede der Basen $\{f^{\alpha*}_{\alpha_1\,0v,\,k}: v = 0, \ldots , m_{\alpha,\alpha_1} - 1\}$ ist durch die gewünschte Orthonormierung nur bis auf eine unitäre Transformation bestimmt, so daß selbst für $m_{\alpha,\alpha_1} = 1$ noch eine Phasenkonvention zu treffen ist. Kennt man Subduktionsmatrizen C^α für alle UIRs D^α (aus einem gegebenen vollständigen Satz), dann kann man zu neuen UIRs $\bar{D}^\alpha = \{C^\alpha D^\alpha (x) C^{\alpha+}: x \in G\}$ übergehen, die als UIR von G gleichwertig, der Untergruppe G_1 aber dadurch besonders angepaßt sind, daß alle Darstellungen $\bar{D}^\alpha \downarrow G_1$ direkte Summen von UIRs von G_1 sind.

Das Subduzieren von Darstellungen kann über eine Reihe von Zwischenschritten erfolgen. Aus (6.3.15, 16) läßt sich ablesen, daß man auf diese Weise auch die Subduktionsmatrizen und die Vielfachheiten schrittweise berechnen kann.

$$G \supset G_1 \supset \ldots G_n : m_{\alpha,\alpha_n} = \sum_{\alpha_1 \ldots \alpha_{n-1}} m_{\alpha,\alpha_1} \ldots m_{\alpha_{n-1},\alpha_n} \qquad (6.3.23)$$

B-6.3.2:   Die von der UIR $D^{\alpha_1\alpha_2}$ der Gruppe G_1 $(\times\, G_2$ (s. (6.2.55)) subduzierte Darstellung $D^{\alpha_1\alpha_2} \downarrow G_1 (\times\, G_2^{\alpha_1}$ enthält die zu den Einheiten $h^{\alpha_1\alpha_2}_{j_1j_2,\,k_1k_2}$ (s. (6.2.38)) gehörende UIR $\{D^{\alpha_1}(x_1) U^{\alpha_1}(\bar{x}_2) \otimes D^{\alpha_2}(\bar{x}_2): x_1 \in G_1, \bar{x}_2 \in G_2^{\alpha_2}\}$ genau einmal.

Dies folgt nicht nur mit

$$M_{x_1} D^{\alpha_1}_{j_1 k_1}(x_1(\underline{x}_2)) D^{\alpha_1 *}_{l_1 m_1}(x_1) = \frac{1}{n_{\alpha_1}} \delta_{\underline{x}_2, e_2} \delta_{j_1 l_1} \delta_{k_1 m_1} \qquad (6.3.24)$$

direkt aus (6.3.17) sondern auch aus (6.3.23) und

$$D^{\alpha_1 \alpha_2} \downarrow G_1 = \sum_{\overline{x}_2} \sum_{j_2 = 0}^{n_{\alpha_2} - 1} \oplus D^{\alpha_1 [\overline{x}_2]} = \sum_{\overline{x}_2} \oplus (\oplus n_{\alpha_2}) D^{\alpha_1 [\overline{x}_2]}$$

$$\{D^{\alpha_1}(x_1) U^{\alpha_1}(\overline{x}_2) \otimes D^{\alpha_2}(\overline{x}_2) : x_1 \in G_1, \overline{x}_2 \in G_2^{\alpha_1}\} \downarrow G_1 = (\oplus n_{\alpha_2}) D^{\alpha_2}. \qquad (6.3.25)$$

Ist $G = G_0 \supset G_1 \supset ... \supset G_n \supset G_{n+1} = \{e\}$ eine Folge von Untergruppen mit der Eigenschaft, daß für alle $\alpha_i \in A_{G_i}$ $m_{\alpha_i, \alpha_{i+1}} \leqslant 1$ ist, dann können, wenn die UIRs von G in einer diesen Subduktionen angepaßten Form gewählt werden, ihre Reihen mit den n-Tupeln $\alpha_1, ... , \alpha_n$ indiziert werden.

B-6.3.3:   Die Reihen der UIRs D^j (von $SU(2)$) sind durch $m \in A_{U(1)}$ indiziert (s. A-6.3.5, (3.3B.9, 13)).

Eng verwandt mit den subduzierten Darstellungen sind die induzierten Darstellungen. Um sie definieren zu können, definieren wir zunächst durch

$$[x_{(R)} f](y) = f(yx), \quad [a_{(R)} f](y) = f * a^+(y) \qquad (6.3.26)$$

$$U_{(R)}(G) = \{x_{(R)} : x \in G\}, \quad A_{(R)}(G) = \{a_{(R)} : a \in L^2(G)\} \qquad (6.3.27)$$

die *rechts-reguläre Darstellung* und die *Rechts-Gruppenalgebra* von G.

A-6.3.7:   Man beweise folgende Aussagen:

$$\langle x_{(R)} f, x_{(R)} g \rangle = \langle f, g \rangle; \quad \langle f, a_{(R)} g \rangle = \langle a^+_{(R)} f, g \rangle \qquad (6.3.28)$$

$$U_{(R)}(G) \leftrightarrow U(G), \quad A_{(R)}(G) \text{ isomorph zu } A(G) \qquad (6.3.29)$$

$$x_{(R)} x = x x_{(R)}, \quad a_{(R)} a = a a_{(R)}$$
$$x_{(R)} a = a x_{(R)}, \quad a_{(R)} x = x a_{(R)} \qquad (6.3.30)$$

Hinweis: (6.3.26), (2.1.5), (2.3.1), (2.4.1, 9–11).

Aus (6.3.28, 29) und den Eigenschaften der UIRs D^{α_1} der Untergruppe G_1 folgt, daß die (i.a. nicht zu $A_{(R)}(G)$ gehörenden) Operatoren

$$e^{\alpha_1}_{j_1 k_1 (R)} = M_{x_1} n_{\alpha_1} D^{\alpha_1 *}_{j_1 k_1}(x_1) x_{1 (R)} \qquad (6.3.31)$$

Projektionsoperatoren sind, wenn $k_1 = j_1$ ist. Die dazugehörigen Unterräume

$$L_{\alpha_1 j_1 (R)}(G) = e^{\alpha_1}_{j_1 j_1 (R)} L^2(G) = \{e^{\alpha_1}_{j_1 j_1 (R)} f : f \in L^2(G)\} \qquad (6.3.32)$$

sind wegen (6.3.30) unter allen Operatoren $\mathbf{x} \in U(G)$ $(\mathbf{a} \in A(G))$ invariant. Ähnlich, wie es für die Unterräume $L^{\alpha}_{\alpha_1 j_1, k}(G)$ in (6.3.8, 9) geschah, läßt sich zeigen, daß

$$e^{\alpha_1}_{k_1 j_1 (R)} L_{\alpha_1 j_1 (R)}(G) = L_{\alpha_1 k_1 (R)}(G) \tag{6.3.33}$$

ist. Wählt man in diesen Unterräumen Basen, dann erhält man Matrixdarstellungen $D^{\alpha_1 j_1 (R)}$ von G, die wegen (6.3.30, 33) untereinander äquivalent sind. Zeichnet man durch eine Konvention (Wahl einer bestimmten Basis) eine dieser Darstellungen aus und bezeichnet man sie als die von einer Zeile der UIR D^{α_1} der Untergruppe G_1 *induzierte Darstellung* von G (Symbol $D^{\alpha_1} \uparrow G$), dann ist

$$D^{\alpha_1 j_1 (R)} \sim D^{\alpha_1 k_1 (R)} \sim D^{\alpha_1} \uparrow G. \tag{6.3.34}$$

Diese Darstellungen sind i. a. reduzibel. Ihr UIR-Gehalt läßt sich am leichtesten feststellen, wenn man als Basis von $L^2(G)$ die Funktionen $D^{\alpha *}_{\beta_1 l'_1 v', \beta_1 l_1 v}$ wählt, die den Elementen von solchen UIRs $D^{\alpha *}$ zugeordnet sind, die bei Beschränkung auf G_1 in direkte Summen von UIRs $D^{\beta_1 *}$ zerfallen. Aus

$$e^{\alpha_1}_{j_1 j_1 (R)} D^{\alpha *}_{\beta'_1 l'_1 v', \beta_1 l_1 v} =$$

$$= M_{\mathbf{x}_1} n_{\alpha_1} D^{\alpha_1 *}_{j_1 j_1}(\mathbf{x}_1) \sum_{k_1} D^{\alpha *}_{\beta'_1 l'_1 v', \beta_1 k_1 v} D^{\beta_1}_{k_1 l_1}(\mathbf{x}_1) =$$

$$= \delta_{\alpha_1 \beta_1} \delta_{j_1 l_1} D^{\alpha *}_{\beta'_1 l'_1 v', \alpha_1 j_1 v} \tag{6.3.35}$$

folgt dann, daß $\{D^{\alpha *}_{\beta_1 l_1 v', \alpha_1 j_1 v}: \alpha$ mit $m_{\alpha, \alpha_1} \neq 0; \beta_1$ mit $m_{\alpha, \beta_1} \neq 0; l_1 = 0, \ldots, n_{\beta_1} - 1;$ $v' = 0, \ldots, m_{\alpha, \beta_1} - 1; v = 0, \ldots, m_{\alpha, \alpha_1} - 1\}$ eine Basis von $L_{\alpha_1 j_1 (R)}(G)$ darstellt und daher

$$D^{\alpha_1} \uparrow G \sim \sum_{\alpha} \oplus (\oplus m_{\alpha, \alpha_1}) D^{\alpha} \tag{6.3.36}$$

ist. Diese Aussage wird zusammen mit (6.3.15, 16) als *Frobeniussches Reziprozitätstheorem* bezeichnet.

A-6.3.8:   Wenn G endlich ist, ist

$$\dim D^{\alpha_1} \uparrow G = n_{\alpha_1} \frac{|G|}{|G_1|} . \tag{6.3.37}$$

Warum? Hinweis: $L_{\alpha_1 j_1 (R)}(G) \longleftrightarrow A_{\alpha_1 j_1 (R)}(G)$, Basis $\{\underline{x}^{-1} e^{\alpha_1}_{k_1 j_1} : \underline{x} \in G : G_1; k_1 = 0, \ldots, n_{\alpha_1} - 1\}$.

A-6.3.9:   Wie sehen, wenn $G = G_1 \times G_2$ ist, die Unterräume $L_{\alpha_2 j_2 (R)}(G)$ aus und welche UIRs von G enthalten die Darstellungen $D^{\alpha_2} \uparrow G$? Hinweis: Basis $\{D^{\beta_1 \beta_2 *}_{l_1 l_2, m_1 m_2}\}$, (6.1.13)).

B-6.3.4:   (Bezeichnungen wie in B-6.3.2.) Da die UIR $D^{\alpha_1 \alpha_2}$ von $G_1 (\times G_2$ die UIR $\{D^{\alpha_1}(x_1) U^{\alpha_1}(\bar{x}_2) \otimes D^{\alpha_2}(\bar{x}_2) : (x_1 | \bar{x}_2) \in G_1 (\times G_2^{\alpha_1}\}$ von $G_1 (\times G_2^{\alpha_1}$ nur einmal enthält, folgt aus dem Reziprozitätstheorem

$$\{D^{\alpha_1}(x_1) U^{\alpha_1}(\bar{x}_2) \otimes D^{\alpha_2}(\bar{x}_2) : x_1 \in G_1 , \bar{x}_2 \in G_2^{\alpha_1}\} \uparrow G_1 (\times G_2 \sim D^{\alpha_1 \alpha_2}.$$

$$(6.3.38)$$

Die letzten beiden Beispiele zeigen, daß die in den Abschnitten 6.1 und 6.2 beschriebene Konstruktion von UIRs von Gruppen der Art $G_1 (\times G_2 (G_1 \times G_2)$ zur Theorie der induzierten Darstellungen gezählt werden kann.

6.4. Kronecker-Produkte

Eine besondere *Untergruppe des n-fachen direkten Produkts* $G^n = G \times \ldots \times G$ ist die Gruppe

$$G^{[n]} = G [\times] G [\times] \ldots [\times] G = \{(x, \ldots , x) : x \in G\}, \qquad (6.4.1)$$

die wir als das n-fache *Kronecker-Produkt* von G bezeichnen. (Der Zusatz „2-fach" wird in der Regel weggelassen.) Das Multiplikationsgesetz von $G^{[n]}$ ist durch das von G^n und die Definition (6.4.1) gegeben.

$$(x, \ldots , x) (y, \ldots , y) = (xy, \ldots , xy) \qquad (6.4.2)$$

$$G^{[n]} \leftrightarrow G \qquad (6.4.3)$$

Der topologische Teil der Aussage (6.4.3) ergibt sich daraus, daß $G^{[n]}$ Unterraum des Produktraums G^n ist und daher die Komplexe $G^{[n]} \cap K_1 \times \ldots \times K_n = \{(x, \ldots , x) : x \in K_1 \times \ldots \times K_n\}$, K_i = Basismenge von G, eine Basis von $G^{[n]}$ bilden. Aus (6.4.3) folgt, daß die UIRs von $G^{[n]}$ mit denen von G übereinstimmen.

$$D^\alpha = \{D^\alpha(x) : x \in G\} = \text{UIR von } G =$$
$$= \{D^\alpha(x) : (x, \ldots , x) \in G^{[n]}\} = \text{UIR von } G^{[n]} \qquad (6.4.4)$$

Für die von der UIR $D^\alpha \otimes D^\beta$ von G^2 subduzierten Darstellung $D^\alpha \otimes D^\beta \downarrow G^{[2]}$ gilt daher (vgl. (6.3.16, 17))

$$D^\alpha(x) \otimes D^\beta(x) \sim \sum_\gamma \oplus (\oplus m_{\alpha\beta, \gamma}) D^\gamma(x)$$

$$\chi^\alpha(x) \chi^\beta(x) = \sum_\gamma m_{\alpha\beta, \gamma} \chi^\gamma(x). \qquad (6.4.5)$$

Die Vielfachheiten $m_{\alpha\beta, \gamma} = m_{\beta\alpha, \gamma}$ können entweder direkt aus (6.4.5) abgelesen oder mit Hilfe der Orthogonalitätsrelationen der Charaktere (Gl. (4.3.18)) daraus berechnet werden. Sind alle Charaktere reell, dann ist $m_{\alpha\beta, \gamma}$ für alle Permutationen von α, β, γ gleich groß.

A-6.4.1:   Die *Vielfachheiten* $m_{ii',i''}$ *für* S_3 ($\langle i \rangle \leftrightarrow [\lambda]$ s. (3.3A.8)) sind

$m_{0i,i'} = \delta_{ii'}; \quad m_{11,i} = \delta_{i0}; \quad m_{22,i} = 1$

$m_{ii',i''} = m_{i'i,i''} = m_{ii'',i'}.$ (6.4.6)

Warum? Hinweis: Tabelle 4.2.

B-6.4.1:   Die *Vielfachheiten der identischen und der alternierenden Darstellung* $[1^n]$
im Tensorprodukt $D^{[\lambda]} \otimes D^{[\lambda']} \downarrow S_n^{[2]}$ *sind* [Ref. 29]

$m_{[n][\lambda],[\lambda']} = \delta_{\lambda\lambda'}, \quad m_{[1^n][\lambda],[\lambda']} = \delta_{\lambda',\bar{\lambda}},$ (6.4.7)

wobei *die zu* $[\lambda]$ *adjungierte Aufteilung* $[\bar{\lambda}]$ durch

$$\bar{\lambda}_j = \sum_k \Theta(\lambda_k - j), \quad \Theta(n) = \sum_{m=-\infty}^{n} \delta_{m0} \quad \text{(Stufenfunktion)}$$ (6.4.8)

definiert ist.

A-6.4.2:   Für die *Vielfachheiten* $m_{j_1 j_2, j_3}$ *für* $SU(2)$ gilt die *Dreiecksbeziehung*

$m_{j_1 j_2, j_3} = m_{j_2 j_3, j_1} = m_{j_1 j_3, j_2} =$

$= \left\{ \begin{matrix} 1 \\ 0 \end{matrix} \right\} \quad \text{für} \quad \left\{ \begin{matrix} |j_1 - j_2| \leqslant j_3 \leqslant j_1 + j_2 \\ j_3 < |j_1 - j_2|, j_3 > j_1 + j_2 \end{matrix} \right\}.$ (6.4.9)

Warum? Hinweis: (4.4B.24) und

$$\sum_{|m_i| \leqslant j_i} x^{m_1 + m_2} = \sum_{|j_1 - j_2| \leqslant j \leqslant j_1 + j_2} \sum_{|m| \leqslant j} x^m.$$ (6.4.10)

Schreibt man die als *C(lebsch-) G(ordan)-Koeffizienten* bezeichneten Elemente der Subduktionsmatrizen in der Form

$C^{\alpha\beta}_{\gamma l v, jk} = (\gamma l v | \alpha j \beta k) = (\alpha j \beta k | \gamma l v)^*,$ (6.411)

dann nimmt (6.3.16) die Form

$\sum_{jj'kk'} (\gamma l v | \alpha j \beta k) D^{\alpha}_{jj'}(x) D^{\beta}_{kk'}(x) (\alpha j' \beta k' | \gamma' l' v') =$

$= \delta_{vv'} \delta_{\gamma\gamma'} D^{\gamma}_{ll'}(x)$ (6.4.12)

an.

B-6.4.2:   *CG-Koeffizienten für* S_3 ($\langle i \rangle \leftrightarrow [\lambda]$ s. (3.3A.8)). Da wegen (6.4.6) $m_{ii',i''} \leqslant 1$
ist, kann der Index $v (= 0)$ weggelassen werden.

$(ij | i'j'i''j'') \neq 0: (ij | ij00) = (ij | 00ij) = (00 | 1010) = (20 | 2010) =$

$= (20 | 1020) = (20 | 2121) = (21 | 2020) = -(21 | 2110) =$

$= -(21 | 1021) = 1$

$(00 | 2021) = (00 | 2120) = (10 | 2021) = -(10 | 2120) = \dfrac{1}{\sqrt{2}}$ (6.4.13)

B-6.4.3:   Von den *CG-Koeffizienten für S_n* (Rekursionsformeln, Symmetrierelationen s. Ref. [29]) benötigen wir im folgenden nur die für $[\lambda''] = [n], [1^n]$, für die wegen (6.4.7)der Index $v = 0$ weggelassen werden kann.

$$([n]\,0\,|\,[\lambda]\,u\,[\lambda']\,u') = \delta_{\lambda\lambda'}\,\delta_{uu'}\,\frac{1}{\sqrt{n_{[\lambda]}}} \qquad (6.4.14)$$

$$([1^n]\,0\,|\,[\lambda]\,u\,[\lambda']\,u') = \delta_{\bar\lambda\lambda'}\,\delta_{uu'}\,\frac{1}{\sqrt{n_{[\lambda]}}}\,(-1)^{p\,(r_u^{[\lambda]})} \qquad (6.4.15)$$

$p(r)$ wurde in B-3.3.1(3) definiert, $[\bar\lambda]$ in B-6.4.1. $r_u^{[\lambda]}$ ist eine der u-ten Reihe von $D^{[\lambda]}$ eindeutig zugeordnete Permutation [Ref. 29, 26]; Beispiele sind $r_0^{[\lambda]} = e$ und $r_1^{[2,1]} = (32)\,(1)$ (vgl. B-6.4.2).

B-6.4.4:   *CG-Koeffizienten für SU(2)* (geschlossene Ausdrücke, Rekursionsformeln s. Ref. [35, 36, 38]; numerische Werte s. Ref. [39]). Da wegen (6.4.9) $m_{j_1 j_2, j_3} \leqslant 1$ ist, kann der Index $v\,(= 0)$ weggelassen werden.

(1) *Phasenkonventionen*

$$(j_1 m_1 j_2 m_2\,|\,j_3 m_3) = (j_1 m_1 j_2 m_2\,|\,j_3 m_3)^*$$
$$(j_1 j_1 j_2 j_2\,|\,j_1 + j_2\,\,j_1 + j_2) = 1 \qquad (6.4.16)$$

(2) *Auswahlregeln*

$(j_1 m_1 j_2 m_2\,|\,j_3 m_3) = 0$ für

(a) $j_3 < |j_1 - j_2|$ oder $j_3 > j_1 + j_2$ $\qquad\qquad$ (6.4.17)

(b) $m_1 + m_2 \neq m_3$ $\qquad\qquad\qquad\qquad\qquad\qquad$ (6.4.18)

(3) *Symmetrierelationen*

$$(j_1 m_1 j_2 m_2\,|\,j_3 m_3) = (-1)^{j_1 + j_2 - j_3}(j_1 - m_1 j_2 - m_2\,|\,j_3 - m_3) =$$

$$= (-1)^{j_1 + j_2 - j_3}\,(j_2 m_2 j_1 m_1\,|\,j_3 m_3) =$$

$$= (-1)^{j_1 - m_1}\sqrt{\frac{2 j_3 + 1}{2 j_2 + 1}}\,(j_1 m_1 j_3 - m_3\,|\,j_2 - m_2) \qquad (6.4.19)$$

(4) *Spezielle Werte*

$$(j_1 m_1\,0\,0\,|\,j_3 m_3) = \delta_{j_1 j_3}\delta_{m_1 m_3} \qquad (6.4.20)$$

$$(j\,m - \tfrac{1}{2}\,\tfrac{1}{2}\,\tfrac{1}{2}\,|\,j + \tfrac{1}{2}\,m) = (j\,m + \tfrac{1}{2}\,\tfrac{1}{2}\,-\tfrac{1}{2}\,|\,j - \tfrac{1}{2}\,m) = \sqrt{\frac{j + m + \tfrac{1}{2}}{2 j + 1}}$$

$$(j\,m + \tfrac{1}{2}\,\tfrac{1}{2}\,-\tfrac{1}{2}\,|\,j + \tfrac{1}{2}\,m) = -(j\,m - \tfrac{1}{2}\,\tfrac{1}{2}\,\tfrac{1}{2}\,|\,j - \tfrac{1}{2}\,m) = \sqrt{\frac{j - m + \tfrac{1}{2}}{2 j + 1}} \qquad (6.4.21)$$

Tabelle 6.11. *Die CG-Koeffizienten* $(jM-m\ 1m\,|\,JM)$ (Zeilenindex J, Spaltenindex m)

	$+1$	0	-1
$j+1$	$\sqrt{\dfrac{(j+M)(j+M+1)}{(2j+1)(2j+2)}}$	$\sqrt{\dfrac{(j-M+1)(j+M+1)}{(2j+1)(j+1)}}$	$\sqrt{\dfrac{(j-M)(j-M+1)}{(2j+1)(2j+2)}}$
j	$-\sqrt{\dfrac{(j+M)(j-M+1)}{2j(j+1)}}$	$\dfrac{M}{\sqrt{j(j+1)}}$	$\sqrt{\dfrac{(j-M)(j+M+1)}{2j(j+1)}}$
$j-1$	$\sqrt{\dfrac{(j-M)(j-M+1)}{2j(2j+1)}}$	$-\sqrt{\dfrac{(j-M)(j+M)}{j(2j+1)}}$	$\sqrt{\dfrac{(j+M)(j+M+1)}{2j(2j+1)}}$

Da die CG-Koeffizienten Elemente einer unitären (Subduktions-)Matrix sind, gelten die *Orthogonalitätsrelationen*

$$\sum_{jk} (\gamma l\nu\,|\,\alpha j\beta k)\,(\alpha j\beta k\,|\,\gamma'l'\nu') = \delta_{\gamma\gamma'}\delta_{ll'}\delta_{\nu\nu'}$$

$$\sum_{\gamma l\nu} (\alpha j\beta k\,|\,\gamma l\nu)\,(\gamma l\nu\,|\,\alpha j'\beta k') = \delta_{jj'}\delta_{kk'}. \tag{6.4.22}$$

Die *Clebsch-Gordan-Reihe*

$$D^{\alpha}_{jj'}(x)\,D^{\beta}_{kk'}(x) = \sum_{\gamma ll'\nu} (\alpha j\beta k\,|\,\gamma l\nu)\,D^{\gamma}_{ll'}(x)\,(\gamma l'\nu\,|\,\alpha j'\beta k') \tag{6.4.23}$$

und Gl. (6.3.12) sind daher gleichwertige Formulierungen desselben Sachverhalts. Gl. (6.4.23) läßt erkennen, daß *jedem Matrixelement einer UIR* durch

$$[\Delta^{\alpha*}_{jj'}\,f]\,(y) = D^{\alpha*}_{jj'}(y)\,f(y)$$

$$\langle D^{\gamma*}_{ll'},\,\Delta^{\alpha*}_{jj'}\,D^{\beta*}_{kk'}\rangle = \frac{1}{n_\gamma}\sum_{\nu} (\alpha j\beta k\,|\,\gamma l\nu)^*\,(\gamma l'\nu\,|\,\alpha j'\beta k')^* \tag{6.4.24}$$

ein *beschränkter Operator in* $L^2(G)$ *zugeordnet* werden kann. Die Linearkombinationen dieser Operatoren bilden, wie die Gln. (6.4.23, 24) zeigen, eine *kommutative Algebra* $C(G)$, deren *Elemente* **f** *den stetigen Funktionen* $f \in L^2(G)$ *eineindeutig zugeordnet* werden können. Aus (6.4.24), (2.3.1), (3.2.45, 47) folgt, daß sich die Operatoren $\Delta^{\alpha*}_{jj'}$, die eine Basis dieser Algebra bilden, unter den Automorphismen $\Delta^{\alpha*}_{jj'} \rightarrow x\Delta^{\alpha*}_{jj'} x^{-1}$ nach UIRs transformieren,

$$x\Delta^{\alpha*}_{jj'}x^{-1} = \sum_{j''} D^{\alpha}_{j''j}(x)\,\Delta^{\alpha*}_{j''j'}, \tag{6.4.25}$$

weshalb man sie als *irreduzible Tensoroperatoren* bezeichnet.

B-6.4.5: Die bekanntesten irreduziblen Tensoroperatoren sind jene, die den Kugelflächenfunktionen (s. B-3.3.8) zugeordnet sind. Ihre Matrixelemente haben wegen (3.3B.22), (6.4.16) die Form

$$\langle D^{j_1*}_{m_1 m_1'},\ Y_{LM}\ D^{j_2*}_{m_2 m_2'}\rangle = \frac{1}{2j_1+1}\sqrt{\frac{2L+1}{4\pi}}\ (LMj_2 m_2 | j_1 m_1)\,(L0j_2 m_2' | j_1 m_1') \tag{6.4.26}$$

Die kommutative Algebra $C(G)$ kann von den $2n_\alpha^2$ Operatoren $\Delta^{\alpha*}_{jk}$, Δ^α_{jk} ($[\Delta^\alpha_{jk}\, f]\,(y) =$ $= D^\alpha_{jk}\,(y)\,f(y)$); $j,k = 0, \ldots, n_\alpha - 1$, durch die wiederholte Bildung von Produkten und Linearkombinationen erzeugt werden, wenn D^α eine treue UIR ist. In diesem Fall streben die durch

$$d^2(x,y) = \sum_{jk} |D^\alpha_{jk}(x) - D^\alpha_{jk}(y)|^2 = 0 \Longleftrightarrow x = y \tag{6.4.27}$$

$$f_{\gamma,y}(x) = N_\gamma\, e^{-d^2(x,y)/\gamma},\ M[f_{\gamma,y}] = 1 \tag{6.4.28}$$

definierten Funktionen $f_{\gamma,y}$ für $\gamma \to 0$ gegen eine δ-Funktion, da $f_{\gamma,y}(x)$ für $x \ne y$ beliebig klein gemacht werden kann. Für jede stetige Funktion g gilt daher

$$\lim_{\gamma \to 0} M[f_{\gamma,y}\, g] = g(y). \tag{6.4.29}$$

Ist g eine stetige Funktion, die zu allen durch die Elemente von $D^{\alpha*} \otimes \ldots \otimes D^{\alpha*} \otimes D^\alpha \otimes \ldots \otimes D^\alpha \downarrow G^{[p+q]}$ ($p = 0, 1, \ldots$ Faktoren $D^{\alpha*}$, $q = 0, 1, \ldots$ Faktoren D^α) definierten Funktionen orthogonal ist, dann ist, da $f_{\gamma,y}$ in eine Potenzreihe entwickelt und gliedweise gemittelt werden kann, für alle γ, y $M[f_{\gamma,y}] = 0$. Da $y \in G$ beliebig wählbar ist, muß g = 0 sein. Dies zeigt, daß jede stetige Funktion als Potenzreihe in den Funktionen $D^{\alpha*}_{jk}$, D^α_{jk} dargestellt werden kann. Da die Matrixelemente aller UIRs stetige Funktionen sind, folgt daraus: *Die (n + m)-fachen Tensorprodukte* $D^\alpha \otimes \ldots \otimes D^{\alpha*}$, *die sich aus den n-fachen Tensorprodukten einer treuen UIR und den m-fachen Tensorprodukten der zu ihr komplex konjugierte Matrixdarstellung zusammensetzen, enthalten alle UIRs von G.*

A-6.4.3: Man verifiziere die letzte Behauptung für die Gruppen S_3, C_n, $U(1)$.
Hinweis: (3.2.60), (6.4.6); (3.3A.22), $l = 1$; (3.3B.11), m = 1.

B-6.4.6: Die *Zerfällung des n-fachen Tensorprodukts* $D^{1/2} \otimes \ldots \otimes D^{1/2}$ *der UIR* $D^{1/2}$ *von SU(2) ist durch die* *Wigner-Formel* [Ref. 40]

$$D^j_{mm'}(\vec{X}) = \sqrt{(j+m)!\,(j-m)!\,(j+m')!\,(j-m')!}\ \text{mal}$$

$$\sum_n \frac{(D^{1/2}_{+\frac{1}{2}+\frac{1}{2}}(\vec{X}))^{j+m'-n}(D^{1/2}_{-\frac{1}{2}-\frac{1}{2}}(\vec{X}))^{j-m-n}(D^{1/2}_{-\frac{1}{2}+\frac{1}{2}}(\vec{X}))^{m-m'+n}(D^{1/2}_{+\frac{1}{2}-\frac{1}{2}}(\vec{X}))^n}{n!\,(j-m-n)!\,(j+m'-n)!\,(m-m'+n)!} \tag{6.4.30}$$

gegeben. Verwendet man für $D^{1/2}(\vec{X})$ bestimmte Parameter ($\omega \in V_\omega$, $\vec{\lambda} \in V_{\vec{\lambda}}$, ...), dann erhält man $D^j(\vec{X})$ in derselben Parametrisierung.

6.5. Kopplungskoeffizienten und Tensorbasen

Ist $\{D^{\alpha} : \alpha \in A_G\}$ ein gegebener vollständiger Satz von UIRs der Gruppe G, dann ist auch $\{D^{\alpha *} : \alpha \in A_G\}$, die Menge der komplex konjugierten Darstellungen, ein solcher Satz.

A-6.5.1:   Man beweise diese Behauptung. Hinweis: (3.2.45–48).

Jede UIR $D^{\alpha *}$ ist zu einer der gegebenen UIRs äquivalent, d.h. es gibt für jede UIR D^{α} eine UIR $D^{\bar{\alpha}}$ und eine unitäre Matrix U^{α}, so daß

$$D^{\alpha *}(x) = U^{\alpha} D^{\bar{\alpha}}(x) U^{\alpha +} \tag{6.5.1}$$

$$n_{\alpha} = n_{\bar{\alpha}} \tag{6.5.2}$$

ist.

A-6.5.2:   Man zeige, daß für *die komplex konjugierten UIRs von SU(2)* folgende Beziehungen gelten:

$$\bar{j} = j; \quad U^{j}_{mm'} = \delta_{-m, m'} \, i^{2m'} \tag{6.5.3}$$

Hinweis: (1.1A.13), (6.4.30).

Da D^* eine Matrixdarstellung von G ist, wenn D eine ist, sind die Tensorprodukte $D^{\alpha} \otimes D^{\beta *}$ $n_{\alpha} n_{\beta}$-dimensionale Matrixdarstellungen von G. *Elemente von unitären Matrizen, die* $D^{\alpha} \otimes D^{\beta *}$ *in eine direkte Summe von UIRs transformieren,* bezeichnen wir als *Kopplungskoeffizienten.*

$$D^{\alpha}_{jj'}(x) D^{\beta *}_{kk'}(x) = \sum_{\gamma ll'v} [\alpha j \bar{\beta} k \mid \gamma l v] D^{\gamma}_{ll'}(x) \, [\alpha j' \bar{\beta} k' \mid \gamma l' v]^* \tag{6.5.4}$$

Wie bei den CG-Koeffizienten hängt die spezielle Form der Kopplungskoeffizienten neben einigen Konventionen (Phasen u.ä.) vor allem davon ab, welchen vollständigen Satz von UIRs man betrachtet. Ihre Beziehung zu den CG-Koeffizienten ergibt sich aus (6.5.1,4), (6.3.17).

$$[\alpha j \bar{\beta} k \mid \gamma l v] = \sum_{k'} (\alpha j \beta k' \mid \gamma l v) \, U^{\beta}_{kk'} \tag{6.5.5}$$

B-6.5.1:   Als *Kopplungskoeffizienten für S_3* können die CG-Koeffizienten (6.4.13) gewählt werden $([iji'j' \mid i''j''] = (iji'j' \mid i''j''))$, da die UIRs (3.2.58–60) reell sind.

A-6.5.3:   *Kopplungskoeffizienten für SU(2)* haben die Form

$$[j_1 m_1 \bar{j}_2 m_2 \mid j_3 m_3] = (j_1 m_1 j_2 - m_2 \mid j_3 m_3) \, i^{2m_2}. \tag{6.5.6}$$

Warum? Hinweis: (6.5.3, 5)

Die Vielfachheit $m_{\alpha \bar{\beta}, \gamma}$, mit der die UIR D^{γ} im Tensorprodukt $D^{\alpha} \otimes D^{\beta *}$ enthalten ist, ist wegen (6.1.13), (4.3.12, 18) durch

$$m_{\alpha \bar{\beta}, \gamma} = M_x \, \chi^{\alpha}(x) \, \chi^{\beta *}(x) \, \chi^{\gamma *}(x) = m_{\beta \gamma, \alpha} \tag{6.5.7}$$

gegeben. Für $\gamma = 0 \ (D^0(x) = 1)$ ist

$$m_{\alpha\bar{\beta},0} = \delta_{\alpha\beta}. \tag{6.5.8}$$

A-6.5.4:   Man zeige, daß

$$[\alpha j \bar{\beta} k \mid 000] = \delta_{\alpha\beta} \delta_{jk} \, n_\alpha^{-1/2} \, \omega_\alpha, \quad |\omega_\alpha| = 1 \tag{6.5.9}$$

ist. Hinweis: (3.2.49), (6.5.4, 8).

Die Kopplungskoeffizienten $[\alpha j \bar{\alpha} k \mid \beta l v]$ sind von besonderem Interesse, da mit ihrer Hilfe *die Tensordarstellung* $T(G)$ *in irreduzible Bestandteile zerlegt* werden kann. Zunächst zeigen die Gln. (6.5.4) und

$$\sum_{jj'kk'} [\alpha j \bar{\beta} k \mid \gamma l v]^* \, D^{\alpha}_{jj'}(x) \, D^{\beta *}_{kk'}(x) \, [\alpha j' \beta k' \mid \gamma' l' v'] = \delta_{\gamma\gamma'} \delta_{vv'} D^{\gamma}_{ll'}(x), \tag{6.5.10}$$

daß die Kopplungskoeffizienten Elemente von unitären Matrizen sind. Die durch

$$t_l^{\alpha;\,\beta v} = \sum_{jk} [\alpha j \bar{\alpha} k \mid \beta l v] \, e_{jk}^{\alpha} \tag{6.5.11}$$

definierten und wie die Einheiten auf $n_\alpha^{-1/2}$ normierten Elemente $t_l^{\alpha;\,\beta v} \in A(G)$ bilden daher eine *orthogonale Basis von* $A(G)$. Aus (4.2.26), (3.2.44, 45, 47), (6.5.4, 10) folgt außerdem

$$x \, t_l^{\alpha;\,\beta v} \, x^{-1} = \sum_{l'} D^{\beta}_{l'l}(x) \, t_{l'}^{\alpha;\,\beta v}. \tag{6.5.12}$$

Gl. (6.5.12) zeigt, daß die zur *Tensorbasis* $\{ t_l^{\alpha;\,\beta v} : \alpha, \beta \in A_G; \ v = 0, \ldots, m_{\alpha\bar{\alpha},\beta} - 1;$ $l = 0, \ldots, n_\beta - 1\}$ gehörende Matrixdarstellung von $T(G)$ eine direkte Summe von UIRs ist. Ob eine bestimmte UIR D^β überhaupt in $T(G)$ enthalten ist, ergibt sich aus Gl. (6.5.7) mit $\gamma = \alpha$.

A-6.5.5:   Eine *Tensorbasis von* $SU(2)$ besitzt folgende Elemente:

$$t_M^{j;\,J} = \sum_m (j \, m + M \, j - m \mid JM) \, i^{2m} e_{m+M,\,m}^{j} \tag{6.5.13}$$

Warum? Hinweis: (6.5.11, 6), (6.4.18).

Weiterführende Literatur zu Teil I

allgemein: Ref. [1], [14], [20], [33], [28], [41],
endliche Gruppen: Ref. [42],
Liesche Gruppen: Ref. [10], [8], [32].

Teil II:

Gruppentheorie und Quantenmechanik

In den folgenden beiden Kapiteln wird gezeigt, wie eine Gruppe von unitären Operatoren (oder eine ihr zugeordnete Operatoralgebra) dazu verwendet werden kann, das Eigenwertproblem eines gegebenen hermiteschen (Hamilton-) Operators zu vereinfachen. Die Vorgangsweise ist dabei stets dieselbe:

(1) Es wird eine Basis des Hilbertraums konstruiert, die zu besonders einfachen Matrixdarstellungen der unitären Operatoren führt.

(2) H wird in eine Summe von Operatoren zerlegt, die mit den unitären Operatoren besonders einfache Vertauschungsrelationen erfüllen.

Im ungünstigsten Fall besitzt jeder der Operatoren, aus denen sich H zusammensetzt, eine einfache Matrixdarstellung; im günstigsten sind die Elemente der unter (1) erwähnten Basis schon Eigenelemente von H. Im „Normalfall" zerfällt das ursprüngliche Eigenwertproblem in eine Reihe von (meist einfacheren) Eigenwertproblemen, die voneinander unabhängig gelöst werden können.

7. Symmetrieangepaßte Basen und Operatoren

7.1. Gruppen unitärer Operatoren

Die mathematische Struktur eines quantenmechanischen Problems ist durch die Angabe eines separablen Hilbertraums H und einiger in ihm definierter Operatoren bestimmt. Die (auf 1) normierten Elemente von H werden als *Zustände* bezeichnet, hermitesche Operatoren als *Observablen*. Neben diesen interessieren uns besonders die *unitären Operatoren*. Sie bilden eine Gruppe, die i. a. allerdings viel zu umfangreich ist, um von praktischem Wert zu sein. Wir werden im folgenden daher immer nur (relativ) einfache Untergruppen betrachten.

So wie einige Observablen, etwa die „Ortsoperatoren" x_i und die „Impulsoperatoren" p_i, bei der physikalischen Interpretation mathematischer Ausdrücke eine besondere Rolle spielen, gibt es Gruppen unitärer Operatoren, die besonders oft mit anschaulichen Sachverhalten in Zusammenhang gebracht werden. So werden unitäre Operatoren U, die jeden Operator x_i bei der Abbildung $x_i \rightarrow U x_i U^+$ in eine Linearkombination solcher Ortsoperatoren überführen, allgemein als *geometrische Transformationen* bezeichnet, obwohl diese x_i keine reelle Zahlen sind. Daß man das Gebiet rein geometrischer Überlegungen verlassen hat, obwohl man nach wie vor von Translationen, Drehungen usw. spricht, ist daraus ersichtlich, daß auch alle anderen Operatoren transformiert werden müssen, wenn sich allgemeine Beziehungen zwischen Operatoren (die oft ein wesentlicher Bestandteil der Interpretation sind) nicht ändern sollen. Insbesonders geht z. B. auch jedes p_i bei einer geometrischen Transformation in eine Linearkombination solcher Operatoren über.

Zum Unterschied von einer geometrischen „mischt" eine *dynamische Transformation* die Operatoren x_i und p_i, wobei die zulässigen Funktionen keineswegs auf die linearen beschränkt sind. Das bekannteste Beispiel einer dynamischen Transformation ist die durch den *Propagator*

$$U(t) = e^{-iHt} \qquad\qquad (7.1.1)$$

beschriebene zeitliche Entwicklung. Bei dieser Transformation ändern sich die Operatoren x_i und p_i so, wie man es von den klassischen kanonischen Bewegungsgleichungen gewohnt ist. Die Propagatoren bilden eine kontinuierliche 1-Parametergruppe E,

$$U(t_1)\, U(t_2) = U(t_1 + t_2), \qquad\qquad (7.1.2)$$

die wir als *Gruppe der zeitlichen Entwicklung* bezeichnen. Sie charakterisiert zusammen mit H das betrachtete physikalische System. Die Kenntnis von E ist der des zugehörigen infinitesimalen erzeugenden Elements, des *Hamiltonoperators* H, gleichwertig. Diesem kommt aber noch eine zusätzliche Bedeutung zu, da er die Erhaltungsgröße „Energie" definiert.

Das Multiplikationsgesetz einer Gruppe von unitären Operatoren definiert das einer abstrakten Gruppe G'. Um die in Teil I beschriebene mathematische Theorie anwenden zu können, muß für G' aber auch eine Topologie definiert sein. Dies geschieht dadurch, daß man von allen Funktionen $F_{\varphi\psi} : G' \to \mathbf{C}$,

$$F_{\varphi\psi}(x) = \langle\varphi, U(x)\,\psi\rangle, \quad \varphi, \psi \in H; \quad x \in G' \qquad\qquad (7.1.3)$$

fordert, daß sie stetige Abbildungen von G' in $\mathbf{C}$ sind. Die Urbilder der offenen Mengen von $\mathbf{C}$ sind dann offene Mengen von G'. Dasselbe soll auch für ihre endlichen Durchschnitte gelten. Werden diese offenen Mengen als Basis gewählt, so ist die Topologie von G' eindeutig bestimmt. Sie ist die gröbste, bezüglich der die Funktionen $F_{\varphi\psi}$ stetig sind.

7.2. Darstellungen in Hilberträumen

Die bisher betrachteten Darstellungsräume waren stets Unterräume von $L^2(G)$, dem Hilbertraum der auf einer kompakten Gruppe G definierten, quadratisch integrierbaren Funktionen. Aus der Art, wie der Hilbertraum $L^2(G)$ und die den Gruppenelementen $x \in G$ zugeordneten unitären Operatoren definiert wurden, ergab sich, daß alle Funktionen $F_{ab} : G \to \mathbf{C}$, $F_{ab}(x) = \langle a, xb\rangle$, offene stetige Abbildungen von G in $\mathbf{C}$ waren. Die in Abschnitt 7.1 beschriebene Topologisierung von G' bedeutete also eine Umkehrung der Reihenfolge. Zuerst wird eine Gruppe unitärer Operatoren in einem Hilbertraum H definiert und dann erst die topologische Gruppe G' so festgelegt, daß H Darstellungsraum ist. H ist dann natürlich auch Darstellungsraum aller topologischen Gruppen G, für die ein offener Homomorphismus $G \to G'$ existiert.

Die topologische Gruppe G muß nicht unbedingt kompakt sein. Wenn sie es ist, (was natürlich die Kompaktheit von G' voraussetzt), dann läßt sich H umkehrbar eindeutig auf einen Unterraum von $L^2(G)$ oder eine direkte Summe solcher Unterräume abbilden. Man beginnt dabei mit einem beliebigen $\varphi \in H$ und bildet für alle $x \in G$ die Elemente $U(x)\varphi$. Diese spannen einen offensichtlich invarianten Unterraum H_φ auf. Diese *von* φ

erzeugte zyklische Darstellung von G ist auch eine von $A(G)$, wenn die Darstellung $x \rightarrow U(x)$ der Gruppe über

$$\langle \varphi, B(a)\,\psi \rangle = M_x [a(x) \langle \varphi, U(x)\,\psi \rangle] \quad \text{für alle } \varphi, \psi \in H \tag{7.2.1}$$

zu einer Darstellung $a \rightarrow B(a)$ der Algebra erweitert wird. Für die Operatoren, die die Einheiten darstellen, gilt dann wegen (3.2.1–3)

$$B(e_{jk}^{\alpha}) = E_{jk}^{\alpha} : E_{jk}^{\alpha+} = E_{kj}^{\alpha}$$

$$E_{jk}^{\alpha}\, E_{lm}^{\beta} = \delta_{\alpha\beta}\, \delta_{kl}\, E_{jm}^{\alpha}$$

$$U(x)\, E_{jk}^{\alpha} = \sum_{l} D_{lj}^{\alpha}(x)\, E_{lk}^{\alpha}. \tag{7.2.2}$$

(Ist G eine analytische Gruppe, dann läßt sich dieser Darstellung von G und $A(G)$ mit

$$\langle \varphi, R(\mathbf{K}_j)\,\psi \rangle = i \left[\frac{\partial}{\partial \xi_j} \langle \varphi, U(\vec{\xi})\,\psi \rangle \right]_{\vec{\xi} = \vec{0}} \tag{7.2.3}$$

auch eine Darstellung $\mathbf{K}_j \rightarrow R(\mathbf{K}_j)$ der Lie-Algebra zuordnen). Da die Projektionsoperatoren

$$E^{\alpha} = B(e^{\alpha}) \tag{7.2.4}$$

mit allen $U(x)$ vertauschen, sind auch die Unterräume

$$(H_\varphi)^{\alpha} = E^{\alpha} H_\varphi \tag{7.2.5}$$

invariant. Ein solcher Unterraum, der von den Elementen

$$E^{\alpha} U(x)\, \varphi = U(x)\, E^{\alpha} \varphi = B(x\, e^{\alpha})\, \varphi = B(x^{\alpha})\, \varphi = \sum_{j,\,k} D_{jk}^{\alpha}(x)\, E_{jk}^{\alpha}\, \varphi \tag{7.2.6}$$

aufgespannt wird, ist höchstens n_α^2-dimensional, da sich jedes Element als Linearkombination der $E_{jk}^{\alpha}\, \varphi$ ausdrücken läßt. Diese Elemente sind wegen

$$E_{lm}^{\alpha}\, E_{jk}^{\alpha}\, \varphi = \delta_{mj}\, E_{lk}^{\alpha}\, \varphi \tag{7.2.7}$$

in j linear unabhängig. Wieviele von ihnen es auch in k sind, hängt davon ab, wieviele linear unabhängige Elemente a_0^{α} das R-Ideal

$$A_0^{\alpha}(G) = e_{00}^{\alpha} A(G) \tag{7.2.8}$$

enthält, deren Bilder $B(a_0^{\alpha})\, \varphi$ annullieren. Wählt man in $A_0^{\alpha}(G)$ eine orthonormierte Basis $\{b_{0k}^{\alpha} : k = 0, \dots, n_\alpha - 1\}$, so daß

$$B(b_{0k}^{\alpha})\, \varphi = 0 \quad \text{für } m_\alpha \leqslant k \leqslant n_\alpha - 1 \tag{7.2.9}$$

gilt, dann bilden die Elemente

$$(B(e_{j0}^{\alpha}\, b_{0k}^{\alpha})\, \varphi) \, \| B(b_{0k}^{\alpha})\, \varphi \|^{-1} \quad j = 0, 1, \dots, n_\alpha - 1; \; k = 0, 1, \dots, m_\alpha - 1$$

$$\| \psi \|^2 = \langle \psi, \psi \rangle \tag{7.2.10}$$

eine orthonormierte Basis von $(H_\varphi)^\alpha$. $(H_\varphi)^\alpha$ zerfällt daher in $m_\alpha (\leqslant n_\alpha)$ orthogonale Unterräume, die jeweils eine UIR D^α vermitteln. Da dies für alle α durchgeführt und $U(e)$ durch Operatoren $B(a)$ mit beliebiger Genauigkeit approximiert werden kann, kann

$$H_\varphi = \sum_\alpha \oplus (H_\varphi)^\alpha \tag{7.2.11}$$

umkehrbar eindeutig auf einen Unterraum von $L^2(G)$ abgebildet werden.

Da die Operatoren $U(x)$ unitär sind, ist mit H_φ auch sein orthogonales Komplement invarianter Unterraum von H. Er enthält, wenn er nicht verschwindet (mindestens) ein normiertes Element φ' für das das Verfahren wiederholt werden kann. Man erhält auf diese Weise letztlich das Resultat: *Jede Darstellung von G zerfällt in eine direkte Summe zyklischer Darstellungen, die jeweils mit solchen übereinstimmen, die von Unterräumen von $L^2(G)$ vermittelt werden.*

Eine *G-angepaßte* (genauer: an einen Satz von UIRs der Gruppe G angepaßte) *Basis* $\{\varphi_j^{\alpha w}\}$ erfüllt

$$U(x)\,\varphi_j^{\alpha w} = \sum_k D_{kj}^\alpha(x)\,\varphi_k^{\alpha w} \tag{7.2.12}$$

$$E_{lm}^\beta\,\varphi_j^{\alpha w} = \delta_{\alpha\beta}\,\delta_{mj}\,\varphi_l^{\alpha w} \tag{7.2.13}$$

(und, wenn G Lie-Gruppe ist, außerdem

$$R(K_r)\,\varphi_j^{\alpha w} = \sum_k K_{kj}^\alpha(r)\,\varphi_k^{\alpha w}). \tag{7.2.14}$$

Sie kann unter Umgehung der zyklischen Darstellungen auch einfach dadurch konstruiert werden, daß man H nach

$$H = \sum_{\alpha j} \oplus H_j^\alpha, \qquad H_j^\alpha = E_{jj}^\alpha H,$$

$$\varphi = \sum_{\alpha j} \varphi_j^\alpha, \qquad \varphi_j^\alpha = E_{jj}^\alpha \varphi \tag{7.2.15}$$

zerlegt, in den Unterräumen H_0^α orthonormierte Basen $\{\varphi_0^{\alpha w}\}$ konstruiert, und die Beziehung

$$E_{j0}^\alpha\,\varphi_0^{\alpha w} = \varphi_j^{\alpha w} \tag{7.2.16}$$

benützt. Im folgenden werden wir eine Gruppe G *stark in H* nennen, wenn H_j^α höchstens 1-dimensional ist, d.h., wenn *jede UIR höchstens einmal in H auftritt.*

7.3. Tensoroperatoren

Die Operatoren in H, deren Definitionsbereich eine bestimmte G-angepaßte Basis $\{\varphi_j^{\alpha w}\}$ enthält, bilden einen linearen Raum V^{Op}. Jeder von ihnen läßt sich als Linearkombination

$$Q = \sum_{\substack{\alpha j w \\ \alpha' j' w'}} Q_{jj'}^{\alpha w, \alpha' w'} \, E_{jj'}^{\alpha w, \alpha' w'}, \quad Q_{jj'}^{\alpha w, \alpha' w'} \in C \tag{7.3.1}$$

von Operatoren $E_{jj'}^{\alpha w, \alpha' w'}$ ausdrücken, die durch

$$E_{j''j'}^{\alpha'' w'', \alpha' w'} \, \varphi_j^{\alpha w} = \delta_{\alpha\alpha'} \, \delta_{jj'} \, \delta_{ww'} \, \varphi_{j''}^{\alpha'' w''} \tag{7.3.2}$$

definiert sind. Die Menge $\{E_{jj'}^{\alpha w, \alpha' w'}\}$ stellt daher eine *Operatorbasis* dar. Selbst wenn man in V^{Op} ein Skalarprodukt so definiert, daß diese Basisoperatoren orthonormiert sind, kann V^{Op} nur dann zu einem Hilbertraum vervollständigt werden, wenn H endlich-dimensional ist. Ist H unendlich-dimensional, dann kann nur die Teilmenge der Operatoren, für die

$$\sum_{\substack{\alpha j w \\ \alpha' j' w'}} |Q_{jj'}^{\alpha w, \alpha' w'}|^2 < \infty \tag{7.3.3}$$

ist, zu einem Hilbertraum H^{Op} gemacht werden.

Die Räume V^{Op} und H^{Op} sind dann von Interesse, wenn lineare Transformationen $Q \to U(x)\,QU(x^{-1})$ betrachtet werden. Wegen

$$U(x) \, E_{jj'}^{\alpha w, \alpha' w'} \, U(x^{-1}) = \sum_{kk'} D_{kj}^{\alpha}(x) \, D_{k'j'}^{\alpha' *}(x) \, E_{kk'}^{\alpha w, \alpha' w'} \tag{7.3.4}$$

sind diese Transformationen in H^{Op} unitär, so daß H^{Op} ebenso wie H als Darstellungsraum anzusehen ist. Die von H^{Op} vermittelte Darstellung zerfällt bei Wahl der Operatorbasis $\{E_{jj'}^{\alpha w, \alpha' w'}\}$ in eine direkte Summe von $n_\alpha \cdot n_{\alpha'}$-dimensionalen Darstellungen der Art $D^\alpha \otimes D^{\alpha' *}$. Eine weitere Zerfällung in irreduzible Bestandteile ist mit Hilfe von

$$D_{kj}^{\alpha}(x) \, D_{k'j'}^{\alpha' *}(x) = \sum_{\beta p q v} [\alpha k \, \bar{\alpha}' k' \, | \, \beta p v] \, D_{pq}^{\beta}(x) \, [\beta q v \, | \, \alpha j \, \bar{\alpha}' j'] \tag{7.3.5}$$

möglich, wobei die Kopplungskoeffizienten

$$[\alpha k \, \bar{\alpha}' k' \, | \, \beta p v] = \sum_l U_{k'l}^{\alpha'}(\alpha k \, \bar{\alpha}' l \, | \, \beta p v) \tag{7.3.6}$$

wie die CG-Koeffizienten $(\alpha k \, \bar{\alpha}' l \, | \, \beta p v)$ zu einer $n_\alpha \cdot n_{\alpha'}$-dimensionalen unitären Matrix zusammengefaßt werden können (s. Abschnitt 6.5).

Aus (7.3.4, 5) folgt dann, daß die Elemente

$$T_p^{\alpha w, \alpha' w'; \beta v} = \sum_{jj'} [\alpha j \, \bar{\alpha}' j' \,|\, \beta p v] \, E_{jj'}^{\alpha w, \alpha' w'} \tag{7.3.7}$$

eine *G-angepaßte Operatorbasis* darstellen.

$$U(x) \, T_p^{\alpha w, \alpha' w'; \beta v} \, U(x^{-1}) = \sum_q D_{qp}^\beta (x) \, T_q^{\alpha w, \alpha' w'; \beta v} \tag{7.3.8}$$

Der Satz von Operatoren $\{T_p^{\alpha w, \alpha' w'; \beta v} : p = 0, \dots, n_\beta - 1\}$ ist ein Spezialfall eines *irreduziblen Tensoroperators* $\{T_p^\beta : p = 0, \dots, n_\beta - 1\}$, dessen *Komponenten* T_p^β sich nach D^β transformieren.

$$U(x) \, T_p^\beta \, U(x^{-1}) = \sum_q D_{qp}^\beta (x) \, T_q^\beta \tag{7.3.9}$$

Ein beliebiger Operator ist i.a. keine Komponente eines Tensoroperators, sondern nur eine Linearkombination von solchen.

$$Q = \sum_{\substack{\alpha w, \alpha' w' \\ \beta p v}} [\alpha w \,|\, Q_p^{\beta v} \,|\, \alpha' w'] \, T_p^{\alpha w, \alpha' w'; \beta v} \tag{7.3.10}$$

$$[\alpha w \,|\, Q_p^{\beta v} \,|\, \alpha' w'] = \sum_{jj'} Q_{jj'}^{\alpha w, \alpha' w'} [\beta p v \,|\, \alpha j \, \bar{\alpha}' j'] \tag{7.3.11}$$

Mit den Abkürzungen

$$T_{pq}^\beta [Q] = \sum_{\alpha w \, \alpha' w' \, v} [\alpha w \,|\, Q_q^{\beta v} \,|\, \alpha' w'] \, T_p^{\alpha w, \alpha' w'; \beta v} \tag{7.3.12}$$

lautet die *Zerlegung eines Operators in Tensorkomponenten* also

$$Q = \sum_{\beta p} T_{pp}^\beta [Q]. \tag{7.3.13}$$

Die Operatoren (7.3.12) mit $p \neq q$, die in dieser Zerlegung nicht auftreten, sind dann von Interesse, wenn nicht nur Q, sondern die ganze Schar $\{U(x) Q U(x^{-1}): x \in G\}$ betrachtet wird. Aus

$$U(x) \, Q \, U(x^{-1}) = \sum_{\beta pq} D_{pq}^\beta (x) \, T_{pq}^\beta [Q] \tag{7.3.14}$$

folgt nämlich, daß die Operatoren $\{T_{pq}^\beta [Q]: \beta \in A_G; \, p, q = 0, \dots, n_\beta - 1\}$ eine Basis für diese Operatoren bilden. Die Elemente $T_{pq}^\beta [Q]$ sind in β, p linear unabhängig, i.a. aber nicht in q!

Es ist nützlich, sich die Analogie zwischen den Zerlegungen (7.3.13) und der im vorigen Abschnitt geschilderten Zerfällung der von H vermittelten Darstellung klar zu machen. $Q \in H^{Op}$ tritt an die Stelle von $\varphi \in H$ und der von den Operatoren $U(x) Q U(x^{-1})$ aufgespannte Unterraum H_Q^{Op} von H^{Op} vermittelt eine *von* Q *erzeugte zyklische Darstellung von* G. Die Linearkombinationen der $T_{pq}^{\beta}[Q], \beta, q$ fest, transformieren sich jeweils nach D^{β} und es liegt nahe zu fragen, ob diese Elemente nicht auch direkt durch eine Art von Projektion aus H_Q^{Op} erhalten werden können. Dies ist wegen

$$T_{pq}^{\beta}[Q] = M_x [n_{\beta} D_{pq}^{\beta *}(x) U(x) Q U(x^{-1})] \tag{7.3.15}$$

tatsächlich der Fall. Daß in q lineare Abhängigkeiten auftreten können, entspricht der analogen Situation für die Elemente $E_{pq}^{\beta} \varphi \in H_{\varphi}$. Die Konstruktion einer G-angepaßten Basis erfolgt daher immer nach denselben Prinzipien, ganz gleich, ob die Elemente nun Zustände sind oder Operatoren. Wenn im folgenden kurz von *Anpassung an eine Gruppe G* die Rede ist, soll damit die Konstruktion einer G-angepaßten Basis im Zustandsraum H und die Tensorzerlegung (7.3.13) eines Operators(oder mehrerer), die als erster Schritt zur Konstruktion einer G-angepaßten Operatorbasis aufgefaßt werden kann, gemeint sein.

Wenn H *Trägerraum einer einzigen UIR* D^{α} ist, kann V^{Op} zu H^{Op} vervollständigt werden, da H dann endlich-dimensional sein muß. Als Prototypen der linear unabhängigen Tensoroperatoren können dann die Repräsentanten der Tensorbasis (s. Abschnitt 6.5)

$$T_r^{\alpha; \beta v} = B(t_r^{\alpha; \beta v}) \tag{7.3.16}$$

gewählt werden. Sie stellen wie die Operatoren E_{jk}^{α} eine Basis von $V^{Op} = H^{Op}$ dar, die bezüglich des Skalarproduktes

$$\langle Q_1, Q_2 \rangle = n_{\alpha} \operatorname{Spur} M^{\alpha +}(Q_1) M^{\alpha}(Q_2) \tag{7.3.17}$$

orthogonal und auf $n_{\alpha}^{1/2}$ normiert ist ($Q \to M^{\alpha}(Q)$ ist dabei eine beliebige Matrixdarstellung der Operatoren). Die Anzahl der linear unabhängigen Tensoroperatoren vom Typ β ist dann offensichtlich durch die Vielfachheit $m_{\alpha\bar{\alpha},\beta}$ gegeben. Für $m_{\alpha\bar{\alpha},\beta} = 1$ müssen alle Tensoroperatoren dieses Typs zueinander (und zu $\{T_r^{\alpha; \beta 0} : r = 0, \dots, n_{\beta} - 1\}$) proportional sein (*äquivalente Operatoren*). Werden die Tensoroperatoren durch Matrizen dargestellt, so ergeben sich die Proportionalitätsfaktoren als Quotienten von entsprechenden (nicht-verschwindenden) Matrixelementen oder von gleichartigen Linearkombinationen solcher Elemente, wie sie etwa die in Abschnitt 7.4 definierten reduzierten Matrixelemente darstellen.

7.4. Wigner-Eckart Theorem

Ein Großteil der Anwendungen der Gruppen- und Darstellungstheorie beruht auf der charakteristischen Struktur der *Matrixelemente eines irreduziblen Tensoroperators in einer G-angepaßten Basis*.

$$\langle \varphi_j^{\alpha w}, T_p^{\beta} \varphi_{j'}^{\alpha' w'} \rangle = \sum_{v} [\alpha j \, \bar{\alpha}' j' | \beta p v] \, [\alpha w \| T^{\beta v} \| \alpha' w'] \tag{7.4.1}$$

Die *reduzierten Matrixelemente*

$$[\alpha w \| T^{\beta v} \| \alpha' w'] = \sum_{kk'q} \frac{1}{n_\beta} [\beta q v | \alpha k \, \bar{\alpha}' k'] \langle \varphi_k^{\alpha w}, T_q^\beta \varphi_{k'}^{\alpha' w'} \rangle \qquad (7.4.2)$$

sind dabei unabhängig von j, j' und p. Der Beweis von (7.4.1, 2) folgt aus

$$\langle \varphi_j^{\alpha w}, T_p^\beta \varphi_{j'}^{\alpha' w'} \rangle = M_x [\langle \varphi_j^{\alpha w}, U(x) U(x^{-1}) T_p^\beta U(x) U(x^{-1}) \varphi_{j'}^{\alpha' w'} \rangle] \qquad (7.4.3)$$

und (7.2.12), (7.3.9), (3.2.45, 49), (7.3.5). Man erhält andere zu (7.4.1, 2) gleichwertige
Ausdrücke, wenn man auf der rechten Seite von (7.4.3) x durch x^{-1} ersetzt und/oder die
drei auftretenden Matrixelemente der UIRs D^α, $D^{\alpha'}$, D^β anders zusammenfaßt. Die bekannteste Form,

$$\langle \varphi_j^{\alpha w}, T_p^\beta \varphi_{j'}^{\alpha' w'} \rangle = \sum_v (\alpha j v | \beta p \alpha' j') (\alpha w \| T^{\beta v} \| \alpha' w') \qquad (7.4.4)$$

$$(\alpha w \| T^{\beta v} \| \alpha' w') = \sum_{kk'q} (\beta q \alpha' k' | \alpha k v) \frac{1}{n_\alpha} \langle \varphi_k^{\alpha w}, T_q^\beta \varphi_{k'}^{\alpha' w'} \rangle, \qquad (7.4.5)$$

heißt *W(igner)-E(ckart)-Theorem*, doch wollen wir diese Bezeichnung auch für (7.4.1, 2)
verwenden, da aus der Schreibweise eindeutig hervorgeht, um welche Fassung es sich
handelt. Die Besonderheit der Tensoroperatoren $T_p^{\alpha''; \beta v''}$, die in H die Elemente
$t_p^{\alpha''; \beta v''} \in A(G)$ darstellen, zeigt sich in den reduzierten Matrixelementen

$$[\alpha w \| (T^{\alpha'' v''})^{\beta v} \| \alpha' w'] = \delta_{\alpha \alpha'} \delta_{\alpha' \alpha''} \delta_{vv''} \delta_{ww'}. \qquad (7.4.6)$$

Vorteile bei der Berechnung von Matrixelementen $\langle \varphi_j^{\alpha w}, T_p^\beta \varphi_{j'}^{\alpha' w'} \rangle$ ergeben sich natürlich
nur dann, wenn die reduzierten Matrixelemente auf der rechten Seite von (7.4.1) *nicht*
aus den Definitionsgleichungen (7.4.2) bestimmt werden. Man wird vielmehr trachten,
sie aus einem System von $m_{\alpha \bar{\alpha}', \beta}$ linearen Gleichungen der Art (7.4.1) zu bestimmen,
das man erhält, wenn man ebensoviele Matrixelemente $\langle \varphi_j^{\alpha w}, T_p^\beta \varphi_{j'}^{\alpha' w'} \rangle$ direkt berechnet.
Sind einmal die reduzierten Matrixelemente bekannt, dann liefern die (als bekannt voraus-
gesetzten) Kopplungskoeffizienten (7.3.6) die gesuchten Matrixelemente, wobei sich wegen

$$[\alpha j \, \bar{\alpha}' j' | \beta p v] = 0 \quad \text{für alle } v \Rightarrow \langle \varphi_j^{\alpha w}, T_p^\beta \varphi_{j'}^{\alpha' w'} \rangle = 0 \qquad (7.4.7)$$

Auswahlregeln im Verschwinden von Matrixelementen bemerkbar machen können. Analoge Überlegungen gelten natürlich auch für die Form (7.4.4) des WE-Theorems.

Die Vorteile des WE-Theorems legen die Vermutung nahe, daß man die *Matrixelemente
eines beliebigen Operators in einer G-angepaßten Basis* am besten so berechnet, daß man
Q zunächst nach (7.3.13) in Tensorkomponenten zerlegt und für diese das WE-Theorem
ausnützt. Dies trifft allerdings nur dann zu, wenn die folgenden Bedingungen erfüllt sind:

(1) Die Operatoren $U(x) Q U(x^{-1})$ sind direkt, d.h. ohne Rückgriff auf die Matrixelemente
    von Q definierbar. (Dies trifft z.B. zu, wenn sie sich als Linearkombinationen von end-
    lich vielen bekannten Operatoren mit x-abhängigen Koeffizienten darstellen lassen.)

(2) Die Matrixelemente $\langle \varphi_j^{\alpha w}, T_{pp}^{\beta}[Q]\varphi_{j'}^{\alpha'w'}\rangle$, die man zur Berechnung der reduzierten Matrixelemente $[\alpha w \| T_p^{\beta}[Q]\| \alpha'w']$ oder $(\alpha w \| T_p^{\beta}[Q]\| \alpha'w')$ benötigt, sind leicht berechenbar.

(3) Nur endlich viele Operatoren $T_{pp}^{\beta}[Q]$ liefern nichtverschwindende Beiträge zu den gesuchten Matrixelementen von Q. (Dies trifft z.B. zu, wenn (7.3.13) nur endlich viele Summanden enthält, oder in (7.4.1) Auswahlregeln wirksam werden.)

Die letzte Bedingung ist sicher erfüllt, wenn Q Komponente eines Tensoroperators ist.

$$T_r^{\gamma} = \sum_{\alpha w\,\alpha'w'v} [\alpha w \| T^{\gamma v}\| \alpha'w']\, T_r^{\alpha w,\,\alpha'w';\,\gamma v} \tag{7.4.8}$$

$$T_{pq}^{\beta}[T_r^{\gamma}] = \delta_{\beta\gamma}\,\delta_{qr}\,T_p^{\gamma} \tag{7.4.9}$$

Besonders einfach werden die Verhältnisse für einen *invarianten Operator* T_0^0, da sich dann mit

$$[\alpha j\,\bar{\alpha}'j'\,|\,00v] = \delta_{\alpha\alpha'}\,\delta_{jj'}\,\delta_{v0}\,\frac{e^{i\phi_\alpha}}{\sqrt{n_\alpha}} \tag{7.4.10}$$

aus (7.4.1) oder direkt aus (7.4.3)

$$\langle \varphi_j^{\alpha w}, T_0^0\,\varphi_{j'}^{\alpha'w'}\rangle = \delta_{\alpha\alpha'}\,\delta_{jj'}\,\langle \alpha w \| T^0 \| \alpha w'\rangle \tag{7.4.11}$$

$$\langle \alpha w \| T^0 \| \alpha w'\rangle = \frac{1}{n_\alpha}\sum_{jj'} \langle \varphi_j^{\alpha w}, T_0^0\,\varphi_{j'}^{\alpha w'}\rangle = \frac{e^{i\phi_\alpha}}{\sqrt{n_\alpha}}\,[\alpha w \| T^{00} \| \alpha w'] \tag{7.4.12}$$

ergibt. Ist H Trägerraum einer einzigen UIR (und daher endlich-dimensional), dann drückt Gl. (7.4.11) mit $w = w'$ und $\alpha = \alpha'$ das *Schursche Lemma* aus: Jeder Operator, der mit allen Repräsentanten der Gruppenelemente vertauscht, ist ein Vielfaches des Einheitsoperators.

8. Die Bedeutung einer Gruppe für ein quantenmechanisches Problem

8.1. Symmetriegruppen

Als *Symmetriegruppe S* bezeichnet man jede Gruppe, die in H durch unitäre Operatoren dargestellt wird, die mit dem Hamiltonoperator H vertauschen.

$$[H, U(x)] = 0 \quad \text{für alle } x \in S \tag{8.1.1}$$

S vertauscht dann elementweise mit E, weshalb wir im folgenden gleich das direkte Produkt $S \times E$ betrachten. E wird i.a. nicht kompakt sein, doch wollen wir annehmen, daß die Konstruktion einer E-angepaßten Basis wenigstens im Prinzip möglich ist. Für ihre Elemente („stationäre Zustände") $\psi^{\epsilon w}$ gilt

$$U(t)\,\psi^{\epsilon w} = e^{-i\epsilon t}\psi^{\epsilon w} \tag{8.1.2}$$

$$H\,\psi^{\epsilon w} = \epsilon\,\psi^{\epsilon w}. \tag{8.1.3}$$

S soll im folgenden stets *kompakt* sein, so daß die Konstruktion einer S-angepaßten Basis gemäß Abschnitt 7 möglich ist. Eine $S \times E$-angepaßte Basis kann dann ausgehend von einer beliebigen Basis $\{\phi_i\}$ in der Reihenfolge („erst E, dann S")

$$\phi_i \rightarrow \psi^{\epsilon w} \rightarrow \varphi_j^{\epsilon \alpha v} \tag{8.1.4}$$

konstruiert werden. In diesem Fall dient S nur zu einer (teilweisen) *Klassifikation der stationären Zustände.*

Der zweite Fall („erst S, dann E")

$$\phi_i \rightarrow \psi_j^{\alpha w} \rightarrow \varphi_j^{\alpha \epsilon v} \tag{8.1.5}$$

ist der weitaus wichtigere, da er eine *Vereinfachung des EW-Problems von* H bewirkt. Da H unter S invariant ist, kann das WE-Theorem in der Form (7.4.11) verwendet werden. Bezüglich der S-angepaßten Basis $\{\psi_j^{\alpha w}\}$ ist die Matrix von H diagonal in αj, d.h. sie zerfällt bei geeigneter Indizierung („erst αj, dann w") in eine direkte Summe von Matrizen, was eine *Faktorisierung der Säkulargleichung* zur Folge hat. Dies ist auch so zu sehen: Weil

$$[H, B(\mathbf{a})] = 0 \quad \text{für alle } \mathbf{a} \in A(S) \tag{8.1.6}$$

zu (8.1.1) gleichwertig ist und, wie man durch die Wirkung auf die Basis $\{\psi_j^{\alpha w}\}$ beweist,

$$1 = U(\mathbf{e}) = \sum_{\alpha j} E_{jj}^\alpha \tag{8.1.7}$$

gilt (*Zerlegung des Einheitsoperators*), kann H als Summe sich gegenseitig annullierender selbstadjungierter Operatoren dargestellt werden:

$$H = \sum_{\alpha j} H_j^\alpha \tag{8.1.8}$$

$$H_j^\alpha = E_{jj}^\alpha H = H E_{jj}^\alpha \tag{8.1.9}$$

$$H_j^\alpha H_{j'}^{\alpha'} = 0 \quad \text{für } \alpha j \neq \alpha' j'. \tag{8.1.10}$$

Die zweite Vereinfachung besteht darin, daß wegen der j-Unabhängigkeit der Matrixelemente (s. (7.4.11)) je n_α Submatrizen dieselbe Form haben. Die *Entartung* eines zugehörigen Eigenwerts ist daher *gleich oder größer als* n_α, wobei der zweite Fall als *zufällige Entartung* bezeichnet wird. Diese Aussage über die Entartung der Eigenwerte von H folgt auch aus

$$H_j^\alpha = E_{jk}^\alpha H_k^\alpha E_{kj}^\alpha. \tag{8.1.11}$$

Das folgende einfache Beispiel illustriert die Verhältnisse. Von einer beliebigen Matrixdarstellung der Elemente (x, t) von $S \times E$ (Bild 8.1) gelangt man

(a) über E-Anpassung (Bild 8.2) oder
(b) über S-Anpassung (Bild 8.3)
schließlich in beiden Fällen zu UIRs von $S \times E$ (Bild 8.4).

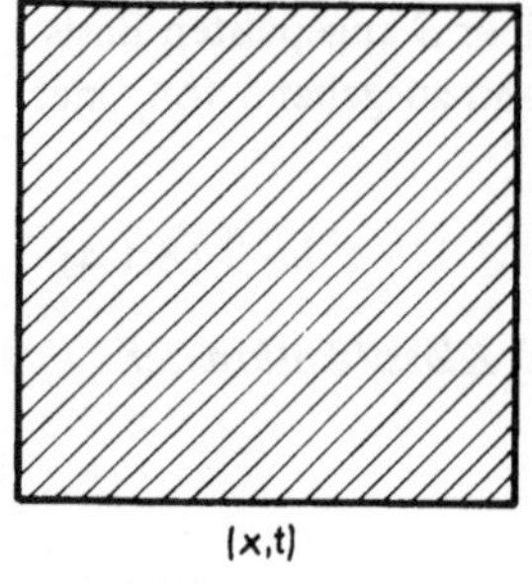

Bild 8.1

Darstellungsmatrizen für eine beliebige Basis $\{\phi_i\}$

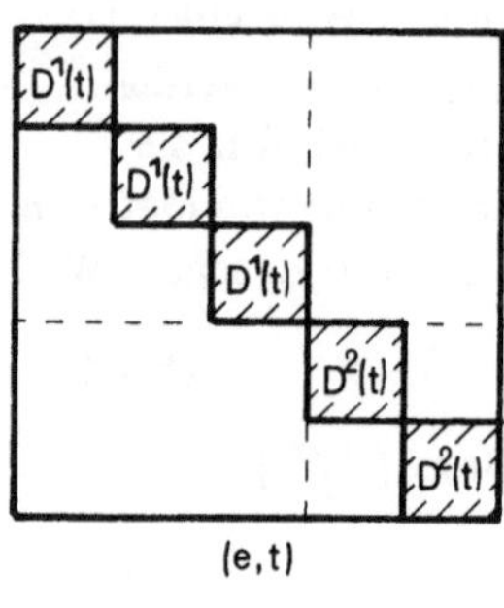

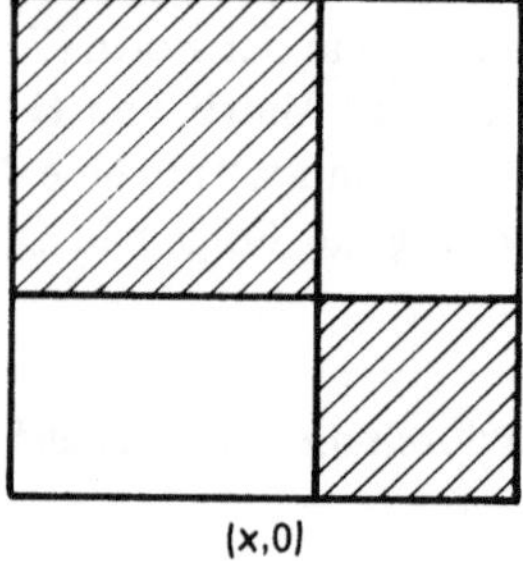

Bild 8.2

Darstellungsmatrizen für eine
E-angepaßte Basis $\{\psi^{\epsilon w}\}$

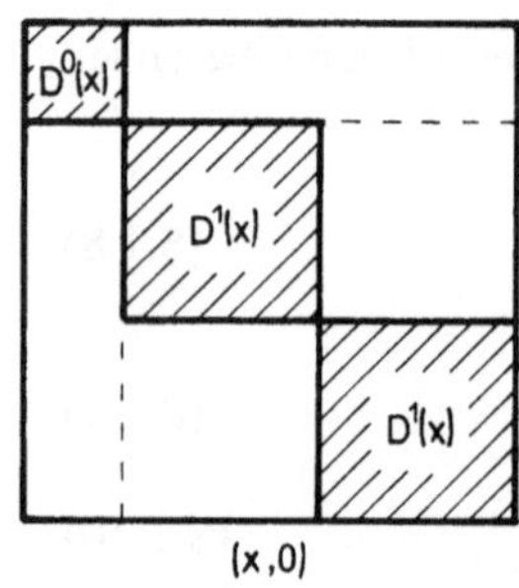

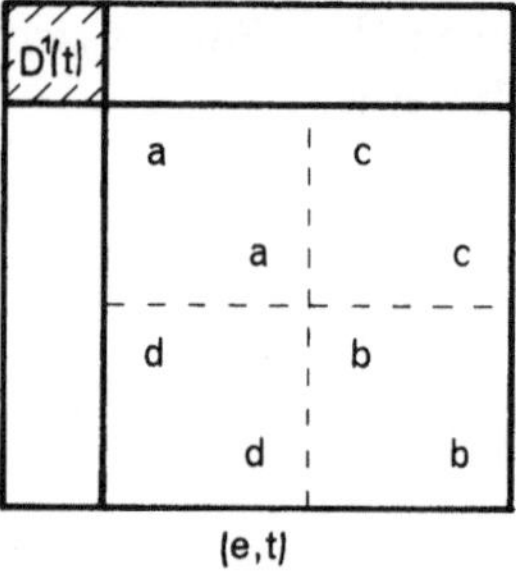

Bild 8.3

Darstellungsmatrizen für eine
S-angepaßte Basis $\{\psi_j^{\alpha w}\}$

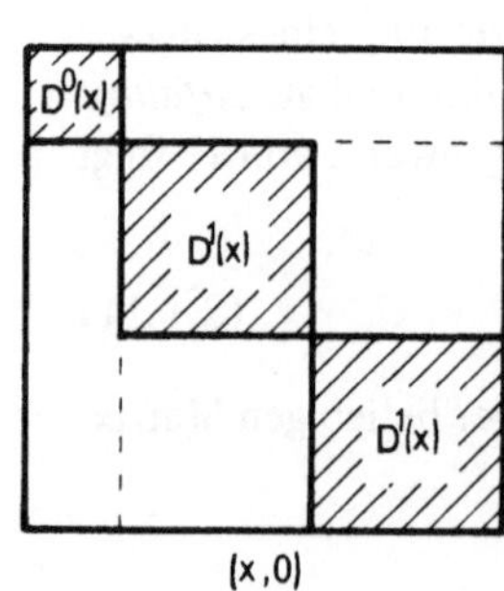

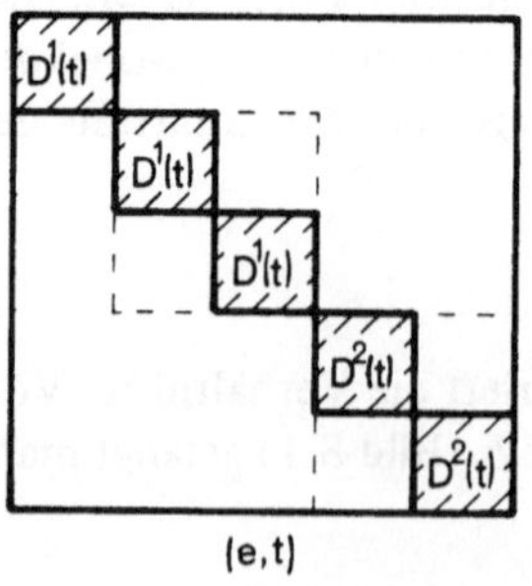

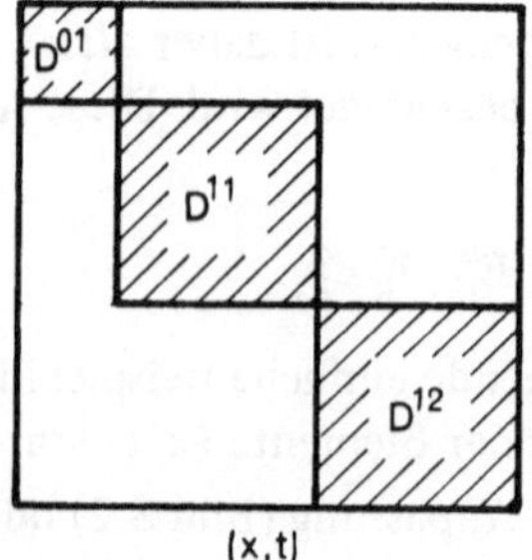

Bild 8.4. Darstellungsmatrizen für eine $S \times E$-angepaßte Basis $\{\varphi_j^{\epsilon\alpha v}\}$

Man sieht im Fall (b) deutlich, daß die Säkulargleichung von H (oder U(t)),

$$[(a-E)(b-E) - cd]^2 = 0, \tag{8.1.12}$$

Doppelwurzeln hat, da D^1 2-dimensional ist.

Eine *Symmetriegruppe* kann *nach* ihrer *Nützlichkeit bei der Vereinfachung* (Lösung) *des EW-Problems für ein bestimmtes* H *klassifiziert* werden.

(1) $S(= S_w)$ heißt *schwach*, wenn $S \times E$ keine starke Gruppe ist. Wie das Beispiel zeigt, kann auf v bei der Indizierung der Basis $\{\varphi_j^{\alpha \epsilon v}\}$ nicht verzichtet werden.

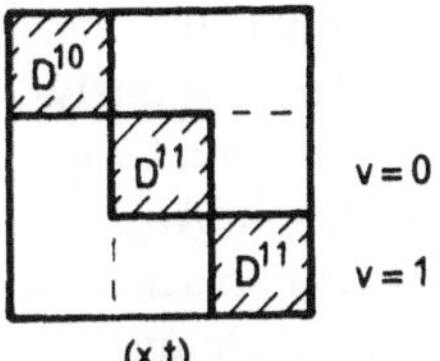

Bild 8.5

Beispiel einer schwachen Symmetriegruppe

Beispiel: 2-dimensionaler isotroper Oszillator [Ref. 43], S = Inversionsgruppe. Die (Eigen)-Funktionen $\psi_{n_1} \psi_{n_2} = \varphi_{n_1 - n_2, n_1 + n_2}$ gehören zur Energie $(\epsilon =) n_1 + n_2 + 1$ und haben die Parität $(\alpha =)(-1)^{n_1 + n_2}$. Zur vollständigen Klassifizierung benötigt man noch $(v =) n_1 - n_2$.

(2) $S(= S_a)$ heißt *ausreichend*, wenn $S \times E$ eine starke Gruppe ist. Der Index v ist dann, wie man an dem in Bild 8.4 skizzierten Beispiel sehen kann, überflüssig.

Beispiel: 3-dimensionaler isotroper Oszillator [Ref. 43], $S = SO(3)$. Die (Eigen)-Funktionen ψ_m^{nl} gehören zur Energie $(\epsilon =) n + \frac{3}{2}$ und zur (i =) m-ten Reihe der UIR $(D^\alpha =) D^l$ von $SO(3)$.

(3) $S(- S_s)$ heißt *stark*, wenn H jede UIR von S höchstens einmal enthält. Zur Kennzeichnung der Basis reichen dann die Indizes αj. Daher ist

$$\text{in } H: \epsilon = f(\alpha), \tag{8.1.13}$$

wie das folgende Beispiel illustriert:

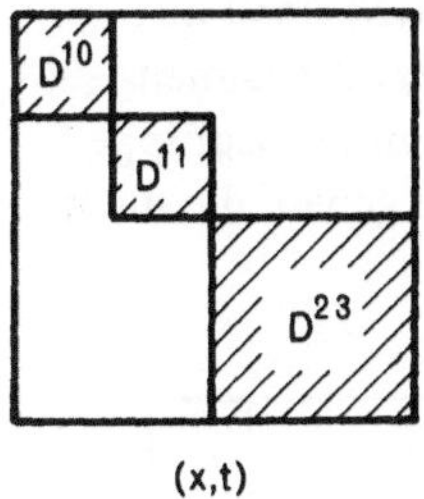

Bild 8.6

Beispiel einer starken Symmetriegruppe

Eine starke Symmetriegruppe bestimmt daher nicht nur Eigenzustände, sondern wegen $([Q, E^\alpha] = 0$ für alle $\alpha) \Rightarrow Q = \sum_{\alpha j k} \kappa_{jk}^\alpha E_{jk}^\alpha$ und (8.1.9) auch die Eigenwerte von H.

$$H = \sum_\alpha f(\alpha) E^\alpha \tag{8.1.14}$$

Beispiel: Freies Teilchen, 1-dimensional, periodische Randbedingungen: $S = {}^cT$. Jede (Eigen)-Funktion $\phi^k, \phi^k(x) = e^{ikx}, (\alpha =) k = 2\pi n/L$, n ganz, gehört zu einer Darstellung $(D^\alpha =) D^k$ von S. Ihre Gesamtheit bildet eine Basis für die in L periodischen quadratisch integrierbaren Funktionen (Fourierreihen). $(f(\alpha) =) f(k) = \frac{1}{2} k^2$.

Jede *kompakte Symmetriegruppe S* (und nur solche werden im folgenden betrachtet) *ermöglicht die Definition von Erhaltungsgrößen.* Denn erweitert man die von *H* vermittelte Darstellung von *S* zu einer von *A(S)*, so besitzt man in den Darstellungen der *selbstadjungierten Elemente von A(S)* eine *Schar hermitescher Operatoren, die alle mit* H *vertauschen* und daher der Definition einer Erhaltungsgröße genügen. Die Definition der bekanntesten Erhaltungsgrößen (Energie, Impuls, Drehimpuls) bezieht sich aber üblicherweise nicht auf eine Gruppenalgebra, sondern auf infinitesimal erzeugende Elemente analytischer Gruppen oder deren Casimiroperatoren. Solange man es nur mit analytischen Gruppen zu tun und nur den mathematischen Nutzen der verschiedenen Operatoren im Auge hat, ist es, wie aus den Abschnitten 3.3B und 4.4B hervorgeht, weitgehend Geschmacksache, ob man den lokalen Aspekt (Differentialrechnung) oder den globalen (Integralrechnung) bevorzugt. Es sollte jedoch klar sein, daß man mit den infinitesimalen Erzeugenden zwar ein Äquivalent zur Gruppe *S,* mit Casimiroperatoren aber bestenfalls eines zu $Z[A(S)]$ besitzt. (Ein Gegenstück zu *A(S)* stellt erst die *universelle einhüllende Algebra* dar, die alle (nicht nur die invarianten) Polynome der infinitesimal erzeugenden Elemente erhält.) *A(S)* zur Definition von Erhaltungsgrößen zu verwenden, stellt aber vor allem deshalb eine *Verallgemeinerung* dar, *da* dann die *Analytizität* von *S unwesentlich* wird und *endliche Symmetriegruppen gleichberechtigt* neben analytische treten.

8.2. Invarianzgruppen

Wenn man davon ausgeht, daß eine kompakte Symmetriegruppe S die Definition aller Operatoren

$$Q = \sum_{\alpha j k} \kappa^\alpha_{jk} E^\alpha_{jk} \tag{8.2.1}$$

„erklärt" oder wenigstens „motiviert", auch wenn Q kein Element von *A(S)* darstellt, dann erklärt *S* umso mehr (linear unabhängige) Erhaltungsgrößen, je größer die Dimensionen ihrer (in *H* auftretenden) UIRs sind. Aber selbst wenn *S* starke Symmetriegruppe ist, kann es, wie das folgende Beispiel zeigt, zeitlich invariante Operatoren geben, die nicht von der Form (8.2.1) sind.

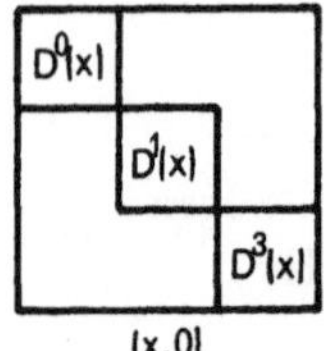

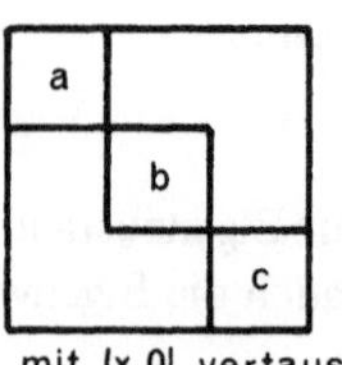

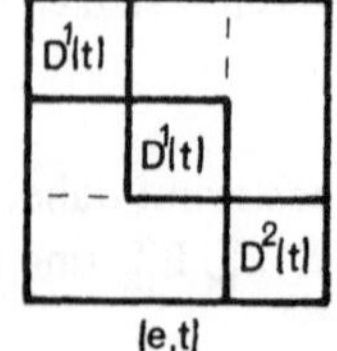

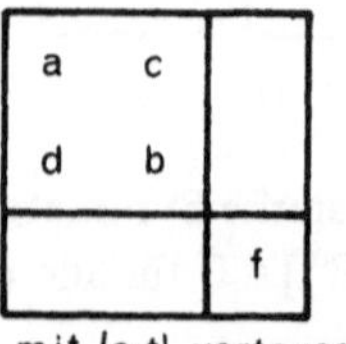

Bild 8.7. Beispiel einer starken Symmetriegruppe, die keine Invarianzgruppe ist (1-dimensionale UIRs)

Eine Symmetriegruppe, die zur *Definition aller Erhaltungsgrößen* ausreicht, d.h. eine, für die

$$[Q, H] = 0 \iff Q = \sum_{\alpha jk} \kappa_{jk}^{\alpha}\, E_{jk}^{\alpha} \tag{8.2.2}$$

gilt, heißt *Invarianzgruppe I.* Da (8.2.2) zusammen mit (8.1.1), (8.1.13, 14) einschließt, ist sie auch starke Symmetriegruppe. Die Zuordnung zwischen ϵ und α ist dann eindeutig, da neben (8.1.13) auch

$$\text{in } H\colon \alpha = g(\epsilon) \tag{8.2.3}$$

gilt. Wegen

$$n_{\alpha} = \text{Entartung von } E_{\alpha} \tag{8.2.4}$$

sagt man, daß eine Invarianzgruppe die *Entartung der Energieeigenwerte vollständig erklärt*, während Untergruppen, die nur Symmetriegruppen sind, dies nur zum Teil tun (s. Bild 8.3).

Eine Invarianzgruppe ist dann von praktischem Interesse, wenn ihr Multiplikationsgesetz nicht zu kompliziert ist. Die umfassendste (und daher uninteressanteste) Invarianzgruppe I_{max} ist offensichtlich von der Art $U(n_1) \times U(n_2) \times \ldots$, wobei $n_1, n_2, \ldots$ die Entartung der Eigenwerte $\epsilon_1, \epsilon_2 \ldots$ bezeichnet. (Für das oben skizzierte Beispiel wäre $I_{max} = U(2) \times U(1)$.)

8.3. Nicht-Symmetriegruppen

Nach den bisherigen Betrachtungen wird man vermuten, daß man, um das EW-Problem eines gegebenen Hamiltonoperators zu vereinfachen, auf jeden Fall zunächst eine Symmetriegruppe finden muß. Sie wird umso nützlicher sein, je größer ihre UIRs sind und je geringer die Vielfachheit ist, mit der sie in H auftreten. Oft findet man aber (*vor* der Lösung des EW-Problems) nur eine sehr einfache (endliche) Symmetriegruppe mit wenigen kleinen UIRs, die sehr oft in H enthalten sind. Dementsprechend klein ist dann der Gewinn bei der Faktorisierung der Säkulargleichung. (Im Extremfall sogar Null, wenn man außer der durch den Einheitsoperator dargestellten Gruppe S_0 keine Symmetriegruppe gefunden hat.)

Man wird in diesen Fällen schon zufrieden sein, wenn es gelingt, ohne größeren Aufwand eine Matrixdarstellung von H zu berechnen, auch wenn sie sich nicht auf eine S-angepaßte Basis bezieht. Auch dabei kann die Darstellungstheorie von Nutzen sein, nämlich immer dann, wenn eine Gruppe G gefunden werden kann, für die die Konstruktion einer G-angepaßten Basis und die entsprechende Tensorzerlegung von H leicht durchgeführt werden können. Die erste Bedingung setzt voraus, daß alle UIRs von G schon bekannt sind. G wird besonders dann von Interesse sein, wenn sie eine *starke* Gruppe ist, da G-Anpassung dann Konstruktion einer orthonormierten Basis von H bedeutet. Von der Tensorzerlegung von H wird man fordern, daß die Summe (7.3.13) nur wenige (wirksame) Summanden enthält. Ist $H \neq T^0_{00}[H]$, dann ist G jedenfalls eine *Nicht-Symmetriegruppe* $_nS$.

$_nS$ wird *Fast-Symmetriegruppe* genannt, wenn für alle $\alpha\alpha'\alpha''ww'w''w'''$

$$\sum_{jj'} |\langle \varphi_j^{\alpha w}, (H - T^0_{00}[H])\varphi_{j'}^{\alpha'w'}\rangle|^2 =$$

$$= \sum_{\beta pv \neq 000} |[\alpha w | H_p^{\beta v} | \alpha'w']|^2 \ll \frac{1}{n_{\alpha''}} |\sum_{j''} \langle \varphi_{j''}^{\alpha''w''}, H\varphi_{j''}^{\alpha''w'''}\rangle|^2 =$$

$$= n_{\alpha''} |\langle \varphi_{j''}^{\alpha''w''}, T^0_{00}[H]\varphi_{j''}^{\alpha''w'''}\rangle|^2 = |[\alpha''w''|H_0^{00}|\alpha''w''']|^2 \tag{8.3.1}$$

ist. In diesem Fall ist die durch E beschriebene Entwicklung in (beliebig) großen Zeiträumen weniger wichtig als die in (infinitesimal) kleinen, die durch H bestimmt wird. Dies äußert sich besonders in der Interpretation von Matrixelementen als Übergangswahrscheinlichkeiten pro Zeiteinheit.

Bei der Wahl von $_nS$ werden also zwei entgegengesetzte Tendenzen wirksam: Einerseits soll H wenige Tensorkomponenten besitzen, was bedeutet, daß man $_nS$ eher klein wählen wird. Anderseits soll aber auch die Zahl der reduzierten Matrixelemente möglichst klein sein, was umso eher der Fall sein wird, je weniger UIRs H enthält. Das aber spricht dafür, $_nS$ möglichst groß zu wählen. Im einen Extremfall ist $_nS = S = S_0$ und H (trivialerweise) invariant, im anderen enthält H nur eine einzige UIR.

8.4. Nicht-Invarianzgruppen

Enthält H nur eine einzige UIR von G, so heißt G *Nicht-Invarianzgruppe* $_nI$. $_nI$ kann nicht nur zur *Klassifikation aller Zustände von H* mit Hilfe einer $_nI$-angepaßten Basis $\{\varphi_j^{\alpha} : \alpha = \text{konst.}\}$ verwendet werden, sondern auch zur *Klassifikation aller Operatoren von H* mit Hilfe der $_nI$-angepaßten Operatorbasis $\{T_p^{\alpha;\beta v} : \alpha = \text{konst.}\}$, die die Tensorbasis $\{t_p^{\alpha;\beta v}\}$ von $A(_nI)$ in H darstellt. Bezüglich der Möglichkeit, Observable als Darstellungen von Elementen einer Gruppenalgebra zu definieren, ergibt sich daher folgendes Schema:

Symmetriegruppen	einige Erhaltungsgrößen
Invarianzgruppen	alle Erhaltungsgrößen
Nicht-Invarianzgruppen	alle Observablen

Die Gruppen

$$S_0 \subset S_w \subset S_a \subset S_s \subset I \subset {}_nI \tag{8.4.1}$$

enthalten, wenn man von links nach rechts fortschreitet, immer mehr Informationen über die mathematische Struktur eines quantenmechanischen Systems und sind daher (falls überhaupt vorhanden) immer seltener bekannt. Die Bedeutung des Extremfalls $_nI$ liegt kaum mehr in irgendwelchen Rechenvorteilen bei der Bestimmung der UIRs von E (d.h. der Eigenwerte von H), sondern darin, daß sich in diesem Fall die *Gruppen- und Dar-*

stellungstheorie als *geeignet* erweist, das *physikalische Problem mathematisch zu formu-lieren*. Der Übergang von der ursprünglichen Formulierung zur „Lösung" ist dann nichts anderes als der Übergang von einer UIR von $_nI$ zu einer äquivalenten, die sich von der ersten nur dadurch unterscheidet, daß sie UIRs von $E \subset {}_nI$ subduziert.

Eine *Nicht-Invarianzgruppe* kann *nur dann kompakt sein, wenn H endlich-dimensional* ist. Dies bedeutet aber nicht, daß es bei einem wellenmechanischen Problem von vornher-ein sinnlos ist, eine solche Gruppe zu suchen, sondern nur, daß man in diesem Fall die Bedingung der Kompaktheit soweit abschwächen muß, daß UIRs auch unendlich-dimen-sional sein können.

8.5. Gebrochene Symmetrien

In den vorhergehenden Abschnitten wurde stets vorausgesetzt, daß nicht nur der Zu-standsraum H, sondern auch der Hamiltonoperator H vorgegeben ist. Manchmal ist es aber nützlich, statt einem einzigen Operator eine ganze Schar

$$H_\lambda = H_0 + \lambda V, \quad 0 \leqslant \lambda \leqslant 1 \tag{8.5.1}$$

zu betrachten. Wir werden dies in zwei Fällen tun:

(a) Die Wechselwirkungen innerhalb eines betrachteten Systems können zum Teil sehr kompliziert sein. Es ist dann sinnvoll (und praktisch notwendig), neben einem bekannten Teil anstelle der „tatsächlichen" eine „effektive" Wechselwirkung V von zunächst unbe-kannter Stärke λ einzuführen. Der Wert dieses Parameters wird, nachdem das EW-Problem für die ganze Schar H_λ gelöst wurde, so gewählt, daß die berechneten Eigenwerte ϵ_λ mög-lichst gut mit den beobachteten Energien übereinstimmen.

(b) Man möchte Eigenwerte und -funktionen von zwei Systemen mit gleichem Zustands-raum H (einer Kopie der zunächst vielleicht nur isomorphen Hilberträume H_0 und H_1) und Hamiltonoperatoren H_0 und H_1 vergleichen. Dazu setzt man $V = H_1 - H_0$. λ ist dann ein Parameter, der — unter bestimmten Voraussetzungen — ein System stetig in das andere überführt und eine eindeutige Zuordnung zwischen den stationären Zuständen der beiden Systeme definiert.

Wir nehmen nun an:

(1) H_0 [jedes H_λ mit $\lambda \neq 0$] besitzt eine kompakte Symmetriegruppe $S\,[\bar{S}$, die nicht vom Wert $\lambda \neq 0$ abhängt]. Ihre UIRs $D^\alpha\,[\bar{D}^\beta]$ sind bekannt.

(2) $H_0\,[H_{\lambda \neq 0}]$ besitzt ein reines Punktspektrum, das nach unten beschränkt ist. Die Eigen-werte $\epsilon\,[\epsilon_\lambda]$ können mit den natürlichen Zahlen $l\,[m] \in N$ indiziert werden. Die Eigenwerte $\epsilon^{(l)}\,[\epsilon_\lambda^{(m)}]$ sind nicht zufällig entartet, d.h. es existiert eine Funktion g: $N \to \{\alpha\}$ [$\bar{g}$: $N \to \{\beta\}$, die nicht vom Wert $\lambda \neq 0$ abhängt], so daß

$$n_{g\,(l)} = \text{Entartung von } \epsilon^{(l)} \tag{8.5.2}$$

$$n_{\bar{g}\,(m)} = \text{Entartung von } \epsilon_\lambda^{(m)} \tag{8.5.3}$$

ist. Es gibt daher eine normierte $S\,[\bar{S}]$-angepaßte stationäre Basis $\{\varphi_j^l : l \in N; j = 0, 1, \dots, n_{g(l)} - 1\}$ [$\{\psi_p^{\lambda, m} : m \in N; p = 0, 1, \dots, n_{\bar{g}\,(m)} - 1\}$], so daß

$$H_0 \varphi_j^l = \epsilon^{(l)} \varphi_j^l \tag{8.5.4}$$

$$U(x)\,\varphi_j^l = \sum_k D_{kj}^{g(l)}(x)\,\varphi_k^l, \quad x \in S \tag{8.5.5}$$

$$H_\lambda\,\psi_p^{\lambda,m} = \epsilon_\lambda^{(m)}\,\psi_p^{\lambda,m} \tag{8.5.6}$$

$$U(\bar{x})\,\psi_p^{\lambda,m} = \sum_q D_{qp}^{\bar{g}(m)}(\bar{x})\,\psi_q^{\lambda,m}, \quad \bar{x} \in \bar{S} \tag{8.5.7}$$

gilt.

(3) Die Funktionen $\epsilon_\lambda^{(m)}: (0,1) \to \mathbf{R}$ und $\psi_p^{\lambda,m}: (0,1) \to H$ sind stetige Funktionen von λ und die Grenzwerte

$$\epsilon_0^{(m)} = \lim_{\lambda \to 0} \epsilon_\lambda^{(m)} \qquad\qquad \epsilon_1^{(m)} = \lim_{\lambda \to 1} \epsilon_\lambda^{(m)} \tag{8.5.8}$$

$$\psi_p^{0,m} = \lim_{\lambda \to 0} \psi_p^{\lambda,m} \qquad\qquad \psi_p^{1,m} = \lim_{\lambda \to 1} \psi_p^{\lambda,m} \tag{8.5.9}$$

existieren.

(4) Jede Symmetrie von $H_{\lambda \neq 0}$ ist auch eine von H_0.

$$\bar{S} \subseteq S \tag{8.5.10}$$

Wenn $\bar{S} \subset S$ ist, bezeichnet man V als *„symmetriebrechende Wechselwirkung"*.

Was das „Brechen der S-Symmetrie" durch V bedeutet, ergibt sich aus dem Vergleich der Basen $\{\varphi_j^l\}$ und $\{\psi_p^{0,m}\}$, die beide Eigenfunktionen von

$$H_0 = \lim_{\lambda \to 0} H_{\lambda \neq 0} \tag{8.5.11}$$

sind. Es muß daher einerseits

$$\varphi_j^l = \sum_{mp}^{(l)} C_{mp,j}^{g(l)}\,\psi_p^{0,m} \tag{8.5.12}$$

$(\sum\limits_m^{(l)} =$ Summe über alle m, für die $\epsilon_0^{(m)} = \epsilon^{(l)}$ ist) und anderseits

$$\psi_p^{0,m} = \sum_j^{(m)} C_{mp,j}^{g(l)*}\,\varphi_j^l \tag{8.5.13}$$

$(\sum\limits_j^{(m)} = \sum\limits_{j=0}^{g(l)-1}$ mit dem l, für das $\epsilon^{(l)} = \epsilon_0^{(m)}$ ist) gelten. Die Koeffizienten $C_{mp,j}^{g(l)}$ lassen sich zu einer $g(l)$-dimensionalen unitären Matrix zusammenfassen, die wegen (8.5.5, 7) die subduzierte Darstellung $D^{g(l)} \downarrow \bar{S}$ in eine direkte Summe von UIRs $D^{\bar{g}(m)}$ transformiert (m übernimmt die Rolle von $\alpha_1 v$ in (6.3.16)).

$$C^{g(l)} D^{g(l)}(\bar{x})\, C^{g(l)+} = \sum_m^{(l)} \oplus\, \overline{D}^{\bar{g}(m)}(\bar{x}) \tag{8.5.14}$$

Für die Eigenwerte ϵ_λ und ihre Entartung $[n_\lambda]$ ergibt sich daher folgendes Bild:

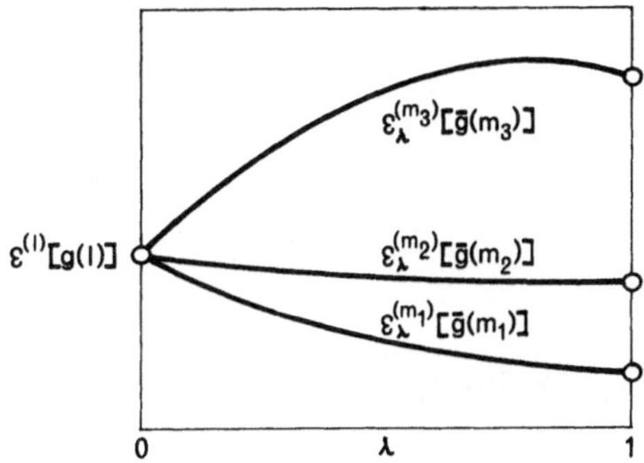

Bild 8.8

Aufspaltung der Energieeigenwerte bei
Verringerung der Symmetrie

Schon die kleinste *Störung* ($\lambda \neq 0$) durch eine Wechselwirkung *mit geringerer Symmetrie* bewirkt, wenn man von zufälligen Entartungen absieht, eine *Aufspaltung der Eigenwerte* $\epsilon^{(l)}$ des „ungestörten" Hamiltonoperators H_0 *in mehrere Zweige* $\epsilon^{(m)}_\lambda$. Die Anzahl

$$\sum_\beta m_{g(l),\beta} = \sum_\beta \overline{M}_{\overline{x}} [\chi^{g(l)\,*}(\overline{x})\,\chi^\beta(\overline{x})] \tag{8.5.15}$$

der Zweige und die jedem von ihnen zukommende Entartung hängt davon ab, wieviele UIRs $\overline{D}^\beta$ in $D^\alpha \downarrow \overline{S}$ auftreten und welche Dimension n_β diese haben (*Verträglichkeitsbedingungen*).

$$\sum_m^{(l)} n_{\overline{g}(m)} = n_{g(l)} \tag{8.5.16}$$

Der Vergleich von H_0 und $H_{\lambda \neq 0}$ wird einfacher, wenn man von vornherein UIRs von S wählt, die bei Beschränkung auf $\overline{S}$ in direkte Summen von UIRs $\overline{D}^\beta$ zerfallen. An Stelle des Zeilenindex

$$j = 0, 1, \ldots, n_{g(l)} - 1 \tag{8.5.17}$$

treten dann die Indizes

$$v = 0, 1, \ldots, m_{g(l),\beta} - 1$$

$$\beta \ (\text{mit } m_{g(l),\beta} \neq 0)$$

$$p = 0, 1, \ldots, n_\beta - 1. \tag{8.5.18}$$

Die $\overline{S}$-Invarianz von V äußert sich in der besonderen Form der Matrixelemente (βp-diagonal, p-unabhängig)

$$\langle \varphi^l_{\beta p \overline{v}}, V \varphi^{l'}_{\beta' p' \overline{v}'} \rangle = \delta_{\beta\beta'}\, \delta_{pp'}\, V^{ll'}_{\beta \overline{v}\overline{v}'} \tag{8.5.19}$$

und bei der S-Tensorzerlegung

$$V = \sum_{\alpha\overline{v}} T^{\alpha}_{00\overline{v},\,00\overline{v}}[V] \tag{8.5.20}$$

$$T^{\alpha}_{00\overline{v},\,00\overline{v}}[V] = \sum_{ll'v} [l\,|\,V^{\alpha v}_{00\overline{v}}\,|\,l']\,T^{l,\,l';\,\alpha v}_{00\overline{v}} \tag{8.5.21}$$

$$[l\,|\,V^{\alpha v}_{00\overline{v}}\,|\,l'] =$$

$$= \sum_{\overline{v}'\,\overline{v}''\beta} V^{ll'}_{\beta\overline{v}''\,\overline{v}'} \sum_{p} [\alpha v\,(00\overline{v})\,|\,g(l)\,(\beta p\overline{v}')\,\overline{g(l')}\,(\beta p\overline{v}')]. \tag{8.5.22}$$

Die Annahmen (1)–(4) enthalten keine Aussage über die Stärke der Störung λV. Mit den Abkürzungen

$$V_0 = T^0_{000,\,000}[V] \tag{8.5.23}$$

$$\Delta^{(l)} = \langle \varphi^l_{\beta p\overline{v}},\, V_0\,\varphi^l_{\beta p\overline{v}}\rangle = \frac{1}{n_{g(l)}} \sum_{\overline{v}\beta} n_\beta\, V^{ll}_{\beta\overline{v}\,\overline{v}} \tag{8.5.24}$$

nimmt die Bedingung (8.3.1), daß $(G =)S$ Fast-Symmetriegruppe von $(H =)H_\lambda$ ist, die Form

$$\lambda^2 \sum_{\overline{v}\,\overline{v}'\beta} n_\beta\,|\,V^{ll'}_{\beta\overline{v}\,\overline{v}'} - \delta_{ll'}\,\Delta^{(l)}\,|^2 =$$

$$= \lambda^2 \sum_{\alpha v\overline{v}\neq 000} |\,[l\,|\,V^{\alpha v}_{00\overline{v}}\,|\,l']\,|^2 \ll n_{g(l'')}\,|\,\epsilon^{(l'')} + \lambda\Delta^{(l'')}\,|^2 \tag{8.5.25}$$

an. Für

$$V_0 = 0 \iff \Delta^{(l)} = 0 \quad \text{für alle } l \tag{8.5.26}$$

bedeutet dies einfach, daß die Matrixelemente von λV wesentlich kleiner sein müssen als die Eigenwerte von H_0. (8.5.25) kann für hinreichend kleines λ stets erfüllt werden. Die Koeffizienten $\lambda\,[l\,|\,V^{\alpha v}_{00\overline{v}}\,|\,l']$ sind dann für $\alpha v\overline{v} \neq 000$ kleine Größen. Die mit $\alpha v\overline{v} = 000$ müssen es nicht sein, aber

$$l \neq l' \Rightarrow [l\,|\,V^{00}_{000}\,|\,l'] = 0. \tag{8.5.27}$$

H_λ kann daher durch den „fast-diagonalen" Anteil

$$H' = \sum_l E^{l,\,l}\,H_\lambda\,E^{l,\,l} =$$

$$= H_0 + \lambda \sum_{\alpha\overline{v}lv} [l\,|\,V^{\alpha v}_{00\overline{v}}\,|\,l]\,T^{l,\,l;\,\alpha v}_{00\overline{v}} \tag{8.5.28}$$

angenähert werden. Für jedes l gibt es dann einen Operator

$$H'_\lambda(l) = \epsilon^{(l)} E^{g(l)} + \lambda \sum_{\alpha \bar{v} v} [l \mid V^{\alpha v}_{00\bar{v}} \mid l] \, T^{g(l); \, \alpha v}_{00\bar{v}} \tag{8.5.29}$$

der ein selbstadjungiertes Element $h'_\lambda(l) \in A(S)$ darstellt und im Unterraum $H^l = E^{l, \, l} H$ (und nur dort!) mit H'_λ übereinstimmt.

Für ganz schwache Störungen ($\lambda \to 0$) genügt es, nur die Diagonalmatrixelemente $V^{ll}_{\beta \bar{v} \, \bar{v}}$ zu berücksichtigen. Nähert man $[l \mid V^{\alpha v}_{00\bar{v}} \mid l]$ in (8.5.22) durch

$$[l \mid V^{\alpha v}_{00\bar{v}} \mid l]^{\mathrm{diag}} = \sum_{\beta \bar{v}'} V^{ll}_{\beta \bar{v}' \, \bar{v}'} \sum_p [\alpha v (00\bar{v}) \mid g(l) \, (\beta p \bar{v}') \, \overline{g(l)} \, (\beta p \bar{v}')] \tag{8.5.30}$$

an, so bedeutet dies, daß man von H'_λ (und damit von H_λ) nur mehr den „diagonalen" Anteil

$$H''_\lambda = \sum_{\beta p l \bar{v}} E^{l, \, l}_{\beta p \bar{v}, \beta p \bar{v}} H_\lambda E^{l, \, l}_{\beta p \bar{v}, \beta p \bar{v}} =$$

$$= H_0 + \lambda \sum_{\alpha v l \, \bar{v}} [l \mid V^{\alpha v}_{00\bar{v}} \mid l]^{\mathrm{diag}} \, T^{l, \, l; \, \alpha v}_{00\bar{v}} =$$

$$= \sum_{l \beta \bar{v}} (\epsilon^{(l)} + \lambda V^{ll}_{\beta \bar{v} \, \bar{v}}) \sum_p E^{l, \, l}_{\beta p \bar{v}, \beta p \bar{v}} \tag{8.5.31}$$

berücksichtigt. Dementsprechend ist auch $H'_\lambda(l)$ durch

$$H''_\lambda(l) = \epsilon^{(l)} E^{g(l)} + \lambda \sum_{\alpha v \bar{v}} [l \mid V^{\alpha v}_{00\bar{v}} \mid l]^{\mathrm{diag}} \, T^{g(l); \, \alpha v}_{00\bar{v}} =$$

$$= \epsilon^{(l)} E^{g(l)} + \lambda \sum_{\beta \bar{v}} V^{ll}_{\beta \bar{v} \, \bar{v}} \sum_p E^{g(l)}_{\beta p \bar{v}, \beta p \bar{v}} \tag{8.5.32}$$

zu ersetzen. Die letzten Ausdrücke für H''_λ und $H''_\lambda(l)$ lassen nicht nur die Verträglichkeitsbedingungen deutlich erkennen, sondern zeigen auch, daß die Aufspaltung [Verschiebung] der Eigenwerte $\epsilon^{(l)}$ zunächst linear in λ ist.

Eine *Wechselwirkung, die die gleichen Symmetrien besitzt wie der ursprüngliche Hamiltonoperator,* bewirkt höchstens eine *Verschiebung, nie aber eine Aufspaltung* der Eigenwerte.

Weiterführende Literatur zu Teil II

dynamische Gruppen: Ref. [44], [45].

Teil III:
Atomphysik

In realistischen Atommodellen werden vier Arten von Kräften berücksichtigt, die (zusammen mit seiner Trägheit) die Bewegung eines Elektrons bestimmen: das Zentralfeld des Kerns, die Spin-Bahn-Wechselwirkung, die Coulombabstoßung der anderen Elektronen und das Pauliverbot.

Die beiden letzten Wechselwirkungen spielen keine Rolle, wenn nur ein (Valenz-)Elektron vorhanden ist. Ohne Spin-Bahn-Wechselwirkung ist das Problem sogar exakt lösbar; der Hamiltonoperator besitzt dann dynamische Symmetrien, die über die bloße Drehinvarianz hinausgehen und u.a. in der (größeren) Entartung der Eigenwerte zum Ausdruck kommen. Wird die Spin-Bahn-Wechselwirkung hinzugenommen, dann verringert sich die Symmetrie und es ist nur mehr im Rahmen einer Näherung möglich, die Änderung des Spektrums zu berechnen. Ein statisches elektrisches oder magnetisches Feld, dessen Quellen außerhalb des Atoms liegen, verringert die Symmetrie des Problems noch mehr und bewirkt eine weitere Aufspaltung oder Verschiebung der Spektrallinien. Diese Effekte lassen sich sofort qualitativ voraussagen und auch leicht quantitativ erfassen, wenn man weiß, welche Beziehungen zwischen den Symmetriegruppen der verschiedenen Hamiltonoperatoren und ihren irreduziblen Darstellungen bestehen.

Wenn ein Atom mehrere (Valenz-)Elektronen besitzt, dann muß berücksichtigt werden, daß diese Teilchen dem Pauliverbot gehorchen. Dies ist in aller Strenge möglich, wenn auch der Rechenaufwand mit steigender Teilchenzahl stark anwächst. Die Coulomb-Wechselwirkung zwischen den Elektronen kann dagegen (wie die Spin-Bahn-Wechselwirkung und eventuell vorhandene äußere Felder) nur teilweise berücksichtigt werden. Die Form des Spektrums, dessen Berechnung sich wesentlich vereinfacht, wenn alle Symmetrieeigenschaften ausgenützt werden, hängt von der relativen Stärke der Wechselwirkungen und äußeren Felder ab. Läßt man sie variieren, dann erhält man eine Schar hermitescher Operatoren, deren Elemente durch einen oder mehrere reelle Parameter gekennzeichnet sind. Sobald ihre Eigenwertprobleme gelöst sind, läßt sich feststellen, für welchen Operator das berechnete Spektrum am besten mit dem beobachteten übereinstimmt.

9. Das $\frac{1}{r}$-Zentralpotential

9.1. Zustände

Man führt als Zustandsraum (Hilbertraum) H die Menge $L^2(\mathbf{R}^3)$ aller auf $\mathbf{R}^3$ definierten komplexwertigen und bezüglich

$$\langle f, h \rangle = \int\!\!\!\int\!\!\!\int\limits_{-\infty}^{+\infty} d^3x\, f^*(\vec{x})\, h(\vec{x}) \tag{9.1.1}$$

quadratisch integrierbaren Funktionen ein. H (bzw. eine dichte Teilmenge davon) ist Definitions- und Wertebereich der Observablen x_j, p_j $(j = 1, 2, 3)$ und anderer, mit ihrer Hilfe definierter Operatoren (z.B. H).

Eine Basis von H ist durch die orthonormierten Funktionen ϕ_{lm}^n,

$$\phi_{lm}^n (r\Omega) = R_{nl}(r) Y_{lm}(\Omega): \quad \begin{aligned} &n = 1, 2, 3, \dots \\ &l = 0, 1, \dots, n-1 \\ &-l \leqslant m \leqslant l \end{aligned} \tag{9.1.2}$$

gegeben, wobei

$$Y_{lm}(\Omega) = Y_{lm}(\vartheta\varphi) = (-1)^m \sqrt{\frac{2l+1}{4\pi} \frac{(l-m)!}{(l+m)!}} \, P_l^m (\cos\vartheta) \, e^{im\varphi} \tag{9.1.3}$$

$$R_{nl}(r) = N_{nl} \left(\frac{2r}{n}\right)^l e^{-r/n} L_{n-l-1}^{2l+1}\left(\frac{2r}{n}\right) \tag{9.1.4}$$

$$L_q^\alpha(x) = \sum_{s=0}^{q} (-1)^s \binom{q+\alpha}{q-s} \frac{x^s}{s!} \tag{9.1.5}$$

$$N_{nl} = (-1)^{n-l-1} \frac{2}{n^2} \sqrt{\frac{(n-l-1)!}{(n+l)!}} , \tag{9.1.6}$$

Y_{lm} *Kugelfunktionen* und L_q^α *zugeordnete Laguerre Polynome* sind. Aus

$$\int_0^\infty dx\, e^{-x} L_p(x) L_q(x) = \frac{(p+\alpha)!}{p!} \delta_{pq} \tag{9.1.7}$$

$$\int_0^\pi \int_0^{2\pi} \sin\vartheta \, d\vartheta \, d\varphi \, Y_{lm}^*(\vartheta\varphi) Y_{l'm'}(\vartheta\varphi) = \delta_{ll'} \delta_{mm'} \tag{9.1.8}$$

folgt

$$\langle \phi_{lm}^n, \phi_{l'm'}^{n'} \rangle = \delta_{nn'} \delta_{ll'} \delta_{mm'}. \tag{9.1.9}$$

Eine zweite Basis von H bilden die orthonormierten Funktionen

$$\Psi_{m_1 m_2}^j : \quad \begin{aligned} &j = 0, \tfrac{1}{2}, 1, \tfrac{3}{2}, \dots \\ &-j \leqslant m_1, m_2 \leqslant j \end{aligned} \tag{9.1.10}$$

die durch die Indextransformation

$$j = \frac{n-1}{2} = \frac{1}{2}(n_1 + n_2 + |m|)$$

$$m_1 = \frac{1}{2}(n_2 - n_1 + m)$$

$$m_2 = \frac{1}{2}(n_1 - n_2 + m) \tag{9.1.11}$$

(bzw. deren Umkehrtransformation

$$n_1 = j - \frac{1}{2}(m_1 - m_2 + |m_1 + m_2|)$$

$$n_2 = j + \frac{1}{2}(m_1 - m_2 - |m_1 + m_2|)$$

$$m = m_1 + m_2 \tag{9.1.12}$$

den Funktionen $\psi_{n_1 n_2 m}$,

$$\psi_{n_1 n_2 m}(\xi\eta\phi) = N_{n_1 n_2 m}\, e^{im\phi} \left(\frac{\xi\eta}{n^2}\right)^{\frac{|m|}{2}} e^{-\frac{1}{2n}(\xi + \eta)} L_{n_1}^{|m|}\left(\frac{\xi}{n}\right) L_{n_2}^{|m|}\left(\frac{\eta}{n}\right)$$

$$n = n_1 + n_2 + |m| + 1$$
$$n_i = 0, 1, 2, \dots \quad i = 1, 2$$
$$m = 0, \pm 1, \pm 2, \dots \tag{9.1.13}$$

umkehrbar eindeutig zugeordnet sind. ξ, η, ϕ sind *parabolische Koordinaten.*

$$x_1 = \sqrt{\xi\eta}\,\cos\phi \qquad\qquad \xi = r + x_3$$
$$x_2 = \sqrt{\xi\eta}\,\sin\phi \qquad\qquad \eta = r - x_3$$
$$x_3 = \frac{1}{2}(\xi - \eta) \qquad\qquad \phi = \arctan\frac{x_2}{x_1}$$
$$r = \frac{1}{2}(\xi + \eta) \tag{9.1.14}$$

Die Normierungskonstanten

$$N_{n_1 n_2 m} = (-1)^{n_2 + m}\,\frac{1}{n^2\sqrt{\pi}}\,\sqrt{\frac{n_1!\,n_2!}{(n_1 + |m|)!\,(n_2 + |m|)!}} \tag{9.1.15}$$

sind durch

$$\langle\psi_{n_1 n_2 m}, \psi_{n_1' n_2' m'}\rangle =$$

$$= \int\limits_0^\infty \int\limits_0^\infty \int\limits_0^{2\pi} \frac{1}{4}(\xi + \eta)\,d\xi\,d\eta\,d\phi\,\psi^*_{n_1 n_2 m}(\xi\eta\phi)\,\psi_{n_1' n_2' m'}(\xi\eta\phi) =$$

$$= \delta_{n_1 n_1'}\,\delta_{n_2 n_2'}\,\delta_{mm'} \tag{9.1.16}$$

bis auf den Phasenfaktor bestimmt. Aus (9.1.16, 10–13) folgt für die Funktionen (9.1.10)

$$\langle\Psi^j_{m_1 m_2}, \Psi^{j'}_{m_1' m_2'}\rangle = \delta_{jj'}\,\delta_{m_1 m_1'}\,\delta_{m_2 m_2'}\,. \tag{9.1.17}$$

Die jeweils n^2 Funktionen $\{\phi^n_{lm} : n = \text{fest}\}$ und $\{\Psi^j_{m_1 m_2} : j = \frac{n-1}{2} = \text{fest}\}$ sind Eigenfunktionen von

$$H = \frac{1}{2}\vec{p}^2 - \frac{1}{r} \qquad\qquad (\hbar, m, e = 1) \tag{9.1.18}$$

zum Eigenwert

$$\epsilon_n = -\frac{1}{2n^2} \tag{9.1.19}$$

[Ref. 47]. Der Hamiltonoperator (9.1.18), der die Relativbewegung der Bausteine des H-Atoms beschreibt, nimmt deshalb eine so einfache Form an, da die Coulombwechselwirkung zwischen Proton und Elektron nur vom Relativabstand abhängt. (Die Schwerpunktsbewegung entspricht der eines freien Teilchens.) Der zu einem Eigenwert (9.1.19) gehörende n^2-dimensionale Unterraum ^nH von H enthält $(2l+1)$-dimensionale Unterräume ^{nl}H, die Basen $\{\phi^n_{lm} : n, l = \text{fest}\}$ besitzen ((nl)-*Konfiguration des Elektrons* [Ref. 50]).

9.2. Die Symmetriegruppe $SU(2) \times S_2$

Die Darstellung $(\omega, p) \rightarrow U(\omega, p)$ von $SU(2) \times S_2$, definiert durch

$$[U(\omega, p)f](\vec{x}) = f[(-1)^p D(\omega^{-1})\vec{x}] = f[(-1)^p \vec{x}(\omega^{-1})] \tag{9.2.1}$$

$$\{\vec{x}(\omega^{-1})\}_j = \{D(\omega^{-1})\vec{x}\}_j = \sum_{k=1}^{3} D^1_{kj}(\omega)x_k, \tag{9.2.2}$$

ist wegen

$$\langle U(\omega, p)f, \ U(\omega, p)h \rangle = \langle f, h \rangle \tag{9.2.3}$$

unitär. Mit (7.2.1) wird diese Darstellung zu einer von $A(SU(2) \times S_2)$ erweitert und mit (7.2.3) läßt sich den erzeugenden Elementen $\mathbf{J}_j \in L(SU(2))$ die Darstellung

$$\mathbf{J}_j \rightarrow R(\mathbf{J}_j) = \mathbf{L}_j = -i \sum_{kl} \epsilon_{jkl} x_k \frac{\partial}{\partial x_l} \tag{9.2.4}$$

zuordnen (Komponenten des *Bahndrehimpulsoperators* $\vec{L}$), so daß die unitären Operatoren in der Form

$$U(\omega, p) = e^{-i\alpha L_3} e^{-i\beta L_2} e^{-i\gamma L_3} U(p) =$$
$$= U(p) e^{-i\alpha L_3} e^{-i\beta L_2} e^{-i\gamma L_3} \tag{9.2.5}$$

geschrieben werden können. Aus

$$[H, L_j] = 0 \quad \text{und} \quad [H, U(p)] = 0; \quad p = 0, 1 \tag{9.2.6}$$

folgt

$$[H, U(\omega, p)] = 0 \quad \text{für alle } (\omega, p) \in SU(2) \times S_2. \tag{9.2.7}$$

Damit ist $SU(2) \times S_2$ Symmetriegruppe von H. Da die Zentrumselemente von $SU(2)$ als Konsequenz von (9.2.2) durch den Einheitsoperator von H dargestellt werden,

$$U(\omega_0, p) = U(\omega_{2\pi}, p) = U(p)$$
$$\omega_0 = (\alpha = 0, \beta \rightarrow 0, \gamma = 0), \quad \omega_{2\pi} = (\alpha = 0, \beta \rightarrow 0, \gamma \rightarrow 2\pi), \tag{9.2.8}$$

gilt

$$\{ U(\omega,p)\colon (\omega,p) \in SU(2) \times S_2 \} \leftrightarrow SU(2)/Z_2 \times S_2 \leftrightarrow SO(3) \times S_2 \leftrightarrow O(3) \quad (9.2.9)$$

(*Drehspiegelgruppe*).

Aus diesem Grund kann $B(e^{j\tau}_{m_1 m_2})$ nur für $j = l = 0, 1, 2, \ldots$ vom Nulloperator verschieden sein. Weiteres folgt aus

$$U(\omega,p)\, \phi^n_{lm} = (-1)^{pl} \sum_{m'} D^l_{m'm}(\omega)\, \phi^n_{lm'} \qquad (9.2.10)$$

für

$$B(e^{l'\tau}_{m_1 m_2})\phi^n_{lm} = \delta_{ll'}\delta_{m_2 m}\frac{1}{2}(1 + (-1)^{l+\tau})\phi^n_{lm_1}, \qquad (9.2.11)$$

daß der Index τ überflüssig ist, da er keine weitere Unterscheidung der Zustände ermöglicht. Denn

$$B(e^{l\tau}_{m_1 m_2})\, f = \frac{1}{2}(1 + (-1)^{l+\tau})\, Y_{lm_1} \sum_n c_{nlm_2} R_{nl}, \qquad (9.2.12)$$

wenn $f = \sum\limits_{nlm} c_{nlm}\, \phi^n_{lm}$ ist. Damit können nur die Operatoren

$$B(e^{l+}_{m_1 m_2}) = E^l_{m_1 m_2} \qquad l = 0, 2, 4, \ldots \quad (\tau = 0)$$

$$B(e^{l-}_{m_1 m_2}) = E^l_{m_1 m_2} \qquad l = 1, 3, 5, \ldots \quad (\tau = 1)$$

$$E^l_{m_1 m_2} = (2l + 1) \int_{V_\omega} d\omega\, \rho(\omega)\, D^{l*}_{m_1 m_2}(\omega)\, U(\omega, e) \qquad (9.2.13)$$

von Null verschieden sein. Entsprechend (9.2.12) ermöglicht $SU(2) \times S_2$ nur eine teilweise, $(SU(2) \times S_2) \times E$ dagegen eine vollständige Klassifikation, so daß $SU(2) \times S_2$ als *ausreichende Symmetriegruppe* bezeichnet werden muß (vgl. Abschnitt 8.1). Denn (9.2.12) bestimmt zusammen mit

$$HE^l_{m_1 m_2} f = \epsilon_n\, E^l_{m_1 m_2} f \qquad (9.2.14)$$

die Elemente der Basis (9.2.1) bis auf den Normierungsfaktor. Damit ist (9.2.12) zusammen mit (9.2.14) dem üblichen Verfahren, H, $\vec{L}^2$ und L_3 zu diagonalisieren, völlig gleichwertig. Dies wird durch

$$\vec{L}^2 = \sum_{lm} l(l+1)\, E^l_{mm} = \sum_l l(l+1)\, E^l$$

$$L_3 = \sum_{lm} m\, E^l_{mm} \qquad (9.2.15)$$

offensichtlich.

9.3. Die Invarianzgruppe $SU(2)^2$ ($\times S_2$

Die Darstellung $(\omega_1, \omega_2 \,|\, p) \to U(\omega_1, \omega_2 \,|\, p)$ von $SU(2)^2$ ($\times S_2$,

$$U(\omega_1, \omega_2 \,|\, e)\, \Psi^j_{m_1 m_2} = \sum_{m_1' m_2'} D^j_{m_1' m_1}(\omega_1)\, D^j_{m_2' m_2}(\omega_2)\, \Psi^j_{m_1' m_2'} \tag{9.3.1}$$

$$[U(\omega_0, \omega_0 \,|\, e')\, f]\,(\vec{x}) = [U(\omega_0, \omega_0 \,|\, e')\, g]\,(\xi \eta \phi) = f(-\vec{x}) = g(\eta, \xi, \phi + \pi) \tag{9.3.2}$$

$$U(\omega_0, \omega_0 \,|\, e')\, \Psi^j_{m_1 m_2} = (-1)^{2j}\, \Psi^j_{m_2 m_1}, \tag{9.3.3}$$

die mit Hilfe der Basis (9.1.10) definiert wird, ist wegen

$$\langle U(\omega_1, \omega_2 \,|\, p)\, f,\ \ U(\omega_1, \omega_2 \,|\, p)\, h \rangle = \langle f, h \rangle \tag{9.3.4}$$

unitär. Der Beweis von (9.3.4) folgt aus der Unitarität von D^j und der Tatsache, daß
(9.1.10) eine orthonormierte Basis von H ist. (7.2.1) erweitert diese Darstellung zu einer
von $A(SU(2)^2$ ($\times S_2$) und (7.2.3) ordnet den Erzeugenden $J_j, K_k \in L(SU(2)^2)$ die Darstellung

$$\begin{aligned}
J_j &\to R(J_j) = J_j = \frac{1}{2}(L_j + R_j) \\[2mm]
K_k &\to R(K_k) = K_k = \frac{1}{2}(L_k - R_k)
\end{aligned} \qquad j, k = 1, 2, 3 \tag{9.3.5}$$

zu, wobei L_j mit (9.2.4) und R_k mit

$$R_k = (-2H)^{-1/2}\, \{ 2\, x_k H - \vec{x} \vec{p}\, p_k + i p_k + \frac{x_k}{r} \} \quad k = 1, 2, 3 \tag{9.3.6}$$

zu identifizieren ist (Komponenten des *Runge-Lentz-Vektors*).

$$U(\omega_1, \omega_2 \,|\, p) = e^{-i\alpha_1 J_3} e^{-i\beta_1 J_2} e^{-i\gamma_1 J_3} e^{-i\alpha_2 K_3} e^{-i\beta_2 K_2} e^{-i\gamma_2 K_3}\, U(p) \tag{9.3.7}$$

Die Vertauschungsregeln

$$[J_j, J_k] = i \sum_l \epsilon_{jkl} J_l$$

$$[K_j, K_k] = i \sum_l \epsilon_{jkl} K_l$$

$$[J_j, K_k] = 0 \tag{9.3.8}$$

folgen aus den Gleichungen

$$[L_j, L_k] = i \sum_l \epsilon_{jkl} L_l$$

$$[L_j, R_k] = i \sum_l \epsilon_{jkl} R_l$$

$$[R_j, R_k] = i \sum_l \epsilon_{jkl} L_l, \tag{9.3.9}$$

die direkt mit (9.2.4) und (9.3.6) zu beweisen sind. Die Richtigkeit von (9.3.1) beweist man am besten indirekt über die Gleichungen

$$J_{\pm}\,\Psi^{j}_{m_1 m_2} = (J_1 \pm iJ_2)\,\Psi^{j}_{m_1 m_2} =$$
$$= \sqrt{(j \mp m_1)(j \pm m_1 + 1)}\,\Psi^{j}_{m_1 \pm 1, m_2}$$
$$J_3\,\Psi^{j}_{m_1 m_2} = m_1\,\Psi^{j}_{m_1 m_2}$$
$$K_{\pm}\,\Psi^{j}_{m_1 m_2} = (K_1 \pm iK_2)\,\Psi^{j}_{m_1 m_2} =$$
$$= \sqrt{(j \mp m_2)(j \pm m_2 + 1)}\,\Psi^{j}_{m_1, m_2 \pm 1}$$
$$K_3\,\Psi^{j}_{m_1 m_2} = m_2\,\Psi^{j}_{m_1 m_2}\,. \qquad (9.3.10)$$

Zum Beweis der zweiten und vierten Gleichung von (9.3.10) benötigt man L_3 und R_3 in parapolischen Koordinaten

$$L_3 = -\,i\,\frac{\partial}{\partial\phi}$$

$$R_3 = (-2H)^{-\frac{1}{2}}\left[(\xi - \eta)H + \left(\xi\,\frac{\partial}{\partial\xi} + \eta\,\frac{\partial}{\partial\eta} + 1\right)\frac{2}{\xi + \eta}\left(\xi\,\frac{\partial}{\partial\xi} - \eta\,\frac{\partial}{\partial\eta}\right) + \frac{\xi - \eta}{\xi + \eta}\right], \quad (9.3.11)$$

die Rekursionsformel

$$\frac{d}{dx}\,L^{\alpha}_{q} = -\,L^{\alpha+1}_{q-1} \qquad (9.3.12)$$

der Laguerre-Polynome, die EW-Gleichung

$$H\Psi^{j}_{m_1 m_2} = -\,\frac{1}{(2j+1)^2}\,\Psi^{j}_{m_1 m_2} \qquad (9.3.13)$$

und (9.1.10, 13, 15). Man erhält

$$L_3\,\psi_{n_1 n_2 m} = m\,\psi_{n_1 n_2 m}$$
$$R_3\,\psi_{n_1 n_2 m} = (n_2 - n_1)\,\psi_{n_1 n_2 m}, \qquad (9.3.14)$$

woraus mit (9.3.5) und (9.1.11) sofort die gewünschten Gleichungen folgen. Die beiden restlichen Gleichungen von (9.3.10) sind analog zu beweisen.

Die Vertauschungsregeln (9.2.6) zeigen zusammen mit

$$[R_k, H] = 0, \qquad (9.3.15)$$

daß auch $SU(2)^2(\times S_2$ Symmetriegruppe von H ist.

$$[U(\omega_1, \omega_2 \,|\, p), H] = 0 \quad \text{für alle } (\omega_1, \omega_2 \,|\, p) \in SU(2)^2(\times S_2 \qquad (9.3.16)$$

Für die Bilder

$$R(\vec{J}^2) = \vec{J}^2, \quad R(\vec{K}^2) = \vec{K}^2 \qquad (9.3.17)$$

der beiden Casimiroperatoren $\vec{J}^2$ und $\vec{K}^2$ gilt in der Darstellung (9.3.5) zusätzlich

$$\vec{J}^2 = \vec{K}^2, \tag{9.3.18}$$

was die in H auftretenden UIRs $D^{jj'}$ von $SU(2)^2$ auf jene mit $j' = j$ beschränkt. Die Operatoridentität

$$-\frac{1}{2}H^{-1} = 2\vec{J}^2 + 2\vec{K}^2 + 1 = 4\vec{J}^2 + 1, \tag{9.3.19}$$

die direkt mit (9.2.4) und (9.3.6) zu beweisen ist, stellt nur eine notwendige Bedingung dafür dar, daß $SU(2)^2(\times S_2$ Invarianzgruppe von H ist (s. Abschnitt 8.2).

Um $SU(2)^2(\times S_2$-Anpassung der Elemente von H durchführen zu können, benötigt man die Darstellung

$$e^{jj'}_{\underline{p}m_1m'_1,\underline{p}'m_2m'_2} =$$

$$= \underline{p}^{-1}e^{jj'}_{m_1m'_1,m_2m'_2}\,\underline{p}' \to B(e^{jj'}_{\underline{p}m_1m'_1,\underline{p}'m_2m'_2}); \quad j < j' \tag{9.3.20}$$

$$e^{jj\kappa}_{m_1m'_1,m_2m'_2} = z^\kappa e^{jj}_{m_1m'_1,m_2m'_2} = \frac{1}{2}\sum_{mm'}\{e^{jj}_{mm',mm'}\,e\, +$$

$$+\,(-1)^\kappa e^{jj}_{mm',m'm}\,e'\}\,e^{jj}_{m_1m'_1,m_2m'_2} \to B(e^{jj\kappa}_{m_1m'_1,m_2m'_2}); \quad \kappa = 0,1 \tag{9.3.21}$$

der Einheiten von $A(SU(2)^2(\times S_2)$ (vgl. (6.2.66)).

Die Darstellung

$$e^{jj'}_{m_1m'_1,m_2m'_2} \to B(e^{jj'}_{m_1m'_1,m_2m'_2}) = E^{jj'}_{m_1m'_1,m_2m'_2}$$

$$E^{jj'}_{m_1m'_1,m_2m'_2} = (2j+1)(2j'+1)\iint_{V^2_\omega}d\omega_1 d\omega_2\,\rho(\omega_1)\rho(\omega_2)D^{j*}_{m_1m_2}(\omega_1)D^{j'*}_{m'_1m'_2}(\omega_2)U(\omega_1,\omega_2|e) \tag{9.3.22}$$

der Einheiten der Unteralgebra $A(SU(2)^2)$ gestattet, die Casimiroperatoren (9.3.17) als Linearkombinationen dieser Operatoren auszudrücken.

$$\vec{J}^2 = \sum_{jj'mm'}j(j+1)E^{jj'}_{mm',mm'}$$

$$\vec{K}^2 = \sum_{jj'mm'}j'(j'+1)E^{jj'}_{mm',mm'} \tag{9.3.23}$$

(Man beachte, daß wegen $e'\vec{J}^2 e' = \vec{K}^2$ nicht mehr $\vec{J}^2$ und $\vec{K}^2$, sondern nur mehr $\vec{J}^2 + \vec{K}^2$ zum Zentrum der einhüllenden Algebra von $A(SU(2)^2(\times S_2)$ gehören kann.) Damit folgt aus der Operatoridentität (9.3.18) und (7.2.2)

$$j(j+1)B(e^{jj'}_{m_1m'_1,m_2m'_2}) = j'(j'+1)B(e^{jj'}_{m_1m'_1,m_2m'_2})$$

$$\text{für alle } jj'm_1m'_1m_2m'_2, \tag{9.3.24}$$

womit gezeigt ist, daß (9.3.22) nur für $j' = j$ vom Nulloperator verschieden sein kann. Daraus folgt für (9.3.20, 21, 19)

$$B(e^{jj'}_{\underline{p}m_1m_1',\,\underline{p}'m_2m_2'}) = 0 \quad \text{für alle } j < j' \tag{9.3.25}$$

$$\vec{J}^2 = \vec{K}^2 = \sum_{jmm'} j(j+1)\, E^{jj}_{mm',\,mm'} =$$

$$= \sum_{j\kappa mm'} j(j+1)\, B(e^{jj\kappa}_{mm',\,mm'}) \tag{9.3.26}$$

$$H = -\frac{1}{2} \sum_{jmm'} [4j(j+1)+1]^{-1}\, E^{jj}_{mm',\,mm'}. \tag{9.3.27}$$

Zur Konstruktion von $SU(2)^2\,(\times S_2$-angepaßten Funktionen benötigt man die Beziehung

$$B(e^{j'j'\kappa}_{m_1m_1',\,m_2m_2'})\,\Psi^j_{mm'} = \frac{1}{2}(1+(-1)^{\kappa+2j})\delta_{jj'}\delta_{m_2m}\,\delta_{m_2'm'}\,\Psi^j_{m_1m_1'}, \tag{9.3.28}$$

aus der

$$B(e^{j'j'\kappa}_{m_1m_1',\,m_2m_2'})\,f = \frac{1}{2}(1+(-1)^{\kappa+2j'})\,c_{j'm_2m_2'}\,\Psi^{j'}_{m_1m_1'} \tag{9.3.29}$$

folgt, wenn man $f = \sum_{jmm'} c_{jmm'}\,\Psi^j_{mm'}$ voraussetzt. Daher können nur die Operatoren

$$B(e^{jj0}_{m_1m_1',\,m_2m_2'}) = E^{jj}_{m_1m_1',\,m_2m_2'} \qquad j = 0, 1, 2, \dots$$

$$B(e^{jj1}_{m_1m_1',\,m_2m_2'}) = E^{jj}_{m_1m_1',\,m_2m_2'} \qquad j = \tfrac{1}{2}, \tfrac{3}{2}, \dots \tag{9.3.30}$$

von Null verschieden sein. Da wegen (9.3.29) nicht nur die Zustände vollständig klassifiziert werden, sondern auch (8.2.2, 3) erfüllt ist, ist $SU(2)^2\,(\times S_2$ *Invarianzgruppe* von H.

Man beachte, daß $(\omega_1, \omega_2 | p) \rightarrow U(\omega_1, \omega_2 | p)$ keine treue Darstellung von $SU(2)^2\,(\times S_2$ ist, da die Elemente der durch

$$Z_2' = \{(\omega_0, \omega_0 | e),\ (\omega_{2\pi}, \omega_{2\pi} | e)\} \tag{9.3.31}$$

definierten Untergruppe von $Z[SU(2)^2]$ durch den Einheitsoperator von H dargestellt werden, d.h.

$$\{U(\omega_1, \omega_2 | p): (\omega_1, \omega_2 | p) \in SU(2)^2\,(\times S_2\} \leftrightarrow$$

$$\leftrightarrow [SU(2)^2/Z_2']\,(\times S_2 \leftrightarrow SO(4)\,(\times S_2. \tag{9.3.32}$$

9.4. Der Untergruppenverband $O^* \times S_2 \subset SU(2) \times S_2 \subset SU(2)^2\,(\times S_2$

Die Beschränkung der Invarianzgruppe $SU(2)^2\,(\times S_2$ auf die Symmetriegruppe $SU(2)^{[2]} \times S_2 \leftrightarrow SU(2) \times S_2$ hat die Zerfällung

$$D^{jj\kappa(j)} \downarrow SU(2) \times S_2 \sim \sum_{l,\,\tau(l)} \oplus\, D^{l\tau(l)} \tag{9.4.1}$$

zur Folge. In (9.4.1) ist $D^{l\tau(l)}(\omega,p) = (-1)^{lp} D^l(\omega)$ und $\kappa(j)$ der κ-Wert aus (9.3.30). Die Matrixelemente der Subduktionsmatrix, die $D^{jj\kappa(j)} \downarrow SU(2) \times S_2$ in $\sum_{l\tau(l)} \oplus D^{l\tau(l)}$ transformiert, sind gerade die Clebsch-Gordan-Koeffizienten von $SU(2)$.

$$C^{jj\kappa(j)}_{m_1 m_2, lm\tau(l)} = (jm_1 jm_2 | lm) \tag{9.4.2}$$

Für die Darstellung $(\omega_1, \omega_2 | p) \to U(\omega_1, \omega_2 | p)$ mit $\omega_1 = \omega_2$, folgt aus (9.3.5) und (9.2.5)

$$U(\omega, \omega | p) = U(\omega, p). \tag{9.4.3}$$

Damit ist in jedem Unterraum $^nH = {}^{2j+1}H$ von H eine unitäre Transformation gegeben,

$$\phi^n_{lm} = \sum_{m_1 m_2} C^{jj\kappa(j)*}_{lm\tau(l), m_1 m_2} \Psi^j_{m_1 m_2} =$$

$$= \sum_{m_1 m_2} (jm_1 jm_2 | lm) \Psi^j_{m_1 m_2} \quad \text{mit } j = \frac{1}{2}(n-1), \tag{9.4.4}$$

die gerade den Basiswechsel beschreibt, der $D^{jj\kappa(j)} \downarrow SU(2) \times S_2$ in die gewünschte direkte Summe zerlegt. Der Beweis kann auch mit den Operatoren (9.3.30) geführt werden.

$$E^{jj}_{m_1 m_1', m_2 m_2'} \phi^n_{lm} = (jm_2 jm_2' | lm) \Psi^j_{m_1 m_1'} \delta_{j,\frac{n-1}{2}} \tag{9.4.5}$$

Zusammen mit (8.1.7) und (7.2.15) erhält man das gewünschte Resultat (9.4.4).

$$B(e)\phi^n_{lm} = \phi^n_{lm} = \sum_{jm_1 m_2} E^{jj}_{m_1 m_2, m_1 m_2} \phi^n_{lm} =$$

$$= \sum_{m_1 m_2} \left(\frac{n-1}{2} m_1 \frac{n-1}{2} m_2 | lm \right) \Psi^{\frac{n-1}{2}}_{m_1 m_2} \tag{9.4.6}$$

Der Beweis von (9.4.4) kann auch direkt geführt werden. Zu diesem Zweck genügt es, den Spezialfall

$$\phi^n_{ll} = \sum_{m=l-\frac{1}{2}(n-1)}^{\frac{1}{2}(n-1)} \left(\frac{n-1}{2} l-m \frac{n-1}{2} m | ll \right) \Psi^{\frac{n-1}{2}}_{l-m, m} \tag{9.4.7}$$

zu untersuchen, da

$$E^l_{ml} \phi^n_{ll} = \phi^n_{lm} \tag{9.4.8}$$

die Richtigkeit von (9.4.4) für alle m gewährleistet. Wenn man die Indextransformation (9.1.11) rückgängig macht, nimmt (9.4.7) die Form

$$\phi^n_{ll} = \sum_{v=0}^{n-l-1} \left(\frac{n-1}{2} \frac{n-1}{2} - v \quad \frac{n-1}{2} l - \frac{n-1}{2} + v | ll \right) \psi_{v, n-l-1, l} \tag{9.4.9}$$

an. Die Definition (9.1.13) von $\psi_{v,n-l-1,l}$ zeigt zusammen mit (9.1.15), den speziellen Clebsch-Gordan-Koeffizienten [Ref. 51]

$$\left(\frac{n-1}{2}\ \frac{n-1}{2}-v\ \ \frac{n-1}{2}\ l-\frac{n-1}{2}+v\ \Big|\ ll\right)=$$

$$=(-1)^v\sqrt{\frac{(2l+1)!\,(n-l-1)!}{(n+l)!\,(l!)^2}\ \frac{(n-1-v)!\,(l+v)!}{(n-l-v-1)!\,v!}}\ ,$$

der Rekursionsformel

$$\sum_{v=0}^{n} L_v^\alpha(x)\,L_{n-v}^\alpha(y) = L_n^{2\alpha+1}(x+y), \tag{9.4.10}$$

den Transformationen (9.1.14), der Definition (9.1.2) von ϕ_{ll}^n, (9.1.6) und

$$Y_{ll}(\Omega) = (-1)^l\sqrt{\frac{2l+1}{4\pi}\ \frac{(2l)!}{2^{2l}(l!)^2}}\ (\sin\vartheta)^l e^{il\varphi}\ , \tag{9.4.11}$$

daß (9.4.7) tatsächlich eine Identität ist. Damit ist auch die spezielle Wahl der Phasenfaktoren in (9.1.6) und (9.1.15) erklärt.

Beschränkt man $SU(2)\times S_2$ auf $O^*\times S_2$, dann ist

$$D^{l\tau(l)}\downarrow O^*\times S_2 \sim \sum_{\langle i\rangle}\oplus\,(\oplus\ m_{l\tau(l),\langle i\rangle\tau(l)})\,D^{\langle i\rangle\tau(l)} \tag{9.4.12}$$

wobei $D^{\langle i\rangle\tau(l)}(q,p) = (-1)^{lp}D^{\langle i\rangle}(q)$ ist und man unter $\tau(l)$ jene τ-Werte zu verstehen hat, für die (9.2.13) existiert (vgl. Abschnitt 6.1). Da $O^*\times S_2$ ein direktes Produkt und die 1-dimensionale UIR $\{(-1)^{lp}: p\in S_2\}$ von S_2 unzerfällbar ist, muß

$$m_{l\tau(l),\langle i\rangle\tau(l)} = m_{l,\langle i\rangle} \tag{9.4.13}$$

von $\tau(l)$ unabhängig sein. Daher benötigt man nur für

$$D^l\downarrow O^* \sim \sum_{\langle i\rangle}\oplus\,(\oplus\ m_{l,\langle i\rangle})\,D^{\langle i\rangle} \tag{9.4.14}$$

die Subduktionsmatrizen C^l (s. Abschnitt 6.3) mit den Matrixelementen

$$C^l_{\langle i\rangle kv,m}\cdot\quad\begin{aligned}&l=0,1,\dots\\&v=0,1,\dots,m_{l,\langle i\rangle}-1\\&\langle i\rangle\in A_0\ (m_{l,\langle i\rangle}>0)\\&k=0,1,\dots,n_{\langle i\rangle}-1.\end{aligned} \tag{9.4.15}$$

Daß in D^l nur UIRs $D^{\langle i\rangle}$ mit $i=0,\dots,4$ vorkommen können, folgt aus $SU(2)/Z_2\leftrightarrow SO(3)$ und $O^*/Z_2\leftrightarrow O$ (s. B-6.3.1). Damit ist $\{\phi^n_{l\langle i\rangle kv}\}$ eine weitere Basis von H, deren (in allen Indizes) orthogonale Elemente durch

$$\phi^n_{l\langle i\rangle kv} = \sum_m C^{l*}_{\langle i\rangle kv,m}\,\phi^n_{lm} \tag{9.4.16}$$

gegeben sind und

$$U(q, p)\, \phi^n_{l\langle i\rangle\, kv} = (-1)^{lp} \sum_{k'} D^{(i)}_{k'k}(q)\, \phi^n_{l\langle i\rangle\, k'v} \tag{9.4.17}$$

erfüllen. Man beachte, daß mit der Darstellung

$$e^{\langle i\rangle\tau}_{kk'} \rightarrow B(e^{\langle i\rangle\tau}_{kk'}) = E^{\langle i\rangle\tau}_{kk'} \tag{9.4.18}$$

von $e^{\langle i\rangle\tau}_{kk'} \in A(O^* \times S_2)$ selbst in $^{n\,l}H$ i.a. keine vollständige Klassifikation der Funktionen möglich ist (außer für $l < 5$, s. Tabelle 6.3).

$$E^{\langle i\rangle\tau}_{kk'}\, \phi^n_{lm} = \frac{1}{2}\, [1 + (-1)^{\tau + l}] \sum_{v} C^{l}_{\langle i\rangle\, k'v,\, m}\, \phi^n_{l\langle i\rangle\, kv} \tag{9.4.19}$$

Gl. (9.4.19) läßt sich mit (9.4.17) und der zu (9.4.16) inversen Transformation beweisen. $O^* \times S_2$ ist nur eine schwache Symmetriegruppe, da auch die Hinzunahme von $E\,[H]$ noch keine vollständige Klassifikation ermöglicht.

10. Allgemeines Zentralpotential und weitere Wechselwirkungen

10.1. Zustände (Austauschsymmetrie)

Der Zustandsraum eines N-Elektronen-Atoms [Ref. 52]

$$H = H^{(1)}_0 \otimes \ldots \otimes H^{(N)}_0 \otimes H^{(1)}_s \otimes \ldots \otimes H^{(N)}_s = H_0 \otimes H_s, \tag{10.1.1}$$

dessen Elemente

$$\hat{\phi} = \sum_{\sigma_1 \ldots \sigma_N} \phi_{\sigma_1 \ldots \sigma_N}\, |\sigma_1 \ldots \sigma_N\rangle; \quad \phi_{\sigma_1 \ldots \sigma_N} \in H_0; \quad |\sigma_1 \ldots \sigma_N\rangle \in H_s \tag{10.1.2}$$

Spinoren sind [Ref. 53], (bzw. eine spezielle dichte Teilmenge von *H*) ist Definitions- und Wertbereich der Orts-, Impuls- und Spinoperatoren. Das Skalarprodukt

$$\langle \hat{\phi}, \hat{\psi}\rangle = \sum_{\sigma_1 \ldots \sigma_N} \int_{-\infty}^{\infty} \ldots \int_{-\infty}^{\infty} d^3 x_1 \ldots d^3 x_N\, \phi^*_{\sigma_1 \ldots \sigma_N}(\vec{x}_1, \ldots, \vec{x}_N)\, \psi_{\sigma_1 \ldots \sigma_N}(\vec{x}_1, \ldots, \vec{x}_N) \tag{10.1.3}$$

$$\langle \sigma_1 \ldots \sigma_N | \sigma'_1 \ldots \sigma'_N\rangle = \delta_{\sigma_1 \sigma'_1} \ldots \delta_{\sigma_N \sigma'_N} \tag{10.1.4}$$

ist wie üblich definiert.

H ist Trägerraum der Darstellung $(r, s) \rightarrow U(r, s)$ von $S^2_N\ (= S^{Ort}_N \times S^{Spin}_N)$, die durch

$$[U(r, s)\, \phi_{\sigma_1 \ldots \sigma_N}\, |\sigma_1 \ldots \sigma_N\rangle]\, (\vec{x}_1, \ldots, \vec{x}_N) =$$
$$= \phi_{\sigma_1 \ldots \sigma_N}(\vec{x}_{r1}, \vec{x}_{r2}, \ldots, \vec{x}_{rN})\, |\sigma_{s^{-1}1}, \sigma_{s^{-1}2}, \ldots, \sigma_{s^{-1}N}\rangle \tag{10.1.5}$$

definiert (s. B-1.1.5, (5.1A.37)) und wegen

$$\langle U(r,s)\,\hat{\phi},\ U(r,s)\,\hat{\psi}\rangle = \langle \hat{\phi},\hat{\psi}\rangle \tag{10.1.6}$$

unitär ist. Die Gruppe S_N^2 ist ein wesentlicher Bestandteil des Klassifikationsschemas, das als *LS-Kopplung* bekannt ist.

Die Untergruppe

$$S_N^{[2]} = S_N^{Ort}\,[\times]\,S_N^{Spin} \tag{10.1.7}$$

spielt im Hinblick auf das sogenannte *Pauliverbot,* dem ein Fermionensystem wie das der an den Kern (Rumpf) des Atoms gebundenen Elektronen zu genügen hat [Ref. 54], eine entscheidende Rolle. Denn erweitert man die Darstellung $(r,r) \rightarrow U(r,r)$ von $S_N^{[2]}$ mit (7.2.1) zu einer von $A(S_N)$, so fordert das Pauliverbot die Beschränkung

$$H \rightarrow B(e^{[1^N]})\,H \tag{10.1.8}$$

und

$$Q \rightarrow B(e^{[1^N]})\,Q\,B(e^{[1^N]}) \tag{10.1.9}$$

wobei

$$e^{[1^N]} = \frac{1}{N!}\sum_r D^{[1^N]}(r)\,r; \quad D^{[1^N]}(r) = (-1)^{p(r)} \tag{10.1.10}$$

und Q ein beliebiger Operator von H ist. Alle $\hat{\phi} \in B(e^{[1^N]})\,H$ nennt man wegen

$$U(r,r)\,\hat{\phi} = U(r,r)\,B(e^{[1^N]})\,\hat{\phi} = (-1)^{p(r)}\,\hat{\phi} \tag{10.1.11}$$

völlig antisymmetrisch. (Die 1-dimensionale alternierende UIR $D^{[1^N]}(r) = (-1)^{p(r)}$ nimmt die Werte $+1$ oder -1 an, je nachdem, ob r durch eine gerade $(p(r) = 0)$ oder ungerade $(p(r) = 1)$ Anzahl von Transpositionen dargestellt werden kann; siehe auch B-3.3.1(3).)

Eine formal konsequente Beschreibung, die von vornherein nur die völlig antisymmetrischen Zustände und die für sie maßgeblichen Teile der (invarianten) Operatoren berücksichtigt, ist nur mit Hilfe der zweiten Quantisierung (Erzeugungs- und Vernichtungsoperatoren) möglich. Wir werden diesen Weg nicht einschlagen, sondern zuerst das EW-Problem (für einen gegebenen Hamiltonoperator) in H lösen und dann erst die Beschränkung (10.1.8) vornehmen.

10.2. Zentralpotentiale

Der S_N^2-invariante Hamiltonoperator des N-Elektronen-Atoms

$$H_0 = \sum_{i=1}^{N}\left(\frac{1}{2m}\,\vec{p}_i^{\,2} - \frac{Ze^2}{r_i}\right) + \sum_{i<j}^{N}\frac{e^2}{r_{ij}} \tag{10.2.1}$$

berücksichtigt weder Spin-Bahn-Wechselwirkungen noch die der Elektronen mit äußeren Feldern ($\vec{E}, \vec{B}$, Kristallfeld); die N Elektronen (Masse m, Ladung e, Spin $\frac{1}{2}$) spüren nur die Anziehung des Kerns (Ladung $-Ze$) und ihre gegenseitige Abstoßung. Wegen des Operators

$$H_1 = \sum_{i<j}^{N} \frac{e^2}{r_{ij}}, \tag{10.2.2}$$

der die Coulombwechselwirkung zwischen den Elektronen beschreibt, kann die EW-Gleichung für (10.2.1) weder exakt gelöst, noch in Einteilchenprobleme separiert werden.

Diese Schwierigkeiten können zum Teil mit der sogenannten *Zentralfeldnäherung* umgangen werden [Ref. 55]. Sie besteht darin, daß man an Stelle von H_0 einen effektiven Hamiltonoperator

$$H_{eff} = \sum_{i=1}^{N} \left(\frac{1}{2m} \vec{p}_i^2 + U(r_i) \right) \tag{10.2.3}$$

einführt, wobei das Zentralpotential $\sum_i U(r_i)$ gerade so bestimmt wird (Verfahren nach *Thomas-Fermi* oder, wenn das Pauliverbot berücksichtigt wird, nach *Hartree-Fock-Slater* [Ref. 56]), daß die Eigenwerte

$$\epsilon^0_{n_1 l_1, \ldots, l_N \, l_N} = \sum_{i=1}^{N} \epsilon_{n_i l_i} \qquad \begin{aligned} &n_i = 1, 2, 3, \ldots \\ &l_i = 0, 1, \ldots, n_i - 1 \end{aligned} \tag{10.2.4}$$

von (10.2.3) mit den „Schwerpunkten" der gemessenen Spektrallinien möglichst gut übereinstimmen [Ref. 57]. Die (zumindest im Prinzip bekannten) Eigenzustände

$$\left\{ \hat{\phi}^{n_1 l_1, \ldots, n_N l_N}_{m_1, \ldots, m_N; \sigma_1 \ldots \sigma_N} = \phi^{n_1 l_1, \ldots, n_N l_N}_{m_1 \ldots m_N} | \sigma_1, \ldots, \sigma_N \rangle: \begin{array}{l} n_i = 1, 2, \ldots; \; l_i = 0, 1, \ldots, n_i - 1; \\ -l_i \leq m_i \leq l_i; \; \sigma_i = \pm \frac{1}{2} \end{array} \right\}$$

$$\phi^{n_1 l_1, \ldots, n_N l_N}_{m_1 \ldots m_N} (\vec{x}_1, \ldots, \vec{x}_N) = \phi^{n_1 l_1}_{m_1}(\vec{x}_1) \, \phi^{n_2 l_2}_{m_2}(\vec{x}_2) \ldots \phi^{n_N l_N}_{m_N}(\vec{x}_N)$$

$$\phi^{nl}_{m}(\vec{x}) = R_{nl}(r) \, Y_{lm}(\Omega) \tag{10.2.5}$$

von H_{eff} definieren eine Basis von H. Wir nehmen an, daß die EW-Gleichung für H_{eff}

$$H_{eff} \, \hat{\phi}^{n_1 l_1, \ldots, n_N l_N}_{m_1 \ldots m_N, \sigma_1 \ldots \sigma_N} = \epsilon^0_{n_1 l_1, \ldots, n_N l_N} \, \hat{\phi}^{n_1 l_1, \ldots, n_N l_N}_{m_1 \ldots m_N, \sigma_1 \ldots \sigma_N} \tag{10.2.6}$$

bereits gelöst, d.h. die Spektraldarstellung

$$H_{eff} = \sum_{n_1 l_1 \ldots n_N l_N} \epsilon^0_{n_1 l_1, \ldots, n_N l_N} \, P^{(n_1 l_1, \ldots, n_N l_N)} \tag{10.2.7}$$

bekannt ist. In (11.2.7) bezeichnet $P^{(n_1 l_1 \ldots n_N l_N)}$ den Projektor, der in den zu $\epsilon^0_{n_1 l_1 \ldots n_N l_N}$ gehörenden und bezüglich S_N^2 invarianten (endlich dimensionalen) Unterraum

$$^{(n_1 l_1, \ldots, n_N l_N)} H = P^{(n_1 l_1, \ldots, n_N l_N)} H = {}^{(n_1 l_1, \ldots, n_N l_N)} H_0 \otimes H_s \tag{10.2.8}$$

von H projiziert. Die Invarianz jedes Unterraumes (10.2.8) bezüglich S_N^2 ist offensichtlich, da S_N^2 eine Symmetriegruppe von H_{eff} ist.

Die Zentralfeldnäherung, die Ausgangspunkt zur Berechnung der Energiewerte von (10.2.1) (bzw. umfassenderer Hamiltonoperatoren) ist, wird umso zielführender sein, je kleiner (in ähnlichem Sinn wie Gl. (8.3.1)) die Matrixelemente des Operators

$$H_0 - H_{eff} = H_2 = -\sum_{i=1}^N \left(U(r_i) + \frac{Ze^2}{r_i} \right) + \sum_{i<j}^N \frac{e^2}{r_{ij}} \tag{10.2.9}$$

sind. Dies gilt auch für den Fall, daß man an Stelle von H_0 einen Hamiltonoperator H' betrachtet, der auch Spin-Bahn- und weitere Wechselwirkungen erfaßt.

10.3. Spezielle Zustände

Bei Abwesenheit von äußeren Feldern kann man das Spektrum eines N-Elektronen-Atoms nur dann quantitativ richtig wiedergeben, wenn man außer (10.2.9) auch die Spin-Bahn-Wechselwirkung

$$H_3 = \sum_{i=1}^N \xi(r_i)\, \vec{L}^{(i)}\, \vec{S}^{(i)} \tag{10.3.1}$$

($\xi(r) = $ *Thomas-Faktor* [Ref. 58]), berücksichtigt. Wechselwirkungen der Elektronen mit äußeren Feldern werden durch die Operatoren

$$H_4 = \beta B_0 (L_3 + 2S_3) \tag{10.3.2}$$

$$H_5 = E_0 \sum_{i=1}^N x_3^{(i)} \tag{10.3.3}$$

$$H_6 = \sum_{i=1}^N V_{Kr}(\vec{x}_i) \tag{10.3.4}$$

dargestellt, wobei (10.3.2) die mit einem konstanten Magnetfeld ($\vec{B} = (0,0,B_0)$; $L_j = \sum_i L_j^{(i)}$; $S_j = \sum_i S_j^{(i)}$; $j = 1,2,3$), (10.3.3) die mit einem konstanten $\vec{E}$-Feld ($\vec{E} = (0,0,E_0)$) und (10.3.4) die mit einem Kristallfeld (O_h-Symmetrie) beschreibt. Man beachte, daß die Gruppe S_N^2 elementweise mit den Operatoren (10.3.2–4) vertauscht, während im Falle des Operators (10.3.1) nur $S_N^{[2]}$ Symmetriegruppe ist. Wie bereits erwähnt, ist die Kompliziertheit des EW-Problems von

$$H' = H_0 + H_3 + \ldots = H_{eff} + H_2 + H_3 + \ldots \tag{10.3.5}$$

das Motiv für die Zentralfeldnäherung. Das in H_{eff} auftretende Potential $\sum_i U(r_i)$ wird dabei so gewählt, daß der permutationsinvariante Operator

$$H = \sum_{n_1 l_1 \ldots n_N l_N} P^{(n_1 l_1, \ldots, n_N l_N)} H' P^{(n_1 l_1, \ldots, n_N l_N)} \tag{10.3.6}$$

(oder zumindest sein Spektrum) den ursprünglichen Operator H' (oder das experimentell festgestellte Spektrum) annähert. Da sich die Summanden in (10.3.6) gegenseitig annullieren, können die EW-Probleme in den Unterräumen $^{(n_1 l_1, \ldots, n_N l_N)}H$ unabhängig voneinander gelöst werden. Damit verbleibt das Problem, in jedem Unterraum $^{(n_1 l_1, \ldots, n_N l_N)}H$ eine Basis einzuführen, für die das EW-Problem des Operators

$$H^{(n_1 l_1, \ldots, n_N l_N)} = P^{(n_1 l_1, \ldots, n_N l_N)} H' P^{(n_1 l_1, \ldots, n_N l_N)} \tag{10.3.7}$$

eine möglichst einfache Form annimmt.

Wir werden diese Basen stets durch die Forderung einführen, daß sie *allen* in einer Folge

$$G_0 \supset G_1 \supset G_2 \supset \ldots \tag{10.3.8}$$

$$G_i = G_i' \times S_N^2 \tag{10.3.9}$$

auftretenden Gruppen angepaßt sein sollen. Sie vermitteln dann UIRs von jeder Gruppe G_i, d.h. bei der sukzessiven Subduktion ($D^{\alpha_0} = $ UIR von G_0)

$$((D^{\alpha_0} \downarrow G_1) \downarrow G_2) \downarrow G_3 \ldots \tag{10.3.10}$$

zerfallen bei jedem Schritt die UIRs D^{α_i} von G_i in eine (längs der Diagonale angeordnete) direkte Summe von UIRs $D^{\alpha_{i+1}}$ von G_{i+1}. Derartige UIRs D^{α_i} sind i.a. aber nicht von vornherein bekannt. Man muß daher in der Regel zuerst die Subduktionsmatrizen bestimmen, die bekannte UIRs $\bar{D}^{\alpha_i}$ auf die gewünschte Form D^{α_i} transformieren.

Ist G_0 eine in $^{(n_1 l_1, \ldots, n_N l_N)}H$ starke Gruppe, so können die durch ihre UIR D^{α_0} bestimmten Basiselemente durch die Indizes $\alpha_0, \alpha_1, \alpha_2, \ldots$ gekennzeichnet werden. Ist G_0 sogar Nicht-Invarianzgruppe in $^{(n_1 l_1, \ldots, n_N l_N)}H$, so können alle Operatoren dieses Unterraums, vor allem der entsprechende Teil (10.3.7) des Hamiltonoperators (10.3.6), mit Elementen von $A(G_0)$ identifiziert werden (Operatoräquivalenz).

Im folgenden wird stets

$$G_0 = [SU(2)^N (\times S_N^{Ort}] \times [su(2)^N (\times S_N^{Spin}] \tag{10.3.11}$$

gewählt. Ihre unitäre Darstellung $(\omega_1, \ldots, \omega_N \mid r; \omega_1', \ldots, \omega_N' \mid s) \rightarrow$
$U(\omega_1, \ldots, \omega_N \mid r; \omega_1', \ldots, \omega_N' \mid s) = U(\omega_1, \ldots, \omega_N \mid r) \, U(\omega_1', \ldots, \omega_N' \mid s)$, die durch

$$U(\omega_1, \ldots, \omega_N \mid e) \, U(\omega_1', \ldots, \omega_N' \mid e) \, \hat{\phi}^{n_1 l_1, \ldots, n_N l_N}_{m_1 \ldots m_N, \sigma_1 \ldots \sigma_N} =$$

$$= \sum_{\substack{m_1' \ldots m_N' \\ \sigma_1' \ldots \sigma_N'}} D^{l_1 \ldots l_N}_{m_1' \ldots m_N', m_1 \ldots m_N}(\omega_1, \ldots, \omega_N) \, D^{1/2 \ldots 1/2}_{\sigma_1' \ldots \sigma_N', \sigma_1 \ldots \sigma_N}(\omega_1', \ldots, \omega_N') \, \hat{\phi}^{n_1 l_1, \ldots, n_N l_N}_{m_1' \ldots m_N', \sigma_1' \ldots \sigma_N'} \tag{10.3.12}$$

$$U(\omega_0, \ldots, \omega_0 \mid r) \, U(\omega_0, \ldots, \omega_0 \mid s) \, \hat{\phi}^{n_1 l_1, \ldots, n_N l_N}_{m_1 \ldots m_N; \sigma_1 \ldots \sigma_N} = U(r, s) \, \hat{\phi}^{n_1 l_1, \ldots, n_N l_N}_{m_1 \ldots m_N; \sigma_1 \ldots \sigma_N} =$$

$$= \phi^{n_{r^{-1}1} l_{r^{-1}1}, n_{r^{-1}2} l_{r^{-1}2}, \ldots, n_{r^{-1}N} l_{r^{-1}N}}_{m_{r^{-1}1}, m_{r^{-1}2}, \ldots, m_{r^{-1}N}} \mid \sigma_{s^{-1}1}, \sigma_{s^{-1}2}, \ldots, \sigma_{s^{-1}N} \rangle \tag{10.3.13}$$

definiert ist, zeigt, daß die Gruppe (10.3.11) für alle Unterräume $^{(n_1 l_1, \ldots, n_N l_N)}H$ Nicht-Invarianzgruppe ist. Die Invarianz von $^{(n_1 l_1, \ldots, n_N l_N)}H$ bezüglich (10.3.11) ist mit (10.3.12,13) unmittelbar einzusehen. Die Irreduzibilität ist weniger offensichtlich und wird bei den später behandelten Beispielen jeweils gezeigt. Damit sind die orthonormierten Elemente (10.2.5) Basis für jeweils eine (von $l_1, \ldots, l_N$ abhängige) UIR $\widetilde{D}^{l_1 \cdots l_N}$ von (10.3.11).

Welche Gruppen G_i' zugelassen werden, hängt davon ab, welche Rolle sie bezüglich (10.3.7) spielen (Symmetriegruppe, Fastsymmetriegruppe, ...). Die für uns interessanten Gruppen faßt das folgende Schema zusammen:

$$[SU(2)^N (\times S_N^{Ort}] \times [su(2)^N (\times S_N^{Spin}] =$$
$$= [SU(2) \times su(2)]^N (\times S_N^2$$

$$[SU(2)^{[N]} \times S_N^{Ort}] \times [su(2)^{[N]} \times S_N^{Spin}] =$$
$$= [SU(2)^{[N]} \times su(2)^{[N]}] \times S_N^2$$

$$[SU(2)[\times] su(2)] \times S_N^2 \qquad\qquad [O^* \times su(2)] \times S_N^2$$

$$O^* \times S_N^2 \tag{10.3.14}$$

Sind UIRs dieser Gruppe bekannt, so legt die Kenntnis der zugehörigen Subduktionsmatrizen die Elemente der verschiedenen Basen eindeutig fest. Die Kenngrößen der Zustände, die (10.3.14) entsprechen, zeigt das folgende Schema:

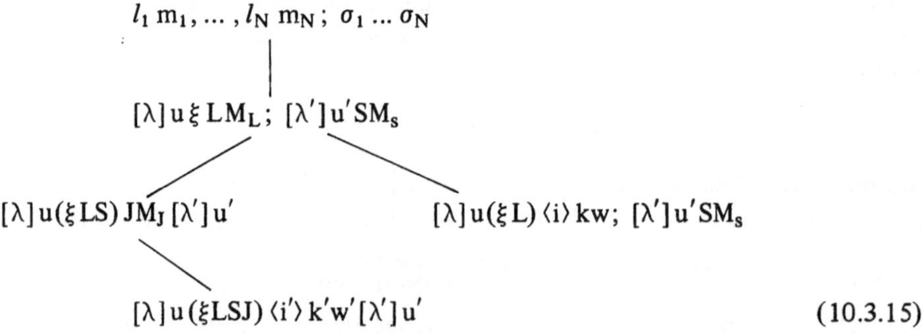

$$l_1\, m_1, \ldots, l_N\, m_N\,;\ \sigma_1 \ldots \sigma_N$$

$$[\lambda]\, u\, \xi\, L M_L\,;\ [\lambda']\, u'\, S M_s$$

$$[\lambda]\, u(\xi LS)\, J M_J\, [\lambda']\, u' \qquad\qquad [\lambda]\, u(\xi L)\, \langle i \rangle\, kw\,;\ [\lambda']\, u'\, S M_s$$

$$[\lambda]\, u(\xi LSJ)\, \langle i' \rangle\, k'w'\, [\lambda']\, u' \tag{10.3.15}$$

Diese Art von Anpassung behandelt den Orts- und Spinteil von (10.2.5) gesondert und wird als *LS-Kopplung* bezeichnet (Das sogenannte *jj-Kopplungsschema* wird nur für 2-Elektronen-Atome untersucht).

Die einzige wesentliche Schwierigkeit liegt nur darin, daß für N ≥ 3 die bei der Subduktion

$$D^{l_1 \cdots l_N} \downarrow SU(2)^{[N]} \times S_N^{Ort} \sim \sum_{L[\lambda]} \oplus\, (\oplus\, m_{l_1 \ldots l_N,\, L[\lambda]})\, D^{L[\lambda]} \tag{10.3.16}$$

auftretenden Vielfachheiten $m_{l_1...l_N, L[\lambda]}$ i.a. größer als 1 sind ($\{D^{l_1\cdots l_N}(\omega_1...\omega_N | r)$: $(\omega_1...\omega_N | r) \in SU(2)^N (\times S_N^{Ort}\} = $ UIR von $SU(2)^N (\times S_N^{Ort})$. Dagegen sind die in

$$D^{1/2\cdots 1/2} \downarrow su(2)^{[N]} \times S_N^{Spin} \sim \sum_{S[\lambda']} \oplus (\oplus \, m_{1/2...1/2, S[\lambda']}) D^{S[\lambda']} \qquad (10.3.17)$$

vorkommenden Vielfachheiten $m_{1/2...1/2, S[\lambda']} \leqslant 1$. Während daher der Spinteil durch $SM_S[\lambda']u'$ vollständig gekennzeichnet werden kann, ist dies für den Ortsteil von (10.2.5) mit $LM_L[\lambda]u$ i.a. nicht möglich. Mehrfach vorkommende UIRs $D^{L[\lambda]}$ können aber durch die Eigenwerte weiterer hermitescher Operatoren, die mit allen Elementen von $SU(2)^{[N]} \times S_N^{Ort}$ vertauschen, unterschieden werden (s. Abschnitt 16.1).

10.4. Konsequenzen des Pauliverbots

Wegen (10.3.9) gehört jedes Element einer in allen in (10.3.8) auftretenden Gruppen angepaßten Basis zu einer UIR $D^{[\lambda][\lambda']}$ von S_N^2. Wird S_N^2 als letztes Glied der Folge (10.3.8) angesehen, so kann die Beschränkung

$$^{(n_1 l_1,...,\, n_N l_N)}H \to B(e^{[1^N]})^{(n_1 l_1,...,\, n_N l_N)}H = {}^{(n_1 l_1)\cdots(n_N l_N)}H \qquad (10.4.1)$$

$$Q^{(n_1 l_1,...,\, n_N l_N)} \to B(e^{[1^N]})\, Q^{(n_1 l_1,...,\, n_N l_N)}\, B(e^{[1^N]}) = {}^{(n_1 l_1)\cdots(n_N l_N)}Q \qquad (10.4.2)$$

als eine (nach allen G_i'-Anpassungen durchzuführende) Subduktion

$$D^{[\lambda][\lambda']} \downarrow S_N^{[2]} \sim \sum_{[\lambda'']} \oplus (\oplus \, m_{[\lambda][\lambda'],[\lambda'']}) D^{[\lambda'']} \qquad (10.4.3)$$

aufgefaßt werden. Sie bereitet keine Schwierigkeiten, da die in den Subduktionsmatrizen auftretenden CG-Koeffizienten $([\lambda]u[\lambda']u' | [1^N]00)$ bekannt sind.

Die in (10.4.1) auftretenden Indizes

$$(n_1 l_1)\, (n_2 l_2)\, ...\, (n_N l_N) \qquad (10.4.4)$$

werden als *Konfiguration* bezeichnet. Das hier entwickelte Konzept wird an 2-Elektronen-Atomen der Konfiguration

$$(nl_1)\,(nl_2) \qquad\qquad l_1 \neq l_2 \qquad\qquad\qquad (10.4.5)$$

$$(nl)^2 \qquad\qquad l > 0, n > 1, \qquad\qquad\qquad (10.4.6)$$

bzw. 3-Elektronen-Atomen der Konfiguration

$$(nl_1)\,(nl_2)\,(nl_3) \qquad\quad l_i \neq l_j \text{ (zyklisch)}, n > 1 \qquad (10.4.7)$$

$$(n0)^2(nl) \qquad\qquad\quad l > 0, n > 1 \qquad\qquad\qquad (10.4.8)$$

$$(nl)^3 \qquad\qquad\qquad l > 0, n > 1 \qquad\qquad\qquad (10.4.9)$$

demonstriert. (10.4.8) soll den Fall veranschaulichen, daß ein Teil der Elektronen eine Schale (oder mehrere) voll besetzt. Dabei zeigt sich, daß man es bei (10.4.8) im Prinzip mit einem Einelektronenproblem zu tun hat. Daher kann die bei den 2- bzw. 3-Elek-

tronen-Atomen geschilderte Vorgangsweise für jedes N-Elektronen-Atom verwendet
werden, dessen innere Schale(n) voll und dessen äußere Schale(n) höchstens von zwei
bzw. drei Elektronen besetzt sind.

Unabhängig davon, ob man die Näherung (10.3.6) macht oder nicht, kommt eine
weitere wesentliche Vereinfachung bei der Berechnung von Matrixelementen von
H_i (i = 0, 1, ... , 6) zwischen völlig antisymmetrischen Zuständen daher, daß sie entweder
Ein- oder *Zweiteilchenoperatoren* sind.

Die Wechselwirkungsoperatoren (10.3.1–4) sind von der Form

$$V(1, 2, ... , N) = \sum_{j=1}^{N} V(j). \tag{10.4.10}$$

Man bezeichnet sie als Einteilchenoperatoren. Wegen

$$[U(r, r),\ V(1, 2, ... , N)] = 0 \tag{10.4.11}$$

ist $V(1, ... , N)$ ein bezüglich $S_N^{[2]}$ invarianter Operator, d.h.

$$V(1, 2, ... , N) = T_{00}^{[N]}[V(1, 2, ... , N)] \tag{10.4.12}$$

$$T_{00}^{[N]}[V(1, ... , N)] = \frac{1}{(N-1)!} \sum_{r} U(r, r)\, V(j)\, U^+(r, r) =$$

$$= N T_{00}^{[N]}[V(j)] \quad \text{für alle } j. \tag{10.4.13}$$

Daher folgt für jedes Matrixelement von (10.4.10) zwischen zwei beliebigen Elementen
$\hat{\phi}, \hat{\psi} \in B(e^{[1^N]}) H$

$$\langle \hat{\phi},\, V(1, ... , N)\, \hat{\psi} \rangle = N \langle \hat{\phi},\, V(j)\, \hat{\psi} \rangle \quad \text{für alle } j. \tag{10.4.14}$$

Der Operator H_1 ist von der Form

$$W(1, ... , N) = \sum_{i<j}^{N} W(i, j), \tag{10.4.15}$$

weshalb er als Zweiteilchenoperator bezeichnet wird. Aus

$$[U(r, r), W(1, ... , N)] = 0 \tag{10.4.16}$$

folgt

$$W(1, ... , N) = T_{00}^{[N]}[W(1, ... , N)]. \tag{10.4.17}$$

Analog zu (10.4.13) erhält man

$$T_{00}^{[N]}[W(1, ... , N)] = \frac{1}{2(N-2)!} \sum_{r} U(r, r)\, W(j, l)\, U^+(r, r) =$$

$$= \frac{1}{2} N(N-1)\, T_{00}^{[N]}[W(j, l)] \quad \text{für alle } j, l, \tag{10.4.18}$$

so daß für

$$\langle \hat{\phi}, W(1, \ldots, N)\, \hat{\psi}\rangle = \frac{1}{2} N(N-1)\, \langle \hat{\phi}, W(j, l)\, \hat{\psi}\rangle \quad \text{für alle } j, l \tag{10.4.19}$$

folgt, wenn $\hat{\phi}, \hat{\psi} \in B(e^{[1^N]})\,H$ sind.

Die spezielle Gestalt der Matrixelemente (10.4.14) und (10.4.19) legt es nahe, die Zustände $\hat{\phi}, \hat{\psi} \ldots \in B(e^{[1^N]})\,H$ in (N−1)- und 1- (und die (N−1)- in (N−2)- und 1-) Teilchen-Zustände zu zerlegen. Die systematische Behandlung dieses Problems führt auf das Konzept der *coefficients of fractional parentage* (*cfp*) [Ref. 59]. Diese Methode ist der hier geschilderten überlegen, doch würde ihre Behandlung den Rahmen dieses Buches bei weitem sprengen.

11. Einelektronenatome

11.1. Zustände

Zustandsraum ist der Hilbertraum

$$H = H_0 \otimes H_s, \tag{11.1.1}$$

dessen Elemente (*Spinoren*)

$$\hat{\Phi} = \sum_{\sigma = -1/2}^{1/2} \phi_\sigma |\sigma\rangle, \quad \phi_\sigma \in H_0, \ |\sigma\rangle \in H_s \tag{11.1.2}$$

bezüglich

$$\langle \hat{\Phi}, \hat{\Psi}\rangle = \sum_\sigma \iiint_{-\infty}^{+\infty} d^3x \ \phi_\sigma^*(\vec{x})\, \psi_\sigma(\vec{x}) \tag{11.1.3}$$

$$\langle \sigma | \sigma'\rangle = \delta_{\sigma\sigma'} \tag{11.1.4}$$

quadratisch integrierbar sind (s. (10.1.1−4) für N = 1).

Eine Basis von H definieren die Spinoren

$$\hat{\Psi}^j_{m_1 m_2 \sigma} = \Psi^j_{m_1 m_2} |\sigma\rangle: \qquad \begin{aligned} &j = 0, \tfrac{1}{2}, 1, \ldots \\ &-j \leqslant m_1, m_2 \leqslant j \\ &\sigma = \pm \tfrac{1}{2} \end{aligned} \tag{11.1.5}$$

deren Ortsteil durch (9.1.10) gegeben ist. Die Basis (11.1.5) ist Ausgangspunkt für sämtliche weiteren Basen von H. Sie ist nur für das H-Atom selbst eine nützliche Basis, während sie für H-ähnliche Atome eine zwar mögliche, i.a. aber ungünstige Basis darstellt [Ref. 60].

Die unitäre Darstellung $(\omega_1, \omega_2 \,|\, p; \omega_3) \rightarrow U(\omega_1, \omega_2 \,|\, p; \omega_3)$ von $(SU(2)^2 (\times S_2) \times su(2)$,

$$U(\omega_1, \omega_2 \,|\, e; \omega_3)\,\hat{\Psi}^{\,j}_{m_1 m_2 \sigma} =$$

$$= \sum_{m_1' m_2' \sigma'} D^{jj\,1/2}_{m_1' m_2' \sigma',\, m_1 m_2 \sigma}(\omega_1, \omega_2, \omega_3)\,\hat{\Psi}^{\,j}_{m_1' m_2' \sigma'} \qquad (11.1.6)$$

$$U(\omega_0, \omega_0 \,|\, e'; \omega_0)\,\hat{\Psi}^{\,j}_{m_1 m_2 \sigma} = (-1)^{2j}\,\hat{\Psi}^{\,j}_{m_2 m_1 \sigma}, \qquad (11.1.7)$$

zeigt, daß $(SU(2)^2 (\times S_2) \times su(2)$ in H starke Gruppe ist (vgl. Abschnitt 9.3). Alle weiteren Basen werden so eingeführt, daß sie allen in einer Folge $G_0 \supset G_1 \supset G_2 \supset \dots$ auftretenden Gruppen angepaßt sind. Bei jedem Schritt der sukzessiven Subduktion (D^{α_i} = UIR von G_i, vgl. (11.3.10))

$$((D^{\alpha_0} \downarrow G_1) \downarrow G_2) \downarrow \dots \quad \text{mit} \quad G_0 = (SU(2)^2 (\times S_2) \times su(2) \qquad (11.1.8)$$

zerfällt dann $D^{\alpha_i} \downarrow G_{i+1}$ in eine direkte Summe von UIRs $D^{\alpha_{i+1}}$ von G_{i+1}. Damit sind die weiteren Basen eindeutig festgelegt, wenn die jeweils zugehörigen Subduktionsmatrizen als bekannt vorausgesetzt werden. Die für uns interessanten Gruppen zeigt das folgende Schema:

$$(SU(2)^2 (\times S_2) \times su(2)$$
$$|$$
$$SU(2)^{[2]} \times S_2 \times su(2)$$

$$SU(2)\,[\times]\,su(2) \times S_2 \qquad\qquad\qquad O^* \times su(2) \times S_2$$

$$O^* \times S_2 \qquad (11.1.9)$$

Die Wahl der in (11.1.9) vorkommenden Gruppen ist durch die später betrachteten Wechselwirkungsoperatoren bestimmt; alle Untergruppen von $(SU(2)^2 (\times S_2) \times su(2)$, die O^* als Untergruppen enthalten, bedeuten bereits einen Vorgriff auf Kapitel 17.

Die erste Subduktion

$$D^{jj\,1/2} \downarrow SU(2) \times S_2 \times su(2) \sim \sum_{l=0}^{2j} \oplus D^{l\tau(l)\,1/2} \qquad (11.1.10)$$

liefert zusammen mit (9.4.4) und (9.1.2) die Elemente einer weiteren Basis von H:

$$\hat{\Phi}^{\,j}_{l m \sigma} = \phi^{2j+1}_{lm} \,|\, \sigma\rangle = \sum_{m'} (jm - m' jm' \,|\, lm)\,\hat{\Psi}^{\,j}_{m - m',\, m',\, \sigma} \qquad (11.1.11)$$

(Ist das Zentralpotential nicht proportional zu $1/r$, dann dient eine zu (11.1.11) äquivalente Basis, deren Elemente $\hat{\Phi}^{\,n}_{l m \sigma}$ an $E \times SU(2) \times su(2) \times S_2$ angepaßt sind und sich von (11.1.11) nur durch den Radialteil unterscheiden, als Ausgangspunkt für weitere Näherungen.)

In analoger Weise bewirkt die Wahl der Spinoren

$$\hat{\Phi}^{j}_{(l)JM} = \sum_{\sigma} (l\,M-\sigma\,\tfrac{1}{2}\,\sigma\,|\,JM)\,\hat{\Phi}^{j}_{l,\,M-\sigma,\sigma} \qquad (11.1.12)$$

$$\hat{\Phi}^{j}_{(lJ)\langle i\rangle\,kw} = \sum_{M} C^{J\,*}_{\langle i\rangle\,kw,\,M}\,\hat{\Phi}^{j}_{(l)JM} \qquad (11.1.13)$$

$$\hat{\Phi}^{j}_{(l)\langle i\rangle\,kw,\,\sigma} = \sum_{m} C^{l\,*}_{\langle i\rangle\,kw,\,m}\,\hat{\Phi}^{j}_{lm\sigma} \qquad (11.1.14)$$

die Zerfällungen der Darstellungen

$$D^{l\tau(l)\,1/2} \downarrow SU(2)\,[\times]\,su(2)\times S_2 \sim \sum_{J=|l-1/2|}^{l+1/2} \oplus\, D^{J\tau(l)} \qquad (11.1.15)$$

$$D^{J\tau(l)} \downarrow O^*\times S_2 \sim \sum_{\langle i\rangle} \oplus\,(\oplus\, m_{J,\langle i\rangle})\,D^{\langle i\rangle\tau(l)} \qquad (11.1.16)$$

$$D^{l\tau(l)\,1/2} \downarrow O^*\times su(2)\times S_2 \sim \sum_{\langle i\rangle} \oplus\,(\oplus\, m_{l,\langle i\rangle})\,D^{\langle i\rangle\tau(l)\,1/2} \qquad (11.1.17)$$

in die gewünschten direkten Summen.

Damit entsprechen dem Gruppenverband (11.1.9) die angepaßten Basen (vgl. (10.3.15))

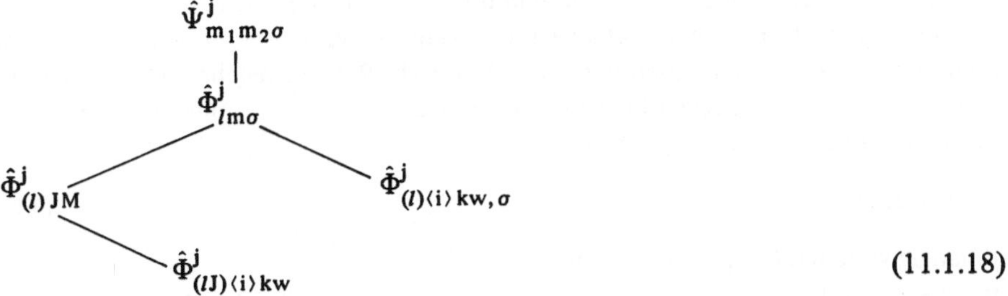

$$(11.1.18)$$

deren Elemente (11.1.5, 11–14) Eigenvektoren von H_0 zum $2(2j+1)^2$-fach entarteten Eigenwert $\epsilon_j = (-\tfrac{1}{2})\,(2j+1)^{-2}$ sind.

11.2. Spin-Bahn-Wechselwirkung

Die Berücksichtigung der Spin-Bahn-Wechselwirkung in der Form

$$H' = H_0 + H_3 = H_0 + \xi(r)\,\vec{L}\vec{S} \qquad (11.2.1)$$

erklärt (zumindest teilweise) die Feinstruktur des H-Atoms bei Abwesenheit von äußeren
Feldern (vgl. (10.3.1) für N = 1). Da aber das EW-Problem für (11.2.1) wegen der speziellen r-Abhängigkeit des Thomas-Faktors ($\xi(r) = \frac{1}{2}\, r^{-3}$) nicht exakt lösbar ist, ist es naheliegend (vgl. (10.3.6)), H' durch den Operator

$$H = \sum_{j=0}^{\infty} E^{jj\,1/2}\, H'\, E^{jj\,1/2} = \sum_{j=0}^{\infty} (H_0^j + H_3^j) = \sum_{j=0}^{\infty} H^j \tag{11.2.2}$$

mit

$$E^{jj\,1/2} = \sum_{m_1 m_2 \sigma} E^{jj\,1/2}_{m_1 m_2 \sigma,\, m_1 m_2 \sigma} \tag{11.2.3}$$

zu ersetzen. Dabei versteht man unter

$$e^{jj\,1/2}_{m_1 m_2 \sigma,\, m_1' m_2' \sigma'} \to B(e^{jj\,1/2}_{m_1 m_2 \sigma,\, m_1' m_2' \sigma'}) = E^{jj\,1/2}_{m_1 m_2 \sigma,\, m_1' m_2' \sigma} \tag{11.2.4}$$

die durch (7.2.1) definierte Darstellung der Einheiten von $A\,[(SU(2)^2\,(\times S_2) \times su(2)]$, für
die eine (9.3.30) entsprechende Bezeichnung verwendet wurde. Weiteres wird angenommen, daß das Spektrum des Operators (11.2.2) dasjenige von (11.2.1) annähert. Die Näherung (11.2.2) wird aber nur im Falle des H-Atoms selbst sinnvoll sein, da nur für diesen
Fall die Spinoren (11.1.5) (bei festem j) auch Eigenzustände von H_0 (zum Eigenwert
$\epsilon_j = -\frac{1}{2}\,(2j+1)^{-2}$) sind. Analog wird man im Falle H-ähnlicher Atome annehmen, daß
das EW-Spektrum von

$$H = \sum_{n l} P^{(n l)}\, H'\, P^{(n l)} = \sum_{n l} H^{n l} \tag{11.2.5}$$

dasjenige von (11.2.1) annähert, wobei man unter $P^{(n l)}$ jene Projektoren versteht, die in
die zu den Eigenwerten ϵ_l^n von $H_0\,(\neq (9.1.18))$ gehörenden Unterräume projizieren. Wir
werden im weiteren immer annehmen, daß H_0 durch (9.1.18) gegeben ist. Da sich die
Summanden in (11.2.2) [bzw. (11.2.5)] gegenseitig annullieren, können die EW-Probleme
in den Unterräumen (*Schalen* [Ref. 61])

$$^{j}H = E^{jj\,1/2} H \tag{11.2.6}$$

unabhängig voneinander gelöst werden.

Wie bereits in Kapitel 8 ausführlich geschildert wurde, werden bei der Auswahl von
Gruppen, die das EW-Problem für $H\,[H^j]$ vereinfachen, entgegengesetzte Tendenzen wirksam. Welche Gruppe zur Anpassung der Zustände aus $H\,[^j H]$ und des Operators $H'\,[H^j]$
das EW-Problem möglichst vereinfacht, kann erst im nachhinein entschieden werden. Ist
G eine starke Symmetriegruppe (vgl. Kapitel 8), dann zerfällt $H'\,[H^j]$ in eine direkte
Summe von endlich-dimensionalen Matrizen, von denen jede einer 1-Matrix proportional
ist (Proportionalitätsfaktor = Eigenwert). Ist G nur eine schwache Symmetriegruppe, so
wird sie, wenn äquivalente UIRs zu oft vorkommen, für das betrachtete EW-Problem nur
von geringem Nutzen sein. Eine Nicht-Symmetriegruppe kann dann das betrachtete

EW-Problem wesentlich stärker vereinfachen als die schwache Symmetriegruppe (vgl. z. B. Abschnitt 11.4 – 6).

Die spezielle Form des Wechselwirkungsoperators H_3 macht klar, daß $SU(2)^{[2]}[\times]\,su(2)\times S_2$ Symmetriegruppe von H_3 [bzw. H_3^j] ist. Denn (7.2.3) ordnet den erzeugenden Elementen $J_j, S_k \in L\,(SU(2)\times su(2))$ die Operatoren

$$R(J_j) = L_j = -i \sum_{kl} \epsilon_{jkl}\, x_k\, \frac{\partial}{\partial x_l} \tag{11.2.7}$$

$$R(S_k) = S_k\,(= \tfrac{1}{2}\,\sigma_k,\, \sigma_k \text{ s. } (2.5B.28)) \tag{11.2.8}$$

zu, aus deren Transformationseigenschaften bezüglich $SU(2)\times su(2)\times S_2$,

$$U(\omega,\omega\,|\,p;\,\omega')\,L_j\,U^+(\omega,\omega\,|\,p;\,\omega') = \sum_{j'} D^1_{j'j}(\omega)\,L_{j'} \tag{11.2.9}$$

$$U(\omega,\omega\,|\,p;\,\omega')\,S_k\,U^+(\omega,\omega\,|\,p;\,\omega') = \sum_{k'} D^1_{k'k}(\omega')\,S_{k'}, \tag{11.2.10}$$

sofort die Vertauschungsrelationen

$$[H_3,\, U(\omega,\omega\,|\,p;\,\omega')] = 0 \tag{11.2.11}$$

folgen. (Man hat dabei die Vertauschbarkeit von $\xi(r)$ mit den Operatoren $U(\omega,\omega\,|\,p;\,\omega')$ und $\sum_{j'} D^1_{j'j}(\omega)\,D^1_{j'k}(\omega) = \delta_{jk}$ zu verwenden.) Beachtet man weiteres, daß der Casimiroperator

$$\vec{N}^2 = \vec{J}^2 + 2\,\vec{J}\cdot\vec{S} + \vec{S}^2 \tag{11.2.12}$$

mit Hilfe der erzeugenden Elemente $N_j \in L\,(SU(2)\,[\times]\,su(2))$

$$N_j = J_j + S_j \tag{11.2.13}$$

definiert ist, so daß über die Darstellung

$$N_j \rightarrow R(N_j) = N_j \tag{11.2.14}$$

(Komponenten des *Gesamtdrehimpulses*) dem Operator (11.2.12) der Operator

$$\vec{N}^2 = \vec{L}^2 + 2\,\vec{L}\,\vec{S} + \vec{S}^2 \tag{11.2.15}$$

zugeordnet wird, so vereinfacht sich wegen

$$\vec{L}^2\,\hat{\Phi}^j_{lm\sigma} = l(l+1)\,\hat{\Phi}^j_{lm\sigma}$$
$$\vec{S}^2\,\hat{\Phi}^j_{lm\sigma} = \tfrac{3}{4}\,\hat{\Phi}^j_{lm\sigma} \tag{11.2.16}$$

die Berechnung der Matrixelemente von H_3 in der $SU(2)\,[\times]\,su(2) \times S_2$-angepaßten Basis
(11.1.12). Denn es folgt mit (11.2.15, 16) und (11.1.12)

$$\langle \hat{\Phi}^j_{(l)\,JM}, H_3\,\hat{\Phi}^{j'}_{(l')\,J'M'} \rangle = \xi^{jj'}_l\,\delta_{ll'}\,\delta_{JJ'}\,\delta_{MM'}\,\tfrac{1}{2}\,[J(J+1) - l(l+1) - \tfrac{3}{4}], \qquad (11.2.17)$$

wenn mit $\xi^{jj'}_l$ das Radialintegral

$$\xi^{jj'}_l = \int\limits_0^\infty r^2\,dr\,R_{2j+1,l}(r)\,\xi(r)\,R_{2j'+1,l}(r) \qquad (11.2.18)$$

bezeichnet wird, das im Fall des H-Atoms für $j = j'$ die Werte

$$\xi^{jj}_l = \frac{1}{(2j+1)^3\,l(l+1)\,(2l+1)} \qquad (l > 0) \qquad (11.2.19)$$

annimmt [Ref. 62]. Da $\xi^{jj'}_l$ i.a. von Null verschieden ist, wäre für H' eine unendlichdimensionale Säkulargleichung zu lösen. Ersetzt man dagegen H' durch H, so ist H in der Basis
(11.1.12) bereits diagonal. Die Eigenwerte von H^j sind damit

$$\epsilon^j_{(l)\,J} = \epsilon_j + \tfrac{1}{2}\,\xi^{jj}_l\,[J(J+1) - l(l+1) - \tfrac{3}{4}] \qquad (l > 0)$$

$$\epsilon^j_{(0)\,J} = \epsilon_j \qquad (11.2.20)$$

Der ursprünglich $2(2j+1)^2$-fach entartete Eigenwert $\epsilon_j = -\tfrac{1}{2}\,(2j+1)^{-2}$ von H^j_0 spaltet sich
in die $4j+1$ Eigenwerte $\epsilon^j_{(l)\,J}$ auf, von denen jeder $(2J+1)$-fach entartet ist. (Da für $l > 0$
$\xi^{jj}_l > 0$ ist, muß $\epsilon^j_{(l)l+1/2} > \epsilon_j$ und $\epsilon^j_{(l)l-1/2} < \epsilon_j$ sein.) In der Spektroskopie ist es üblich,
die beiden Eigenwerte

$$\epsilon^j_{(l)l+1/2} = \epsilon_j + \frac{l}{2}\,\xi^{jj}_l$$

$$\epsilon^j_{(l)l-1/2} = \epsilon_j - \frac{l+1}{2}\,\xi^{jj}_l \qquad (l > 0) \qquad (11.2.21)$$

als *Duplett-Term* (^{2S+1}L), den Spezialfall $l = 0$ als *Singlett-Term* und die beiden Eigenwerte (11.2.21), die zu ^{2S+1}L gehören, mit dem Symbol $^{2S+1}L_J$ zu bezeichnen [Ref. 63].

11.3. Äußeres Magnetfeld

Obwohl der Operator

$$H_4 = \frac{B}{2}\,(L_3 + 2S_3), \qquad (11.3.1)$$

der die Wechselwirkung zwischen dem Elektron und dem konstanten äußeren Magnetfeld
$\vec{B} = (0,0,B)$ beschreibt, nicht mit allen Elementen von $SU(2) \times su(2) \times S_2$ vertauscht, ist
er wegen

$$L_3\,\hat{\Phi}^j_{lm\sigma} = m\,\hat{\Phi}^j_{lm\sigma}; \quad S_3\,\hat{\Phi}^j_{lm\sigma} = \sigma\,\hat{\Phi}^j_{lm\sigma} \qquad (11.3.2)$$

bezüglich der $SU(2) \times su(2) \times S_2$-angepaßten Basis (11.1.11) bereits diagonal.

$$H_4 \, \hat{\Phi}^j_{lm\sigma} = \frac{B}{2} \, (m + 2\sigma) \, \hat{\Phi}^j_{lm\sigma} = \epsilon^j_{lm\sigma} \, \hat{\Phi}^j_{lm\sigma} \tag{11.3.3}$$

Die Diagonalität von H_4 in j und l folgt nicht schon aus der $SU(2) \times su(2) \times S_2$-Tensorzerlegung des Operators H_4,

$$H_4 = T^{10+}_{000,000}[H_4] + T^{01+}_{000,000}[H_4]$$

$$T^{10+}_{000,000}[H_4] = \frac{B}{2}\, L_3; \quad T^{01+}_{000,000}[H_4] = BS_3 \tag{11.3.4}$$

(vgl. (7.3.13, 15)), sondern ist eine Folge der speziellen Form von H_4. Wegen (11.3.3, 4) stellen die Gln.

$$\sum_j E^{jj\,1/2} \, H_4 \, E^{jj\,1/2} = \sum_j H_4^j = H_4 \tag{11.3.5}$$

$$\sum_{jl} E^l E^{jj\,1/2} \, H_4 \, E^{jj\,1/2} \, E^l = \sum_{jl} H_4^{jl} = H_4 \tag{11.3.6}$$

daher keine Neudefinitionen, sondern Operatoridentitäten dar. In (11.3.6) versteht man unter $E^l = \sum_{m\sigma} B(e^{l\tau\,1/2}_{m\sigma,m\sigma})$ die Darstellung des Ringelements $\sum_{m\sigma} e^{l\tau\,1/2}_{m\sigma,m\sigma} \in A(SU(2) \times S_2 \times su(2))$.

Dagegen stellt der Operator

$$\overline{H}_4 = \sum_{jlJ} E^J \, E^l E^{jj\,1/2} \, H_4 \, E^{jj\,1/2} \, E^l E^J = \sum_{jlJ} H_4^{jlJ} \tag{11.3.7}$$

höchstens eine Näherung von H_4 dar, falls unter $E^J = \sum_M B(e^{J\tau}_{MM})$ ($J = |l \pm \frac{1}{2}|$) die Darstellung des Ringelements $\sum_M e^{J\tau}_{MM} \in A(SU(2)\,[\times]\,su(2) \times S_2)$ verstanden wird. (Daß τ in E^J weggelassen werden kann, folgt aus zu (9.2.12) analogen Gleichungen.) Da H_4 wegen (11.2.9, 10) die $SU(2)\,[\times]\,su(2) \times S_2$-Tensorzerlegung

$$H_4 = T^{1+}_{00,00}[H_4] \tag{11.3.8}$$

besitzt und die Operatoren $U(\omega, \omega\,|\,p;\,\omega)$ mit den Projektionsoperatoren $E^{jj\,1/2}\,E^l E^J$ vertauschen, muß für jeden der Summanden H_4^{jlJ} die gleiche Zerlegung gelten.

Jeder Operator

$$H_4^{jlJ} = T^{1+}_{00,00}[H_4^{jlJ}] = \frac{B}{2} \, G^{l\,1/2\,J} \, T^{(jlJ)\,1+}_{00} \tag{11.3.9}$$

ist einem („äquivalenten") Operator $T^{(jlJ)\,1+}_{00}$ proportional, da der Unterraum

$$^{jlJ}H = E^{jj\,1/2} \, E^l E^J H \tag{11.3.10}$$

Trägerraum der UIR $D^{J\tau(l)}$ von $SU(2)[\times]\,su(2) \times S_2$ ist (vgl. Abschnitt 7.3). Die durch ihr Transformationsverhalten schon bis auf einen Proportionalitätsfaktor eindeutig festgelegten Operatoren $T_{00}^{(jlJ)\,1+}$ werden üblicherweise wie folgt gewählt:

$$T_{00}^{(jlJ)\,1+} = N_3\, E^{jj\,1/2}\, E^l E^J \tag{11.3.11}$$

Der von j unabhängige Proportionalitätsfaktor $G^{l\,1/2\,J}$ (*g-Faktor, Landé-Faktor*) ergibt sich als Quotient zweier von Null verschiedener Matrixelemente von (11.3.9) und (11.3.11)

$$\langle \hat{\Phi}^j_{(l)JM}, H_4^{jlJ}\, \hat{\Phi}^j_{(l)JM'}\rangle = \langle \hat{\Phi}^j_{(l)JM}, H_4\, \hat{\Phi}^j_{(l)JM'}\rangle =$$

$$= \delta_{MM'}\, \frac{B}{2} \langle \hat{\Phi}^j_{(l)JM}, (N_3 + S_3)\, \hat{\Phi}^j_{(l)JM}\rangle = \delta_{MM'}\, \frac{B}{2}\, M\, \frac{2J+1}{2l+1}\, ;$$

$$l > 0,\ J = |l \pm \tfrac{1}{2}|. \tag{11.3.12}$$

Zum Beweis von Gl. (11.3.12) hat man die EW-Gleichung

$$N_3\, \hat{\Phi}^j_{(l)JM} = M\, \hat{\Phi}^j_{(l)JM}, \tag{11.3.13}$$

(11.1.12), (11.3.11), die Orthonormiertheit der Spinoren (11.1.11), die Orthogonalitätsrelation der CG-Koeffizienten von $SU(2)$ und die speziellen Werte für $(l\,M - \tfrac{1}{2}\ \tfrac{1}{2}\ \tfrac{1}{2}\,|\,l \pm \tfrac{1}{2}\,M)$ (s. (6.4.21)) zu verwenden. Mit (11.3.13) folgt aus (11.3.9, 11, 12)

$$G^{l\,1/2\,J} = \frac{2J+1}{2l+1} = 1 + \frac{J(J+1) - l(l+1) + \tfrac{3}{4}}{2J(J+1)}, \tag{11.3.14}$$

woraus sich sofort die Eigenwerte

$$\epsilon^j_{lJM} = \frac{B}{2}\, M G^{l\,1/2\,J} \tag{11.3.15}$$

des Operators (11.3.9) ergeben.

11.4. Elektrisches Feld

Die durch die Wechselwirkung zwischen dem Elektron und dem konstanten $\vec{E}$-Feld $\vec{E} = (0, 0, E_0)$ hervorgerufene Veränderung des Spektrums ist als *Stark-Effekt* bekannt [Ref. 64]. Da das EW-Problem für den Operator $H_0 + H_5'$,

$$H_5' = - E_0 x_3, \tag{11.4.1}$$

nicht exakt lösbar ist, ersetzt man H_5' durch den Operator

$$H_5 = \sum_{j=0}^{\infty} E^{jj\,1/2}\, H_5'\, E^{jj\,1/2} = \sum_j H_5^j\, . \tag{11.4.2}$$

Dies stellt für hinreichend kleine Feldstärken eine gute Näherung dar. An welche Gruppe die Zustände aus H und der Operator H_5^j anzupassen sind, damit die Berechnung der Eigenwerte von H_5^j möglichst einfach wird, kann wieder nur a posteriori entschieden werden. Die Symmetriegruppe $U(1) \times su(2)$ bringt fast keine Vereinfachungen, da die UIRs dieser Gruppe 2-dimensional sind und äquivalente UIRs bis zu $(2j + 1)$-fach vorkommen können. $SU(2) \times su(2) \times S_2$-Anpassung bringt schon wesentlich mehr, da die den Gln. (7.3.13, 15) entsprechende Tensorzerlegung von H_5^j zeigt, daß dieser Operator Komponente eines *Dreifachtensors* ist.

$$H_5^j = T_{000,000}^{10^-}[H_5^j] \tag{11.4.3}$$

So müssen z.B. die Matrixelemente für $l = l'$ verschwinden, da sich H_5^j nach der UIR $D^-(= D^{[1^2]})$ von S_2 transformiert.

$$\langle \hat{\Phi}_{lm\sigma}^j, H_5^j \hat{\Phi}_{lm'\sigma'}^j \rangle = 0 \tag{11.4.4}$$

Daß die Operatoren H_5^j bezüglich der $SU(2)^2 \times su(2)$-angepaßten Basis (11.1.5) bereits diagonal sind, kann auf Grund der Tensorzerlegung (11.4.3) nicht vorhergesagt werden [Ref. 65]. Um die $SU(2)^2 \times su(2)$-Tensorzerlegung des Operators H_5^j durchführen zu können, benötigt man zuerst einen geschlossenen Ausdruck für $U(\omega_1, \omega_2 \,|\, e; \omega_3) x_3 U^+(\omega_1, \omega_2 \,|\, e; \omega_3)$. Zu diesem Zweck berechnet man die Vertauschungsregeln

$$[J_j, x_k] = \frac{1}{2}\left[i \sum_l \epsilon_{jkl} \left\{ x_l + \frac{3}{2}[-2H_0]^{-1/2}(J_l + K_l) \right\} + \right.$$

$$\left. + [-2H_0]^{-1/2} \left\{ [H_0, (\delta_{jk}r^2 - x_j x_k)] + [x_k, [-2H_0]^{-1/2}(J_j - K_j)] \right\} \right.$$

$$[K_j, x_k] = \frac{1}{2}\left[i \sum_l \epsilon_{jkl} \left\{ x_l - \frac{3}{2}[-2H_0]^{-1/2}(J_l + K_l) \right\} + \right.$$

$$\left. + [-2H_0]^{-1/2} \left\{ [H_0, (\delta_{jk}r^2 - x_j x_k)] + [x_k, [-2H_0]^{-1/2}(J_j - K_j)] \right\} \right.$$

$$[S_j, x_k] = 0, \tag{11.4.5}$$

die sich wegen

$$[E^{jj\,1/2}, J_k] = [E^{jj\,1/2}, K_k] = [E^{jj\,1/2}, S_k] = 0 \tag{11.4.6}$$

mit den Abkürzungen

$$E^{jj\,1/2} J_k = J_k^j \qquad E^{jj\,1/2} K_k = K_k^j \qquad E^{jj\,1/2} S_k = S_k^j$$
$$E^{jj\,1/2} x_k E^{jj\,1/2} = x_k^j \tag{11.4.7}$$

zu

$$[J_k^j, x_l^j] = \frac{i}{2} \sum_m \epsilon_{klm} \left\{ x_m^j + \frac{3}{2}(2j + 1)(J_m^j + K_m^j) \right\}$$

$$[K_k^j, x_l^j] = \frac{i}{2} \sum_m \epsilon_{klm} \left\{ x_m^j - \frac{3}{2}(2j + 1)(J_m^j + K_m^j) \right\}$$

$$[S_k^j, x_l^j] = 0 \tag{11.4.8}$$

vereinfachen, da die „EW-Gleichung"

$$f(H_0)\, E^{jj\,1/2} = f(\epsilon_j)\, E^{jj\,1/2} \tag{11.4.9}$$

die restlichen Terme in den Kommutatoren (11.4.5) zum Verschwinden bringt. Nach einer längeren Rechnung erhält man

$$U(\omega_1, \omega_2, \omega_3)\, x_3^j\, U^+(\omega_1, \omega_2, \omega_3) =$$

$$= \{x_1^j - \frac{3}{2}(2j+1)(J_1^j - K_1^j)\}\,\{(\sin\frac{\beta_1}{2}\cos\frac{\alpha_1}{2}\cos\frac{\beta_2}{2} + \cos\frac{\beta_1}{2}\sin\frac{\beta_2}{2})\cos\frac{\alpha_2}{2} -$$

$$- \sin\frac{\beta_1}{2}\sin\frac{\alpha_1}{2}\sin\frac{\alpha_2}{2}\} + \{x_2^j - \frac{3}{2}(2j+1)(J_2^j - K_2^j)\}\,\{(\sin\frac{\beta_1}{2}\cos\frac{\alpha_1}{2}\cos\frac{\beta_2}{2} +$$

$$+ \cos\frac{\beta_1}{2}\sin\frac{\beta_2}{2})\sin\frac{\alpha_2}{2} + \sin\frac{\beta_1}{2}\sin\frac{\alpha_1}{2}\cos\frac{\alpha_2}{2}\} + \{x_3^j - \frac{3}{2}(2j+1)(J_3^j - K_3^j)\} \times$$

$$\{- \sin\frac{\beta_1}{2}\cos\frac{\alpha_1}{2}\sin\frac{\beta_2}{2} + \cos\frac{\beta_1}{2}\cos\frac{\beta_2}{2}\} + \frac{3}{2}(2j+1)\,\{J_1^j\sin\beta_1\cos\alpha_1 +$$

$$+ J_2^j\sin\beta_1\sin\alpha_1 + J_3^j\cos\beta_1 - K_1^j\sin\beta_2\cos\alpha_2 -$$

$$- K_2^j\sin\beta_2\sin\alpha_2 - K_3^j\cos\beta_2\}, \tag{11.4.10}$$

wenn man die Vertauschungsregeln (11.4.8) verwendet. Wegen der $\gamma_1, \gamma_2, \omega_3$-Unabhängigkeit des Ausdruckes (11.4.10) verbleiben als einzige nichtverschwindende Tensorkomponenten von x_3^j

$$T_{000,000}^{100}[x_3^j] = \frac{3}{2}(2j+1)\,J_3^j$$

$$T_{000,000}^{010}[x_3^j] = -\frac{3}{2}(2j+1)\,K_3^j, \tag{11.4.11}$$

woraus bei Benutzung der EW-Gleichung (9.3.10) (nur Ortsteil der Spinoren) sofort die $2(2j+1-|m_1-m_2|)$-fach entarteten Eigenwerte

$$\epsilon_{m_1 m_2}^j = -\frac{3}{2}E_0(2j+1)(m_1-m_2) \tag{11.4.12}$$

für H_5^j folgen (*linearer Stark-Effekt* [Ref. 64]). Die Identität

$$x_3^j = \frac{3}{2}(2j+1)(J_3^j - K_3^j), \tag{11.4.13}$$

die aus (11.4.11) und (7.3.13) folgt, war eines der ersten Beispiele für eine Operatoräquivalenz.

11.5. Spin-Bahn-Wechselwirkung und Magnetfeld

Da die EW-Gleichung für den Operator

$$H' = H_0 + H_3 + H_4 \tag{11.5.1}$$

nicht exakt lösbar ist (s. Abschnitt 11.3), nähert man den Operator (11.5.1) durch

$$H = \sum_j E^{jj\,1/2} H' E^{jj\,1/2} = \sum_j (H_0^j + H_3^j + H_4^j) = \sum_j H^j \tag{11.5.2}$$

an. Da sowohl H_3^j als auch H_4^j in l diagonal ist, wird das EW-Problem durch die Zerlegung

$$H = \sum_{jl} E^{jj\,1/2} E^l H' E^l E^{jj\,1/2} = \sum_{jl} H^{jl} \tag{11.5.3}$$

nicht weiter abgeändert. Das EW-Problem der Operatoren H^{jl} wirft wieder die Frage nach der günstigsten Anpassung auf. Man beachte, daß die umfassendste Gruppe, an die die Zustände und die Operatoren H^{jl} angepaßt werden können, $SU(2) \times su(2) \times S_2$ ist, da nicht alle Elemente der umfassenderen Gruppe $(SU(2)^2 (\times S_2) \times su(2)$ mit den Projektoren $E^{jj\,1/2} E^l$ vertauschen. Es zeigt sich, daß gerade diese Anpassung zur einfachsten Matrixdarstellung von H^{jl} führt. Da H_0 und H_4 in der $SU(2) \times su(2) \times S_2$-angepaßten Basis (11.1.11) bereits diagonal sind, ist es nur mehr notwendig, die Matrixdarstellung von H_3 in dieser Basis zu finden. Zu diesem Zweck suchen wir die Tensorzerlegung (7.3.13) von H_3 bezüglich dieser Gruppe, um dann unter Zuhilfenahme des WE-Theorems (7.4.4) seine Matrixelemente zu berechnen.

Die Tensorzerlegung (7.3.13) von H_3 ergibt

$$H_3 = \xi(r) \sum_{m=-1}^{1} (-1)^m T^{11+}_{-m\,m\,0,\,000} [L_3 S_3]. \tag{11.5.4}$$

Zum Beweis dieser Formel hat man die Vertauschbarkeit der Operatoren $U(\omega, \omega \,|\, p;\, \omega')$ mit $\xi(r)$, (11.2.9, 10) und $T^{11+}_{000,\,000} [L_3 S_3] = L_3 S_3$ zu verwenden. Wendet man das WE-Theorem in der Form (7.4.4) an, so erhält man für die Matrixelemente von H_3^{jl}

$$\langle \hat{\Phi}^j_{lm\sigma}, H_3^{jl}\, \hat{\Phi}^j_{lm'\sigma'} \rangle =$$

$$= \xi_l^{jj} \sum_{m''} (-1)^{m''} (1 - m''\,l\,m'\,|\,l\,m)\,(1\,m''\,\tfrac{1}{2}\,\sigma'\,|\,\tfrac{1}{2}\,\sigma)\,(l\,\tfrac{1}{2}\,\|\,T^{11+}_{000}[L_3 S_3]\,\|\,l\,\tfrac{1}{2}),\tag{11.5.5}$$

wobei das reduzierte Matrixelement

$$(l\,\tfrac{1}{2}\,\|\,T^{11+}_{000}[L_3 S_3]\,\|\,l\,\tfrac{1}{2}) = \tfrac{1}{2}\sqrt{3l(l+1)} \tag{11.5.6}$$

mit (7.4.5) zu berechnen ist und man zu beachten hat, daß das Radialintegral ξ_l^{jj} bereits ausgeführt ist. Da die in (11.5.5) vorkommenden CG-Koeffizienten nur für $m = m' - m = \sigma - \sigma'$ von Null verschieden sein können, folgt daraus sofort, daß H_3^{jl} nur für

$$m' + \sigma' = m + \sigma \tag{11.5.7}$$

von Null verschiedene Matrixelemente haben kann. Damit zerfällt aber die $2(2l+1)$-dimensionale Matrix von H_3^{jl} bei geeigneter Indizierung in die direkte Summe von zwei 1-dimensionalen und $2l$ 2-dimensionale Matrizen.

Die Elemente

$$\langle \hat{\Phi}^{j}_{l,\pm l,\pm 1/2}, H_3 \hat{\Phi}^{j}_{l,\pm l,\pm 1/2}\rangle = \frac{l}{2}\,\xi^{jj}_{l} \tag{11.5.8}$$

der beiden 1-dimensionalen Matrizen sind gleich groß. Die Elemente einer typischen 2×2-Matrix haben die Werte

$$\langle \hat{\Phi}^{j}_{l,m+1,-1/2}, H_3 \hat{\Phi}^{j}_{l,m+1,-1/2}\rangle = -\frac{1}{2}\,\xi^{jj}_{l}\,(2m+1)$$

$$\langle \hat{\Phi}^{j}_{l,m,1/2}, H_3 \hat{\Phi}^{j}_{l,m,1/2}\rangle = \frac{m}{2}\,\xi^{jj}_{l}$$

$$\langle \hat{\Phi}^{j}_{l,m+1,-1/2}, H_3 \hat{\Phi}^{j}_{l,m,1/2}\rangle = \langle \hat{\Phi}^{j}_{l,m,1/2}, H_3 \hat{\Phi}^{j}_{l,m+1,-1/2}\rangle =$$

$$= \frac{1}{2}\,\xi^{jj}_{l}\,\sqrt{(l-m)(l+m+1)}, \tag{11.5.9}$$

wobei die in (11.5.5) auftretenden CG-Koeffizienten der Tabelle 6.11 entnommen wurden.

Zusammen mit (11.3.3) erhält man mit (11.5.8) die beiden nicht entarteten Eigenwerte

$$\epsilon^{j}_{ll\pm} = \epsilon_j + \frac{l}{2}\,\xi^{jj}_{l} \pm \frac{B}{2}\,(l+1), \tag{11.5.10}$$

während die übrigen Eigenwerte von H^j Lösungen der entsprechenden Säkulargleichungen sind. Ein typischer direkter Summand von H^j hat, wenn wieder (11.3.3) berücksichtigt wird, die Form

$$\begin{bmatrix} \epsilon_j - \dfrac{m+1}{2}\,\xi^{jj}_{l} + \dfrac{m}{2}\,B & \dfrac{1}{2}\,\xi^{jj}_{l}\,\sqrt{(l-m)(l+m+1)} \\[2ex] \dfrac{1}{2}\,\xi^{jj}_{l}\,\sqrt{(l-m)(l+m+1)} & \epsilon_j + \dfrac{m}{2}\,\xi^{jj}_{l} + \dfrac{m+1}{2}\,B \end{bmatrix}$$

$$-l \leqslant m \leqslant l-1. \tag{11.5.11}$$

Als Lösungen der zugehörigen Säkulargleichung erhält man für $-l \leqslant m \leqslant l-1$ die Werte

$$\epsilon^{j}_{lm\pm} = \epsilon_j + \frac{1}{4}\{-\xi^{jj}_{l} + B(2m+1) \pm$$

$$\pm \sqrt{(\xi^{jj}_{l})^2(2l+1)^2 + 2\xi^{jj}_{l}\,B(2m+1) + B^2}\}. \tag{11.5.12}$$

Zusammen mit (11.5.10) sind dies die gesuchten $2(2l+1)$ Eigenwerte von H^{jl}.

Für schwache Magnetfelder, d.h. für

$$B \ll \xi^{jj}_{l} \qquad (\textit{Zeeman-Effekt}), \tag{11.5.13}$$

kann man den Wurzelausdruck in (11.5.12) nach Potenzen von (B/ξ^{jj}_{l}) entwickeln und erhält als Näherung

$$\sqrt{(\xi^{jj}_{l})^2(2l+1)^2 + 2\xi^{jj}_{l}B(2m+1) + B^2} \cong \xi^{jj}_{l}(2l+1)\,\{1 + (B/\xi^{jj}_{l})\frac{2m+1}{(2l+1)^2}\}, \tag{11.5.14}$$

wenn man nur die in (B/ξ_l^{jj}) linearen Glieder berücksichtigt. Damit werden die Eigenwerte (11.5.12) zu

$$\overline{\epsilon}_{lm+}^{j} = \epsilon_j + \frac{l}{2}\,\xi_l^{jj} + \frac{B}{2}\,(m+\tfrac{1}{2})\,\frac{2l+2}{2l+1}$$

$$\overline{\epsilon}_{lm-}^{j} = \epsilon_j - \frac{l+1}{2}\,\xi_l^{jj} + \frac{B}{2}\,(m+\tfrac{1}{2})\,\frac{2l}{2l+1}. \qquad (11.5.15)$$

Sie stimmen mit denen von

$$H^{jlJ} = E^{jj\,1/2}\,E^l\,E^J\,H'E^J\,E^l\,E^{jj\,1/2}\,, \quad J = |\,l \pm \tfrac{1}{2}\,| \qquad (11.5.16)$$

überein (vgl. (11.3.7)). Um diese Behauptung zu beweisen, benötigt man (11.2.21) und (11.3.14, 15).

Für starke Magnetfelder, d.h. für

$$B \gg \xi_l^{jj} \qquad (\textit{Paschen-Back-Effekt}), \qquad (11.5.17)$$

kann man dagegen den Wurzelausdruck nach Potenzen von (ξ_l^{jj}/B) entwickeln und erhält als Näherung

$$\sqrt{(\xi_l^{jj})^2(2l+1)^2 + 2\xi_l^{jj}B(2m+1) + B^2} \cong B\{1 + (\xi_l^{jj}/B)\,(2m+1)\}, \qquad (11.5.18)$$

woraus für (11.5.12)

$$\overline{\overline{\epsilon}}_{lm+}^{j} = \epsilon_j + \frac{m}{2}\,\xi_l^{jj} + \frac{B}{2}\,(m+1)$$

$$\overline{\overline{\epsilon}}_{lm-}^{j} = \epsilon_j - \frac{m+1}{2}\,\xi_l^{jj} + \frac{m}{2}\,B \qquad (15.1.19)$$

folgt. Man beachte, daß diese Eigenwerte (11.5.19) mit den Diagonalmatrixelementen von H^{jl} übereinstimmen (s. (11.5.10) und (11.5.11)).

11.6. Spin-Bahn-Wechselwirkung und elektrisches Feld

Da das EW-Problem für

$$H' = H_0 + H_3 + H_5 \qquad (11.6.1)$$

nicht exakt lösbar ist, nähert man H' durch den Operator

$$H = \sum_j E^{jj\,1/2}\,H'E^{jj\,1/2} = \sum_j (H_0^j + H_3^j + H_5^j) = \sum_j H^j \qquad (11.6.2)$$

an, dessen EW-Problem aber noch immer relativ kompliziert ist. Ersetzt man (11.6.1) sogar durch

$$\overline{H} = \sum_{jm_1m_2\sigma} E^{jj\,1/2}_{m_1m_2\sigma,\,m_1m_2\sigma}\,HE^{jj\,1/2}_{m_1m_2\sigma,\,m_1m_2\sigma} = \sum_{jm_1m_2\sigma} H^{j}_{m_1m_2\sigma}, \qquad (11.6.3)$$

so wird das zugehörige EW-Problem trivial. (11.6.3) wird aber nur dann eine Näherung für den Hamiltonoperator (11.6.1) darstellen, wenn die Wechselwirkung mit dem $\vec{E}$-Feld wesentlich stärker ist als die Spin-Bahn-Wechselwirkung. Der Eigenwert von $H^j_{m_1 m_2 \sigma}$ ist durch

$$\epsilon^j_{m_1 m_2 \sigma} = \langle \hat{\Psi}^j_{m_1 m_2 \sigma}, H' \hat{\Psi}^j_{m_1 m_2 \sigma} \rangle =$$

$$= \epsilon_j - \frac{3}{2} E_0 (2j+1)(m_1 - m_2) + \langle \hat{\Psi}^j_{m_1 m_2 \sigma}, H_3 \hat{\Psi}^j_{m_1 m_2 \sigma} \rangle \qquad (11.6.4)$$

gegeben. Das Matrixelement von H_3 kann man entweder dadurch berechnen, daß man H_3 an $(SU(2)^2 (\times S_2) \times su(2)$ anpaßt, oder die Spinoren (11.1.5) (mit der zu (11.1.11) inversen Transformation) durch die Spinoren (11.1.11) ausdrückt und mit diesen das Matrixelement berechnet. Wir wählen die zweite Möglichkeit. Das Matrixelement

$$\langle \hat{\Psi}^j_{m_1 m_2 \sigma}, H_3 \hat{\Psi}^j_{m_1 m_2 \sigma} \rangle =$$

$$= \sum_{ll'} (jm_1 jm_2 \mid l m_1 + m_2)(jm_1 jm_2 \mid l' m_1 + m_2) \langle \hat{\Phi}^j_{l, m_1 + m_2, \sigma}, H_3 \hat{\Phi}^j_{l', m_1 + m_2, \sigma} \rangle$$

nimmt mit (11.5.9) und (11.2.19) die Form

$$\langle \hat{\Psi}^j_{m_1 m_2 \sigma}, H_3 \hat{\Psi}^j_{m_1 m_2 \sigma} \rangle = \frac{(m_1 + m_2)\sigma}{(2j+1)^3} \sum_{l=1}^{2j} \frac{(jm_1 jm_2 \mid l m_1 + m_2)^2}{l(l+1)(2l+1)} \qquad (11.6.5)$$

an. (In (11.6.5) liefert der Summand für $l = 0$ keinen Beitrag, da in diesem Fall $m_1 + m_2 = 0$ sein muß und (11.2.18) für $l = 0$ eine logarithmische Singularität hat.) Zusammen mit (11.6.4) ergibt sich für den Eigenwert von $H^j_{m_1 m_2 \sigma}$

$$\epsilon^j_{m_1 m_2 \sigma} = \epsilon_j - \frac{3}{2} E_0 (2j+1)(m_1 - m_2) + \frac{(m_1 + m_2)\sigma}{(2j+1)^3} \sum_{l=1}^{2j} \frac{(jm_1 jm_2 \mid l m_1 + m_2)^2}{l(l+1)(2l+1)} \; .$$

$$(11.6.6)$$

Während für $m_1 = -m_2$ die Spin-Bahn-Wechselwirkung keinen Beitrag zum Eigenwert liefert, liefert das elektrische Feld für $m_1 = m_2$ keinen.

Nähert man (11.6.2) durch

$$\overline{\overline{H}} = \sum_{jl} E^{jj \, 1/2} E^l H' E^l E^{jj \, 1/2} = \sum_{jl} (H^{jl}_0 + H^{jl}_3 + H^{jl}_5) = \sum_{jl} H^{jl} \qquad (11.6.7)$$

an (schwaches $\vec{E}$-Feld), so ist wegen (11.4.4)

$$H^{jl}_5 = 0 \qquad (11.6.8)$$

und kann damit zum EW-Spektrum keinen Beitrag liefern. Dieses ist dann durch (11.5.10) und (11.5.12) gegeben. Dies ist der Grund, warum die Wechselwirkung der Elektronen mit dem elektrischen Feld zu keiner weiteren Aufspaltung der Eigenwerte Anlaß gibt, wenn man die in Kapitel 10 geschilderte Näherung verwendet.

12. Zweielektronenatome: Inäquivalente Elektronen

12.1. Zustände

In diesem Kapitel wird das EW-Problem des Hamiltonoperators

$$H^{(nl_1, nl_2)} = P^{(nl_1, nl_2)} H' P^{(nl_1, nl_2)}; \quad n \geqslant 2, l_1 < l_2 \tag{12.1.1}$$

(ein Summand der Zerlegung (10.3.6) des Operators (10.3.5) für N = 2) betrachtet. Der Definitions- und Wertebereich von (12.1.1) ist, wenn man vom Pauliverbot absieht, durch (10.1.1) mit N = 2 gegeben. Wegen der Definition (12.1.1), der die Zentralfeldnäherung zugrunde liegt (s. Abschnitt 10.2, 3), wirkt $H^{(nl_1, nl_2)}$ nur im $8(2l_1 + 1)(2l_2 + 1)$-dimensionalen Unterraum

$$^{(nl_1, nl_2)}H = P^{(nl_1, nl_2)}H = {}^{(nl_1, nl_2)}H_0 \otimes H_S \tag{12.1.2}$$

mit der Basis (vgl. (10.2.5))

$$\hat{\phi}^{nl_1, nl_2}_{m_1 m_2; \sigma_1 \sigma_2} = \phi^{nl_1, nl_2}_{m_1 m_2} | \sigma_1 \sigma_2 \rangle$$

$$\hat{\phi}^{nl_2, nl_1}_{m_2 m_1; \sigma_1 \sigma_2} = \phi^{nl_2, nl_1}_{m_2 m_1} | \sigma_1 \sigma_2 \rangle \qquad\qquad -l_i \leqslant m_i \leqslant l_i; \; \sigma_i = \pm \tfrac{1}{2} \tag{12.1.3}$$

nicht als 0-Operator.

Nach der $[SU(2)^2 \, (\times S_2^{Ort}] \times [su(2)^2 \, (\times S_2^{Spin}] \, (= G_0)$-Anpassung der Zustände von (12.1.2) werden zwei weitere Basen von (12.1.2) durch die Forderung festgelegt, daß sie entweder allen Gruppen der Folge (vgl. (10.3.8, 9))

$$G_0 \supset [SU(2)^{[2]} \times S_2^{Ort}] \times [su(2)^{[2]} \times S_2^{Spin}] \supset [U(1) \times u(1)] \times S_2^2 \tag{12.1.4}$$

(*LS-Kopplung*) oder allen der Folge

$$G_0 \supset [SU(2) \, [\times] \, su(2)]^2 \, (\times S_2^{[2]} \supset [U(1) \, [\times] \, u(1)]^2 \, (\times S_2^{[2]} \tag{12.1.5}$$

(*jj-Kopplung*) im Sinne von Gl. (10.3.10) angepaßt sind.

Die durch (10.3.12, 13) vermittelte Darstellung von $G_0(N = 2)$ wird mit (7.2.1) zu einer von $A(G_0)$ erweitert. Da G_0 ein direktes Produkt ist, können Orts- und Spinteil der Spinoren (12.1.3) getrennt an $SU(2)^2 \, (\times S_2^{Ort}$, bzw. an $su(2)^2 \, (\times S_2^{Spin}$ angepaßt werden. Mit Hilfe der Darstellung

$$e^{j_1 j_2}_{m_1 m_2, m_1' m_2'} \underline{r}' = \underline{r}^{-1} e^{j_1 j_2}_{m_1 m_2, m_1' m_2'} \underline{r}' \rightarrow B(e^{j_1 j_2}_{m_1 m_2} \underline{r}_{m_1' m_2'} \underline{r}') =$$

$$= U(\underline{r}^{-1}) E^{j_1 j_2}_{m_1 m_2, m_1' m_2'} U(\underline{r}')$$

$$E^{j_1 j_2}_{m_1 m_2, m_1' m_2'} = (2j_1 + 1)(2j_2 + 1) \iint_{V_\omega^2} d\omega_1 d\omega_2 \rho(\omega_1) \rho(\omega_2) D^{j_1 *}_{m_1 m_1'}(\omega_1) D^{j_2 *}_{m_2 m_2'}(\omega_2) U(\omega_1, \omega_2 | e) \tag{12.1.6}$$

der Einheiten $e^{j_1 j_2}_{m_1 m_2, \underline{r} m'_1 m'_2} \underline{r}' \in A(SU(2)^2 (\times S_2))$ (vgl. (6.2.66)) erhält man

$$U(\underline{r}^{-1}) E^{l_1 l_2}_{m_1 m_2, m'_1 m'_2} U(\underline{e}) \phi^{nl_1, nl_2}_{m''_1 m''_2} =$$

$$= \delta_{m'_1 m''_1} \delta_{m'_2 m''_2} U(\underline{r}^{-1}) \phi^{nl_1, nl_2}_{m_1 m_2} = \delta_{m'_1 m''_1} \delta_{m'_2 m''_2} \phi^{nl_{r1}, nl_{r2}}_{m_{r1}, m_{r2}}. \tag{12.1.7}$$

Gl. (12.1.7) folgt aus $\phi^{nl_i}_{m_i} = R_{nl_i} Y_{l_i m_i}$ und Gleichungen, die (abgesehen von der Inversion) zu (9.2.11) analog sind. Entsprechend ergibt die Darstellung

$$e^{jj\kappa}_{m_1 m_2, m'_1 m'_2} = z^\kappa e^{jj}_{m_1 m_2, m'_1 m'_2} \rightarrow$$
$$B(e^{jj\kappa}_{m_1 m_2, m'_1 m'_2}) = Z^\kappa E^{jj}_{m_1 m_2, m'_1 m'_2}$$

$$E^{jj}_{m_1 m_2, m'_1 m'_2} = (2j+1)^2 \iint\limits_{V^2_{\omega'}} d\omega'_1 \, d\omega'_2 \rho(\omega'_1) \rho(\omega'_2) D^{j*}_{m_1 m'_1}(\omega'_1) D^{j*}_{m_2 m'_2}(\omega'_2) U(\omega'_1, \omega'_2 | \underline{e})$$
$$\tag{12.1.8}$$

der Einheiten $e^{jj\kappa}_{m_1 m_2, m'_1 m'_2} \in A(SU(2)^2 (\times S_2))$ (vgl. (6.2.66))

$$Z^\kappa E^{1/2 \, 1/2}_{\sigma_1 \sigma_2, \sigma'_1 \sigma'_2} | \sigma''_1 \sigma''_2 \rangle = \delta_{\kappa 0} \delta_{\sigma'_1 \sigma''_1} \delta_{\sigma'_2 \sigma''_2} | \sigma_1 \sigma_2 \rangle . \tag{12.1.9}$$

Mit (12.1.7) und (12.1.9) folgt insgesamt

$$U(\underline{r}^{-1}) E^{l_1 l_2}_{m_1 m_2, m'_1 m'_2} U(\underline{e}) Z^\kappa E^{1/2 \, 1/2}_{\sigma_1 \sigma_2, \sigma'_1 \sigma'_2} \hat{\phi}^{nl_1, nl_2}_{m''_1 m''_2, \sigma''_1 \sigma''_2} =$$

$$= \delta_{m'_1 m''_1} \delta_{m'_2 m''_2} \delta_{\kappa 0} \delta_{\sigma'_1 \sigma''_1} \delta_{\sigma'_2 \sigma''_2} \hat{\phi}^{nl_{r1}, nl_{r2}}_{m_{r1} m_{r2}, \sigma_1 \sigma_2}, \tag{12.1.10}$$

so daß G_0 bezüglich (12.1.2) Nicht-Invarianzgruppe ist.

Der Übersichtlichkeit wegen wird die der LS-Kopplung entsprechende Anpassung der Spinoren $\hat{\phi} \in {}^{(nl_1, nl_2)}H$ (vgl. (10.3.8–10)) für Ort- und Spinteil getrennt durchgeführt. So ergibt die Anpassung des Ortsteils der Spinoren (12.1.3) an $SU(2)^{[2]} \times S_2$ mit den Operatoren

$$B(e^{[\lambda]}) = E^{[\lambda]} = \frac{1}{2} (U(\omega_0, \omega_0 | e) + (-1)^{[\lambda]} U(\omega_0, \omega_0 | e')) \tag{12.1.11}$$

$$B(e^J_{M_1 M_2}) = E^J_{M_1 M_2} = (2J+1) \int\limits_{V_\omega} d\omega \rho(\omega) D^{J*}_{M_1 M_2}(\omega) U(\omega, \omega | e) \tag{12.1.12}$$

$(e^{[\lambda]} \in A(S_2); \ e^J_{M_1 M_2} \in A(SU(2)^{[2]}))$ gemäß Gl. (7.2.1) die Funktionen

$$\phi^{[\lambda]L}_{0 M_L} = \frac{1}{\sqrt{2}} \{ \phi^L_{M_L} + (-1)^{[\lambda] + l_1 + l_2 - L} U(\omega_0, \omega_0 | e') \phi^L_{M_L} \} \tag{12.1.13}$$

mit $(-1)^{[2]} = +1$, $(-1)^{[1^2]} = -1$ und

$$\phi^L_{M_L} = \sum_m (l_1 M_L - m, l_2 m | L M_L) \phi^{nl_1, nl_2}_{M_L - m, m}, \tag{12.1.14}$$

wobei die Symmetrierelation

$$(j_1 m_1 j_2 m_2 | j_3 m_3) = (-1)^{j_1+j_2-j_3}(j_2 m_2 j_1 m_1 | j_3 m_3) \tag{12.1.15}$$

(s. (6.4.19)) verwendet wurde. Analog liefert die Anpassung des Spinteils

$$|[\lambda']0, SM_s\rangle = \frac{1}{2}(1 + (-1)^{[\lambda']+1-S}) |SM_s\rangle$$

$$|SM_s\rangle = \sum_\sigma \left(\frac{1}{2} M_s - \sigma \frac{1}{2} \sigma | SM_s\right) | M_s - \sigma, \sigma\rangle. \tag{12.1.16}$$

(12.1.16) kann daher nur dann Null verschieden sein, wenn $S = 1$ und $[\lambda'] = [2]$ bzw. $S = 0$ und $[\lambda'] = [1^2]$ ist. Die Kombination von (12.1.13) und (12.1.16) liefert die Elemente

$$\hat{\phi}^{[\lambda]L,[\lambda']S}_{M_L M_S} = \phi^{[\lambda]L}_{0 M_L} | [\lambda']0, SM_s\rangle \tag{12.1.17}$$

der der LS-Kopplung entsprechenden Basis von $^{(nl_1,nl_2)}H$ (vgl. (10.3.15)).

Bei der Anpassung der Spinoren (12.1.3) im Sinne von (12.1.5) muß man im Gegensatz zu $l_1 < l_2 - 1$ für $l_1 = l_2 - 1$ zwei Fälle unterscheiden, da wegen der Dreiecksungleichung (s. (6.4.9)) die möglichen j_i-Werte ($i = 1, 2$) im ersten Fall nur verschieden, im zweiten aber auch gleich sein können.

Fall 1: $j_1 \neq j_2 (j_1 = |l_1 \pm \frac{1}{2}|; j_2 = l_2 \pm \frac{1}{2})$

Mit zu (12.1.6) analogen Operatoren erhält man die (orthonormierten) Spinoren

$$\hat{\phi}^{j_1 j_2}_{\underline{r}m_1 m_2} = U(\underline{r},\underline{r}) \hat{\phi}^{j_1 j_2 (l_1 l_2)}_{m_1 m_2}; (\underline{r},\underline{r}) = (r,r) \in S_2^{Ort}[\times] S_2^{Spin} \tag{12.1.18}$$

$$\hat{\phi}^{j_1 j_2 (l_1 l_2)}_{m_1 m_2} =$$

$$= \sum_{\sigma_1 \sigma_2} (l_1 m_1 - \sigma_1 \tfrac{1}{2} \sigma_1 | j_1 m_1)(l_2 m_2 - \sigma_2 \tfrac{1}{2} \sigma_2 | j_2 m_2) \phi^{nl_1,nl_2}_{m_1-\sigma_1, m_2-\sigma_2} | \sigma_1 \sigma_2\rangle \tag{12.1.19}$$

Fall 2: $j_1 = j_2 = j (l_1 = l_2 - 1, j = l_1 + \frac{1}{2} = l_2 - \frac{1}{2})$

Mit zu (12.1.8) analogen Operatoren erhält man die (orthonormierten) Spinoren

$$\hat{\phi}^{jj\kappa}_{m_1 m_2} = \frac{1}{\sqrt{2}} \{\hat{\phi}^{jj(l_1 l_2)}_{m_1 m_2} + (-1)^\kappa \hat{\phi}^{jj(l_2 l_1)}_{m_1 m_2}\}, \tag{12.1.20}$$

wobei (12.1.19) zu verwenden ist.

Somit sind für den Fall $l_1 < l_2 - 1$ die Spinoren (12.1.18) und für den Fall $l_1 = l_2 - 1$ Spinoren der Form (12.1.18) und (12.1.20) Basis des Unterraumes (12.1.2).

12.2. Antisymmetrisierung

Die Beschränkung $^{(nl_1,nl_2)}H \rightarrow {}^{(nl_1)(nl_2)}H$ kann nur im Fall der LS-Kopplung als die Subduktion (10.4.3) mit $N = 2$ aufgefaßt werden. Die dabei erforderlichen Matrixelemente der Subduktionsmatrizen sind die CG-Koeffizienten $([\lambda]0[\lambda']0|[1^2]00)$ von S_2 (s. (6.4.15)).

Diese zeigen, daß die Spinoren

$$\hat{\phi}^{[1^2]\,LS}_{M_L M_S} = \hat{\phi}^{[\lambda]L,[\bar{\lambda}]S}_{M_L M_S} = \frac{1}{\sqrt{2}}\{\phi^L_{M_L} + (-1)^{S+l_1+l_2-L}\,U(\omega_0,\omega_0|e')\,\phi^L_{M_L}\}\,|SM_S\rangle$$

$$S = 0 \Longleftrightarrow [\bar{\lambda}] = [1^2] \Longleftrightarrow [\lambda] = [2] \Longleftrightarrow (-1)^{[\lambda]} = +1$$
$$S = 1 \Longleftrightarrow [\bar{\lambda}] = [2] \Longleftrightarrow [\lambda] = [1^2] \Longleftrightarrow (-1)^{[\lambda]} = -1 \qquad (12.2.1)$$

(s. (12.1.15)) eine Basis des $4(2l_1 + 1)(2l_2 + 1)$-dimensionalen Unterraumes $^{(nl_1)(nl_2)}H$ von $^{(nl_1,nl_2)}H$ bilden. Die Elemente der übrigen in den folgenden Abschnitten benötigten Basen von $^{(nl_1)(nl_2)}H$ können mit den Matrixelementen der entsprechenden Subduktionsmatrizen (vgl. (10.3.14, 15)) sofort angegeben werden.

$$\hat{\phi}^{[1^2](LS)}_{JM_J} = \sum_M (L\,M_J-M\,SM|JM_J)\,\hat{\phi}^{[1^2]\,LS}_{M_J-M,\,M} \qquad (12.2.2)$$

$$\hat{\phi}^{[1^2](LS)}_{(J)\langle i\rangle kw} = \sum_M C^{J\,*}_{\langle i\rangle kw,\,M}\,\hat{\phi}^{[1^2](LS)}_{JM} \qquad (12.2.3)$$

$$\hat{\phi}^{[1^2](LS)}_{\langle i\rangle kw,\,M_S} = \sum_M C^{L\,*}_{\langle i\rangle kw,\,M}\,\hat{\phi}^{[1^2]\,LS}_{MM_S} \qquad (12.2.4)$$

Dagegen ist die Beschränkung $^{(nl_1,nl_2)}H \to {}^{(nl_1)(nl_2)}H$ im Fall der jj-Kopplung weniger einfach als bei der LS-Kopplung, weil die bei der Anpassung der Spinoren (12.1.18), bzw. (12.1.20), verwendeten UIRs von $[SU(2)\,[\times]\,su(2)]^2$ ($\times\,S_2^{[2]}$ bei Beschränkung auf $S_2^{[2]}$ (Subduktion) erst durch geeignete Transformationen in die gewünschte direkte Summe zerfallen. Die $S_2^{[2]}$-Anpassung der Spinoren (12.1.18) ergibt (nach Projektion mit $B(e^{[1^2]})$ und Normierung)

$$\hat{\phi}^{(j_1 j_2)[1^2]}_{(m_1 m_2)} = \frac{1}{\sqrt{2}}\{\hat{\phi}^{j_1 j_2}_{e\,m_1 m_2} - \hat{\phi}^{j_1 j_2}_{e'\,m_1 m_2}\} =$$

$$= \frac{1}{\sqrt{2}}\{\hat{\phi}^{j_1 j_2(l_1 l_2)}_{m_1 m_2} - \hat{\phi}^{j_2 j_1(l_2 l_1)}_{m_2 m_1}\} \qquad (12.2.5)$$

und für (12.1.20) mit $j_1 = j_2 = j$

$$\hat{\phi}^{(jj0)[1^2]}_{(m_1 m_2)} = \frac{1}{2}\{\hat{\phi}^{jj(l_1 l_2)}_{m_1 m_2} - \hat{\phi}^{jj(l_1 l_2)}_{m_2 m_1} - \hat{\phi}^{jj(l_2 l_1)}_{m_1 m_2} + \hat{\phi}^{jj(l_2 l_1)}_{m_2 m_1}\} \qquad (12.2.6)$$

$$\hat{\phi}^{(jj1)[1^2]}_{(m_1 m_2)} = \frac{\sqrt{2-\delta_{m_1 m_2}}}{2\sqrt{2}}\{\hat{\phi}^{jj(l_1 l_2)}_{m_1 m_2} + \hat{\phi}^{jj(l_1 l_2)}_{m_2 m_1} - \hat{\phi}^{jj(l_2 l_1)}_{m_1 m_2} - \hat{\phi}^{jj(l_2 l_1)}_{m_2 m_1}\}, \qquad (12.2.7)$$

(12.2.6) liefert $j\,(2j+1)\,(m_1 > m_2)$ und (12.2.7) $(j+1)\,(2j+1)\,(m_1 \geqslant m_2)$ orthonormierte Spinoren. Die Spinoren (12.2.5) [(12.2.5−7)] definieren für $l_1 < l_2 - 1$ $[l_1 = l_2 - 1]$ eine weitere Basis von $^{(nl_1)(nl_2)}H$.

12.3. Coulomb-Wechselwirkung

In diesem Abschnitt wird das EW-Problem für den Operator

$$^{(nl_1)(nl_2)}H_1 \quad \text{mit} \quad H_1 = \frac{e^2}{r_{12}} \tag{12.3.1}$$

untersucht, wobei die in Abschnitt 10.4 eingeführte Bezeichnungsweise (insbesondere (10.4.2)) verwendet wird. Da $(SU(2)^{[2]} \times su(2)^{[2]}) \times S_2^{[2]}$ in $^{(nl_1)(nl_2)}H$ stark ist und der Operator (12.3.1) bezüglich dieser Gruppe invariant ist, muß (12.3.1) in der Basis (12.2.1) diagonal sein. Seine $(2L+1)(2S+1)$-fach entarteten Eigenwerte sind durch

$$\epsilon(^{2S+1}L) = \langle \hat{\phi}_{00}^{[1^2]LS}, H_1 \hat{\phi}_{00}^{[1^2]LS} \rangle \tag{12.3.2}$$

gegeben. Bei der Berechnung der Matrixelemente (12.3.2) muß auf die Elemente der Basis (12.1.3) und die $SU(2)^{[2]} \times su(2)^2$-Tensorzerlegung von H_1 zurückgegriffen werden. Dies ist ein typisches Beispiel dafür, daß auch Nicht-Symmetriegruppen (s. Abschnitt 8.3) ein wichtiges (hier sogar notwendiges) Hilfsmittel bei der Berechnung von Matrixelementen sein können. Die $SU(2)^2 \times su(2)^2$-Tensorzerlegung von H_1 [Ref. 66]

$$H_1 = \sum_{lm} T_{m-m\,00,\,m-m\,00}^{ll\,00}[H_1] \tag{12.3.3}$$

$$T_{m-m\,00,\,m-m\,00}^{ll\,00}[H_1] = e^2 \, \frac{4\pi}{2l+1} \, \frac{r_<^l}{r_>^{l+1}} \, (-1)^m Y_{lm}(1) Y_{l-m}(2) \tag{12.3.4}$$

enthält die Operatoren $r_<$ und $r_>$, deren Definition $r_< = \mathrm{Min}(r_1, r_2)$, $r_> = \mathrm{Max}(r_1, r_2)$, bei der Integration über den Radialteil der Spinoren (12.1.3) zu berücksichtigen ist. Für die von M_L und M_S unabhängigen Matrixelemente (12.3.2) folgt

$$\langle \hat{\phi}_{00}^{[1^2]LS}, H_1 \hat{\phi}_{00}^{[1^2]LS} \rangle = e^2 \sum_{lm} \frac{4\pi}{2l+1} (-1)^m \langle \hat{\phi}_{00}^{[1^2]LS}, \frac{r_<^l}{r_>^{l+1}} Y_{lm}(1) Y_{l-m}(2) \hat{\phi}_{00}^{[1^2]LS} \rangle =$$

$$= e^2 \sum_l \frac{4\pi}{2l+1} \{ A_{l_1 l_2}^{(lL)} \; ^nF_{(l_1 l_2)(l_1 l_2)}^{(l)} (l_1 \| Y_l \| l_1)(l_2 \| Y_l \| l_2) +$$

$$+ (-1)^S B_{l_1 l_2}^{(lL)} \; ^nF_{(l_1 l_2)(l_2 l_1)}^{(l)} (l_1 \| Y_l \| l_2)(l_2 \| Y_l \| l_1) \}, \tag{12.3.5}$$

wenn die Abkürzungen

$$^nF_{(l_i l_j)(l_p l_q)}^{(l)} = \int_0^\infty \int_0^\infty r_1^2 \, dr_1 \, r_2^2 \, dr_2 \, R_{nl_i}(r_1) R_{nl_j}(r_2) \frac{r_<^l}{r_>^{l+1}} R_{nl_p}(r_1) R_{nl_q}(r_2) \tag{12.3.6}$$

$$A_{l_1 l_2}^{(lL)} = \sum_{m m''} (-1)^m (l_1 - m'' l_2 m'' | L0)(l_1 - m - m'' l_2 m + m'' | L0) \text{ mal}$$
$$(l - m \, l_2 m + m'' | l_2 m'')(l \, m \, l_1 - m - m'' | l_1 - m'') \tag{12.3.7}$$

$$B_{l_1 l_2}^{(lL)} = \sum_{m m''} (-1)^m (l_1 - m'' l_2 m'' | L0)(l_1 m + m'' l_2 - m - m'' | L0) \text{ mal}$$
$$(l m \, l_2 - m - m'' | l_1 - m'')(l - m \, l_1 \, m + m'' | l_2 m'') \tag{12.3.8}$$

eingeführt, das WE-Theorem

$$\int\limits_0^\pi \int\limits_0^{2\pi} \sin\vartheta\, d\vartheta\, d\varphi\, Y_{l'm'}^*(\vartheta\varphi)\, Y_{lm}(\vartheta\varphi)\, Y_{l''m''}(\vartheta\varphi) = (lm\,l''m''\,|\,l'm')(l'\,\|\,Y_l\,\|\,l'')$$

$$(12.3.9)$$

mit dem reduzierten Matrixelement

$$(l'\,\|\,Y_l\,\|\,l'') = (l0\,l''0\,|\,l'0)\sqrt{\frac{(2l+1)(2l''+1)}{4\pi(2l'+1)}}$$

$$(12.3.10)$$

(s. Abschnitt 7.4), die Symmetrierelation

$${}^n\mathrm{F}^{(l)}_{(l_i l_j)(l_p l_q)} = {}^n\mathrm{F}^{(l)}_{(l_j l_i)(l_q l_p)}$$

$$(12.3.11)$$

der *verallgemeinerten Slaterintegrale* (12.3.6), eine der CG-Koeffizienten von $SU(2)$,

$$(j_1 m_1 j_2 m_2\,|\,j_3 m_3) = (-1)^{j_1+j_2-j_3}(j_1 - m_1\, j_2 - m_2\,|\,j_3 - m_3),$$

$$(12.3.12)$$

und (12.1.17, 14, 13) verwendet werden. Beachtet man weiteres, daß die in Gl. (12.3.5) vorkommenden reduzierten Matrixelemente wegen der Dreiecksungleichung und (12.3.12) nur bestimmte l-Werte zulassen, so folgt schließlich für die Eigenwerte

$$\epsilon(^{2S+1}L) = e^2\,{}^n\mathrm{F}^{(0)}_{(l_1 l_2)(l_1 l_2)} +$$

$$+ e^2 \sum_{l=2,4,\ldots}^{2l_1} A^{(lL)}_{l_1 l_2}\,{}^n\mathrm{F}^{(l)}_{(l_1 l_2)(l_1 l_2)}\,(l0\,l_1 0\,|\,l_1 0)(l0\,l_2 0\,|\,l_2 0) +$$

$$+ e^2 (-1)^S \sum_{l=l_2-l_1,\,l_2-l_1+2,\ldots}^{l_1+l_2} (-1)^l \sqrt{\frac{2l_1+1}{2l_2+1}}\, B^{(lL)}_{l_1 l_2}\,{}^n\mathrm{F}^{(l)}_{(l_1 l_2)(l_2 l_1)}(l0\,l_1 0\,|\,l_2 0)^2.$$

$$(12.3.13)$$

Damit erhält man z. B. für die Konfiguration $(n0)\,(nl)$ die beiden Eigenwerte

$$\epsilon(^{2S+1}l) = e^2\left\{{}^n\mathrm{F}^{(0)}_{(0l)(0l)} + \frac{(-1)^S}{2l+1}\,{}^n\mathrm{F}^{(l)}_{(0l)(l0)}\right\},$$

$$(12.3.14)$$

die wegen $\epsilon(^1l) > \epsilon(^3l)$ der *Hundschen Regel* genügen [Ref. 67]. Weiteres erkennt man an diesem Beispiel, daß der Operator (12.3.1) den Spektrallinienschwerpunkt verändert, da

$$\frac{1}{4(2l+1)}\,\mathrm{Spur}\,{}^{(n0)\,(nl)}\mathrm{H}_1 = e^2\left\{{}^n\mathrm{F}^{(0)}_{(0l)(0l)} - 2\,{}^n\mathrm{F}^{(l)}_{(0l)(l0)}\right\}$$

$$(12.3.15)$$

ist.

12.4. Spin-Bahn-Wechselwirkung

Das EW-Problem für den Operator

$$^{(nl_1)(nl_2)}\mathrm{H}_3 \quad \text{mit} \quad \mathrm{H}_3 = \sum_{i=1}^{2} \xi(r_i)\,\vec{\mathrm{L}}^{(i)}\,\vec{\mathrm{S}}^{(i)}$$

$$(12.4.1)$$

wirft wieder die Frage nach der günstigsten Anpassung auf. Bei $(SU(2)^{[2]}[\times]\,su(2)^{[2]}) \times S_2^{[2]}$-Anpassung erhält man eine einfache Matrixdarstellung für den Operator (12.4.1), da diese Gruppe mit (12.4.1) elementweise vertauscht. Allerdings muß man bei der Berechnung der von Null verschiedenen und M_J-unabhängigen Matrixelemente

$$\langle \hat{\phi}_{J0}^{[1^2](LS)}, H_3\,\hat{\phi}_{J0}^{[1^2](L'S')}\rangle =$$

$$= \sum_{MM'} (L-M\,SM\,|\,J0)(L'-M'\,S'M'\,|\,J0)\,\langle \hat{\phi}_{-M,M}^{[1^2]LS}, H_3\,\hat{\phi}_{-M',M'}^{[1^2]L'S'}\rangle \qquad (12.4.2)$$

auf die Elemente der Basis (12.2.1) und die $SU(2) \times su(2)$-Tensorzerlegung von H_3 zurückgreifen.

Diese Tensorzerlegung

$$H_3 = \sum_{i=1}^{2} \xi(r_i) \sum_{m=-1}^{1} (-1)^m\, T_{-mm,00}^{11}\,[L_3^{(i)}\,S_3^{(i)}], \qquad (12.4.3)$$

folgt aus $[U(\omega,\omega\,|\,e)\,U(\omega',\omega'\,|\,e), \xi(r_i)] = 0$ und zu (11.2.9, 10) analogen Gleichungen. Mit Hilfe des WE-Theorems in der Form (7.4.4) erhält man mit (10.4.14), (12.3.12) und der Auswahlregel (6.4.17) für die CG-Koeffizienten von $SU(2)$

$$\langle \hat{\phi}_{-M,M}^{[1^2]LS}, H_3\,\hat{\phi}_{-M',M'}^{[1^2]L'S'}\rangle = 2(-1)^{1+L'-L+M-M'}(1M-M'\,L'M'\,|\,LM)(1M-M'\,S'M'\,|\,SM)\ \text{mal}$$

$$((nl_1 l_2)\,LS\,\|\,\xi(r_1)\,T_{00}^{11}[L_3^{(1)}\,S_3^{(1)}]\,\|\,(nl_1 l_2)L'S'), \qquad (12.4.4)$$

woraus Spur $^{(nl_1)(nl_2)}H_3 = 0$ folgt [Ref. 68]. Das reduzierte Matrixelement ist wegen der speziellen Form des Operators (Gl. (12.4.1)) und der Zustände (Gl. (12.2.1)) faktorisierbar.

$$((nl_1 l_2)\,LS\,\|\,\xi(r_1)\,T_{00}^{11}[L_3^{(1)}\,S_3^{(1)}]\,\|\,(nl_1 l_2)L'S') =$$

$$= ((nl_1 l_2)\,L\,\|\,\xi(r_1)\,T_0^1[L_3^{(1)}]\,\|\,(nl_1 l_2)L')\,(S\,\|\,T_0^1[S_3^{(1)}]\,\|\,S') \qquad (12.4.5)$$

Die beiden Faktoren in Gl. (12.4.5) sind mit

$$\langle \phi_{0M}^{[\lambda]L}, \xi(r_1)L_3^{(1)}\,\phi_{0M'}^{[\lambda]L'}\rangle = \frac{1}{2}\,\delta_{MM'}\{M\,\xi_{l_2}^{n} +$$

$$+ (\xi_{l_1}^{n} - \xi_{l_2}^{n}) \sum_{m} m\,(l_1 m\,l_2 M-m\,|\,LM)(l_1 m\,l_2 M-m\,|\,L'M)\} =$$

$$= (10\,L'M'\,|\,LM)\,((nl_1 l_2)\,L\,\|\,\xi(r_1)\,T_0^1[L_3^{(1)}]\,\|\,(nl_1 l_2)L') \qquad (12.4.6)$$

$$\langle [\bar{\lambda}]0, SM\,|\,S_3^{(1)}\,|\,[\bar{\lambda}']0, S'M'\rangle = (10\,S'M'\,|\,SM)\,(S\,\|\,T_0^1[S_3^{(1)}]\,\|\,S') \qquad (12.4.7)$$

zu berechnen, wobei für die Radialintegrale die Abkürzungen

$$\xi_{l_q}^{n} = \int_0^\infty r^2\,dr\,R_{nl_q}^2(r)\,\xi(r); \qquad q = 1, 2 \qquad (12.4.8)$$

eingeführt wurden und zum Beweis von (12.4.6, 7) die Gleichungen (12.1.13–15) zu verwenden sind. Man erhält für $(S \parallel T_0^1 [S_3^{(1)}] \parallel S')$ $(S, S' = 0, 1)$ die folgenden Werte:

$$(0 \parallel T_0^1 [S_3^{(1)}] \parallel 0) = 0 \qquad\qquad (0 \parallel T_0^1 [S_3^{(1)}] \parallel 1) = \frac{\sqrt{3}}{2}$$

$$(1 \parallel T_0^1 [S_3^{(1)}] \parallel 0) = -\frac{1}{2} \qquad\qquad (1 \parallel T_0^1 [S_3^{(1)}] \parallel 1) = -\frac{1}{\sqrt{2}} \qquad\qquad (12.4.9)$$

Die reduzierten Matrixelemente $((nl_1 l_2) L \parallel \xi (r_1) T_0^1 [L_3^{(1)}] \parallel (nl_1 l_2) L')$ sind weniger leicht zu berechnen.

Für die Konfiguration $(n0) (nl)$ erhält man aus (12.4.6), (12.3.12) und Tabelle 6.11

$$((n0l) L \parallel \xi (r_1) T_0^1 [L_3^{(1)}] \parallel (n0l) L') = -\frac{1}{2} \xi_l^n \sqrt{l(l+1)} \delta_{lL} \delta_{LL'} \qquad\qquad (12.4.10)$$

und damit für (12.4.2)

$$\langle \hat{\phi}_{J0}^{[1^2](lS)}, H_3 \hat{\phi}_{J0}^{[1^2](lS')} \rangle = \sqrt{l(l+1)} (S \parallel T_0^1 [S_3^{(1)}] \parallel S') \xi_l^n \sum_{M, M'} (-1)^{M-M'} \text{ mal}$$

$$(l-M\,SM \mid J0) (l-M'\,S'M' \mid J0) (1M-M'\,lM' \mid lM) (1M-M'\,S'M' \mid SM). \qquad (12.4.11)$$

Zur Berechnung der Eigenwerte des Operators (12.4.1) kann man entweder die Säkulargleichung der Matrix mit den Elementen (12.4.2) lösen, oder eine noch günstigere Matrixdarstellung für den Operator (12.4.1) suchen. Es zeigt sich, daß die Matrix, die dem Operator (12.4.1) in der Basis (12.2.5–7) zugeordnet werden kann, bereits diagonal ist. Der Grund dafür ist der, daß die Gruppe $[SU(2)[\times] su(2)]^2 \times S_2^{[2]}$ nicht nur in $^{(nl_1, nl_2)}H$ stark, sondern auch Symmetriegruppe von $H_3^{(nl_1, nl_2)}$ ist, so daß die Beschränkung auf $^{(nl_1)(nl_2)}H$ zu einer Diagonaldarstellung von (12.4.1) führt. Gemäß (12.2.5–7) hat man zwei Fälle zu unterscheiden:

Fall 1: $l_1 < l_2 - 1 \Rightarrow j_1 \neq j_2$

$$\langle \hat{\phi}_{(m_1 m_2)}^{(j_1 j_2)[1^2]}, H_3 \hat{\phi}_{(m_1' m_2')}^{(j_1' j_2')[1^2]} \rangle =$$

$$= \delta_{j_1 j_1'} \delta_{j_2 j_2'} \delta_{m_1 m_1'} \delta_{m_2 m_2'} \frac{1}{2} \{ \xi_{l_1}^n [j_1 (j_1 + 1) - l_1 (l_1 + 1) - \frac{3}{4}] +$$

$$+ \xi_{l_2}^n [j_2 (j_2 + 1) - l_2 (l_2 + 1) - \frac{3}{4}] \} \qquad\qquad (12.4.12)$$

Fall 2: $l_1 = l_2 - 1 \Rightarrow j_1 \neq j_2$ oder $j_1 = j_2 = j = l_1 + \frac{1}{2}$

Dabei sind die Matrixelemente von H_3 für $j_1 \neq j_2$ durch (12.4.12) und für $j_1 = j_2 = j = l_1 + \frac{1}{2}$ durch

$$\langle \hat{\phi}_{(m_1 m_2)}^{(jj\kappa)[1^2]}, H_3 \hat{\phi}_{(m_1' m_2')}^{(jj\kappa')} \rangle = \delta_{\kappa\kappa'} \delta_{m_1 m_1'} \delta_{m_2 m_2'} \frac{1}{2} \{ \xi_{l_1}^n l_1 - (l_2 + 1) \xi_{l_2}^n \} \qquad\qquad (12.4.13)$$

gegeben. Zum Beweis von (12.4.12, 13) hat man (12.2.5–7), die Operatoridentitäten

$$\vec{L}^{(i)}\vec{S}^{(i)} = \frac{1}{2}\left(\vec{J}^{(i)2} - \vec{L}^{(i)2} - \vec{S}^{(i)2}\right) \tag{12.4.14}$$

und die EW-Gleichungen

$$\left\{\begin{array}{c} \vec{J}^{(i)2} \\ \vec{L}^{(i)2} \\ \vec{S}^{(i)2} \end{array}\right\} \hat{\phi}_{m_1 m_2}^{j_1 j_2} = \left\{\begin{array}{c} j_i(j_i+1) \\ l_i(l_i+1) \\ \frac{3}{4} \end{array}\right\} \hat{\phi}_{m_1 m_2}^{j_1 j_2} \tag{12.4.15}$$

zu verwenden. (Die Eigenschaft Spur $^{(nl_1)\,(nl_2)}H_3 = 0$ kann mit (12.4.12, 13) leicht überprüft werden.) Die $(2j_1 + 1)(2j_2 + 1)$-fach entarteten Eigenwerte $\epsilon^{j_1 j_2}(j_1 \leqslant j_2)$ des Operators (12.4.1) sind daher durch

$$\epsilon^{j_1 j_2} = \frac{1}{2}\sum_{i=1}^{2}\xi_{l_i}^{n}\left\{j_i(j_i+1) - l_i(l_i+1) - \frac{3}{4}\right\} \tag{12.4.16}$$

gegeben. Für die Konfiguration $(n0)(n2)$ erhält man z. B. die Werte

$$\epsilon^{1/2\ 3/2} = -\frac{3}{2}\xi_2^n, \qquad \epsilon^{1/2\ 5/2} = +\xi_2^n. \tag{12.4.17}$$

Nähert man den Operator (12.4.1) durch

$$\sum_{LS}{}^{(nl_1)\,(nl_2)}H_3^{LS} = \sum_{LS}E^{LS}\,{}^{(nl_1)\,(nl_2)}H_3\,E^{LS} \tag{12.4.18}$$

an, wobei die Projektionsoperatoren E^{LS} durch

$$E^{LS} = \sum_{M_L M_S}(2L+1)(2S+1)\iint_{V_\omega^2} d\omega\,d\omega'\rho(\omega)\rho(\omega')D_{M_L M_L}^{L*}(\omega)D_{M_S M_S}^{S*}(\omega')U(\omega,\omega|e)U(\omega',\omega'|e) \tag{12.4.19}$$

gegeben sind, so vereinfacht sich das EW-Problem, da nun die Voraussetzungen erfüllt sind, unter denen man zu äquivalenten Operatoren übergehen kann (vgl. Abschnitt 7.3).

$${}^{(nl_1)\,(nl_2)}\vec{L}^{(i)\,LS} = E^{LS}\,{}^{(nl_1)\,(nl_2)}\vec{L}^{(i)}E^{LS} = g_{(nl_1 l_2)}^{L}\,{}^{(nl_1)\,(nl_2)}\vec{L}^{LS} \tag{12.4.20}$$

$${}^{(nl_1)\,(nl_2)}\vec{S}^{(i)\,LS} = E^{LS}\,{}^{(nl_1)\,(nl_2)}\vec{S}^{(i)}E^{LS} = h^{S}\,{}^{(nl_1)\,(nl_2)}\vec{S}^{LS} \tag{12.4.21}$$

In diesen Gleichungen ist $\vec{L} = \vec{L}^{(1)} + \vec{L}^{(2)}$ und $\vec{S} = \vec{S}^{(1)} + \vec{S}^{(2)}$. Damit wird

$$\langle\hat{\phi}_{J0}^{[1^2](LS)}, H_3\hat{\phi}_{J0}^{[1^2](LS)}\rangle = g_{(nl_1 l_2)}^{L}h^{S}\langle\hat{\phi}_{J0}^{[1^2](LS)}, \{\xi(r_1)+\xi(r_2)\}\vec{L}\,\vec{S}\,\hat{\phi}_{J0}^{[1^2](LS)}\rangle =$$

$$= \frac{1}{2}g_{(nl_1 l_2)}^{L}h^{S}(\xi_{l_1}^{n}+\xi_{l_2}^{n})\{J(J+1)-L(L+1)-S(S+1)\}, \tag{12.4.22}$$

wenn die Operatoridentität

$$\vec{L}\,\vec{S} = \frac{1}{2}\{\vec{J}^2 - \vec{L}^2 - \vec{S}^2\}, \quad \vec{J} = \vec{L} + \vec{S}, \tag{12.4.23}$$

die EW-Gleichungen

$$\left\{\begin{array}{c} \vec{L}^2 \\ \vec{S}^2 \\ \vec{J}^2 \end{array}\right\} \hat{\phi}_{JM_J}^{[1^2](LS)} = \left\{\begin{array}{c} L(L+1) \\ S(S+1) \\ J(J+1) \end{array}\right\} \hat{\phi}_{JM_J}^{[1^2](LS)} \tag{12.4.24}$$

und die Definition (12.4.8) verwendet wird. Die $(2J+1)$-fach entarteten Eigenwerte ϵ_J^{LS} von (12.4.18) haben daher die Werte

$$\epsilon_J^{LS} = \frac{1}{2}\, g^L_{(nl_1 l_2)} h^S (\xi^n_{l_1} + \xi^n_{l_2})\{J(J+1) - L(L+1) - S(S+1)\}. \tag{12.4.25}$$

12.5. Magnetfeld

Schließlich legt die Behandlung des EW-Problems für den Operator

$$^{(nl_1)(nl_2)}H_4 \quad \text{mit} \quad H_4 = \beta B_0 (L_3 + 2S_3) \tag{12.5.1}$$

wegen der speziellen Form des Operators H_4 nahe, $SU(2)^{[2]} \times su(2)^{[2]}$-Anpassung durchzuführen. Aus der $SU(2)^{[2]} \times su(2)^{[2]}$-Tensorzerlegung

$$H_4 = T^{10}_{00,00}[H_4] + T^{01}_{00,00}[H_4]$$

$$T^{10}_{00,00}[H_4] = \beta B_0 L_3, \quad T^{01}_{00,00}[H_4] = 2\beta B_0 S_3 \tag{12.5.2}$$

des Operators H_4 folgt, daß die Matrix, die dem Operator (12.5.1) in der Basis (12.2.1) zugeordnet ist, in M_L und M_S diagonal sein muß. Die Diagonalität dieser Matrix in L und S folgt aus der speziellen Gestalt der $SU(2) \times su(2)$-Tensorkomponenten (12.5.2).

$$\langle \hat{\phi}_{M_L M_S}^{[1^2]LS}, H_4 \hat{\phi}_{M'_L M'_S}^{[1^2]L'S'} \rangle = \delta_{LL'}\delta_{SS'}\delta_{M_L M'_L}\delta_{M_S M'_S}\beta B_0(M_L + 2M_S) \tag{12.5.3}$$

Daraus ergeben sich die Eigenwerte von (12.5.1) sofort zu

$$\epsilon^{LS}_{M_L M_S} = \beta B_0(M_L + 2M_S). \tag{12.5.4}$$

Da die Projektoren E^{LS} mit dem Operator (12.5.1) vertauschen, stellt auch

$$\sum_{LS} {}^{(nl_1)(nl_2)}H_4^{LS} = \sum_{LS} E^{LS}\,{}^{(nl_1)(nl_2)}H_4\,E^{LS} = {}^{(nl_1)(nl_2)}H_4 \tag{12.5.5}$$

den Operator (12.5.1) dar. Dagegen ist die Summe

$$\sum_{LSJ} {}^{(nl_1)(nl_2)}H_4^{LSJ} = \sum_{LS} \sum_{J=|L-S|}^{L+S} E^J E^{LS}\,{}^{(nl_1)(nl_2)}H_4\,E^{LS} E^J, \tag{12.5.6}$$

die mit den Projektoren

$$E^J = \sum_{M_J} (2J+1) \int_{V_\omega} d\omega \rho(\omega) D^{J*}_{M_J M_J}(\omega) U(\omega, \omega \,|\, e) U(\omega, \omega \,|\, e) \qquad (12.5.7)$$

vertauscht, ein neuer Operator, der für (12.5.1) eine Näherung darstellt. Da (12.5.1) die Komponente eines $SU(2)$-Tensoroperators ist,

$$H_4 = T^1_{0,0} [H_4], \qquad (12.5.8)$$

kann für jeden Summanden $^{(nl_1)(nl_2)}H_4^{LSJ}$ der Zerlegung (12.5.6) die Methode der äquivalenten Operatoren angewendet werden.

$$^{(nl_1)(nl_2)}L_j^{LSJ} + 2\,^{(nl_1)(nl_2)}S_j^{LSJ} = G^{LSJ}\,^{(nl_1)(nl_2)}J_j^{LSJ} \qquad (12.5.9)$$

$$G^{LSJ} = 1 + \frac{J(J+1) + S(S+1) - L(L+1)}{2J(J+1)} \qquad (12.5.10)$$

Der von der Konfiguration $(nl_1)(nl_2)$ unabhängige G^{LSJ}-Faktor (*Landé-Faktor*) ergibt sich aus (12.5.9), der Operatoridentität $\vec{J}(\vec{S} + \vec{J}) = \vec{J} + \frac{1}{2}(\vec{J}^2 + \vec{S}^2 + \vec{L}^2)$ und den Gln. (12.4.24). Die Eigenwerte des Operators (12.5.6),

$$\epsilon^{LS}_{JM_J} = \beta\, B_0\, G^{LSJ}\, M_J, \qquad (12.5.11)$$

sind von (12.5.4) verschieden.

12.6. Coulomb- und Spin-Bahn-Wechselwirkung

Wie bereits in Abschnitt 10.3 erwähnt wurde, erfordert die quantitative Erfassung des Energiespektrums eines 2-(Valenz)-Elektronen-Atoms die Untersuchung des EW-Problems für den Operator

$$^{(nl_1)(nl_2)}H_{eff} + {}^{(nl_1)(nl_2)}H_2 - {}^{(nl_1)(nl_2)}H_1 + {}^{(nl_1)(nl_2)}H_1 + {}^{(nl_1)(nl_2)}H_3. \qquad (12.6.1)$$

Da nur mehr $(SU(2)^{[2]}[\times]su(2)^{[2]}) \times S_2^{[2]}$ Symmetriegruppe ist, liegt es nahe, Anpassung an diese Gruppe durchzuführen. Die von Null verschiedenen und von M_J unabhängigen Elemente der der Basis (12.2.2) zugeordneten Matrix des Operators (12.6.1) sind durch (12.2.7), (12.3.13) und (12.4.4) gegeben.

$$\langle \hat{\phi}^{[1^2](LS)}_{J0}, (H_{eff} + H_2 + H_3) \hat{\phi}^{[1^2](L'S')}_{J0} \rangle = \delta_{LL'}\delta_{SS'} \sum_{i=1}^{2} \epsilon_{nl_i} +$$

$$+ \langle \hat{\phi}^{[1^2](LS)}_{J0}, (H_2 - H_1) \hat{\phi}^{[1^2](L'S')}_{J0} \rangle + \delta_{LL'}\delta_{SS'}\, \epsilon(^{2S+1}L) +$$

$$+ \langle \hat{\phi}^{[1^2](LS)}_{J0}, H_3 \hat{\phi}^{[1^2](L'S')}_{J0} \rangle \qquad (12.6.2)$$

Da G_0 Nicht-Invarianzgruppe von $^{(nl_1, nl_2)}H$ und Symmetriegruppe des Operators

$$H_2^{(nl_1, nl_2)} - H_1^{(nl_1, nl_2)} = P^{(nl_1, nl_2)} \sum_{i=1}^{2} \{-U(r_i) - \frac{Ze^2}{r_i}\} P^{(nl_1, nl_2)} \tag{12.6.3}$$

ist, muß dieser Operator stets durch ein Vielfaches des Einheitsoperators $^{(nl_1)(nl_2)}1$ dargestellt werden. Der Proportionalitätsfaktor ist durch

$$\langle \hat{\phi}_{00}^{[1^2]\,LS}, (H_2 - H_1)\,\hat{\phi}_{00}^{[1^2]\,LS} \rangle =$$

$$= -\sum_{i=1}^{2} \int_0^\infty dr\, r^2\, R_{nl_i}^2(r)\{U(r) + \frac{Ze^2}{r}\} = -\sum_{i=1}^{2} \tau_{l_i}^n \tag{12.6.4}$$

gegeben. Gl. (12.6.4) ist mit (10.4.14) und (12.1.17, 16, 13, 14) zu beweisen. Somit folgt für (12.6.2)

$$\langle \hat{\phi}_{J0}^{[1^2](LS)}, (H_{\text{eff}} + H_2 + H_3)\,\hat{\phi}_{J0}^{[1^2](L'S')} \rangle =$$

$$= \delta_{LL'}\delta_{SS'}\left\{ \sum_{i=1}^{2} (\epsilon_{nl_i} - \tau_{l_i}^n) + \epsilon(^{2S+1}L) \right\} + \langle \hat{\phi}_{J0}^{[1^2](LS)}, H_3\,\hat{\phi}_{J0}^{[1^2](L'S')} \rangle. \tag{12.6.5}$$

Es zeigt sich allerdings, daß die $(2J+1)$-fach entarteten Eigenwerte des Operators (12.6.1) mit den experimentell festgestellten Energien i.a. nicht gut übereinstimmen. Aus diesem Grund ersetzt man den Operator (12.6.1) durch die Schar der Operatoren

$$^{(nl_1)(nl_2)}H_{\text{eff}} + {}^{(nl_1)(nl_2)}H_2 - {}^{(nl_1)(nl_2)}H_1 + e^2\,{}^nF_{(l_1 l_2)(l_1 l_2)}^{(0)}\,{}^{(nl_1)(nl_2)}1 \,+$$

$$+ (1-\lambda)\{^{(nl_1)(nl_2)}H_1 - e^2\,{}^nF_{(l_1 l_2)(l_1 l_2)}^{(0)}\,{}^{(nl_1)(nl_2)}1\} \,+$$

$$+ \lambda\,{}^{(nl_1)(nl_2)}H_3; \qquad \lambda \in [0,1] \tag{12.6.6}$$

und optimiert den Parameter λ (*Zwischenkopplungsparameter*) bei (beliebig) fest vorgegebenen Werten von $^nF_{(l_i l_j)(l_p l_q)}^{(l)}$ $(l \geqslant 2)$ und $\xi_{l_i}^n$ so, daß die Quotienten der Eigenwerte $\epsilon_i^J(\lambda)$ des Operators (12.6.6) mit denjenigen der experimentell gefundenen Energien möglichst gut übereinstimmen [Ref. 69]. Dieses Interpolationsverfahren, das dem von Condon und Shortley vorgeschlagenen gleichwertig ist, wird für die Konfiguration $(n0)(n2)$ kurz demonstriert.

Für die Konfiguration $(n0)(n2)$ erhält man aus (12.3.14) und (12.4.11)

$$\langle \hat{\phi}_{J0}^{[1^2](2S)}, H_1\,\hat{\phi}_{J0}^{[1^2](2S')} \rangle = \delta_{SS'} e^2 \{^nF_{(02)(02)}^{(0)} + \frac{(-1)^S}{5}\,{}^nF_{(02)(20)}^{(2)}\}$$

$$\langle \hat{\phi}_{20}^{[1^2](20)}, H_3\,\hat{\phi}_{20}^{[1^2](20)} \rangle = 0, \quad \langle \hat{\phi}_{20}^{[1^2](20)}, H_3\,\hat{\phi}_{20}^{[1^2](21)} \rangle = -\sqrt{\tfrac{3}{2}}\,\xi_2^n$$

$$\langle \hat{\phi}_{20}^{[1^2](21)}, H_3\,\hat{\phi}_{20}^{[1^2](21)} \rangle = -\frac{1}{2}\,\xi_2^n$$

$$\langle \hat{\phi}_{10}^{[1^2](21)}, H_3 \hat{\phi}_{10}^{[1^2](21)} \rangle = -\frac{3}{2}\xi_2^n$$

$$\langle \hat{\phi}_{30}^{[1^2](21)}, H_3 \hat{\phi}_{30}^{[1^2](21)} \rangle = \xi_2^n. \tag{12.6.7}$$

Die Lösungen $\epsilon_i^J(\lambda)$ der Säkulargleichungen ($\lambda \in [0,1]$) können als Funktionen der reellen Variablen λ aufgefaßt werden und sind, abgesehen von der Verschiebung, die von $\epsilon_{n0} + \epsilon_{n2} - \tau_0^n - \tau_2^n + e^2\, {}^nF_{(02)(02)}^{(0)}$ herrührt, in Bild 12.1 wiedergegeben, wobei $e^2\, {}^nF_{(02)(20)}^{(2)} = 50$ und $\xi_2^n = 10$ gesetzt wurde.

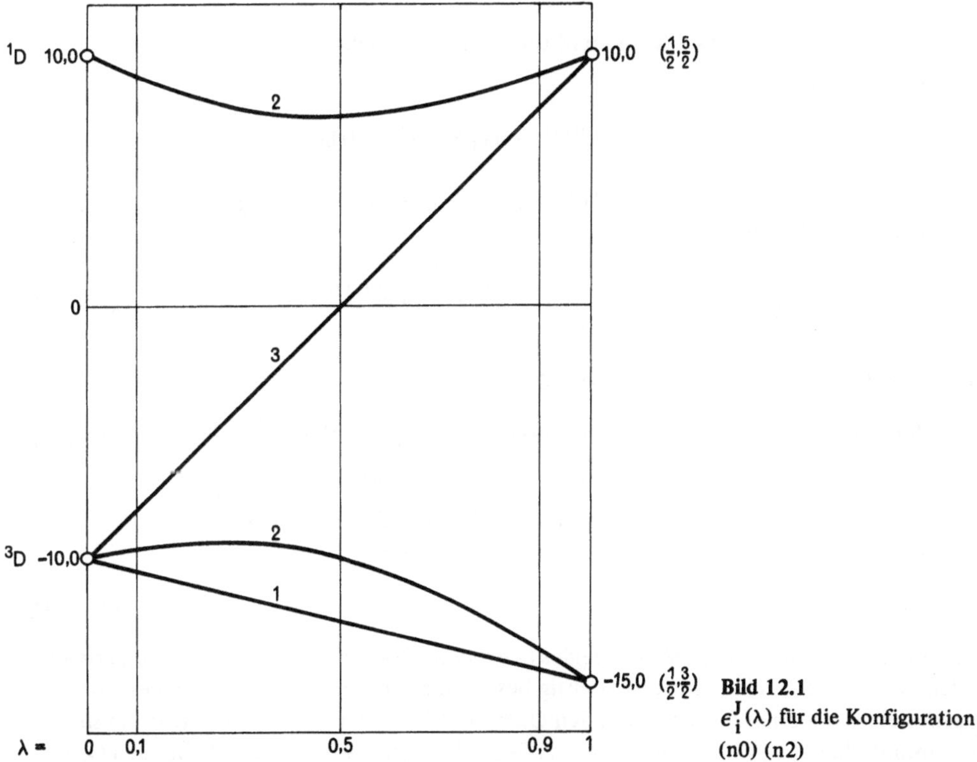

Bild 12.1
$\epsilon_i^J(\lambda)$ für die Konfiguration (n0) (n2)

Wenn die Eigenwerte $\epsilon_i^J(\lambda)$ für kleine λ Werte ($0 < \lambda \ll 1$) mit den experimentell festgestellten Energien übereinstimmen („LS-Kopplung"), so begeht man keinen allzugroßen Fehler, wenn man den Operator (12.6.1) durch

$$\sum_{LS} \{ {}^{(nl_1)(nl_2)}H_{eff}^{LS} + {}^{(nl_1)(nl_2)}H_2^{LS} + {}^{(nl_1)(nl_2)}H_3^{LS} \} =$$

$$= {}^{(nl_1)(nl_2)}\hat{H}_{eff} + {}^{(nl_1)(nl_2)}H_2 + \sum_{LS} {}^{(nl_1)(nl_2)}H_3^{LS} \tag{12.6.8}$$

ersetzt, da sich dessen Eigenwerte

$$\epsilon\left(^{2S+1}L_J\right) = \sum_{i=1}^{2} \left(\epsilon_{n l_i} - \tau_{l_i}^{n}\right) + \epsilon\left(^{2S+1}L\right) + \epsilon_J^{LS} \tag{12.6.9}$$

(s. (12.6.5), (12.3.13) und (12.4.25)) nur sehr wenig von den Eigenwerten $\epsilon_i^J(\lambda)$ unterscheiden. Die Eigenwerte (12.6.9) genügen der sogenannten *Landeschen Intervallregel*

$$\epsilon\left(^{2S+1}L_J\right) - \epsilon\left(^{2S+1}L_{J-1}\right) = \left(\xi_{l_1}^{n} + \xi_{l_2}^{n}\right) g_{(n l_1 l_2)}^{L} h^S J. \tag{12.6.10}$$

12.7. Coulomb-, Spin-Bahn-Wechselwirkung und Magnetfeld

Das EW-Problem für den Operator

$$^{(n l_1)(n l_2)}H_{eff} + {}^{(n l_1)(n l_2)}H_2 + {}^{(n l_1)(n l_2)}H_3 + {}^{(n l_1)(n l_2)}H_4 \tag{12.7.1}$$

ist, da dieser Operator nur mehr $U(1)^{[2]} \times u(1)^{[2]}$ als Symmetriegruppe besitzt, i.a. sehr kompliziert. Die Näherung

$$^{(n l_1)(n l_2)}H_{eff} + {}^{(n l_1)(n l_2)}H_2 + \sum_{LS} {}^{(n l_1)(n l_2)}H_3^{LS} + {}^{(n l_1)(n l_2)}H_4 \tag{12.7.2}$$

ändert daran nicht viel. Erst die Näherung

$$^{(n l_1)(n l_2)}H_{eff} + {}^{(n l_1)(n l_2)}H_2 + \sum_{LS} {}^{(n l_1)(n l_2)}H_3^{LS} + \sum_{LSJ} {}^{(n l_1)(n l_2)}H_4^{LSJ} \tag{12.7.3}$$

für den Operator (12.7.1) führt zu einem einfachen EW-Problem. Aus (12.6.9) und (12.5.4) erhält man als Eigenwerte des Operators (12.7.3)

$$\hat{\epsilon}_{JM_J}^{LS} = \epsilon\left(^{2S+1}L_J\right) + \epsilon_{JM_J}^{LS}. \tag{12.7.4}$$

Im Falle eines „schwachen" Magnetfeldes (*Zeeman-Effekt*) wird (12.7.4) den experimentellen Sachverhalt auch quantitativ richtig beschreiben. Kann man im Falle eines „starken" Magnetfeldes (*Paschen-Back-Effekt*) den Operator $^{(n l_1)(n l_2)}H_3$ vernachlässigen, so sind, wie unmittelbar aus (12.6.5) und (12.5.4) folgt, die Eigenwerte des verbleibenden Operators $^{(n l_1)(n l_2)}H_{eff} + {}^{(n l_1)(n l_2)}H_2 + {}^{(n l_1)(n l_2)}H_4$ durch

$$\hat{\epsilon}_{M_L M_S}^{LS} = \sum_{i=1}^{2} \left(\epsilon_{n l_i} - \tau_{l_i}^{n}\right) + \epsilon\left(^{2S+1}L\right) + \epsilon_{M_L M_S}^{LS} \tag{12.7.5}$$

gegeben.

13. Zweielektronenatome: Äquivalente Elektronen

13.1. Zustände

Der im Zusammenhang mit dem EW-Problem des Operators

$$H^{(nl,\,nl)} = P^{(nl,\,nl)} H' P^{(nl,\,nl)} \tag{13.1.1}$$

wichtige $4\,(2l+1)^2$-dimensionale Unterraum

$$^{(nl,\,nl)}H = P^{(nl,\,nl)}H = {}^{(nl,\,nl)}H_0 \otimes H_S \tag{13.1.2}$$

von H (vgl. (10.1.1), $N = 2$) besitzt eine Basis mit Elementen

$$\hat{\phi}^{nl,\,nl}_{m_1 m_2;\,\sigma_1\sigma_2} = \phi^{nl,\,nl}_{m_1 m_2} \,|\,\sigma_1\sigma_2\,\rangle; \quad -l \leqslant m_i \leqslant l; \quad \sigma_i = \pm\tfrac{1}{2}. \tag{13.1.3}$$

Die G_0-Anpassung der Spinoren (13.1.3) mit Hilfe von Operatoren der Art (12.1.8) $(l_1 = l_2 = l,\, s_1 = s_2 = \tfrac{1}{2})$,

$$Z^\kappa E^{ll}_{m_1 m_2,\,m_1' m_2'}\, Z^{\kappa'} E^{1/2\,1/2}_{\sigma_1\sigma_2,\,\sigma_1'\sigma_2'}\, \hat{\phi}^{nl,\,nl}_{m_1'' m_2'',\,\sigma_1''\sigma_2''} =$$

$$= \delta_{\kappa 0}\,\delta_{m_1' m_1''}\,\delta_{m_2' m_2''}\,\delta_{\kappa' 0}\,\delta_{\sigma_1'\sigma_1''}\,\delta_{\sigma_2'\sigma_2''}\, \hat{\phi}^{nl,\,nl}_{m_1 m_2,\,\sigma_1\sigma_2} \tag{13.1.4}$$

zeigt, daß G_0 Nicht-Invarianzgruppe von (13.1.2) ist. Die der LS-Kopplung entsprechende Anpassung der Zustände (13.1.3) ergibt für den Ortsteil

$$\phi^{[\lambda]\,L}_{0M_L} = \frac{1}{2}\left(1 + (-1)^{[\lambda]-L}\right)\phi^{(ll)\,L}_{M_L} \tag{13.1.5}$$

$$\phi^{(ll)\,L}_{M_L} = \sum_m (l\,M_L - m\,l\,m\,|\,LM_L)\,\phi^{nl,\,nl}_{M_L - m,\,m} \tag{13.1.6}$$

und für den Spinteil

$$|\,[\lambda']0, SM_L\rangle = \frac{1}{2}\left(1 + (-1)^{[\lambda']+1-S}\right)|\,SM_S\rangle, \tag{12.1.16}$$

woraus sich die Elemente

$$\hat{\phi}^{[\lambda]\,L,\,[\lambda']\,S}_{M_L M_S} = \phi^{[\lambda]\,L}_{0M_L}\,|\,[\lambda']0, SM_S\rangle \tag{13.1.7}$$

einer weiteren Basis von $^{(nl,\,nl)}H$ ergeben. Bei der der jj-Kopplung entsprechenden Anpassung der Spinoren (13.1.3) muß man zwei Fälle unterscheiden:

Fall 1: $j_1 \neq j_2$ $(j_i = l \pm \tfrac{1}{2},\, l > 0)$

Mit zu (12.1.6) analogen Operatoren erhält man (nach anschließender Normierung)

$$\hat{\phi}^{j_1 j_2}_{\underline{r}m_1 m_2} = U(\underline{r}, \underline{r})\,\hat{\phi}^{j_1 j_2\,(ll)}_{m_1 m_2} \tag{13.1.8}$$

$$\hat{\phi}^{j_1 j_2 (ll)}_{m_1 m_2} = \sum_{\sigma_1 \sigma_2} (l\, m_1 - \sigma_1 \tfrac{1}{2}\, \sigma_1 \,|\, j_1\, m_1) \, (l\, m_2 - \sigma_2 \tfrac{1}{2}\, \sigma_2 \,|\, j_2\, m_2)\, \hat{\phi}^{nl, nl}_{m_1 - \sigma_1,\, m_2 - \sigma_2;\, \sigma_1 \sigma_2} \qquad (13.1.9)$$

Es gibt $2 \cdot 2l(2l + 2)$ linear unabhängige Zustände der Form (13.1.8).

Fall 2: $j_1 = j_2 = j$ $(j = |l \pm \tfrac{1}{2}|)$

Mit zu (12.1.8) analogen Operatoren ergeben sich (nach Normierung) die $(2l)^2 + (2l + 2)^2$ linear unabhängigen Spinoren

$$\hat{\phi}^{jj\kappa}_{m_1 m_2} = \delta_{\kappa 0}\, \hat{\phi}^{jj(ll)}_{m_1 m_2} \qquad (13.1.10)$$

(vgl. (12.1.20)).

13.2. Antisymmetrisierung

Die Beschränkung $^{(nl,nl)}H \to {}^{(nl)^2}H$ kann wieder nur im Falle der LS-Kopplung als die Subduktion (10.4.3) aufgefaßt werden. Ihr zufolge definieren die Spinoren

$$\hat{\phi}^{[1^2]LS}_{M_L M_S} = \hat{\phi}^{[\lambda]L, [\bar{\lambda}]S}_{M_L M_S} = \delta_{L+S, 2n}\, \phi^{(ll)L}_{M_L}\, |SM_S\rangle; \quad n \in \mathbf{N} \qquad (13.2.1)$$

eine Basis des $(2l + 2)(4l + 1)$-dimensionalen Unterraumes $^{(nl)^2}H$ von $^{(nl,nl)}H$. Die Elemente weiterer Basen von $^{(nl)^2}H$ können mit den Matrixelementen der entsprechenden Subduktionsmatrizen (vgl. (10.3.14, 15) bzw. (12.2.2–4)) sofort angegeben werden.

$$\hat{\phi}^{[1^2](LS)}_{JM_J} = \sum_{M} (LM_J - M\, SM\,|\, JM_J)\, \hat{\phi}^{[1^2]LS}_{M_J - M,\, M} \qquad (13.2.2)$$

$$\hat{\phi}^{[1^2](LS)}_{(J)\langle i\rangle kw} = \sum_{M} C^{J*}_{\langle i\rangle kw, M}\, \hat{\phi}^{[1^2](LS)}_{JM} \qquad (13.2.3)$$

$$\hat{\phi}^{[1^2](L)S}_{\langle i\rangle kw, M_S} = \sum_{M} C^{L*}_{\langle i\rangle kw, M}\, \hat{\phi}^{[1^2]LS}_{M M_S} \qquad (13.2.4)$$

Im Fall der jj-Kopplung erhält man als Elemente einer weiteren Basis von $^{(nl)^2}H$ die Spinoren

$$\hat{\phi}^{(j_1 j_2)[1^2]}_{(m_1 m_2)} = \frac{1}{\sqrt{2}}\, \{\hat{\phi}^{j_1 j_2 (ll)}_{m_1 m_2} - \hat{\phi}^{j_2 j_1 (ll)}_{m_2 m_1}\} \quad (j_1 \neq j_2) \qquad (13.2.5)$$

$$\hat{\phi}^{(jj)[1^2]}_{(m_1 m_2)} = \frac{1}{\sqrt{2}}\, \{\hat{\phi}^{jj(ll)}_{m_1 m_2} - \hat{\phi}^{jj(ll)}_{m_2 m_1}\} \quad (m_1 > m_2). \qquad (13.2.6)$$

13.3. Coulomb-Wechselwirkung

Da $(SU(2)^{[2]} \times su(2)^{[2]}) \times S_2^{[2]}$ in $^{(nl)^2}H$ stark und zugleich Symmetriegruppe des Operators

$$^{(nl)^2}H_1 \quad \text{mit} \quad H_1 = \frac{e^2}{r_{12}} \qquad (13.3.1)$$

ist, folgt bei Anpassung an diese Gruppe für die $(2L+1)(2S+1)$-fach entarteten Eigenwerte des Operators (13.3.1)

$$\epsilon\,(^{2S+1}L) = \langle \hat{\phi}_{00}^{[1^2]\,LS}, H_1\,\hat{\phi}_{00}^{[1^2]\,LS}\rangle\,. \tag{13.3.2}$$

Zur Berechnung der Matrixelemente $\langle \hat{\phi}_{00}^{[1^2]\,LS}, H_1\,\hat{\phi}_{00}^{[1^2]\,LS}\rangle$ muß man wieder auf die Tensorzerlegung (12.3.3, 4) des Operators H_1 zurückgreifen.

$$\epsilon\,(^{2S+1}L) = e^2 \sum_{km} \frac{4\pi}{2k+1}(-1)^m \langle \hat{\phi}_{00}^{[1^2]\,LS}, \frac{r_<^k}{r_>^{k+1}}\,Y_{km}(1)\,Y_{k\,-m}(2)\hat{\phi}_{00}^{[1^2]\,LS}\rangle =$$

$$= e^2 \{{}^n F_l^{(0)} + \sum_{k=2,4,\dots}^{2l} {}^n F_l^{(k)}\,(k0\,l0\,|\,l0)^2\,A_{lL}^{(k)}\} \tag{13.3.3}$$

Zum Beweis der Gl. (13.3.3) benötigt man (13.2.1), (13.1.6), (12.3.9, 10, 17), die Abkürzungen (12.3.6) $({}^n F_{(ll)(ll)}^{(k)} = {}^n F_l^{(k)}$, *Slaterintegrale*) und die weitere Abkürzung

$$A_{lL}^{(k)} = \sum_{mm'} (-1)^{m'-m}\,(l-m\,lm\,|\,L0)(l-m'\,lm'\,|\,L0)(k-m'+m\,lm'\,|\,lm)^2\,. \tag{13.3.4}$$

Aus (13.3.3) folgen mit (13.3.4) für die Konfiguration $(n1)^2$ die drei Eigenwerte

$$\epsilon\,(^1S) = e^2 \{{}^n F_1^{(0)} + {}^n F_1^{(2)}\}$$

$$\epsilon\,(^1D) = e^2 \{{}^n F_1^{(0)} + \frac{1}{10}\,{}^n F_1^{(2)}\}$$

$$\epsilon\,(^3P) = e^2 \{{}^n F_1^{(0)} - \frac{1}{2}\,{}^n F_1^{(2)}\}\,, \tag{13.3.5}$$

die wieder der Hundschen Regel genügen und wegen

$$\frac{1}{15}\,\mathrm{Spur}\,^{(n1)^2}H_1 = e^2 \{{}^n F_1^{(0)} - \frac{1}{5}\,{}^n F_1^{(2)}\} \tag{13.3.6}$$

den Spektionallinienschwerpunkt verschieben.

13.4. Spin-Bahn-Wechselwirkung

Die $(SU(2)^{[2]}\,[\times]\,su(2)^{[2]}) \times S_2^{[2]}$-Anpassung liefert eine einfache Matrixdarstellung für den Operator

$$^{(nl)^2}H_3 \quad \text{mit} \quad H_3 = \sum_{i=1}^{2} \xi\,(r_i)\,\vec{L}^{(i)}\,\vec{S}^{(i)}\,. \tag{13.4.1}$$

Bei der Berechnung seiner (M_J-unabhängigen) Matrixelemente

$$\langle \hat{\phi}_{J0}^{[1^2](LS)}, H_3\, \hat{\phi}_{J0}^{[1^2](L'S')}\rangle =$$

$$= \sum_{MM'} (L-M\, SM\,|\, J0)\,(L'-M'\, S'M'\,|\, J0)\,\langle \hat{\phi}_{-MM}^{[1^2]LS}, H_3\, \hat{\phi}_{-M'M'}^{[1^2]L'S'}\rangle \qquad (13.4.2)$$

greift man auf die Tensorzerlegung (12.4.3) zurück. Man erhält analog zu (12.4.4)

$$\langle \hat{\phi}_{-MM}^{[1^2]LS}, H_3\hat{\phi}_{-M'M'}^{[1^2]L'S'}\rangle = 2(-1)^{1+L'-L+M-M'}(1M-M'\, L'M'\,|\, LM)(1M-M'\, S'M'\,|\, SM)\ \text{mal}$$

$$((nll)LS\,\|\, \xi(r_1)\, T_{00}^{11}\,[L_3^{(1)}\, S_3^{(1)}]\,\|\,(nll)\, L'S'), \qquad (13.4.3)$$

wobei der erste Faktor des reduzierten Matrixelementes

$$((nll)\, LS\,\|\, \xi(r_1)\, T_{00}^{11}\,[L_3^{(1)}\, S_3^{(1)}]\,\|\,(nll)L'S') =$$

$$= ((nll)\, L\,\|\, \xi(r_1)\, T_0^1\,[L_3^{(1)}]\,\|\,(nll)\, L')\,(S\,\|\, T_0^1\,[S_3^{(1)}]\,\|\, S') \qquad (13.4.4)$$

mit

$$\langle \phi_{0M}^{[\lambda]L}, \xi(r_1)\, L_3^{(1)}\, \phi_{0M'}^{[\lambda']L'}\rangle = \frac{1}{4}\,[1+(-1)^{[\lambda]-L}]\,[1+(-1)^{[\lambda']-L'}]\ \text{mal}$$

$$\delta_{MM'}\, \xi_l^n\,\Big\{M\delta_{LL'} - \sum_m m\,(l\, M-m\, l m\,|\, LM)\,(l\, M-m\, l m\,|\, L'M)\Big\} =$$

$$= (10\, L'M'\,|\, LM)\,((nll)\, L\,\|\, \xi(r_1)\, T_0^1\,[L_3^{(1)}]\,\|\,(nll)\, L') \qquad (13.4.5)$$

zu berechnen und der zweite durch (12.4.9) gegeben ist.

Für die Konfiguration $(n1)^2$ erhält man mit (13.4.5), (12.3.12), Tabelle 6.11 und (13.4.4, 3, 2):

$$\langle \hat{\phi}_{00}^{[1^2](00)}, H_3\, \hat{\phi}_{00}^{[1^2](00)}\rangle = 0; \qquad\qquad \langle \hat{\phi}_{00}^{[1^2](00)}, H_3\, \hat{\phi}_{00}^{[1^2](11)}\rangle = -\sqrt{2}\,\xi_1^n$$

$$\langle \hat{\phi}_{00}^{[1^2](11)}, H_3\, \hat{\phi}_{00}^{[1^2](11)}\rangle = -\xi_1^n; \qquad\quad \langle \hat{\phi}_{10}^{[1^2](11)}, H_3\, \hat{\phi}_{10}^{[1^2](11)}\rangle = -\frac{1}{2}\,\xi_1^n$$

$$\langle \hat{\phi}_{20}^{[1^2](11)}, H_3\, \hat{\phi}_{20}^{[1^2](11)}\rangle = \frac{1}{2}\,\xi_1^n; \qquad\quad \langle \hat{\phi}_{20}^{[1^2](11)}, H_3\, \hat{\phi}_{20}^{[1^2](20)}\rangle = \frac{\sqrt{2}}{2}\,\xi_1^n$$

$$\langle \hat{\phi}_{20}^{[1^2](20)}, H_3\, \hat{\phi}_{20}^{[1^2](20)}\rangle = 0. \qquad (13.4.6)$$

Wählt man als Basis von $^{(nl)^2}H$ die Spinoren (13.2.5, 6), so ist die dem Operator (13.4.1) zugeordnete Matrix bereits diagonal. Diagonalelemente sind der $(l+1)(2l+1)$-fach entartete Eigenwert $(j = l + \frac{1}{2})$

$$\epsilon^{l+1/2,\, l+1/2} = l\,\xi_l^n, \qquad (13.4.7)$$

der $4l(l+1)$-fach entartete Eigenwert $(j_1 = l - \frac{1}{2},\, j_2 = l + \frac{1}{2})$

$$\epsilon^{l-1/2,\, l+1/2} = -\frac{1}{2}\,\xi_l^n, \qquad (13.4.8)$$

und der $l(2l-1)$-fach entartete Eigenwert ($j = l - \frac{1}{2}$)

$$\epsilon^{l-1/2,\,l-1/2} = -(l+1)\,\xi_l^n. \tag{13.4.9}$$

Nähert man den Operator (13.4.1) durch

$$\sum_{LS} {}^{(nl)^2}H_3^{LS} = \sum_{LS} E^{LS}\,{}^{(nl)^2}H_3\,E^{LS} \tag{13.4.10}$$

an, wobei die Projektionsoperatoren E^{LS} durch (12.4.19) gegeben sind, so kann wegen

$$ {}^{(nl)^2}\vec{L}^{(i)\,LS} = E^{LS}\,{}^{(nl)^2}\vec{L}^{(i)}\,E^{LS} = g_{(nl)^2}^L\,{}^{(nl)^2}\vec{L}^{LS} \tag{13.4.11}$$

$$ {}^{(nl)^2}\vec{S}^{(i)\,LS} = E^{LS}\,{}^{(nl)^2}\vec{S}^{(i)}\,E^{LS} = h^S\,{}^{(nl)^2}\vec{S}^{LS} \tag{13.4.12}$$

das EW-Problem für den Operator (13.4.10) sofort gelöst werden. Denn mit Hilfe der Operatoridentität (12.4.23) und zu (12.4.24) analogen EW-Gleichungen erhält man als Eigenwerte des Operators (13.4.10)

$$\epsilon_J^{LS} = g_{(nl)^2}^L\,h^S\,\xi_l^n\,\{J(J+1) - L(L+1) - \tfrac{3}{4}\}. \tag{13.4.13}$$

13.5. Magnetfeld

Wie in Abschnitt 12.5 folgt bei $(SU(2)^{[2]} \times su(2)^{[2]}) \times S_2^{[2]}$-Anpassung aus der speziellen Gestalt des Operators

$$ {}^{(nl)^2}H_4 \quad \text{mit} \quad H_4 = \beta\,B_0(L_3 + 2S_3) \tag{13.5.1}$$

für die Matrixelemente

$$\langle \hat{\phi}_{M_L M_S}^{[1^2]\,LS},\, H_4\,\hat{\phi}_{M_L' M_S'}^{[1^2]\,L'S'} \rangle = \delta_{LL'}\,\delta_{M_L M_L'}\,\delta_{SS'}\,\delta_{M_S M_S'}\,\beta\,B_0(M_L + 2M_S), \tag{13.5.2}$$

woraus unmittelbar die Eigenwerte

$$\epsilon_{M_L M_S}^{LS} = \beta\,B_0(M_L + 2M_S) \tag{13.5.3}$$

folgen.

Im Falle eines (bezüglich H_1 und H_3) „schwachen" Magnetfeldes $\vec{B}$ kann man (13.5.1) durch den Operator

$$\sum_{LSJ} {}^{(nl)^2}H_4^{LSJ} = \sum_{LSJ} E^J\,E^{LS}\,{}^{(nl)^2}H_4\,E^{LS}\,E^J \tag{13.5.4}$$

annähern, dessen Eigenwerte durch

$$\epsilon_{JM_J}^{LS} = \beta\,B_0\,G^{LSJ}\,M_J \tag{13.5.5}$$

gegeben sind (vgl. (12.5.11)).

13.6. Coulomb- und Spin-Bahn-Wechselwirkung

Man ersetzt den Operator

$$^{(nl)^2}H_{eff} + {}^{(nl)^2}H_2 + {}^{(nl)^2}H_3 \tag{13.6.1}$$

durch die Schar der Operatoren

$$^{(nl)^2}H_{eff} + {}^{(nl)^2}H_2 - \{{}^{(nl)^2}H_1 - e^2 \, {}^nF_l^{(0)} \, {}^{(nl)^2}1\}$$

$$+ (1-\lambda)\{{}^{(nl)^2}H_1 - e^2 \, {}^nF_l^{(0)} \, {}^{(nl)^2}1\} + \lambda \, {}^{(nl)^2}H_3, \quad \lambda \in [0,1], \tag{13.6.2}$$

da die $(2J+1)$-fach entarteten Eigenwerte des Operators (13.6.1), die sich bei
$(SU(2)^{[2]} [\times] su(2)^{[2]}) \times S_2^{[2]}$-Anpassung (s. (12.6.4), (13.3.3), und (13.4.2)) als Lösungen
der Säkulargleichung der Matrix

$$\langle \hat{\phi}_{J0}^{[1^2](LS)}, (H_{eff} + H_2 + H_3) \, \hat{\phi}_{J0}^{[1^2](L'S')} \rangle =$$

$$= \delta_{LL'} \delta_{SS'} \{2(\epsilon_{nl} - \tau_l^n) + \epsilon(^{2S+1}L)\} + \langle \hat{\phi}_{J0}^{[1^2](LS)}, H_3 \, \hat{\phi}_{J0}^{[1^2](L'S')} \rangle \tag{13.6.3}$$

ergeben, i.a. nur sehr schlecht mit den experimentell festgestellten Energien übereinstimmen. Die Schar der Operatoren (13.6.2) besitzt für $(SU(2)^{[2]} [\times] su(2)^{[2]}) \times S_2^{[2]}$-angepaßte Zustände eine ebenso einfache Matrixdarstellung wie (13.6.3). Die Lösungen $\epsilon_i^J(\lambda)$ $(i = 0, 1, \ldots, m_{LS,J} - 1)$ der zugehörigen Säkulargleichungen werden den experimentell gefundenen Energien angepaßt, wobei die Radialintegrale $^nF_l^{(k)}$ $(k = 2, 4, \ldots, 2l)$ und ξ_l^n (zunächst) beliebig vorgegeben werden können. Eine Verbesserung dieser Methode kann darin bestehen, das Verhältnis der Radialintegrale $^nF_l^{(k)}$ bei festgehaltenem ξ_l^n zu verändern.

Im Falle der Konfiguration $(n1)^2$ läßt sich eine Matrixdarstellung des Operators $(1-\lambda)\{{}^{(n1)^2}H_1 - e^2 \, {}^nF_1^{(0)} \, {}^{(n1)^2}1\} + \lambda \, {}^{(n1)^2}H_3$ mit (13.3.5) und (13.4.6) sofort angeben. Die Lösungen $\epsilon_i^J(\lambda)$ der zugehörigen Säkulargleichung sind, abgesehen von der Verschiebung, die von $2(\epsilon_{n1} - \tau_1^n) + e^2 \, {}^nF_1^{(0)}$ herrührt, in Bild 13.1 dargestellt $(e^{2 \, (n)}F_1^{(2)} = 10, \xi_1^n = 10)$.

Stimmmen die experimentell festgestellten Energien mit den Eigenwerten $\epsilon_i^J(\lambda_0)$ für $0 < \lambda_0 \ll 1$ überein, so begeht man keinen großen Fehler, wenn man den Operator (13.6.1) durch

$$^{(nl)^2}H_{eff} + {}^{(nl)^2}H_2 + \sum_{LS} {}^{(nl)^2}H_3^{LS} \tag{13.6.4}$$

ersetzt, dessen Eigenwerte (s. (13.6.3), (13.3.3) und (13.4.13))

$$\epsilon(^{2S+1}L_J) = 2(\epsilon_{nl} - \tau_l^n) + \epsilon(^{2S+1}L) + \epsilon_J^{LS} \tag{13.6.5}$$

sich nur wenig von $\epsilon_i^J(\lambda_0)$ unterscheiden und wieder der Landéschen Intervallregel genügen (s. (12.6.10)).

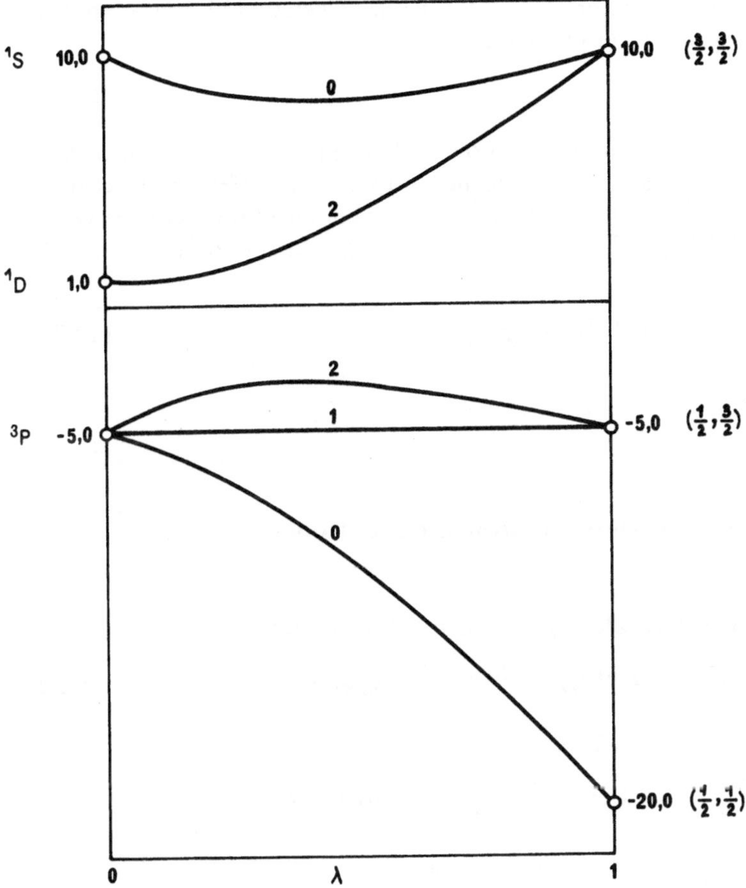

Bild 13.1. $\epsilon_i^J(\lambda)$ für die Konfiguration $(n1)^2$

13.7. Coulomb-, Spin-Bahn-Wechselwirkung und Magnetfeld

Die EW-Probleme für die Operatoren

$$^{(n l)^2}H_{eff} + {}^{(n l)^2}H_2 + {}^{(n l)^2}H_3 + {}^{(n l)^2}H_4 \tag{13.7.1}$$

$$^{(n l)^2}H_{eff} + {}^{(n l)^2}H_2 + \sum_{LS} {}^{(n l)^2}H_3^{LS} + {}^{(n l)^2}H_4 \tag{13.7.2}$$

$$^{(n l)^2}H_{eff} + {}^{(n l)^2}H_2 + \sum_{LSJ} \left\{ {}^{(n l)^2}H_3^{LSJ} + {}^{(n l)^2}H_4^{LSJ} \right\} \tag{13.7.3}$$

sind bis auf den letzten Fall recht kompliziert. Nur für den Operator (13.7.3) lassen sich die Eigenwerte sofort angeben (s. (13.6.5), (13.5.5)).

$$\hat{\epsilon}_{JM_J}^{LS} = \epsilon(^{2S+1}L_J) + \epsilon_{JM_J}^{LS}. \tag{13.7.4}$$

Im Falle eines „schwachen" Magnetfeldes (Zeeman) beschreibt Gl. (13.7.4) den experimentellen Sachverhalt auch quantitativ richtig. Bei „starken" Magnetfeldern (Paschen-Back) kann der Operator $^{(nl)^2}H_3$ vernachlässigt werden, womit die Eigenwerte des verbleibenden Operators $^{(nl)^2}H_{eff} + {}^{(nl)^2}H_2 + {}^{(nl)^2}H_4$ unmittelbar aus (13.6.5) und (13.5.3) folgen.

$$\hat{\epsilon}_{M_L M_S}^{LS} = 2(\epsilon_{nl} - \tau_l^n) + \epsilon(^{2S+1}L) + \epsilon_{M_L M_S}^{LS} \tag{13.7.5}$$

14. Dreielektronenatome: Drei inäquivalente Elektronen

14.1. Zustände

Der $2^3 \cdot 3!\,(2l_1 + 1)(2l_2 + 1)(2l_3 + 1)$-dimensionale Hilbertraum

$$^{(nl_1,nl_2,nl_3)}H = P^{(nl_1,nl_2,nl_3)}H = {}^{(nl_1,nl_2,nl_3)}H_0 \otimes H_S \tag{14.1.1}$$

mit der Basis

$$U(r,s)\hat{\phi}_{m_1m_2m_3;\,\sigma_1\sigma_2\sigma_3}^{nl_1,nl_2,nl_3} = U(r)\phi_{m_1m_2m_3}^{nl_1,nl_2,nl_3} U(s)|\sigma_1\sigma_2\sigma_3\rangle =$$

$$= \phi_{m_{r^{-1}1}m_{r^{-1}2}m_{r^{-1}3}}^{nl_{r^{-1}1},nl_{r^{-1}2},nl_{r^{-1}3}}|\sigma_{s^{-1}1},\sigma_{s^{-1}2},\sigma_{s^{-1}3}\rangle$$

$$(r,s)\in S_3^{Ort} \times S_3^{Spin};\ \ -l_i \leqslant m_i \leqslant l_i,\ \sigma_i = \pm\tfrac{1}{2} \tag{14.1.2}$$

(vgl. (10.2.5), (10.3.12, 13) und setze s = e) ist Definition- und Wertebereich des Hamiltonoperators

$$H^{(nl_1,nl_2,nl_3)} = P^{(nl_1,nl_2,nl_3)}H'P^{(nl_1,nl_2,nl_3)}\ \ (l_1 < l_2 < l_3) \tag{14.1.3}$$

Die Spinoren (14.1.2) sind $[SU(2)^3\,(\times S_3^{Ort}]\times[su(2)^3\,(\times S_3^{Spin}]\,(= G_0)$-angepaßt.

Um dies zu zeigen, wird die durch (10.3.12, 13) vermittelte Darstellung von G_0 (N = 3) mit (7.2.1) zu einer von $A(G_0)$ erweitert. Da G_0 ein direktes Produkt ist, werden Orts- und Spinteil der Spinoren (14.1.2) getrennt $SU(2)^3\,(\times S_3^{Ort}$- bzw. $su(2)^3\,(\times S_3^{Spin}$-angepaßt. Mit Hilfe der Darstellung $(j_i \neq j_k,\ \text{für alle } j,k)$

$$e_{rm_1m_2m_3,\,r'm_1'm_2'm_3'}^{j_1j_2j_3} = r^{-1}e_{m_1m_2m_3,\,m_1'm_2'm_3'}^{j_1j_2j_3}r' \to$$

$$\to B(e_{rm_1m_2,\,r'm_1'm_2'm_3'}^{j_1j_2j_3}) = U(r^{-1})E_{m_1m_2m_3,\,m_1'm_2'm_3'}^{j_1j_2j_3}U(r')\ (r = r\text{ und }r' = r') \tag{14.1.4}$$

$$E^{j_1 j_2 j_3}_{m_1 m_2 m_3,\, m_1' m_2' m_3'} = (2j_1 + 1)(2j_2 + 1)(2j_3 + 1) \iiint\limits_{V^3_\omega} d\omega_1 d\omega_2 d\omega_3\, \rho(\omega_1)\rho(\omega_2)\rho(\omega_3)\ \text{mal}$$

$$D^{j_1 *}_{m_1 m_1'}(\omega_1)\, D^{j_2 *}_{m_2 m_2'}(\omega_2)\, D^{j_3 *}_{m_3 m_3'}(\omega_3)\, U(\omega_1, \omega_2, \omega_3 | e) \tag{14.1.5}$$

der Einheiten $e^{j_1 j_2 j_3}_{r m_1 m_2 m_3,\, r' m_1' m_2' m_3'} \in A\,(SU(2)^3\,(\times S_3))$ (vgl. (6.2.70)) erhält man

$$E^{l_1 l_2 l_3}_{r m_1 m_2 m_3,\, e m_1' m_2' m_3'}\, \phi^{n l_1, n l_2, n l_3}_{m_1'' m_2'' m_3''} =$$

$$= \delta_{m_1' m_1''}\, \delta_{m_2' m_2''}\, \delta_{m_3' m_3''}\, \phi^{n l_{r1}, n l_{r2}, n l_{r3}}_{m_{r1} m_{r2} m_{r3}}. \tag{14.1.6}$$

Entsprechend ergibt die Darstellung

$$e^{j j j \{\lambda\}}_{u m_1 m_2 m_3,\, v m_1' m_2' m_3'} = z^{\{\lambda\}}_{uv}\, e^{j j j}_{m_1 m_2 m_3,\, m_1' m_2' m_3'} \quad \rightarrow$$

$$B(e^{j j j \{\lambda\}}_{u m_1 m_2 m_3,\, v m_1' m_2' m_3'}) = Z^{\{\lambda\}}_{uv}\, E^{j j j}_{m_1 m_2 m_3,\, m_1' m_2' m_3'} \tag{14.1.7}$$

$$E^{j j j}_{m_1 m_2 m_3,\, m_1' m_2' m_3'} = (2j + 1)^3 \iiint\limits_{V^3_\omega} d\omega_1' d\omega_2' d\omega_3'\, \rho(\omega_1')\rho(\omega_2')\rho(\omega_3')\ \text{mal}$$

$$D^{j *}_{m_1 m_1'}(\omega_1')\, D^{j *}_{m_2 m_2'}(\omega_2')\, D^{j *}_{m_3 m_3'}(\omega_3')\, U(\omega_1', \omega_2', \omega_3' | e) \tag{14.1.8}$$

$$z^{\{\lambda\}}_{uv} = \frac{n_{[\lambda]}}{3!} \sum_s D^{[\lambda] *}_{uv}(s)\, \tilde{s}; \quad [\lambda] \in A_{S_3}$$

$$\tilde{s} = \sum_{m_1 m_2 m_3} e^{j j j}_{m_1 m_2 m_3,\, m_{s^{-1}1} m_{s^{-1}2} m_{s^{-1}3}} \cdot s; \quad s \in S_3 \tag{14.1.9}$$

der Einheiten $e^{j j j \{\lambda\}}_{u m_1 m_2 m_3,\, v m_1' m_2' m_3'} \in A\,(SU(2)^3\,(\times S_3))$ (vgl. (6.2.70))

$$Z^{\{\lambda\}}_{uv}\, E^{1/2\ 1/2\ 1/2}_{\sigma_1 \sigma_2 \sigma_3,\, \sigma_1' \sigma_2' \sigma_3'}\, |\,\sigma_1'' \sigma_2'' \sigma_3''\rangle = \delta_{\{\lambda\}\{3\}}\delta_{u0}\delta_{v0}\delta_{\sigma_1' \sigma_1''}\delta_{\sigma_2' \sigma_2''}\delta_{\sigma_3' \sigma_3''}|\,\sigma_1 \sigma_2 \sigma_3\rangle. \tag{14.1.10}$$

Somit folgt insgesamt mit den Definitionen

$$\phi^{n l_1, n l_2, n l_3}_{r,\, m_1 m_2 m_3} = U(\underline{r}^{-1})\, \phi^{n l_1, n l_2, n l_3}_{m_1 m_2 m_3} = \phi^{n l_{r1}, n l_{r2}, n l_{r3}}_{m_{r1} m_{r2} m_{r3}} \tag{14.1.11}$$

$$|\,\{3\}, \sigma_1 \sigma_2 \sigma_3\rangle = |\,\sigma_1 \sigma_2 \sigma_3\rangle \tag{14.1.12}$$

aus (14.1.6, 9), daß die Spinoren

$$\hat{\phi}^{n l_1, n l_2, n l_3;\, \{3\}}_{r,\, m_1 m_2 m_3,\, \sigma_1 \sigma_2 \sigma_3} = \phi^{n l_1, n l_2, n l_3}_{r,\, m_1 m_2 m_3}\, |\,\{3\}, \sigma_1 \sigma_2 \sigma_3\rangle \tag{14.1.13}$$

und (14.1.2) identisch sind und daß G_0 bezüglich (14.1.1) Nicht-Invarianzgruppe ist.

Aus Gründen der Übersichtlichkeit wird die der LS-Kopplung entsprechende Anpassung der Spinoren $\hat{\phi} \in {}^{(nl_1, nl_2, nl_3)}H$ wieder für Orts- und Spinteil getrennt durchgeführt:

Ortsteil: Die Anpassung des Ortsteils der Spinoren $\hat{\phi}$ an $SU(2)^{[3]} \times S_3$ mit den Operatoren $(e_{uv}^{[\lambda]} \in A(S_3), e_{M_1 M_2}^J \in A(SU(2)^{[3]})$

$$B(e_{uv}^{[\lambda]}) = E_{uv}^{[\lambda]} = \frac{n_{[\lambda]}}{3!} \sum_r D_{uv}^{[\lambda]*}(r)\, U(r) \tag{14.1.14}$$

$$B(e_{M_1 M_2}^J) = E_{M_1 M_2}^J = (2J+1) \int_{V_\omega} d\omega\, \rho(\omega)\, D_{M_1 M_2}^{J*}(\omega)\, U(\omega, \omega, \omega \,|\, e) \tag{14.1.15}$$

ergibt nur dann ein eindeutiges Ergebnis, wenn $l_1 = 0$ ist. Die Anpassung der Funktionen (14.1.11) an S_3 macht keine Schwierigkeiten, da je sechs Funktionen,

$$\{\phi_{r, m_1 m_2 m_3}^{nl_1, nl_2, nl_3} : r \in S_3\}, \tag{14.1.16}$$

die in r, m_1, m_2, m_3 orthogonal und normiert sind, die reguläre Permutationsdarstellung von S_3 vermitteln.

$$D^{l_1 l_2 l_3} \downarrow S_3 \sim (\oplus (2l_1 + 1)(2l_2 + 1)(2l_3 + 1))\, D^{\text{perm}} \tag{14.1.17}$$

Damit stellen die S_3-angepaßten, orthonormierten Funktionen

$$\phi_{uv, m_1 m_2 m_3}^{nl_1, nl_2, nl_3; [\lambda]} = \sqrt{\frac{3!}{n_{[\lambda]}}}\, E_{uv}^{[\lambda]}\, \phi_{e, m_1 m_2 m_3}^{nl_1, nl_2, nl_3}; \quad [\lambda] \in A_{S_3}; \quad u, v = 0, 1, \dots, n_{[\lambda]} - 1$$
$$-l_i \leqslant m_i \leqslant l_i \tag{14.1.18}$$

eine weitere Basis von ${}^{(nl_1, nl_2, nl_3)}H_0$ dar. Beim zweiten Schritt, der Anpassung der Funktionen (14.1.18) an $SU(2)^{[3]}$ mit Hilfe der Operatoren (14.1.15), genügt es, die Funktionen $\phi_{e, m_1 m_2 m_3}^{nl_1, nl_2, nl_3}$ auf der rechten Seite von Gleichung (14.1.18) an diese Gruppe anzupassen. Wir erhalten mit den Operatoren (14.1.15) $(J = L, M_1 = M_2 = M_L)$

$$E_{M_L M_L}^L\, \phi_{e, m_1 m_2 m_3}^{nl_1, nl_2, nl_3} = \sum_{j = l_2 - l_1}^{l_1 + l_2} (l_1 m_1 l_2 m_2 | j\, m_1 + m_2)(j\, m_1 + m_2\, l_3 m_3 | L M_L)\, \phi_{e, M_L}^{nl_1, nl_2, nl_3; jL} \tag{14.1.19}$$

$$\phi_{e, M_L}^{nl_1, nl_2, nl_3; jL} = \sum_{m_1, m} (l_1 m_1 l_2 m - m_1 | jm)(jm\, l_3 M_L - m | L M_L)\, \phi_{e; m_1, m - m_1, M_L - m}^{nl_1, nl_2, nl_3}. \tag{14.1.20}$$

Die in den Indizes j (*Zwischendrehimpuls*), L, M_1 orthogonalen Funktionen (14.1.20) transformieren sich gemäß

$$U(\omega, \omega, \omega \,|\, e)\, \phi_{e, M_L}^{nl_1, nl_2, nl_3; jL} = \sum_{M_L'} D_{M_L' M_L}^L(\omega)\, \phi_{e, M_L'}^{nl_1, nl_2, nl_3; jL}, \tag{14.1.21}$$

woraus sich mit (7.2.13) alle übrigen Funktionen zu festem j und L ergeben. Zum Beweis von (14.1.19, 20) hat man die CG-Reihe (s. Gl. (6.4.23)) und für (14.1.21) noch zusätzlich die Orthogonalrelation der CG-Koeffizienten von $SU(2)$ zu verwenden.

$$D^{l_1 l_2 l_3} \downarrow SU(2)^{[3]} \sim \sum_{j=l_2-l_1}^{l_1+l_2} \sum_{L=|l_3-j|}^{l_3+j} \oplus (\oplus\, 6)\, D^L \tag{14.1.22}$$

Damit folgt aus (14.1.19, 20), daß $SU(2)^{[3]} \times S_3^{Ort}$ nicht einmal bezüglich $^{(n0,\,nl_2,\,nl_3)}H_0$ stark sein kann (vgl. (12.1.14)). Der letzte Schritt, die Zusammensetzung von (14.1.18) und (14.1.19, 20), liefert schließlich mit den Definitionen

$$\phi_{uv,\,M_L}^{nl_1,nl_2,nl_3;\,[\lambda]jL} = \sqrt{\frac{3!}{n_{[\lambda]}}}\; E_{uv}^{[\lambda]}\, \phi_{e,\,M_L}^{nl_1,nl_2,nl_3;\,jL} \tag{14.1.23}$$

die gesuchte Basis von $^{(nl_1,nl_2,nl_3)}H_0$, deren Elemente (14.1.23) in allen Indizes orthogonal und normiert sind, (d.h. die Größe j bleibt auch nach der Projektion mit den Operatoren (14.1.14) eine „gute" Quantenzahl).

$$D^{l_1 l_2 l_3} \downarrow SU(2)^{[3]} \times S_3 \sim \sum_{j=l_2-l_1}^{l_1+l_2} \sum_{j=|l_3-j|}^{l_3+j} \oplus\, D^L \otimes D^{\text{perm}} \tag{14.1.24}$$

Spinteil: Die Anpassung des Spinteiles der Spinoren an $su(2)^{[3]}\,(\times S_3^{Spin}$ hat mit zu (14.1.14, 15) analogen Operatoren zu erfolgen. Da diese Gruppe ein direktes Produkt ist, erfolgt die Anpassung der Zustände (14.1.12) an diese Gruppe wieder in zwei Schritten. Da die die Zustände $|\sigma_1\sigma_2\sigma_3\rangle$ kennzeichnenden Größen σ_i nur die Werte $\pm\frac{1}{2}$ annehmen können, genügt es, die Anpassung für Zustände $|\sigma\sigma\sigma_3\rangle$ durchzuführen. Die Anpassung an S_3 ergibt

$$\sqrt{\frac{3}{1+2\delta_{\sigma\sigma_3}}}\; E_{00}^{[3]}\, |\sigma\sigma\sigma_3\rangle = |[3]0;\sigma\sigma\sigma_3\rangle =$$

$$= \frac{1}{\sqrt{3(1+2\delta_{\sigma\sigma_3})}}\, \{|\sigma\sigma\sigma_3\rangle + |\sigma_3\sigma\sigma\rangle + |\sigma\sigma_3\sigma\rangle\}\quad \left(\sigma,\sigma_3 = \pm\tfrac{1}{2}\right) \tag{14.1.25}$$

$$\sqrt{6}\, E_{00}^{[2,1]}\, |\sigma\sigma\sigma_3\rangle = |[2,1]0;\sigma\sigma\sigma_3\rangle =$$

$$= \frac{1}{\sqrt{6}}\, \{|\sigma\sigma\sigma_3\rangle + |\sigma_3\sigma\sigma\rangle - 2|\sigma\sigma_3\sigma\rangle\}\quad \left(\sigma \neq \sigma_3 = \pm\tfrac{1}{2}\right) \tag{14.1.26}$$

$$\sqrt{6}\, E_{10}^{[2,1]}\, |\sigma\sigma\sigma_3\rangle = |[2,1]1;\sigma\sigma\sigma_3\rangle =$$

$$= \frac{1}{\sqrt{6}}\, \{|\sigma_3\sigma\sigma\rangle - |\sigma\sigma\sigma_3\rangle\}\quad \left(\sigma \neq \sigma_3 = \pm\tfrac{1}{2}\right) \tag{14.1.27}$$

$$E_{00}^{[1^3]}\, |\sigma\sigma\sigma_3\rangle = 0. \tag{14.1.28}$$

Daraus folgt

$$D^{1/2\,1/2\,1/2,\{3\}} \downarrow S_3^{Spin} \sim (\oplus\, 4)\, D^{[3]} \oplus (\oplus\, 2)\, D^{[2,1]}. \tag{14.1.29}$$

Die Anpassung an $su(2)^{[3]}$ liefert analog zu den Gln. (14.1.19, 20)

$$E^S_{M_S M_S}\,|\,\sigma_1\sigma_2\sigma_3\rangle = \sum_{k=0}^{1} (\tfrac{1}{2}\,\sigma_1\,\tfrac{1}{2}\,\sigma_2\,|\,k\,\sigma_1+\sigma_2)\,(k\,\sigma_1+\sigma_2\,\tfrac{1}{2}\,\sigma_3\,|\,SM_S)\,|\,k, SM_S\rangle$$

$$\hspace{12cm}(14.1.30)$$

$$|\,k, SM_S\rangle = \sum_{\sigma_1,\sigma} (\tfrac{1}{2}\,\sigma_1\,\tfrac{1}{2}\,\sigma-\sigma_1\,|\,k\,\sigma)\,(k\,\sigma\,\tfrac{1}{2}\,M_S-\sigma\,|\,SM_S)\,|\,\sigma_1,\sigma-\sigma_1, M_S-\sigma\rangle. \quad (14.1.31)$$

Die in k („Zwischendrehimpuls"), S, M_S orthogonalen und normierten Zustände (14.1.31) transformieren sich gemäß

$$U(\omega',\omega',\omega'\,|\,e)\,|\,k, SM_S\rangle = \sum_{M'_S} D^S_{M'_S M_S}(\omega')\,|\,k, SM'_S\rangle \quad (14.1.32)$$

und bilden eine weitere Basis von H_S. Damit folgt aus (14.1.30–32)

$$D^{1/2\ 1/2\ 1/2,\{3\}} \downarrow su(2)^{[3]} \sim D^{3/2} \oplus (\oplus 2) D^{1/2}. \quad (14.1.33)$$

Der letzte Schritt, die Kombination von (14.1.25–27) und (14.1.30, 31) liefert schließlich

$$\sqrt{\frac{3}{1+2\,\delta_{\sigma\sigma_3}}}\; E^S_{M_S M_S}\, E^{[3]}_{00}\,|\,\sigma\sigma\sigma_3\rangle = \delta_{S,3/2}\,\delta_{M_S, 2\sigma+\sigma_3}\,|\,1, \tfrac{3}{2}\,M_S\rangle =$$

$$= \delta_{S,3/2}\,\delta_{M_S, 2\sigma+\sigma_3}\,|\,[3]\,0; \tfrac{3}{2}\,M_S\rangle \quad (14.1.34)$$

$$\sqrt{6}\; E^S_{M_S M_S}\, E^{[2,1]}_{00}\,|\,\sigma\sigma\sigma_3\rangle = (\sigma = -\sigma_3 = \tfrac{1}{2}) =$$

$$= \delta_{S,1/2}\,\delta_{M_S,\sigma}\,\tfrac{1}{2}\{-\sqrt{3}\,|\,0, \tfrac{1}{2}\,M_S\rangle + |\,1, \tfrac{1}{2}\,M_S\rangle\} =$$

$$= \delta_{S,1/2}\,\delta_{M_S,\sigma}\,|\,[2,1]\,0; \tfrac{1}{2}\,M_S\rangle \quad (14.1.35)$$

$$\sqrt{6}\; E^S_{M_S M_S}\, E^{[2,1]}_{10}\,|\,\sigma\sigma\sigma_3\rangle = (\sigma = -\sigma_3 = \tfrac{1}{2}) =$$

$$= \delta_{S,1/2}\,\delta_{M_S,\sigma}\,(-\tfrac{1}{2})\{|\,0, \tfrac{1}{2}\,M_S\rangle + \sqrt{3}\,|\,1, \tfrac{1}{2}\,M_S\rangle\} =$$

$$= \delta_{S,1/2}\,\delta_{M_S,\sigma}\,|\,[2,1]\,1; \tfrac{1}{2}\,M_S\rangle, \quad (14.1.36)$$

d.h. die gesuchte Basis von H_S ist

$$\{|\,[\lambda']\,u'; SM_S\rangle:\, [\lambda']\,S = [3]\tfrac{3}{2},\, [2,1]\tfrac{1}{2};\, u' = 0, 1, \dots, n_{[\lambda]}-1;\, |M_S| \leqslant S\}. \quad (14.1.37)$$

Die Gleichungen (14.1.34–36) zeigen, daß ein umkehrbar eindeutiger Zusammenhang zwischen $[\lambda] \in A_{S_3}$ und $S \in A_{su(2)}$ besteht.

$$D^{1/2\ 1/2\ 1/2,\{3\}} \downarrow su(2)^{[3]} \times S_3^{Spin} \sim D^{3/2} \otimes D^{[3]} \oplus D^{1/2} \otimes D^{[2,1]} \quad (14.1.38)$$

$su(2)^{[3]} \times S_3^{Spin}$ ist daher stark in H_S (vgl. Gl. (10.3.17)).

Die Kombination von (14.1.23) und (14.1.37) liefert die Elemente

$$\hat{\phi}^{[\lambda]jL;\,[\lambda']S}_{uvM_L,\,u'M_S} = \phi^{nl_1,\,nl_2,\,nl_3;\,[\lambda]jL}_{uv,\,M_L}\,|\,[\lambda']\,u';\,SM_S\rangle \tag{14.1.39}$$

der der LS-Kopplung entsprechenden Basis von $^{(nl_1,\,nl_2,\,nl_3)}H$.

14.2. Antisymmetrisierung

Die Beschränkung $^{(nl_1,\,nl_2,\,nl_3)}H \to {}^{(nl_1)(nl_2)(nl_3)}H$ kann im Fall der LS-Kopplung als die Subduktion (10.4.3) mit $N = 3$ aufgefaßt werden. Die dazu notwendigen CG-Koeffizienten $([\lambda]u\,[\lambda']u'\,|\,[1^3]00)$ sind Gl. (6.4.15) zu entnehmen. Die Spinoren

$$\hat{\phi}^{[1^3]jLS}_{vM_LM_S} = \sum_{uu'}{}' \ ([\lambda]u\,[\bar{\lambda}]u'\,|\,[1^3]00)\ \hat{\phi}^{[\lambda]jL;\,[\bar{\lambda}]S}_{uvM_L,\,u'M_S}$$

$$([\bar{3}] = [1^3],\ [\overline{2,1}] = [2,1],\ [\overline{1^3}] = [3]) \tag{14.2.1}$$

$$\hat{\phi}^{[1^3]jL\,3/2}_{M_LM_S} = \hat{\phi}^{[1^3]jL;\,[3]\,3/2}_{00M_L,\,0M_S} \tag{14.2.2}$$

$$\hat{\phi}^{[1^3]jL\,1/2}_{vM_LM_S} = \frac{1}{\sqrt{2}}\,\{\hat{\phi}^{[2,1]jL;\,[2,1]\,1/2}_{0vM_L,\,1M_S} - \hat{\phi}^{[2,1]jL;\,[2,1]\,1/2}_{1vM_L,\,0M_S}\} \tag{14.2.3}$$

bilden eine Basis des $8(2l_1 + 1)(2l_2 + 1)(2l_3 + 1)$-dimensionalen Hilbertraumes $^{(nl_1)(nl_2)(nl_3)}H$.

Die Elemente der übrigen in den folgenden Abschnitten benötigten Basen sind durch die Matrixelemente der entsprechenden Subduktionsmatrizen gegeben.

$$\hat{\phi}^{[1^3]j(LS)}_{vJM_J} = \sum_M\ (L\,M_J - M\,SM\,|\,JM_J)\,\hat{\phi}^{[1^3]jLS}_{v,\,M_J-M,\,M} \tag{14.2.4}$$

$$\hat{\phi}^{[1^3]j(LS)}_{v(J)\langle i\rangle kw} = \sum_M\ C^{J*}_{\langle i\rangle kw,\,M}\,\hat{\phi}^{[1^3]j(LS)}_{vJM} \tag{14.2.5}$$

$$\hat{\phi}^{[1^3]j(L)S}_{v,\,\langle i\rangle kw,\,M_S} = \sum_M\ C^{L*}_{\langle i\rangle kw,\,M}\,\hat{\phi}^{[1^3]jLS}_{vMM_S} \tag{14.2.6}$$

14.3. Coulomb-Wechselwirkung

Das EW-Problem für den Operator

$$^{(nl_1)(nl_2)(nl_3)}H_1 \ \text{mit}\ H_1 = \sum_{i<j} \frac{e^2}{r_{ij}} \qquad (l_1 < l_2 < l_3) \tag{14.3.1}$$

ist, im Gegensatz zur Konfiguration $(nl_1)(nl_2)$ (vgl. Abschnitt 12.3), auf jeden Fall komplizierter (auch wenn $l_1 = 0$ ist), da $SU(2)^{[3]} \times S_3^{Ort}$ in $^{(nl_1)(nl_2)(nl_3)}H$ nicht stark ist. Man erhält zwar in der Basis (14.2.1) eine Matrixdarstellung, die eine einfachere Säkulargleichung liefert.

Bei der Berechnung der von Null verschiedenen Matrixelemente

$$\langle \hat{\phi}_{vM_LM_S}^{[1^3]jLS}, H_1 \hat{\phi}_{v'M_L'M_S'}^{[1^3]j'L'S'} \rangle = \delta_{LL'} \delta_{SS'} \delta_{M_LM_L'} \delta_{M_SM_S'} \langle \hat{\phi}_{v0S}^{[1^3]jLS}, H_1 \hat{\phi}_{v'0S}^{[1^3]j'LS} \rangle, \quad (14.3.2)$$

die weder in j noch in v diagonal sind, muß aber auf die Tensorzerlegung (12.3.3, 4) (von $1/r_{ij}$) und die Elemente (14.1.2) zurückgegriffen werden. Da der Operator H_1 mit den Operatoren U(r), $r \in S_3^{Ort}$, vertauscht, läßt sich mit (14.2.1), (14.1.39, 23, 20), den Orthogonalitätsrelation der UIRs und den CG-Koeffizienten von S_3 zeigen, daß

$$\langle \hat{\phi}_{v0S}^{[1^3]jLS}, H_1 \hat{\phi}_{v'0S}^{[1^3]j'LS} \rangle = \sqrt{\frac{3!}{n_{[\lambda]}}} \langle \phi_{e0}^{nl_1,nl_2,nl_3;\,jL}, H_1 \phi_{vv',0}^{nl_1,nl_2,nl_3;\,[\lambda]j'L} \rangle \quad (14.3.3)$$

gilt. Berechnet man schließlich mit (14.1.13, 23, 20) und (14.3.3) die Matrixelemente des Operators (14.3.1), so muß man beachten, daß wegen (14.3.3) die Gl. (10.4.19) nicht mehr verwendet werden darf. Die Lösungen

$$\{ \epsilon_k(^{2S+1}L): k = 1, 2, \ldots, (2l_1 + 1)\,n_{[\lambda]} \} \quad (14.3.4)$$

der Säkulargleichung müssen auf jeden Fall $(2S + 1)(2L + 1)$-fach entartet sein. Da die Ausdrücke für (14.3.3) und damit für (14.3.4) recht kompliziert sind, wollen wir nur den Spezialfall $l_1 = 0 \, (< l_2 < l_3)$ diskutieren.

Der Operator $^{(n0)\,(nl_2)\,(nl_3)}H_1$ hat in der Basis (14.2.1) die von Null verschiedenen Matrixelemente

$$\langle \hat{\phi}_{v0S}^{[1^3]\,l_2LS}, H_1 \hat{\phi}_{v'0S}^{[1^3]\,l_2LS} \rangle = \delta_{vv'} \{ {}^nF_{(0l_2)(0l_2)}^{(0)} + {}^nF_{(0l_3)(0l_3)}^{(0)} + {}^nF_{(l_2l_3)(l_2l_3)}^{(0)} \} +$$

$$+ \delta_{vv'} \sum_{l=2,4,\ldots}^{2l_2} A_{l_2l_3,0}^{\langle l_2l_2\rangle\,(lL)} \, {}^nF_{(l_2l_3)(l_2l_3)}^{(l)} +$$

$$+ D_{vv'}^{[\lambda]}((3)(21)) \, \frac{{}^nF_{(0l_2)(l_20)}^{(l_2)}}{2l_2 + 1} + D_{vv'}^{[\lambda]}((31)(2)) \, \frac{{}^nF_{(0l_3)(l_30)}^{(l_3)}}{2l_3 + 1} +$$

$$+ D_{vv'}^{[\lambda]}((32)(1)) \sum_{l=l_3-l_2}^{l_2+l_3} B_{l_2l_3,0}^{\langle l_2l_2\rangle(lL)} \, {}^nF_{(l_2l_3)(l_3l_2)}^{(l)}, \quad (14.3.5)$$

wobei

$$A_{l_2l_3,0}^{\langle l_2l_2\rangle(lL)} = (l0\,l_20\,|\,l_20)(l0\,l_30\,|\,l_30) \sum_{mm'} (-1)^{m-m'} (l_2m\,l_3-m\,|\,L0)(l_2m'\,l_3-m'\,|\,L0) \text{ mal}$$

$$(l_2m'\,l\,m-m'\,|\,l_2m)\,(l_3m'\,l\,m-m'\,|\,l_3m) \quad (14.3.6)$$

$$B_{l_2l_3,0}^{\langle l_2l_2\rangle(lL)} = \frac{2l_2 + 1}{2l_3 + 1}\,(l0\,l_20\,|\,l_30)^2 \sum_{mm'} (l_2m\,l_3-m\,|\,L0)(l_2m'\,l_3-m'\,|\,L0) \text{ mal}$$

$$(l_2-m\,l\,m+m'\,|\,l_3m')\,(l_2-m'\,l\,m+m'\,|\,l_3m) \quad (14.3.7)$$

ist. Die $(2L+1)\,(2S+1)$-fach entarteten Eigenwerte

$$\epsilon(^4L),\ \epsilon_k(^2L)\colon\ l_3-l_2\leqslant L\leqslant l_2+l_3;\quad k=1,2 \tag{14.3.8}$$

des Operators $^{(n0)\,(nl_2)\,(nl_3)}H_1$ erhält man für $[\lambda]=[1^3]\Longleftrightarrow S=\tfrac{3}{2}$ direkt aus (14.3.5), während man für $[\lambda]=[2,1]\Longleftrightarrow S=\tfrac{1}{2}$ (für jeden L Wert) eine 2-dimensionale Matrix zu diagonalisieren hat.

Ist $l_2=1$ und $l_3=2$ so folgen mit den Konstanten (14.3.6, 7), die in diesem Fall die Werte

$$A^{\langle 11\rangle(21)}_{12,0}=\frac{1}{5}\qquad\qquad A^{\langle 11\rangle(22)}_{12,0}=-\frac{1}{5}\qquad\qquad A^{\langle 11\rangle(23)}_{12,0}=\frac{2}{35}$$

$$B^{\langle 11\rangle(11)}_{12,0}=\frac{1}{15}\qquad\qquad B^{\langle 11\rangle(12)}_{12,0}=-\frac{1}{5}\qquad\qquad B^{\langle 11\rangle(13)}_{12,0}=\frac{2}{5}$$

$$B^{\langle 11\rangle(31)}_{12,0}=\frac{9}{35}\qquad\qquad B^{\langle 11\rangle(32)}_{12,0}=\frac{3}{35}\qquad\qquad B^{\langle 11\rangle(33)}_{12,0}=\frac{3}{245}\tag{14.3.9}$$

annehmen [Ref. 39], sofort die Matrixelemente (14.3.5) und damit die zugehörigen Eigenwerte $\epsilon(^4L),\ \epsilon_k(^2L)$ $(L=1,2,3;\ k=1,2)$ des Operators $^{(n0)\,(n1)\,(n2)}H_1$.

14.4. Spin-Bahn-Wechselwirkung

Da nur mehr die Operatoren $U(\omega,\omega,\omega\,|\,r)\,U(\omega,\omega,\omega\,|\,r)$, $(\omega,\omega,\omega\,|\,r)(\omega,\omega,\omega\,|\,r)\in$ $(SU(2)^{[3]}\,[\times]\,su(2)^{[3]})\times S_3^{[2]}$, mit dem Operator

$$^{(nl_1)\,(nl_2)\,(nl_3)}H_3\ \text{mit}\ H_3=\sum_{i=1}^{3}\xi(r_i)\,\vec{L}^{(i)}\,\vec{S}^{(i)}\tag{14.4.1}$$

vertauschen, wird die Anpassung an diese Gruppe eine für die Lösung des EW-Problems günstige Matrixdarstellung des Operators (14.4.1) liefern. Bei der Berechnung der von Null verschiedenen (M_J-unabhängigen) Matrixelemente

$$\langle\hat{\phi}^{[1^3]j(LS)}_{vJJ},\ H_3\,\hat{\phi}^{[1^3]j'(L'S')}_{v'JJ}\rangle=$$

$$=\sum_{MM'}(LJ-M\,SM\,|\,JJ)(L'J-M'\,S'M'\,|\,JJ)\langle\hat{\phi}^{[1^3]jLS}_{v,J-M,M},\ H_3\,\hat{\phi}^{[1^3]j'L'S'}_{v',J-M',M'}\rangle\tag{14.4.2}$$

muß man aber auch hier wieder auf die Elemente der Basis (14.2.1) und die $SU(2)\times su(2)$-Tensorzerlegung von H_3 zurückgreifen.

Mit Hilfe dieser Tensorzerlegung

$$H_3=\sum_{i=1}^{3}\xi(r_i)\sum_{m=-1}^{1}(-1)^m\,T^{11}_{-mm,00}\,[L_3^{(i)}\,S_3^{(i)}]\tag{14.4.3}$$

erhält man mit (10.4.14) und dem WE-Theorem

$$\langle \hat{\phi}^{[1^3]\,jLS}_{v,J-M,M}, H_3\,\hat{\phi}^{[1^3]\,j'L'S'}_{v',J-M',M'}\rangle = 3(-1)^{M-M'}(1M'-M\,L'J-M'\,|\,LJ-M)\ \text{mal}$$

$$(1M-M'S'M'\,|\,SM)\ (jLSv\,\|\,\xi(r_1)\,T^{11}_{00}\,[L^{(1)}_3\,S^{(1)}_3]\,\|\,j'L'S'v'). \tag{14.4.4}$$

Die reduzierten Matrixelemente sind mit zu (12.4.6, 7) analogen Gleichungen zu berechnen. Doch selbst für die Konfiguration $(n0)\,(nl_2)\,(nl_3)$ sind die Ausdrücke (14.4.4) und damit (14.4.2) so kompliziert, daß man es, wenn man nicht weitere Näherungen macht, mit einem schwierigen EW-Problem zu tun hat.

Nähert man den Operator (14.4.1) durch

$$\sum_{jLSv}\ ^{(nl_1)(nl_2)(nl_3)}H^{jLSv}_3 =$$

$$= \sum_{jLSv} P^j E^{[\lambda]}_{vv} E^{LS}\ ^{(nl_1)(nl_2)(nl_3)}H_3\,E^{LS}E^{[\lambda]}_{vv}P^j \tag{14.4.5}$$

an, wobei die Projektionsoperatoren $E^{LS}\left(=\sum_{M_LM_S}E^L_{M_LM_L}E^S_{M_SM_S}\right)$ durch (14.1.14, 15) gegeben sind und P^j ein entsprechend definierter Projektionsoperator ist, so kann man, da die Operatoren $\vec{L}^{(i)}\,[\vec{S}^{(i)}]$ in $P^j E^{[\lambda]}_{vv} E^{LS}\ ^{(nl_1)(nl_2)(nl_3)}H$ zum Operator $\vec{L}\,[\vec{S}]$ äquivalent sind, die Operatoridentitäten

$$^{(nl_1)(nl_2)(nl_3)}\vec{L}^{(i)\,jLSv} = g^{jLv}_{(nl_1l_2l_3)}\ ^{(nl_1)(nl_2)(nl_3)}\vec{L}^{jLSv} \tag{14.4.6}$$

$$^{(nl_1)(nl_2)(nl_3)}\vec{S}^{(i)\,jLSv} = h^S\ ^{(nl_1)(nl_2)(nl_3)}\vec{S}^{jLSv} \tag{14.4.7}$$

und $\vec{L}\,\vec{S} = \frac{1}{2}(\vec{J}^2 = \vec{L}^2 - \vec{S}^2)$ (vgl. (12.4.23)) ausnützen. Mit zu (12.4.24) analogen Gleichungen erhält man dann sofort die Eigenwerte

$$\epsilon^{jLSv}_J = \frac{1}{2}g^{jLv}_{(nl_1l_2l_3)}h^S(\xi^n_{l_1}+\xi^n_{l_2}+\xi^n_{l_3})\{J(J+1)-L(L+1)-S(S+1)\} \tag{14.4.8}$$

des Operators (14.4.5).

14.5. Magnetfeld

Die Eigenwerte des Operators

$$^{(nl_1)(nl_2)(nl_3)}H_4\ \text{mit}\ H_4 = \beta B_0(L_3 + 2S_3) \tag{14.5.1}$$

lassen sich bei $(SU(2)^{[3]} \times su(2)^{[3]}) \times S^{[2]}_3$-Anpassung wegen der speziellen Gestalt des Operators (14.5.1) sofort angeben.

$$\epsilon^{jLSv}_{M_LM_S} = \beta B_0(M_L + 2M_S) \tag{14.5.2}$$

Wenn H_4 „schwach" gegen H_1 und H_3 ist, kann man den Operator (14.5.1) durch

$$\sum_{jLSvJ} P^j E^{LS} E^{[\lambda]}_{vv} E^J \; {}^{(nl_1)(nl_2)(nl_3)}H_4 \, E^J E^{[\lambda]}_{vv} E^{LS} P^j \tag{14.5.3}$$

mit

$$E^J = \sum_{M_J} (2J+1) \int_{V_\omega} d\omega\, \rho(\omega)\, D^{J\,*}_{M_J M_J}(\omega)\, U(\omega,\omega,\omega\,|\,e)\, U(\omega,\omega,\omega\,|\,e) \tag{14.5.4}$$

ersetzen und die Operatoridentität

$$(nl_1)(nl_2)(nl_3)\,\vec{L}^{jLSvJ} + 2\,{}^{(nl_1)(nl_2)(nl_3)}\vec{S}^{jLSvJ} =$$

$$= G^{LSJ}\,{}^{(nl_1)(nl_2)(nl_3)}\vec{J}^{jLSvJ}, \tag{14.5.5}$$

in der der Faktor G^{LSJ} durch (12.5.10) gegeben ist, ausnützen. Der Operator (14.5.3) hat dann die Eigenwerte

$$\epsilon^{jLSv}_{JM_J} = \beta\, B_0\, G^{LSJ} M_J. \tag{14.5.6}$$

14.6. Coulomb- und Spin-Bahn-Wechselwirkung

Da sich die $(2J+1)$-fach entarteten Eigenwerte des Operators

$$(nl_1)(nl_2)(nl_3)H_{eff} + {}^{(nl_1)(nl_2)(nl_3)}H_2 + {}^{(nl_1)(nl_2)(nl_3)}H_3 \tag{14.6.1}$$

die sich bei $(SU(2)^{[3]}\,[\times]\,su(2)^{[3]}) \times S_3^{[2]}$-Anpassung (s. (14.3.2), (14.4.2) und verwende die Definition (12.6.4)) als Lösungen der Säkulargleichung der Matrix mit den Elementen

$$\langle \hat{\phi}^{[1^3]j(LS)}_{vJJ}, (H_{eff} + H_2 + H_3)\, \hat{\phi}^{[1^3]j'(L'S')}_{v'JJ} \rangle$$

$$= \delta_{LL'}\delta_{SS'}\{\delta_{jj'}\delta_{vv'} \sum_{i=1}^{3}(\epsilon_{nl_i} - \tau^n_{l_i}) + \langle \hat{\phi}^{[1^3]jLS}_{v0S}, H_1\, \hat{\phi}^{[1^3]j'LS}_{v'0S}\rangle\} +$$

$$+ \langle \hat{\phi}^{[1^3]j(LS)}_{vJJ}, H_3\, \hat{\phi}^{[1^3]j'(L'S')}_{v'JJ}\rangle \tag{14.6.2}$$

ergeben, i.a. nur sehr schlecht mit den experimentell gefundenen Energien übereinstimmen, hat man als Verbesserung das in Abschnitt 12.6 eingeführte Interpolationsverfahren zu verwenden. Dabei wird der Operator (14.6.1) durch eine Schar von Operatoren ersetzt, und der Scharparameter λ auf die gewohnte Weise optimiert.

14.7. Coulomb-, Spin-Bahn-Wechselwirkung und Magnetfeld

Um ein wesentlich einfacheres EW-Problem zu erhalten als jenes des Operators

$$(nl_1)(nl_2)(nl_3)H_{eff} + {}^{(nl_1)(nl_2)(nl_3)}H_2 + {}^{(nl_1)(nl_2)(nl_3)}H_3 + {}^{(nl_1)(nl_2)(nl_3)}H_4, \tag{14.7.1}$$

ersetzt man diesen Operator durch

$$^{(nl_1)(nl_2)(nl_3)}H_{eff} + \sum_{jLSvJ} \{^{(nl_1)(nl_2)(nl_3)}H_2^{jLSvJ} + {}^{(nl_1)(nl_2)(nl_3)}H_3^{jLSvJ} +$$

$$+ {}^{(nl_1)(nl_2)(nl_3)}H_4^{jLSvJ}\}. \tag{14.7.2}$$

Seine Eigenwerte

$$\tilde{\epsilon}_{JM_J}^{jLSv} = \sum_{i=1}^{3} (\epsilon_{nl_i} - \tau_{l_i}^n) + \langle \hat{\phi}_{v0S}^{[1^3]jLS}, H_1 \hat{\phi}_{v0S}^{[1^3]jLS} \rangle + \epsilon_J^{jLSv} + \epsilon_{JM_J}^{jLSv} \tag{14.7.3}$$

geben aber auch im Falle eines schwachen Magnetfeldes (und vernachlässigbarer Spin-Bahn-Wechselwirkung) den experimentellen Sachverhalt (Zeeman-Effekt) nicht richtig wieder, da die in v nichtdiagonalen Matrixelemente des Operators H_1 i.a. nicht vernachlässigbar klein sind (vgl. z.B. (14.3.5, 9)).

15. Dreielektronenatome: Zwei äquivalente Elektronen

15.1. Zustände

In diesem Kapitel sind wir am Spezialfall

$$^{(n0,n0,nl)}H = {}^{(n0,n0,nl)}H_0 \otimes H_S \quad (l>0) \tag{15.1.1}$$

interessiert. Die $3.2^3(2l+1)$ orthonormierten Spinoren

$$U((321)^k)\, U(s)\, \hat{\phi}_{m_1m_2m_3;\,\sigma_1\sigma_2\sigma_3}^{nl_1,nl_2,nl_3} = (l_1 = l_2 = 0, l_3 = l;\, n' = (321)^k, k = 0,1,2;\, s = e)$$

$$= \hat{\phi}_{m_{n'-1}1\,m_{n'-1}2\,m_{n'-1}3}^{nl_{n'-1}1,\,nl_{n'-1}2,\,nl_{n'-1}3}\,|\,\sigma_{s-1}1,\sigma_{s-1}2,\sigma_{s-1}3\rangle;\quad -l_i \leqslant m_i \leqslant l_i, \sigma_i = \pm\tfrac{1}{2}, \tag{15.1.2}$$

bilden eine Basis von $^{(n0,n0,nl)}H$. Es wird sich auch hier zeigen, daß die Spinoren (15.1.2) bereits G_0-angepaßt sind. Werden der Orts- und Spinteil von (15.1.2) getrennt betrachtet, dann sind alle den Spinteil betreffenden Fragen bereits durch die Gleichungen (14.1.10, 12) beantwortet.

Mit Hilfe der Darstellung $(j \neq j_3)$

$$e_{nm_1m_2m_3,\,n'm_1'm_2'm_3'}^{jjj_3\{\lambda\}} = n^{-1} e_{m_1m_2m_3,\,m_1'm_2'm_3'}^{jjj_3} z^{\{\lambda\}} n' \rightarrow$$

$$B(e_{nm_1m_2m_3,\,n'm_1'm_2'm_3'}^{jjj\{\lambda\}}) = U(n^{-1})\, E_{m_1m_2m_3,\,m_1'm_2'm_3'}^{jjj_3}\, Z^{\{\lambda\}}\, U(n') \tag{15.1.3}$$

$$E_{m_1m_2m_3,\,m_1'm_2'm_3'}^{jjj_3} = (2j+1)^2 (2j_3+1) \iiint_{V_\omega^3} d\omega_1\, d\omega_2\, d\omega_3\, \rho(\omega_1)\rho(\omega_2)\rho(\omega_3)\ \text{mal}$$

$$D_{m_1m_1'}^{j^*}(\omega_1)\, D_{m_2m_2'}^{j^*}(\omega_2)\, D_{m_3m_3'}^{j_3^*}(\omega_3)\, U(\omega_1,\omega_2,\omega_3|e) \tag{15.1.4}$$

$$n, n' \in \{(321)^k : k = 0, 1, 2\}$$

$$z^{\{\lambda\}} = \frac{1}{2} \sum_{t=0}^{1} D_{00}^{[\lambda]}(r_0^t)\, \widetilde{r}_0^{\,t}; \quad [\lambda] \in A_{S_2}$$

$$\widetilde{r}_0 = \sum_{m_1 m_2 m_3} e^{jjj_3}_{m_1 m_2 m_3,\, m_{r_0^{-1} 1}\, m_{r_0^{-1} 2}\, m_{r_0^{-1} 3}}\, r_0; \quad r_0 = (3)\,(21) \tag{15.1.5}$$

der Einheiten $e^{jjj_3\,\{\lambda\}}_{nm_1 m_2 m_3,\, n' m_1' m_2' m_3'} \in A\,(SU(2)^3\,(\times S_3)$ (vgl. (6.2.70)) erhält man speziell
für den Ortsteil der Spinoren (15.1.2)

$$U(n''^{-1})\, Z^{\{\lambda\}}\, E^{00l}_{00m, 00m'}\, U(n')\, \phi^{n0, n0, nl}_{00m''} =$$

$$= \delta_{n', e}\, \delta_{\{\lambda\}, \{2\}}\, \delta_{m'm''}\, U(n''^{-1})\, \phi^{n0, n0, nl}_{00m}. \tag{15.1.6}$$

Damit folgt mit (14.1.12) und den Definitionen

$$\phi^{n0, n0, nl;\, \{2\}}_{n'', 00m} = U(n''^{-1})\, \phi^{n0, n0, nl}_{00m}, \tag{15.1.7}$$

daß die Spinoren

$$\phi^{n0, n0, nl;\, \{2\},\, \{3\}}_{n'', 00m, \sigma_1 \sigma_2 \sigma_3} = \phi^{n0, n0, nl;\, \{2\}}_{n'', 00m}\, |\, \{3\}, \sigma_1 \sigma_2 \sigma_3 \rangle \tag{15.1.8}$$

mit (15.1.2) identisch sind und daß G_0 Nicht-Invarianzgruppe ist.

Bei der der LS-Kopplung entsprechenden Anpassung der Spinoren brauchen wir nur
mehr die $SU(2)^{[3]} \times S_3^{Ort}$-Anpassung des Ortsteiles durchführen, da die des Spinteiles durch
(14.1.34–36) bereits erledigt ist. Diese Anpassung des Ortsteiles führen wir wieder in zwei
Schritten durch. Die Anpassung an S_3 mit den Operatoren (14.1.14) ergibt

$$\sqrt{3}\, E_{00}^{[3]}\, \phi^{n0, n0, nl;\, \{2\}}_{e, 00m} = \phi^{n0, n0, nl;\, [3]}_{0, 00\,m} = \frac{1}{\sqrt{3}} \sum_{n'} \phi^{n0, n0, nl;\, \{2\}}_{n', 00m} \tag{15.1.9}$$

$$\sqrt{6}\, E_{00}^{[2,1]}\, \phi^{n0, n0, nl;\, \{2\}}_{e, 00m} = \phi^{n0, n0, nl;\, [2,1]}_{0, 00m} =$$

$$= \frac{1}{\sqrt{6}}\, \{\phi^{n0, n0, nl}_{00m} + \phi^{nl, n0, n0}_{m00} - 2\phi^{n0, nl, n0}_{0m0}\} \tag{15.1.10}$$

$$\sqrt{6}\, E_{10}^{[2,1]}\, \phi^{n0, n0, nl;\, \{2\}}_{e, 00m} = \phi^{n0, n0, nl;\, [2,1]}_{1, 00m} =$$

$$= \frac{1}{\sqrt{2}}\, \{\phi^{nl, n0, n0}_{m00} - \phi^{n0, n0, nl}_{00m}\} \tag{15.1.11}$$

$$E_{00}^{[1^3]}\, \phi^{n0, n0, nl;\, \{2\}}_{e, 00m} = 0. \tag{15.1.12}$$

Daraus folgt

$$D^{00l,\, \{2\}} \downarrow S_3^{Ort} \sim (\oplus (2l + 1))\, \{D^{[3]} \oplus (\oplus 2)\, D^{[2,1]}\}, \tag{15.1.13}$$

da (mit den Definitionen (15.1.9–11)) die Funktionen

$$\{\phi_{u,00m}^{n0,n0,nl;\,[\lambda]} : u = 0, 1, \ldots , n_{[\lambda]} - 1; \quad -l \leqslant m \leqslant l\} \tag{15.1.14}$$

eine Basis von $^{(n0,n0,nl)}H_0$ bilden. Das Ergebnis der Anpassung an $SU(2)$ mit den Operatoren (14.1.15) ist offensichtlich.

$$E_{M_L M_L}^L \, \phi_{e,00m}^{n0,n0,nl;\,\{2\}} = \delta_{lL}\, \delta_{mM_L} \, \phi_{e,00M_L}^{n0,n0,nl;\,\{2\}} =$$

$$= \delta_{lL}\, \delta_{mM_L} \, \phi_{eM_L}^{n0,n0,nl;\,l} \tag{15.1.15}$$

Damit bilden die Funktionen

$$\phi_{n''M_L}^{n0,n0,nl;\,l} = U(n''^{-1})\, \phi_{eM_L}^{n0,n0,nl;\,l} \tag{15.1.16}$$

eine weitere Basis von $^{(n0,n0,nl)}H_0$, woraus

$$D^{00l,\,\{2\}} \downarrow SU(2)^{[3]} \sim (\oplus 3)\, D^l \tag{15.1.17}$$

folgt. Setzt man beide Schritte, nämlich (15.1.9–11) und (15.1.15, 16) zusammen, dann erhält man die Elemente

$$\phi_{uM_L}^{n0,n0,nl;\,[\lambda]l} = N_{[\lambda]}\, E_{M_L 0}^l \, E_{u0}^{[\lambda]} \, \phi_{e,000}^{n0,n0,nl;\,\{2\}}, \tag{15.1.18}$$

die eine Basis von $^{(n0,n0,nl)}H_0$ bilden (die Normierungsfaktoren $N_{[\lambda]}$ sind aus (15.1.9–11) sofort ablesbar). Damit gilt

$$D^{00l,\,\{2\}} \downarrow SU(2)^{[3]} \times S_3^{Ort} \sim D^l \otimes D^{[3]} \oplus D^l \otimes D^{[2,1]}. \tag{15.1.19}$$

Schließlich liefert die Kombination von (15.1.18) und (14.1.34) die Elemente

$$\hat{\phi}_{uM_L,\,u'M_S'}^{[\lambda]l,\,[\lambda']S'} = \phi_{uM_L}^{n0,n0,nl;\,[\lambda]l} \, | \, [\lambda']u', S'M_S' \rangle \tag{15.1.20}$$

der der LS-Kopplung entsprechenden Basis von $^{(n0,n0,nl)}H$.

15.2. Antisymmetrisierung

Die der LS-Kopplung entsprechenden Basis von $^{(n0)^2(nl)}H$ läßt sich nach dem üblichen Schema gewinnen (s. Gl. (14.2.1)). Es zeigt, daß die Spinoren (s. Gl. (14.1.20))

$$\hat{\phi}_{m\sigma}^{[1^3]l1/2} = \frac{1}{\sqrt{2}} \, \{\hat{\phi}_{0m,1\sigma}^{[2,1]l,\,[2,1]1/2} - \hat{\phi}_{1m,0\sigma}^{[2,1]l,\,[2,1]1/2}\} \tag{15.2.1}$$

eine Basis des $2(2l+1)$-dimensionalen Hilbertraumes $^{(n0)^2(nl)}H$ bilden, der zum Hilbertraum $^{(nl)}H$ eines Einelektronenatoms isomorph ist. Dieser Isomorphismus zeigt (am speziellen Beispiel der $(n0)^2(nl)$-Konfiguration), daß sich das EW-Problem für ein N-Elektronen-Atom auf das eines 1-Elektronen-Atoms zurückführen läßt, wenn $(N-1)$ Elektronen solche Zustände einnehmen, daß eine oder mehrere Schalen voll besetzt sind.

Elemente weiterer Basen sind durch

$$\hat{\phi}_{jm}^{[1^3](l\,1/2)} = \sum_{\sigma} (l\,m-\sigma\,\tfrac{1}{2}\,\sigma\,|\,jm)\,\hat{\phi}_{m-\sigma,\sigma}^{[1^3]l\,1/2} \tag{15.2.2}$$

$$\hat{\phi}_{(j)\,\langle i\rangle\,kw}^{[1^3](l\,1/2)} = \sum_{m} C_{\langle i\rangle\,kw,\,m}^{j*}\,\hat{\phi}_{jm}^{[1^3](l\,1/2)} \tag{15.2.3}$$

$$\hat{\phi}_{\langle i\rangle\,kw,\,\sigma}^{[1^3](l)\,1/2} = \sum_{m} C_{\langle i\rangle\,kw,\,m}^{l*}\,\hat{\phi}_{m\sigma}^{[1^3]l\,1/2} \tag{15.2.4}$$

gegeben.

15.3. Coulomb-Wechselwirkung

Das EW-Problem des Operators

$$^{(n0)^2\,(nl)}H_1 \ \ \text{mit} \ \ H_1 = \sum_{i<j} \frac{e^2}{r_{ij}} \tag{15.3.1}$$

ist sehr einfach, da wegen (15.1.19) (und (15.2.1)) $(SU(2)^{[3]} \times su(2)^{[3]}) \times S_3^{[2]}$ Nicht-Invarianzgruppe bezüglich $^{(n0)^2(nl)}H$ und Symmetriegruppe von $^{(n0)^2(nl)}H_1$ ist. Man erhält mit (15.2.1), (15.1.18, 10, 11) und der Definition (12.3.6) als Eigenwert des Operators (15.3.1)

$$\epsilon\,(^2l) = e^2\,\{^{n}F_{(00)\,(00)}^{(0)} + 2\,^{n}F_{(0l)\,(0l)}^{(0)}\}. \tag{15.3.2}$$

Nimmt man $^{(n0)^2\,(nl)}H_2$ zu $^{(n0)^2\,(nl)}H_{eff}$ hinzu, so verschiebt sich hier daher nur der Spektrallinienschwerpunkt (Abschirmeffekt durch die beiden Elektronen der voll besetzten Schale).

15.4. Spin-Bahn-Wechselwirkung

Da die Symmetriegruppe $(SU(2)^{[3]}\,[\times]\,su(2)^{[3]}) \times S_3^{[2]}$ des Operators

$$^{(n0)^2\,(nl)}H_3 \ \ \text{mit} \ \ H_3 = \sum_{i=1}^{3} \xi\,(r_i)\,\vec{L}^{(i)}\vec{S}^{(i)} \tag{15.4.1}$$

in $^{(n0)^2(nl)}H$ stark ist, können die äquivalenten Operatoren

$$^{(n0)^2\,(nl)}\vec{L}^{(i)} = g^l\,^{(n0)^2\,(nl)}\vec{L} \tag{15.4.2}$$

$$^{(n0)^2\,(nl)}\vec{S}^{(i)} = h^{1/2}\,^{(n0)^2\,(nl)}\vec{S} \tag{15.4.3}$$

eingeführt werden. Mit ihrer Hilfe kann man sofort die beiden Eigenwerte

$$\epsilon_j^{l\,1/2} = \tfrac{3}{2}\,g^l h^{1/2}\,(2\xi_0^n + \xi_l^n)\,\{j\,(j+1) - l\,(l+1) - \tfrac{3}{4}\}, \quad j = l \pm \tfrac{1}{2} \tag{15.4.4}$$

des Operators (15.4.1) angeben. Sie unterscheiden sich von den Eigenwerten (11.2.17) nur durch den Proportionalitätsfaktor $3\,g^l h^{1/2}\,(2\xi_0^n + \xi_l^n)/2$.

15.5. Magnetfeld

Aus der Matrixdarstellung des Operators

$$^{(n0)^2\,(nl)}H_4 \quad \text{mit} \quad H_4 = \beta B_0(L_3 + 2S_3), \tag{15.5.1}$$

die sich bei $(SU(2)^{[3]} \times su(2)^{[3]}) \times S_3^{[2]}$-Anpassung ergibt, kann man seine Eigenwerte

$$\epsilon_{m\sigma}^{l\,1/2} = \beta B_0(m + 2\sigma) \tag{15.5.2}$$

sofort ablesen (vgl. (11.3.3), $\beta = \tfrac{1}{2}$).

In analoger Weise stimmen die Eigenwerte

$$\epsilon_{jm_j}^{l\,1/2} = \beta B_0\,G^{l\,1/2}\,j\,m_j \tag{15.5.3}$$

des Operators

$$\sum_{j=l-1/2}^{l+1/2} {}^{(n0)^2\,(nl)}H_4^j \tag{15.5.4}$$

mit denjenigen des Operators (11.3.9) überein.

15.6. Coulomb- und Spin-Bahn-Wechselwirkung

Wie bereits am Ende von Kapitel 11 erwähnt wurde, kann man das EW-Problem des Operators

$$^{(n0)^2\,(nl)}H_{\text{eff}} + {}^{(n0)^2\,(nl)}H_2 + {}^{(n0)^2\,(nl)}H_3 \tag{15.6.1}$$

auf das des Einteilchenoperators

$$^{(nl)}H_0 + {}^{(nl)}H_3 \tag{15.6.2}$$

zurückführen, da die Eigenwerte

$$\epsilon(^2l_j) = 2\,\epsilon_{n0} + \epsilon_{nl} - (2\tau_0^n + \tau_l^n) + \epsilon(^2l) + \epsilon_j^{l\,1/2} \tag{15.6.3}$$

des Operators (15.6.1) mit denen des Operators (15.6.2) identifiziert werden können (vgl. (11.2.21)).

15.7. Coulomb-, Spin-Bahn-Wechselwirkung und Magnetfeld

Schließlich stimmt auch das EW-Problem des Operators

$$^{(n0)^2\,(nl)}H_{\text{eff}} + {}^{(n0)^2\,(nl)}H_2 + {}^{(n0)^2\,(nl)}H_3 + {}^{(n0)^2\,(nl)}H_4 \tag{15.7.1}$$

mit dem des Operators H^{jl} (s. Gl. (11.5.3)) überein, wenn man $2\epsilon_{n0} + \epsilon_{nl} - (2\tau_0^n + \tau_l^n) + \epsilon(^2l)$ durch ϵ_j, $3g^l h^{1/2}\,(2\xi_0^n + \epsilon_l^n)$ durch ξ_l^{jj} und β durch $\tfrac{1}{2}$ ersetzt.

16. Dreielektronenatome: Äquivalente Elektronen

16.1. Zustände

In diesem Abschnitt untersuchen wir die der LS-Kopplung entsprechende Anpassung der Spinoren $\hat{\phi}$ des $2^3(2l+1)^3$-dimensionalen Hilbertraumes

$$^{(nl,nl,nl)}H = {}^{(nl,nl,nl)}H_0 \otimes H_S \quad (l>0), \tag{16.1.1}$$

der aus allen Linearkombinationen der Elemente

$$\hat{\phi}^{nl,nl,nl}_{m_1m_2m_3;\,\sigma_1\sigma_2\sigma_3} = \phi^{nl,nl,nl}_{m_1m_2m_3}\,|\sigma_1\sigma_2\sigma_3\rangle; \quad -l\leqslant m_i\leqslant l,\ \ \sigma_i=\pm\tfrac{1}{2} \tag{16.1.2}$$

besteht. Wie in allen vorhergehenden Kapiteln sind die Zustände (16.1.2) bereits G_0-angepaßt.

Um dies deutlich zu machen, brauchen wir nur zu zeigen, daß der Ortsteil der Spinoren (16.1.2) bereits an $SU(2)^{[3]}(\times S_3^{Ort}$ angepaßt ist. Mit Hilfe einer Darstellung der Einheiten $e^{lll\,\{\lambda\}}_{u\,m_1m_2m_3,\,u'm'_1m'_2m'_3} \in A\,(SU(2)^{[3]}(\times S_3)$, die analog zu (14.1.7–9) definiert wird, erhält man

$$Z^{\{\lambda\}}_{uu'}E^{lll}_{m_1m_2m_3,\,m'_1m'_2m'_3}\,\phi^{nl,nl,nl}_{m''_1m''_2m''_3} =$$

$$= \delta_{\{\lambda\},\{3\}}\,\delta_{u0}\,\delta_{u'0}\,\delta_{m'_1m''_1}\,\delta_{m'_2m''_2}\,\delta_{m'_3m''_3}\,\phi^{nl,nl,nl}_{m_1m_2m_3}, \tag{16.1.3}$$

d.h. die Funktionen

$$\phi^{nl,nl,nl;\,\{3\}}_{m_1m_2m_3} = \phi^{nl,nl,nl}_{m_1m_2m_3} \tag{16.1.4}$$

sind bereits $SU(2)^{[3]}(\times S_3$ angepaßt. Zusammen mit Gl. (14.1.12) folgt aus (16.1.3), daß G_0 Nicht-Invarianzgruppe ist.

Die Anpassung des Ortsteiles (16.1.4) von (16.1.2) an $SU(2)^{[3]}\times S_3^{Ort}$ erfolgt wieder in zwei Schritten. Mit den Operatoren (14.1.14) ergibt die Anpassung an S_3

$$\sqrt{\frac{6}{1+\delta_{m_1m_2}(1+2\delta_{m_2m_3})}}\,E^{[3]}_{00}\,\phi^{nl,nl,nl;\,\{3\}}_{m_1m_2m_3} = \phi^{nl,nl,nl;\,[3]}_{0,\,m_1m_2m_3}; \quad m_1\leqslant m_2\leqslant m_3 \tag{16.1.5}$$

$$\sqrt{3(1+\delta_{m_1m_2})}\,E^{[2,1]}_{00}\,\phi^{nl,nl,nl;\,\{3\}}_{m_1m_2m_3} = \phi^{nl,nl,nl;\,[2,1]}_{0,\,m_1m_2m_3}; \quad m_1\leqslant m_2<m_3 \tag{16.1.6}$$

$$\sqrt{3(1+\delta_{m_1m_2})}\,E^{[2,1]}_{10}\,\phi^{nl,nl,nl;\,\{3\}}_{m_1m_2m_3} = \phi^{nl,nl,nl;\,[2,1]}_{1,\,m_1m_2m_3}; \quad m_1\leqslant m_2<m_3 \tag{16.1.7}$$

$$\sqrt{6}\,E^{[1^3]}_{00}\,\phi^{nl,nl,nl;\,\{3\}}_{m_1m_2m_3} = \phi^{nl,nl,nl;\,[1^3]}_{0,\,m_1m_2m_3}; \quad m_1<m_2<m_3. \tag{16.1.8}$$

Die orthonormierten Funktionen (14.1.5–8) bilden eine weitere Basis von $^{(nl,nl,nl)}H_0$
und zeigen, daß

$$D^{III,\{3\}} \downarrow S_3^{Ort} \sim (\oplus \frac{1}{3}(l+1)(2l+1)(2l+3)) D^{[3]} \oplus$$

$$\oplus (\oplus \frac{8l}{3}(l+1)(2l+1)) D^{[2,1]} \oplus (\oplus \frac{l}{3}(2l-1)(2l+1)) D^{[1^3]} \tag{16.1.9}$$

gilt. Der zweite Schritt, die Anpassung der Funktionen (16.1.4) an $SU(2)^{[3]}$ mit Hilfe der
Operatoren (14.1.15), ergibt analog zu (14.1.19, 20)

$$E^L_{M_L M_L} \phi^{nl,nl,nl;\,\{3\}}_{m_1 m_2 m_3} = \sum_{j=0}^{2l} (lm_1\,lm_2\,|\,jm_1+m_2)(jm_1+m_2\,lm_3\,|\,LM_L)\,\phi^{nl,nl,nl;\,j,L}_{M_L}$$

$$\tag{16.1.10}$$

$$\phi^{nl,nl,nl;\,j,L}_{M_L} = \sum_{m_1,m} (lm_1\,lm-m_1\,|\,jm)(jml M_L-m\,|\,LM_L)\,\phi^{nl,nl,nl;\,\{3\}}_{m_1,m-m_1,M_L-m}.$$

$$\tag{16.1.11}$$

Dabei transformieren sich die in j, L, M_L orthogonalen Funktionen (16.1.11), die eine
weitere Basis von $^{(nl,nl,nl)}H_0$ bilden, gemäß

$$U(\omega,\omega,\omega\,|\,e)\,\phi^{nl,nl,nl;\,j,L}_{M_L} = \sum_{M'_L} D^L_{M'_L M_L}(\omega)\,\phi^{nl,nl,nl;\,j,L}_{M'_L} \tag{16.1.12}$$

und zeigen (ähnlich wie Gl. (14.1.22)), daß

$$D^{III,\{3\}} \downarrow SU(2)^{[3]} \sim \sum_{j=0}^{2l} \sum_{L=|j-l|}^{j+l} \oplus D^L \tag{16.1.13}$$

gelten muß. Beim letzten Schritt, der Kombination von (16.1.5–8) und (16.1.10, 11),
läßt sich zeigen, daß bei den Funktionen

$$\left\{ \begin{array}{l} E^{[\lambda]}_{u0}\,\phi^{nl,nl,nl;\,j,L}_{M_L} : [\lambda] \in A_{S_3}, u = 0, 1, \dots, n_{[\lambda]}-1 \\[2mm] \qquad\qquad j = 0, 1, \dots, 2l;\; |j-l| \leqslant L \leqslant j+l;\; |M_L| \leqslant L \end{array} \right\} \tag{16.1.14}$$

im Gegensatz zu (14.1.23), aber analog zu (15.1.34–36), die Größe j keine gute Quantenzahl ist. Dies ist deshalb der Fall, weil j Eigenwert eines hermiteschen Operators
$B(a)\,(a = a^+ \in A\,(SU(2)^3\,(\times S_3))$ ist, der nicht mit den Operatoren $U(r)\,(r \in S_3)$ vertauscht.
Um diesen Mangel zu beheben, muß man Projektionsoperatoren finden, die mit den Ope-
ratoren $U(\omega,\omega,\omega\,|\,r), (\omega,r) \in SU(2)^{[3]} \times S_3$, vertauschen und zusammen mit den Pro-
jektionsoperatoren (14.1.14, 15) eine Basis von $^{(nl,nl,nl)}H_0$ festlegen.

Bei der Suche nach diesen Operatoren gehen wir davon aus, daß die Operatoren

$$E^{III}_{m_1 m_2 m_3,\, m'_1 m'_2 m'_3} = E^{l}_{m_1 m'_1}(1)\, E^{l}_{m_2 m'_2}(2)\, E^{l}_{m_3 m'_3}(3) \tag{16.1.15}$$

eine Operatorbasis von $^{(nl,nl,nl)}H^{Op}_0$ bilden (vgl. Abschnitt 7.3). Von dieser Basis kann man zur ($SU(2)^3$-angepaßten) Operatorbasis

$$T^{L_1 L_2 L_3}_{M_1 M_2 M_3} = T^{L_1}_{M_1}(1)\, T^{L_2}_{M_2}(2)\, T^{L_3}_{M_3}(3) = T^{lL_1}_{M_1}(1)\, T^{lL_2}_{M_2}(2)\, T^{lL_3}_{M_3}(3) =$$

$$= B(t^{III,\, L_1 L_2 L_3}_{M_1 M_2 M_3}) = B(t^{lL_1}_{M_1}(1)\, t^{lL_2}_{M_2}(2)\, t^{lL_3}_{M_3}(3)) \tag{16.1.16}$$

übergehen, die die Tensorbasis $\{t^{III,\, L_1 L_2 L_3}_{M_1 M_2 M_3}\}$ von $A(SU(2)^3)$ in $^{(nl,nl,nl)}H_0$ darstellt.
Die Basis (16.1.16) ist besonders geeignet, die $SU(2)^{[3]} \times S_3$-invarianten (hermiteschen) Elemente von $^{(nl,nl,nl)}H^{Op}_0$ zu erfassen. Aus den Minimalpolynomen dieser Operatoren lassen sich dann die gesuchten Projektionsoperatoren konstruieren.

Zu diesem Zweck definieren wir die Operatoren

$$Y^{L}_{M} = Y^{lL}_{M} = \frac{1}{3} \sum_{i=1}^{3} T^{L}_{M}(i)\, E^{III} = \frac{1}{3} \sum_{i=1}^{3} T^{L}_{M}(i), \quad 0 \leq L \leq 2l, \tag{16.1.17}$$

die sich bezüglich $SU(2)^{[3]} \times S_3$ gemäß

$$U(\omega,\omega,\omega\,|\,\mathfrak{r})\, Y^{L}_{M}\, U(\omega,\omega,\omega\,|\,\mathfrak{r})^+ = \sum_{M'} D^{L}_{M'M}(\omega)\, Y^{L}_{M'} \tag{16.1.18}$$

transformieren. Der einzige $SU(2) \times S_3$-invariante Operator,

$$Y^{0}_{0} = (2l+1)^{-1/2}\, E^{III}, \tag{16.1.19}$$

ist dem Einheitsoperator von $^{(nl,nl,nl)}H_0$ proportional und daher zur Kennzeichnung bestimmter Funktionen ungeeignet. Die mit Hilfe der Operatoren (16.1.17) definierten Operatoren

$$K_{(L)} = \sum_{M} (-1)^{M}\, Y^{L}_{M}\, Y^{L}_{-M} \tag{16.1.20}$$

$$K^{+}_{(L)} = K_{(L)}, \tag{16.1.21}$$

die hermitesch und $SU(2) \times S_3$ invariant sind, erfüllen nichttriviale Minimalpolynome, haben allerdings die Eigenschaft

$$[K_{(L)}, K_{(L')}] \neq 0 \iff L \neq L' > 0. \tag{16.1.22}$$

Da die $2l$ paarweise orthogonalen und damit linear unabhängigen Operatoren (16.1.20) nicht miteinander vertauschen, wird man versuchen aus ihnen vertauschbare Operatoren zu bilden.

Daß die folgenden Operatoren

$$S^{(l)} = \frac{1}{2(2l+1)} \sum_{L=1}^{2l} K_{(L)} \tag{16.1.23}$$

$$W^{(l)} = \frac{1}{2l-1} \sum_{L=1,3,\ldots}^{2l-1} K_{(L)} \tag{16.1.24}$$

$$U^{(l)} = \frac{1}{4} \{ K_{(1)} + K_{(5)} \} \tag{16.1.25}$$

$$(\vec{L}^{(l)})^2 = K_{(1)} \tag{16.1.26}$$

paarweise vertauschen, soll hier nicht bewiesen werden. Um den Zusammenhang mit einer allgemeineren Methode [Ref. 70] deutlich zu machen wurden die Operatoren (16.1.23–26) so gewählt, daß sie mit den Casimiroperatoren von umfassenderen (kompakten) Gruppen identifiziert werden können. Die Wurzeln $s_i^{(l)}$, $w_i^{(l)}$, $u_i^{(l)}$ und $l_i^{(l)} = L_i(L_i + 1)$, $i = 1, 2, \ldots$ der Minimalpolynome $M(S^{(l)})$, $M(W^{(l)})$, $M(U^{(l)})$ und $M(\vec{L}^{(l)2})$ und die daraus resultierenden Projektionsoperatoren $P_{s_i}(l), P_{w_i}(l), P_{u_i}(l)$ und $P_{l_i}(l) = \sum_M E_{MM}^L = E^L$ (vgl. Abschnitt 3.2) werden für die l-Werte $l = 1, 2, 3$ ebenfalls ohne Beweis angegeben.

Fall 1: l = 1

$$\phi_{0M_L}^{[3]\,1} = -\frac{1}{3} \{ \sqrt{5}\, \phi_{M_L}^{j=0,\,L=1} + 2 \phi_{M_L}^{2,1} \} \tag{16.1.27}$$

$$\phi_{0M_L}^{[3]\,3} = \phi_{M_L}^{2,3} \tag{16.1.28}$$

$$\phi_{0M_L}^{[2,1]\,1} = -\frac{1}{3} \phi_{M_L}^{0,1} + \frac{\sqrt{3}}{2} \phi_{M_L}^{1,1} + \frac{\sqrt{5}}{6} \phi_{M_L}^{2,1} \tag{16.1.29}$$

$$\phi_{1M_L}^{[2,1]\,1} = \frac{1}{\sqrt{3}} \phi_{M_L}^{0,1} + \frac{1}{2} \phi_{M_L}^{1,1} - \frac{1}{2} \sqrt{\frac{5}{3}}\, \phi_{M_L}^{2,1} \tag{16.1.30}$$

$$\phi_{0M_L}^{[2,1]\,2} = \frac{1}{2} \{ \sqrt{3}\, \phi_{M_L}^{1,2} - \phi_{M_L}^{2,2} \} \tag{16.1.31}$$

$$\phi_{1M_L}^{[2,1]\,2} = \frac{1}{2} \{ \phi_{M_L}^{1,2} + \sqrt{3}\, \phi_{M_L}^{2,2} \} \tag{16.1.32}$$

$$\phi_{00}^{[1^3]\,0} = \phi_0^{1,0} \tag{16.1.33}$$

Die Ergebnisse (16.1.27–33) der Anpassung des Ortsteiles von (16.1.2) (mit $l = 1$) an $SU(2)^{[3]} \times S_3$ sind mit (16.1.5–8), (16.1.10, 11) und den CG-Koeffizienten von $SU(2)$ direkt verifizierbar und zeigen, daß $SU(2)^{[3]} \times S_3$ in $^{(n1,n1,n1)}H_0$ stark ist. Man braucht daher die Projektoren $P_{u_i}(1), \ldots$ gar nicht, um die Zustände zu kennzeichnen. (Dies gilt nur für $l = 1$.)

Fall 2: $l = 2$

In diesem Fall benötigt man außer den Operatoren (14.1.14, 15) auch die zu den Eigenwerten w_i ($= 3, 2, 1, \frac{2}{3}$) des Operators $W^{(2)}$ gehörenden Projektionsoperatoren P_{w_i} ($i = 1, 2, 3, 4$). Man erhält (ohne Beweis) die folgenden orthonormierten Funktionen:

$$\phi_{uM_L}^{w_i[\lambda]L} = \frac{1}{N_{w_iL}^{[\lambda]}} P_{w_i} E_{u0}^{[\lambda]} E_{M_L0}^{L} \phi_{m_1,m_2,-m_1-m_2}^{n2,n2,n2;\{3\}} \tag{16.1.34}$$

$$\phi_{0M_L}^{w_i[3]L} \quad : w_i = w_1; \quad L = 0, 3, 4, 6$$
$$w_i = w_4; \quad L = 2 \tag{16.1.35}$$

$$\phi_{uM_L}^{w_i[2,1]L} \quad : w_i = w_2; \quad L = 1, 2, 3, 4, 5$$
$$w_i = w_4; \quad L = 2 \tag{16.1.36}$$

$$\phi_{0M_L}^{w_i[1^3]L} \quad : w_i = w_3; \quad L = 1, 3. \tag{16.1.37}$$

Fall 3: $l = 3$

In diesem Fall benötigen wir außer (14.1.14, 15) nicht nur die Projektionsoperatoren P_{w_i} ($w_i = 12/5, 9/5, 6/5, 3/5$) sondern auch P_{u_j} ($u_j = 2, 7/4, 7/6, 1, 1/2, 0$) zur eindeutigen Festlegung der Funktionen.

$$\phi_{uM_L}^{w_iu_j[\lambda]L} = \frac{1}{N_{w_iu_jL}^{[\lambda]}} P_{w_i} P_{u_j} E_{u0}^{[\lambda]} E_{M_L0}^{L} \phi_{m_1,m_2,-m_1-m_2}^{n3,n3,n3;\{3\}} \tag{16.1.38}$$

$$\phi_{0M_L}^{w_iu_j[3]L} \quad : w_i = w_1, u_j = u_1; \quad L = 1, 3, 4, 5, 6, 7, 9$$
$$w_i = w_4, u_j = u_5; \quad L = 3 \tag{16.1.39}$$

$$\phi_{uM_L}^{w_iu_j[2,1]L} : w_i = w_2, u_j = u_2; \quad L = 2, 3, 4, 5, 7, 8$$
$$w_i = w_2, u_j = u_3; \quad L = 2, 4, 6$$
$$w_i = w_2, u_j = u_4; \quad L = 1, 5$$
$$w_i = w_4, u_j = u_5; \quad L = 3 \tag{16.1.40}$$

$$\phi_{0M_L}^{w_iu_j[1^3]L} \quad : w_i = w_3, u_j = u_3; \quad L = 2, 4, 6$$
$$w_i = w_3, u_j = u_5; \quad L = 3$$
$$w_i = w_3, u_j = u_6; \quad L = 0 \tag{16.1.41}$$

Die orthonormierten Funktionen (16.1.27–41) sind alle von der Form

$$\phi_{uM_L}^{nl,nl,nl;\xi[\lambda]L}; \quad \xi = (w_i u_j \dots), \quad [\lambda] \in A_{S_3}, \quad u = 0, 1, \dots, n_{[\lambda]} - 1$$
$$L = 0, 1, \dots, 3l, \quad |M_L| \leqslant L \tag{16.1.42}$$

und transformieren sich gemäß

$$U(\omega, \omega, \omega \,|\, r) \phi_{uM_L}^{nl,nl,nl;\,\xi[\lambda]L} = \sum_{u'M_L'} D_{u'u}^{[\lambda]}(r) D_{M_L'M_L}^{L}(\omega) \phi_{u'M_L'}^{nl,nl,nl;\,\xi[\lambda]L}, \tag{16.1.43}$$

woraus

$$D^{III,\{3\}} \downarrow SU(2)^{[3]} \times S_3^{Ort} \sim \sum_{L\,[\lambda]\,\xi} \oplus\, D^L \otimes D^{[\lambda]} \tag{16.1.44}$$

folgt.

Die Kombination von (16.1.42) und (14.1.37) liefert die Elemente

$$\hat{\phi}^{\xi\,[\lambda]\,L,\,[\lambda']\,S'}_{uM_L,\,u'M_S'} = \phi^{nl,nl,nl;\,\xi\,[\lambda]\,L}_{uM_L}\,|\,[\lambda']\,u',S'M_S'\rangle \tag{16.1.45}$$

der der LS-Kopplung entsprechenden Basis von $^{(nl,nl,nl)}H$.

16.2. Antisymmetrisierung

Mit Hilfe der CG-Koeffizienten von S_3 erhalten wir nach dem üblichen Schema
(s. Gl. (14.2.1)) die der LS-Kopplung entsprechende Basis des $(4l(2l+1)(4l+1)/3)$-
dimensionalen Hilbertraumes $^{(nl)^3}H$.

$$\hat{\phi}^{[1^3]\,\xi\,LS}_{M_LM_S} = \sum_{uu'} ([\lambda]\,u\,[\bar{\lambda}]\,u'\,|\,[1^3]\,00)\,\hat{\phi}^{\xi\,[\lambda]\,L,\,[\bar{\lambda}]\,S}_{uM_L,\,u'M_S} \tag{16.2.1}$$

$$\hat{\phi}^{[1^3]\,\xi\,L\,3/2}_{M_LM_S} = \hat{\phi}^{\xi\,[1^3]\,L,\,[3]\,3/2}_{0M_L,\,0M_S} \tag{16.2.2}$$

$$\hat{\phi}^{[1^3]\,\xi\,L\,1/2}_{M_LM_S} = \frac{1}{\sqrt{2}}\{\hat{\phi}^{\xi\,[2,1]\,L,\,[2,1]\,1/2}_{0M_L,\,1M_S} - \hat{\phi}^{\xi\,[2,1]\,L,\,[2,1]\,1/2}_{1M_L,\,0M_S}\} \tag{16.2.3}$$

Die Elemente weiterer Basen von $^{(nl)^3}H$ sind durch

$$\hat{\phi}^{[1^3]\,\xi\,(LS)}_{JM_J} = \sum_M (LM_J-M\,SM\,|\,JM_J)\,\hat{\phi}^{[1^3]\,\xi\,LS}_{M_J-M,\,M} \tag{16.2.4}$$

$$\hat{\phi}^{[1^3]\,\xi\,(LS)}_{(J)\langle i\rangle kw} = \sum_M C^{J\,*}_{\langle i\rangle kw,\,M}\,\hat{\phi}^{[1^3]\,\xi\,(LS)}_{JM} \tag{16.2.5}$$

$$\hat{\phi}^{[1^3]\,\xi\,(L)\,S}_{\langle i\rangle kw,\,M_S} = \sum_M C^{L\,*}_{\langle i\rangle kw,\,M}\,\hat{\phi}^{[1^3]\,\xi\,LS}_{MM_S} \tag{16.2.6}$$

gegeben.

16.3. Coulomb-Wechselwirkung

Sieht man von der Konfiguration $(n1)^3$ ab, so ist das EW-Problem für den Operator

$$^{(nl)^3}H_1 \quad \text{mit} \quad H_1 = \sum_{i<j} e^2/r_{ij} \tag{16.3.1}$$

schwierig zu lösen, da i.a. mehrdimensionale Matrizen zu diagonalisieren sind. Bei $(SU(2)^{[3]} \times su(2)^{[3]}) \times S_3^{[2]}$-Anpassung ist die günstigste Matrixdarstellung von $^{(nl)^3}H_1$ zu erwarten.

$$\langle \hat{\phi}_{M_L M_S}^{[1^3]\xi LS} , H_1 \hat{\phi}_{M_L' M_S'}^{[1^3]\xi' L'S'} \rangle = \delta_{LL'} \delta_{M_L M_L'} \delta_{SS'} \delta_{M_S M_S'} \langle \hat{\phi}_{0S}^{[1^3]\xi LS} , H_1 \hat{\phi}_{0S}^{[1^3]\xi' LS} \rangle \qquad (16.3.2)$$

Weiteres gilt offensichtlich

$$^{(nl)^3}H_1 = e^2 \sum_{i < j} \sum_{k = 0, 2, 4, \dots}^{2l} \frac{4\pi}{2k + 1} \, ^nF_{(ll)(ll)}^{(k)} \sum_m (-1)^m \, ^{(nl)^3}Y_{km}(i) \, ^{(nl)^3}Y_{k\,-m}(j),$$
$$(16.3.3)$$

wobei die Definition der Operatoren $^{(nl)^3}Q$ durch (10.4.2) gegeben ist. Zur Berechnung der von Null verschiedenen Matrixelemente (16.3.2) hat man (16.3.3), (16.2.1), (16.1.45) und

$$\langle \hat{\phi}_{0S}^{[1^3]\xi LS} , H_1 \hat{\phi}_{0S}^{[1^3]\xi' LS} \rangle = \langle \phi_{00}^{\xi\,[\lambda]L} , H_1 \phi_{00}^{\xi'\,[\lambda]L} \rangle \qquad (16.3.4)$$

zu verwenden (vgl. Gl. (14.3.3)).

Im Fall der Konfiguration $(n1)^3$ ist $(SU(2)^{[3]} \times su(2)^{[3]}) \times S_3^{[2]}$ stark in $^{(n1)^3}H$ und $^{(n1)^3}H_1$ damit diagonal. Seine drei Eigenwerte

$$\epsilon(^4S) = 3\,e^2 \left\{ ^nF_{(11)(11)}^{(0)} - \frac{15}{25} \, ^nF_{(11)(11)}^{(2)} \right\}$$

$$\epsilon(^2D) = 3\,e^2 \left\{ ^nF_{(11)(11)}^{(0)} - \frac{6}{25} \, ^nF_{(11)(11)}^{(2)} \right\}$$

$$\epsilon(^2P) = 3\,e^2 \, ^nF_{(11)(11)}^{(0)} \qquad (16.3.5)$$

sind mit (16.3.3, 4), (16.1.45, 29–33), (14.1.34–36) und (12.3.9, 10) zu berechnen. Weiteres kann man sich leicht davon überzeugen, daß diese Eigenwerte auch in der Form

$$\epsilon(^{2S+1}L) = 3\,e^2 \left\{ ^nF_{(11)(11)}^{(0)} + \frac{3}{50} \, ^nF_{(11)(11)}^{(2)} [5 - 4S(S+1) - L(L+1)] \right\} \qquad (16.3.6)$$

geschrieben werden können. Der Grund dafür liegt darin, daß $(SU(2)^{[3]} \times su(2)^{[3]}) \times S_3^{[2]}$ in $^{(n1)^3}H$ stark ist und die Operatoren (16.1.17) und $^{(n1)^3}Y_{lm}(i)$ äquivalent sind,

$$^{(n1)^3}Y_{2m}(i) = a_{(n1)^3} Y_m^2 , \qquad (16.3.7)$$

so daß wegen (16.1.20, 23, 26)

$$\sum_m (-1)^m \, ^{(n1)^3}Y_{2m}(i) \, ^{(n1)^3}Y_{2\,-m}(j) = a_{(n1)^3}^2 \{6\,S^{(1)} - K_{(1)}\} \qquad (16.3.8)$$

gilt. Aus dem Vergleich von $(16.3.8, 3)$ mit $(16.3.6)$ ergeben sich der Proportionalitätsfaktor $a_{(n1)}^2$ und die beiden Eigenwerte des Operators $S^{(1)}$ ($s_1^{(1)} = -10 \Longleftrightarrow S = \frac{3}{2}$, $s_2^{(1)} = 2 \Longleftrightarrow S = \frac{1}{2}$). Schließlich sei noch bemerkt, daß man mit der Identität

$$^{(nl)^3}Y_{km}(i)^{\xi L} = P_\xi E^L \,{}^{(nl)^3}Y_{km}(i) \, E^L P_\xi = a_{(nl)^3}^{\xi L} Y_m^k \tag{16.3.9}$$

die Methode der äquivalenten Operatoren auch dazu verwendet, um über eine ähnliche Beziehung wie Gl. $(16.3.8)$ die Eigenwerte von $^{(nl)^3}H_1^{\xi LS}$ zu berechnen.

16.4. Spin-Bahn-Wechselwirkung

Bei der Berechnung der von Null verschiedenen (M_J-unabhängigen) Matrixelemente

$$\langle \hat{\phi}_{JJ}^{[1^3]\,\xi\,(LS)}, H_3 \hat{\phi}_{JJ}^{[1^3]\,\xi'(L'S')} \rangle =$$

$$= 3\,\xi_l^n \sum_{MM'} (LJ-MSM\,|\,JJ)(L'J-M'S'M'\,|\,L'M')(1M'-ML'J-M'|LJ-M)(-1)^{M-M'}\,\text{ma}$$

$$(1M-M'S'M'\,|\,SM)((nl)^3\xi LS\,\|\,T_{00}^{11}\,[L_3^{(1)}S_3^{(1)}]\|\,(nl)^3\xi'L'S') \tag{16.4.1}$$

des Operators

$$^{(nl)^3}H_3 \quad \text{mit} \quad H_3 = \sum_{i=1}^{3} \xi(r_i)\,\vec{L}^{(i)}\,\vec{S}^{(i)} \tag{16.4.2}$$

in einer $(SU(2)^{[3]}\,[\times]\,su(2)^{[3]}) \times S_3^{[2]}$-angepaßten Basis muß man analog zu Gl. $(14.4.2)$ auch wieder auf die Basis $(16.2.1)$ und die Tensorzerlegung $(14.4.3)$ von H_3 zurückgreifen. Dabei sind die reduzierten Matrixelemente aus den $(12.4.6, 7)$ entsprechenden Gleichungen zu berechnen.

So erhält man z. B. für die Konfiguration $(n1)^3$ mit $(16.4.1)$, $(16.2.2,3)$, $(16.1.29-33)$, $(16.1.11)$, $(14.1.34-36, 31)$ und Tabelle 6.11

$$\langle \hat{\phi}_{3/2\,3/2}^{[1^3](0\,3/2)}, H_3 \hat{\phi}_{3/2\,3/2}^{[1^3](0\,3/2)} \rangle = 0 \qquad \langle \hat{\phi}_{3/2\,3/2}^{[1^3](0\,3/2)}, H_3 \hat{\phi}_{3/2\,3/2}^{[1^3](1\,1/2)} \rangle = -\xi_1^n$$

$$\langle \hat{\phi}_{3/2\,3/2}^{[1^3](0\,3/2)}, H_3 \hat{\phi}_{3/2\,3/2}^{[1^3](2\,1/2)} \rangle = 0 \qquad \langle \hat{\phi}_{3/2\,3/2}^{[1^3](1\,1/2)}, H_3 \hat{\phi}_{3/2\,3/2}^{[1^3](1\,1/2)} \rangle = 0$$

$$\langle \hat{\phi}_{3/2\,3/2}^{[1^3](1\,1/2)}, H_3 \hat{\phi}_{3/2\,3/2}^{[1^3](2\,1/2)} \rangle = -\frac{\sqrt{5}}{2}\,\xi_1^n \qquad \langle \hat{\phi}_{3/2\,3/2}^{[1^3](2\,1/2)}, H_3 \hat{\phi}_{3/2\,3/2}^{[1^3](2\,1/2)} \rangle = 0$$

$$\langle \hat{\phi}_{1/2\,1/2}^{[1^3](1\,1/2)}, H_3 \hat{\phi}_{1/2\,1/2}^{[1^3](1\,1/2)} \rangle = 0 \qquad \langle \hat{\phi}_{5/2\,5/2}^{[1^3](2\,1/2)}, H_3 \hat{\phi}_{5/2\,5/2}^{[1^3](2\,1/2)} \rangle = 0, \tag{16.4.3}$$

woraus sofort die drei Eigenwerte

$$\epsilon_1 = \epsilon_1^{1/2} = \epsilon_1^{3/2} = \epsilon_1^{5/2} = 0, \quad \epsilon_2^{3/2} = \frac{3}{2}\,\xi_1^n, \quad \epsilon_3^{3/2} = -\frac{3}{2}\,\xi_1^n \tag{16.4.4}$$

des Operators $^{(n1)^3}H_3$ folgen. ϵ_1 ist 12-fach, $\epsilon_2^{3/2}$ und $\epsilon_3^{3/2}$ sind je 4-fach entartet.

Die Eigenwerte des Operators

$$\sum_{\xi LS} {}^{(nl)^3}H_3^{\xi LS} = \sum_{\xi LS} P_\xi\, E^{LS}\, {}^{(nl)^3}H_3\, E^{LS}\, P_\xi \tag{16.4.5}$$

können wegen

$${}^{(nl)^3}\vec{L}(i)^{\xi LS} = g_{(nl)}^{\xi L}\; {}^{(nl)^3}\vec{L}^{\xi LS} \tag{16.4.6}$$

$${}^{(nl)^3}\vec{S}(i)^{\xi LS} = h^S\; {}^{(nl)^3}\vec{S}^{\xi LS} \tag{16.4.7}$$

dagegen (bis auf die Proportionalitätsfaktoren $g_{(nl)}^{\xi L}$ und h^S) sofort angegeben werden.

$$\epsilon_J^{\xi LS} = \frac{3}{2}\,\xi_l^n\, g_{(nl)}^{\xi L}\, h^S\, \{J(J+1) - L(L+1) - S(S+1)\} \tag{16.4.8}$$

16.5. Magnetfeld

Der Operator

$${}^{(nl)^3}H_4 \quad \text{mit} \quad H_4 = \beta\, B_0\, (L_3 + 2S_3) \tag{16.5.1}$$

mit den Eigenwerten

$$\epsilon_{M_L M_S}^{\xi LS} = \beta\, B_0\, (M_L + 2M_S) \tag{16.5.2}$$

kann, falls H_4 „schwach" gegen H_1 oder H_3 ist, durch den Operator

$$\sum_{\xi LSJ} P_\xi\, E^{LS}\, E^J\, {}^{(nl)^3}H_4\, E^J\, E^{LS}\, P_\xi = \sum_{\xi LSJ} {}^{(nl)^3}H_4^{\xi LSJ} \tag{16.5.3}$$

ersetzt werden, dessen Eigenwerte

$$\epsilon_{JM_J}^{\xi LS} = \beta\, B_0\, G^{LSJ}\, M_J \tag{16.5.4}$$

wegen einer (14.5.5) ähnlichen Operatoridentität sofort angegeben werden können.

16.6. Coulomb- und Spin-Bahn-Wechselwirkung

Da die $(2J+1)$-fach entarteten Eigenwerte des Operators

$${}^{(nl)^3}H_{eff} + {}^{(nl)^3}H_2 + {}^{(nl)^3}H_3, \tag{16.6.1}$$

die sich als Lösungen der Säkulargleichung der Matrix mit den Elementen

$$\langle \hat{\phi}_{JJ}^{[1^3]\xi(LS)}, (H_{eff} + H_2 + H_3)\, \hat{\phi}_{JJ}^{[1^3]\xi'(L'S')} \rangle = \delta_{LL'}\,\delta_{SS'}\,\{\delta_{\xi\xi'}\,3(\epsilon_{nl} - \tau_l^n) +$$

$$+ \langle \hat{\phi}_{0S}^{[1^3]\xi LS}, H_1 \hat{\phi}_{0S}^{[1^3]\xi' LS} \rangle\} + \langle \hat{\phi}_{JJ}^{[1^3]\xi(LS)}, H_3 \hat{\phi}_{JJ}^{[1^3]\xi'(L'S')} \rangle \tag{16.6.2}$$

ergeben (s. (16.3.2), (16.4.1) und (12.6.4)), i.a. nur sehr schlecht mit den experimentell festgestellten Energien übereinstimmen, kann man als Verbesserung das in Abschnitt 12.6 eingeführte Interpolationsverfahren verwenden.

Im Fall der Konfiguration $(n1)^3$ läßt sich mit (16.3.5) und (16.4.3) sofort für jeden Operator der Schar

$$(1-\lambda)\{^{(n1)^3}H_1 - 3\,e^2\,{}^n F^{(0)}_{(11)(11)}\,{}^{(n1)^3}1\} + \lambda\,{}^{(n1)^3}H_3, \quad \lambda \in [0, 1] \tag{16.6.3}$$

eine Matrixdarstellung angeben. Bild 16.1 zeigt die Lösungen $\epsilon_i^J(\lambda)$ der zugehörigen Säkulargleichungen (ohne die Verschiebung $3(\epsilon_{n1} - \tau_1^n) + 3\,e^2\,{}^n F^{(0)}_{(11)(11)}$) für $3\,e^2\,{}^n F^{(2)}_{(11)(11)} = 20$, $\xi_1^n = 10$.

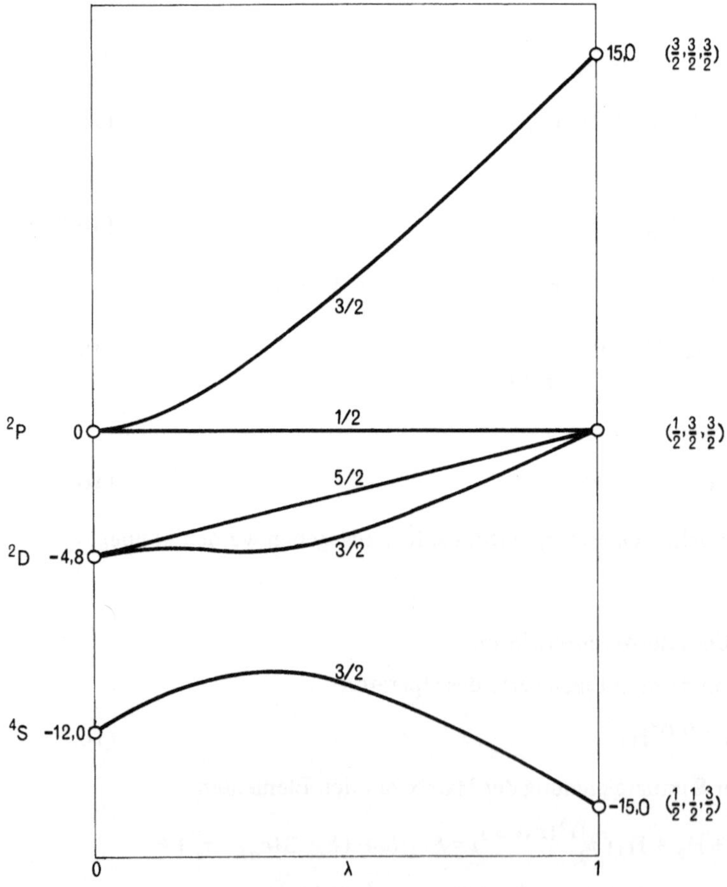

Bild 16.1. $\epsilon_i^J(\lambda)$ für die Konfiguration $(n1)^3$

16.7. Coulomb-, Spin-Bahn-Wechselwirkung und Magnetfeld

Ersetzt man den Operator

$$^{(nl)^3}H_{eff} + {}^{(nl)^3}H_2 + {}^{(nl)^3}H_3 + {}^{(nl)^3}H_4 \tag{16.7.1}$$

durch den Operator

$$^{(nl)^3}H_{eff} + \sum_{\xi LSJ} \{ {}^{(nl)^3}H_2^{\xi LSJ} + {}^{(nl)^3}H_3^{\xi LSJ} + {}^{(nl)^3}H_4^{\xi LSJ} \}, \tag{16.7.2}$$

dessen Eigenwerte

$$\hat{\epsilon}_{JM_J}^{\xi LS} = 3\,(\epsilon_{nl} - \tau_l^n) + \langle \hat{\phi}_{0S}^{[1^3]\xi LS}, H_1 \hat{\phi}_{0S}^{[1^3]\xi LS} \rangle + \epsilon_J^{\xi LS} + \epsilon_{JM_J}^{\xi LS} \tag{16.7.3}$$

durch (16.6.2), (16.4.8) und (16.5.4) gegeben sind, so muß man bedenken, daß selbst bei vernachlässigbarer Spin-Bahn-Wechselwirkung und „schwachem" $\vec{B}$-Feld, die in ξ nicht-diagonalen Matrixelemente von $^{(nl)^3}H_1$ i.a. nicht vernachlässigbar klein sind.

Weiterführende Literatur zu Teil III: Ref. [48], [49], [71].

Teil IV:
Kristallfeldtheorie

Die Überlegungen des dritten Teils beruhten auf der Annahme, daß die nähere Umgebung des Atoms frei von Ladungsträgern ist. Befindet sich das Atom (oder Ion) jedoch im Inneren eines Kristalls, dann muß auch die Anwesenheit der benachbarten Ionen berücksichtigt werden. Dies geschieht dadurch, daß jeder der früher betrachteten Hamiltonoperatoren durch eine Reihe von Operatoren ergänzt wird. Jeder von ihnen ist durch die Symmetrie des Kristalls bis auf einen Proportionalitätsfaktor bestimmt. Wenn man die Stärke dieser Zusatzpotentiale ebenso variieren läßt wie die der anderen Wechselwirkungen und die berechneten Spektren mit den beobachteten vergleicht, kann man erkennen, welches Potential den Einfluß der Umgebung am besten wiedergibt.

17. Einelektronenatome

17.1. Kristallfeld

Der im Zustandsraum (11.1.1) definierte Operator

$$H_6 = e \sum_{lm} A_{lm} r^l Y_{lm} \tag{17.1.1}$$

beschreibt die Wechselwirkung eines Elektrons mit dem elektrischen Feld, das von den regelmäßig angeordneten Ionen eines Kristalls erzeugt wird [Ref. 73]. Die Form des Operators (17.1.1) setzt voraus, daß das Elektron nie in die Nähe der Quellen des Feldes kommt, und stellt daher selbst bei Beschränkung auf gebundene Zustände eine Näherung dar. Die Koeffizienten A_{lm} (,,äußere Multipolmomente", deren Werte Auskunft über die vorliegende Ladungsverteilung geben) können nicht willkürlich vorgegeben werden, sondern sind zum Teil dadurch bestimmt, daß der Rumpf des Atoms Gitterbaustein des Kristalls und die dazugehörige *Punktgruppe* daher Symmetriegruppe ist.

Auf Grund des Transformationsgesetzes

$$U(\omega, \omega \,|\, p; \omega_3) \, Y_{lm} \, U^+(\omega, \omega \,|\, p; \omega_3) = (-1)^{lp} \sum_{m'} D^l_{m'm}(\omega) \, Y_{lm'} \tag{17.1.2}$$

der Operatoren Y_{lm} bezüglich $SU(2) \times S_2 \times su(2)$ (die unitären Operatoren $U(\omega, \omega \,|\, p; \omega_3)$ sind durch (11.1.6, 7) mit $\omega_1 = \omega_2$ definiert) und der Tatsache, daß die Operatoren r^l mit den Elementen von $SU(2) \times S_2 \times su(2)$ vertauschen, ist mit (7.3.13, 15) unmittelbar einzusehen, daß (17.1.1) als Tensorzerlegung bezüglich dieser Gruppe aufgefaßt werden kann.

$$H_6 = \sum_{lm} T^{l\tau 0}_{m00,\,m00}\,[H_6]$$

$$T^{l\tau 0}_{m00,\,m00}\,[H_6] = \frac{1}{2}\,(1+(-1)^{\tau+l})\,e\,A_{lm}\,r^l\,Y_{lm} \tag{17.1.3}$$

In unserem Fall wollen wir annehmen, daß der Operator (17.1.1) die Wechselwirkung zwischen dem Elektron und dem Feld eines einfach kubischen Kristalls beschreibt. Die Punktgruppe ist bei Berücksichtigung des Spins die *Doppelpunktgruppe*

$$O_h^* = O^* \times S_2\,. \tag{17.1.4}$$

Dementsprechend müssen die Operatoren $U(q,q\,|\,p;\,\omega_3)$, $(q,q\,|\,p;\,\omega_3) \in O^{*\,[2]} \times S_2 \times su(2)$, mit dem Operator (17.1.1) vertauschen, woraus

$$H_6 = T^{\langle 0\rangle+0}_{000,\,000}\,[H_6] \tag{17.1.5}$$

folgt. Die mit Hilfe der Subduktionsmatrizen C^l (s. Tabellen 6.4—8) definierten Operatoren

$$Y^{(l)}_{\langle i\rangle kv} = \sum_m C^{l*}_{\langle i\rangle kv,\,m}\,Y_{lm} \tag{17.1.6}$$

sind wegen

$$U(q,q\,|\,p;\,\omega_3)\,Y^{(l)}_{\langle i\rangle kv}\,U^+(q,q\,|\,p;\,\omega_3) = (-1)^{lp} \sum_{k'} D^{\langle i\rangle}_{k'k}(q)\,Y^{(l)}_{\langle i\rangle k'v} \tag{17.1.7}$$

Komponenten von irreduziblen Tensoroperatoren bezüglich $O_h^* \times su(2)$. Zusammen mit der Umkehrtransformation von (17.1.6),

$$Y_{lm} = \sum_{\langle i\rangle kv} C^l_{\langle i\rangle kv,\,m}\,Y^{(l)}_{\langle i\rangle kv}, \tag{17.1.8}$$

zeigt der Projektionsmechanismus (7.3.15), daß (wie bei den Zuständen, vgl. (9.4.19)) die Operatoren nicht schon durch ihr Transformationsverhalten eindeutig festgelegt sind, wenn die UIR $D^{\langle i\rangle}$ in $D^l \downarrow O$ mehrfach vorkommt.

$$T^{\langle i\rangle\tau 0}_{k00,\,k00}\,[Y_{lm}] = \frac{1}{2}\,(1+(-1)^{\tau+l}) \sum_v C^l_{\langle i\rangle kv,\,m}\,Y^{(l)}_{\langle i\rangle kv} \tag{17.1.9}$$

$$H_6 = e \sum_{lm} A_{lm}\,r^l \sum_{\langle i\rangle kv} C^l_{\langle i\rangle kv,\,m}\,Y^{(l)}_{\langle i\rangle kv} \tag{17.1.10}$$

(17.1.10) stellt die Tensorzerlegung von H_6 bezüglich $O_h^* \times su(2)$ dar. Die Forderung (17.1.5) reduziert mit (17.1.9) die Zerlegung (17.1.10) zu

$$H_6 = e \sum_{l m} A_{lm} r^l \frac{1}{2} (1 + (-1)^l) \sum_v C^l_{\langle 0 \rangle 0v, m} Y^{(l)}_{\langle 0 \rangle 0v}, \tag{17.1.11}$$

woraus wegen der linearen Unabhängigkeit der Operatoren (17.1.6) [bzw. (17.1.8)] die Gleichungen

$$A_{lm'} = \sum_{mv} A_{lm} C^l_{\langle 0 \rangle 0v, m} C^{l*}_{\langle 0 \rangle 0v, m'} \tag{17.1.12}$$

folgen. Die Lösungen dieses homogenen Gleichungssystems sind durch

$$A_{lm} = A_l \sum_{v=0}^{m_{l, \langle 0 \rangle} - 1} C^{l*}_{\langle 0 \rangle 0v, m} B_v \tag{17.1.13}$$

gegeben, wobei die Koeffizienten A_l und $B_v (B_0 = 1)$ beliebig wählbar sind. Somit folgt für Gl. (17.1.10)

$$H_6 = e \sum_{l = 0, 2, 4, \ldots}^{\infty} A_l r^l \sum_v B_v Y^{(l)}_{\langle 0 \rangle 0v} \tag{17.1.14}$$

oder mit (17.1.8) und Tabelle 6.6

$$H_6 = e \sum_{l = 0, 4, 6, \ldots}^{\infty} A_l r^l \sum_{vm} B_v C^{l*}_{\langle 0 \rangle 0v, m} Y_{lm} =$$

$$= e \left\{ A_0 Y_{00} + A_4 r^4 \left[\sqrt{\frac{7}{12}} Y_{40} + \sqrt{\frac{5}{24}} (Y_{44} + Y_{4-4}) \right] + A_6 r^6 [\ldots] + \ldots \right\}, \tag{17.1.15}$$

weil $m_{l, \langle 0 \rangle}$ nur für bestimmte l Werte, die unbedingt geradzahlig sein müssen („Paritätserhaltung"), von Null verschieden ist.

Das EW-Problem für den Operator

$$H' = H_0 + H_6 \tag{17.1.16}$$

ist nicht exakt lösbar. Dagegen ist es jenes für

$$H = \sum_{j=0}^{\infty} E^{jj\,1/2} H' E^{jj\,1/2} = \sum_{j=0}^{\infty} \{H_0^j + H_6^j\} = \sum_{j=0}^{\infty} H^j, \tag{17.1.17}$$

bzw.

$$\bar{H} = \sum_{j,l} E^l H^j E^l = \sum_{j,l} \{H_0^{jl} + H_6^{jl}\} = \sum_{j,l} H^{jl}. \tag{17.1.18}$$

Man kann annehmen, daß H für H' [H̄ für H] eine gute Näherung darstellt. Die Anpassung an die Gruppe $SU(2) \times S_2 \times su(2)$ liefert zwar keine Matrixdarstellung von H' [H, H̄], die in eine direkte Summe kleinerer Matrizen zerfällt, ist aber wegen der speziellen Form von H_6 am besten zur Berechnung der Matrixelemente geeignet. Unter Berücksichtigung der Dreiecksungleichung der CG-Koeffizienten von $SU(2)$ ist

$$\langle \hat{\Phi}^j_{lm\sigma}, H' \hat{\Phi}^{j'}_{l'm'\sigma'} \rangle = -\frac{1}{2(2j+1)^2} \delta_{jj'} \delta_{ll'} \delta_{mm'} \delta_{\sigma\sigma'} +$$

$$+ \delta_{\sigma\sigma'} e \sum_{l''=|l-l'|}^{l+l'} A_{l''} \sum_{vm''} B_v C^{l''\,*}_{\langle 0 \rangle 0 v, m''} \langle \phi^{2j+1}_{lm}, r^{l''} Y_{l''m''} \phi^{2j'+1}_{l'm'} \rangle \qquad (17.1.19)$$

$$H^j_6 = e \sum_{l''=0}^{4j} A_{l''} r^{l''} \sum_{vm} B_v C^{l''\,*}_{\langle 0 \rangle 0 v, m} Y_{l''m} \qquad (17.1.20)$$

$$H^{jl}_6 = e \sum_{l''=0}^{2l} A_{l''} r^{l''} \sum_{vm} B_v C^{l''\,*}_{\langle 0 \rangle 0 v, m} Y_{l''m} \, . \qquad (17.1.21)$$

Die Matrixelemente der Operatoren (17.1.20) haben, wenn die Basis (11.1.11) verwendet wird, die Gestalt

$$\langle \phi^{2j+1}_{lm}, H^j_6 \phi^{2j+1}_{l'm'} \rangle = e \sum_{l''=|l-l'|}^{l+l'} A_{l''} r^{l''}_{jll'} \text{ mal}$$

$$\sum_v B_v C^{l''}_{\langle 0 \rangle 0 v, m-m'} (l''m-m'\,l'm'\,|\,lm)\,(l \,\|\, Y_{l''} \,\|\, l'), \qquad (17.1.22)$$

wenn (12.3.9, 10) und die Abkürzung

$$r^{l''}_{jll'} = \int_0^\infty r^2 \, dr \, R_{2j+1,l}(r) \, r^{l''} \, R_{2j+1,l'}(r) \qquad (17.1.23)$$

für die Radialintegrale verwendet werden. Für die Spur von H^j_6 ergibt sich

$$\text{Spur } H^j_6 = 2(2j+1)^2 \frac{e A_0}{\sqrt{4\pi}} \, , \qquad (17.1.24)$$

da wegen der Orthogonalitätsrelationen der CG-Koeffizienten von $SU(2)$ alle Terme von H^j_6 mit $l'' > 0$ keinen Beitrag liefern. Damit kann die Hinzunahme des Operators (17.1.15) nur dann zu einer Verschiebung des Spektrallinienschwerpunktes führen, wenn $A_0 \neq 0$ ist (s. Abschnitt 10.2). Die Matrixelemente des Operators (17.1.21) erhält man aus (17.1.22), wenn man $l = l'$ setzt.

Die Anpassung an die Gruppe $O^*_h \times su(2)$ liefert zwar eine zerfällte Matrixdarstellung von H^j [H^{jl}] da diese Gruppe Symmetriegruppe von H' ist, doch muß auch bei der Berechnung der Matrixelemente in der Basis (11.1.14) unbedingt auf (17.1.22) zurückgegriffen werden.

$$\langle \hat{\Phi}^j_{(l)\langle i\rangle kv,\sigma}, H^j_6\, \hat{\Phi}^j_{(l')\langle i'\rangle k'v',\sigma'}\rangle =$$

$$= \delta_{\sigma\sigma'}\,\delta_{\langle i\rangle\langle i'\rangle}\,\delta_{kk'}\; e \sum_{l''=|l-l'|}^{l+l'} A_{l''}\, r^{l''}_{j\,ll'}\,(l\,\|\,Y_{l''}\,\|\,l')\ \text{mal}$$

$$\sum_{mm'w} B_w\, C^l_{\langle i\rangle 0v,m}\, C^{l'\,*}_{\langle i\rangle 0v',m'}\, C^{l''\,*}_{\langle 0\rangle 0w,m-m'}\,(l''\,m-m'\;l'm'\,|\,lm) \tag{17.1.25}$$

Für $l' = l$ gibt (17.1.25) die Matrixelemente des Operators H^{jl}_6. Der $2(2j+1)^2$-fach $[2(2l+1)$-fach] entartete Eigenwert $\epsilon_j = (-\tfrac{1}{2})(2j+1)^{-2}$ von H^j_0 $[H^{jl}_0]$ spaltet sich durch die Hinzunahme der $(SU(2)^2\,(\times S_2)\times su(2) - [SU(2)\times S_2\times su(2)-]$ brechenden Wechselwirkung H^j_6 $[H^{jl}_6]$ entsprechend der Verträglichkeitsbedingung (8.5.16) in

$$\sum_{\langle i\rangle}\sum_{l=0}^{2j} m_{l,\langle i\rangle} \qquad\qquad \left[\ \sum_{\langle i\rangle} m_{l,\langle i\rangle}\ \right] \tag{17.1.26}$$

Eigenwerte $\epsilon^{(j)\langle i\rangle}_k$ $[\epsilon^{(jl)\langle i\rangle}_k]$ auf, die jeweils $2n_{\langle i\rangle}$-fach entartet sind.

So ist z.B. $H^{3/2\,3}_6$ in der Basis (11.1.14) bereits diagonal und hat gemäß

$$D^{3,\,1/2}\downarrow O^*\times su(2) \sim D^{\langle 1\rangle,\,1/2}\oplus D^{\langle 3\rangle,\,1/2}\oplus D^{\langle 4\rangle,\,1/2} \tag{17.1.27}$$

(s. Tabelle 6.3) drei verschiedene Eigenwerte,

$$\epsilon^{(3/2\,3)\langle 1\rangle} = A'_0 - 12\,A + 12\,B$$
$$\epsilon^{(3/2\,3)\langle 3\rangle} = A'_0 +\ \ 6\,A +\ \ 5\,B$$
$$\epsilon^{(3/2\,3)\langle 4\rangle} = A'_0 -\ \ 2\,A -\ \ 9\,B \tag{17.1.28}$$

$$A'_0 = e\,\frac{A_0}{\sqrt{4\pi}},\qquad A = e\,A_4\, r^4_{3/2\,33}\,\frac{1}{6}\sqrt{\frac{7}{66}}\,(3\,\|\,Y_4\,\|\,3),$$

$$B = e\,A_6\, r^6_{3/2\,33}\,\frac{1}{\sqrt{858}}\,(3\,\|\,Y_6\,\|\,3), \tag{17.1.29}$$

die $2n_{\langle i\rangle}$-fach entartet und mit (17.1.25) und den CG-Coeffizienten von $SU(2)$ [Ref. 39] zu berechnen sind.

17.2. Spin-Bahn-Wechselwirkung und Kristallfeld

Da das EW-Problem für den Operator

$$H' = H_0 + H_3 + H_6 \tag{17.2.1}$$

nicht exakt lösbar ist, nähert man H' durch

$$H = \sum_{j=0}^{\infty} E^{jj\,1/2}\,H'\,E^{jj\,1/2} = \sum_j \{H_0^j + H_3^j + H_6^j\} = \sum_j H^j, \qquad (17.2.2)$$

bzw.

$$\bar{H} = \sum_{jl} E^l H^j E^l = \sum_{jl} \{H_0^{jl} + H_3^{jl} + H_6^{jl}\} = \sum_{jl} H^{jl} \qquad (17.2.3)$$

an.

Die Anpassung an die Gruppe $O^*[\times]\,o*\times S_2 \longleftrightarrow O^*\times S_2$ liefert zwar eine zerfällte Matrixdarstellung von H^j [H^{jl}] bei der Berechnung der von Null verschiedenen Matrixelemente ist aber auch hier der Rückgriff auf (17.1.22) notwendig.

$$\langle \hat{\Phi}^j_{(lJ)\langle i\rangle 0v},\, H^j\,\hat{\Phi}^j_{(l'J')\langle i\rangle 0v'}\rangle =$$

$$= \delta_{ll'}\,\delta_{JJ'}\,\delta_{vv'}\left\{\epsilon_j + \frac{1}{2}\,\xi_l^{jj}\left[J(J+1) - l(l+1) - \frac{3}{4}\right]\right\} +$$

$$+ e \sum_{l''=|l-l'|}^{l+l'} A_{l''}\, r_{j\,ll'}^{l''}\,(l\,\|\,Y_{l''}\,\|\,l')\sum_{MM'\sigma w}(l\,M - \sigma\tfrac{1}{2}\,\sigma\,|\,JM)(l'M'-\sigma\tfrac{1}{2}\,\sigma\,|\,J'M')\ \text{mal}$$

$$(l''M - M'l'M' - \sigma\,|\,lM - \sigma)\,C^J_{\langle i\rangle 0v,M}\,C^{J'\,*}_{\langle i\rangle 0v',M'}\,C^{l''\,*}_{\langle 0\rangle 0w,M-M'}\,B_w \qquad (17.2.4)$$

(Wegen (17.1.24) und Spur $H_3^j = 0$ kann die Anpassung des Spektrallinienschwerpunktes von H^j an den experimentell gefundenen nur durch A_0 erfolgen.) Mit $l' = l$ liefert (17.2.4) die Matrixelemente des Operators H^{jl}. Der $2(2j+1)^2$-fach [$2(2l+1)$-fach] entartete Eigenwert ϵ_j von H_0^j [H_0^{jl}] spaltet sich damit durch die Hinzunahme der die Symmetrie $(SU(2)^2\,(\times S_2)\times su(2)$ [$SU(2)\times S_2\times su(2)$] brechenden Wechselwirkung $H_3^j + H_6^j$ [$H_3^{jl} + H_6^{jl}$] in

$$\sum_{l=0}^{2j}\sum_{J=|l-1/2|}^{l+1/2}\sum_{\langle i\rangle} m_{J,\langle i\rangle} \qquad \left[\sum_{J=|l-1/2|}^{l+1/2}\sum_{\langle i\rangle} m_{J,\langle i\rangle}\right] \qquad (17.2.5)$$

Eigenwerte $\epsilon_k^{j\langle i\rangle}$ [$\epsilon_k^{jl\langle i\rangle}$], $\langle i\rangle = \langle 5\rangle, \langle 6\rangle, \langle 7\rangle$ auf, die jeweils $n_{\langle i\rangle}$-fach entartet sind.

Um die von $A_{l''}\,B_w\,r_{j\,ll'}^{l''}$ und ξ_l^{jj} abhängigen Eigenwerte $\epsilon_k^{j\langle i\rangle}$ [$\epsilon_k^{jl\langle i\rangle}$] von $H_0^j + H_3^j + H_6^j$ [$H_0^{jl} + H_3^{jl} + H_6^{jl}$] dem experimentell festgestellten Spektrum anzupassen, verwenden wir das in Abschnitt 12.6 beschriebene Interpolationsverfahren. Dabei ersetzt man den Operator $H_0^j + H_3^j + H_6^j$ [$H_0^{jl} + H_3^{jl} + H_6^{jl}$] durch die Schar der Operatoren

$$H_0^j + A_0'\,\mathbf{1}^j + (1-\lambda)\,H_3^j + \lambda\{H_6^j - A_0'\,\mathbf{1}^j\}, \qquad \lambda \in [0,1], \qquad (17.2.6)$$

bzw.

$$H_0^{jl} + A_0'\,\mathbf{1}^{jl} + (1-\lambda)\,H_3^{jl} + \lambda\{H_6^{jl} - A_0'\,\mathbf{1}^{jl}\}, \qquad \lambda \in [0,1], \qquad (17.2.7)$$

deren Eigenwerte $\epsilon_k^{j\,\langle i\rangle}(\lambda)\,[\epsilon_k^{jl\,\langle i\rangle}(\lambda)]$ den experimentell festgestellten Energien anzupassen sind. Eine Verbesserung dieses Verfahrens kann dadurch erreicht werden, daß man die Konstanten $e\,A_{l''}\,B_w\,r_{jll}^{l''},\ l''\geqslant 4$, nicht fest vorgibt, sondern (ihre Verhältnisse) ebenfalls variiert.

Im folgenden erläutern wir das Interpolationsverfahren für die Konfiguration $(4\,f)$ $(j=\tfrac{3}{2})$. Zur Berechnung der Matrixelemente des Operators $(17.2.7)$ hat man $(17.2.4)$, $(6.4.21)$, die Tabellen 6.4–10, $(6.3.22)$, CG-Koeffizienten von $SU(2)$ [Ref. 39] und die Definitionen $(17.1.29)$ zu verwenden.

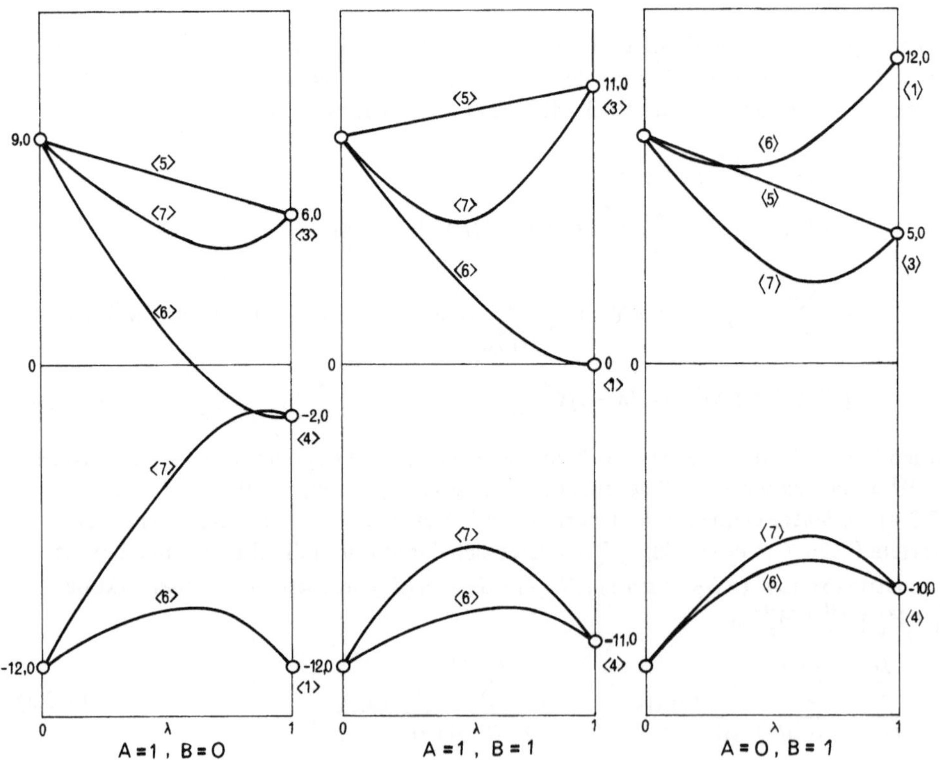

Bild 17.1. $\epsilon_k^{3/2\ 3\,\langle i\rangle}(\lambda)$ für verschiedene (A,B)-Werte in (nf)-Konfiguration

$$\langle\hat{\Phi}_{(3\,7/2)\langle 5\rangle 0}^{3/2},\ H_6\,\hat{\Phi}_{(3\,7/2)\langle 5\rangle 0}^{3/2}\rangle = A_0' + 6\,A + 5\,B$$

$$\langle\hat{\Phi}_{(3\,5/2)\langle 6\rangle 0}^{3/2},\ H_6\,\hat{\Phi}_{(3\,5/2)\langle 6\rangle 0}^{3/2}\rangle = A_0' - \frac{44}{7}\,A$$

$$\langle\hat{\Phi}_{(3\,5/2)\langle 6\rangle 0}^{3/2},\ H_6\,\hat{\Phi}_{(3\,7/2)\langle 6\rangle 0}^{3/2}\rangle = \frac{\sqrt{3}}{7}(-20\,A + 42\,B)$$

$$\langle \hat{\Phi}^{3/2}_{(3\,7/2)\langle 6\rangle 0}, \; H_6 \; \hat{\Phi}^{3/2}_{(3\,7/2)\langle 6\rangle 0}\rangle = A'_0 + \frac{1}{7}(-54A + 21B)$$

$$\langle \hat{\Phi}^{3/2}_{(3\,5/2)\langle 7\rangle 0}, \; H_6 \; \hat{\Phi}^{3/2}_{(3\,5/2)\langle 7\rangle 0}\rangle = A'_0 + \frac{22}{7}\,A$$

$$\langle \hat{\Phi}^{3/2}_{(3\,5/2)\langle 7\rangle 0}, \; H_6 \; \hat{\Phi}^{3/2}_{(3\,7/2)\langle 7\rangle 0}\rangle = -\frac{\sqrt{5}}{7}(12A + 21B)$$

$$\langle \hat{\Phi}^{3/2}_{(3\,7/2)\langle 7\rangle 0}, \; H_6 \; \hat{\Phi}^{3/2}_{(3\,7/2)\langle 7\rangle 0}\rangle = A'_0 + \frac{1}{7}(6A - 28B) \tag{17.2.8}$$

Damit hat man für $\langle i\rangle = \langle 5\rangle$ eine 1-dimensionale und für $\langle i\rangle = \langle 6\rangle, \langle 7\rangle$ je eine 2-dimensionale Matrix zu diagonalisieren. Die Lösungen $\epsilon_k^{3/2\,3\,\langle i\rangle}(\lambda)$ der zugehörigen Säkulargleichung sind, abgesehen von der von $\epsilon_j + A'_0$ herrührenden Verschiebung, in Bild 17.1 für verschiedene (A, B)-Werte eingezeichnet, wobei $\xi = 6$ gewählt wurde.

18. Zweielektronenatome

18.1. Kristallfeld

Der Operator (10.3.4), der die Wechselwirkung zwischen den (Valenz-)Elektronen und dem Kristallfeld beschreibt, ist durch die Gl. (17.1.15) gegeben.

$$H_6 = e \sum_{i=1}^{2} \sum_{l=0}^{\infty} A_l\, r_i^l \sum_{mv} B_v\, C^{l*}_{\langle 0\rangle 0v,\,m}\, Y_{lm}(i) \tag{18.1.1}$$

Das EW-Problem des Operators

$$^{(nl_1)(nl_2)}H_6 = B(e^{[1^2]})\, P^{(nl_1,\,nl_2)}\, H_6\, P^{(nl_1,\,nl_2)}\, B(e^{[1^2]}) \tag{18.1.2}$$

im Falle der Konfiguration $(nl_1)(nl_2)$, bzw. des Operators

$$^{(nl)^2}H_6 = B(e^{[1^2]})\, P^{(nl,\,nl)}\, H_6\, P^{(nl,\,nl)}\, B(e^{[1^2]}) \tag{18.1.3}$$

im Falle der Konfiguration $(nl)^2$, wirft wieder die Frage auf, welche Anpassung eine einfache Berechnung der Matrixelemente des Operators (18.1.2), bzw. (18.1.3), gestattet und welche eine möglichst zerfällte Matrixdarstellung für (18.1.2), bzw. (18.1.3), liefert. Da $(O^{*[2]} \times su(2)^{[2]}) \times S_2^{[2]}$ die umfassendste Gruppe (bezüglich der Unterräume $^{(nl_1)(nl_2)}H$ oder $^{(nl)^2}H$) ist, mit deren Elementen die Operatoren (18.1.2, 3) vertauschen, wird Anpassung an diese Gruppe eine einfache Gestalt der Säkulargleichungen von (18.1.2, 3) zur Folge haben. Bei dieser Anpassung erhält man mit (12.2.4) für (18.1.2), bzw. mit (13.2.4) für (18.1.3), die Matrixelemente

$$\langle \hat{\phi}^{[1^2](L)\,S}_{(i)\,kw,\,M_S}, \; H_6 \; \hat{\phi}^{[1^2](L')\,S'}_{(i')\,k'w',\,M'_S}\rangle = \delta_{SS'}\,\delta_{M_S M'_S}\,\delta_{\langle i\rangle\langle i'\rangle}\,\delta_{kk'}\; \langle \hat{\phi}^{[1^2](L)\,S}_{(i)\,0w,\,0}, \; H_6 \; \hat{\phi}^{[1^2](L')\,S}_{(i)\,0w',\,0}\rangle,$$

$$\tag{18.1.4}$$

wobei man bei der Berechnung der von Null verschiedenen Matrixelemente auf die Basen (12.2.1), bzw. (13.2.1), zurückgreifen muß.

$$\langle \hat{\phi}^{[1^2](L)S}_{\langle i \rangle 0w,0}, H_6\, \hat{\phi}^{[1^2](L')S}_{\langle i \rangle 0w',0} \rangle =$$

$$= \sum_{MM'} C^{L}_{\langle i \rangle 0w,M}\, C^{L'*}_{\langle i \rangle 0w',M'}\, \langle \hat{\phi}^{[1^2]LS}_{M0}, H_6\, \hat{\phi}^{[1^2]L'S}_{M'0} \rangle \tag{18.1.5}$$

Für die Konfiguration $(nl_1)(nl_2)$ erhält man mit (18.1.1), (12.2.4), (10.4.14), (12.2.1), (12.1.17, 13, 14), (17.1.22, 23) und (12.3.9, 10)

$$\langle \hat{\phi}^{[1^2]LS}_{M0}, H_6\, \hat{\phi}^{[1^2]L'S}_{M'0} \rangle = \sum_m (l_1 M - m\, l_2 m \,|\, LM)\{(l_1 M' - m\, l_2 m \,|\, L'M')\ \text{mal}$$

$$e \sum_{l=0}^{2l_1} A_l\, r^l_{nl_1 l_1} \sum_v B_v\, C^{l*}_{\langle 0 \rangle 0v, M-M'}\, (l M - M'\, l_1 M' - m \,|\, l_1 M - m)(l_1 \| Y_l \| l_1) +$$

$$+ (l_1 M - m\, l_2 m + M' - M \,|\, L'M')\, e \sum_{l=0}^{2l_2} A_l\, r^l_{nl_2 l_2} \sum_v B_v\, C^{l*}_{\langle 0 \rangle 0v, M-M'}\ \text{mal}$$

$$(l M - M'\, l_2 m + M' - M \,|\, l_2 m)(l_2 \| Y_l \| l_2)\}. \tag{18.1.6}$$

Im Falle der Konfiguration $(nl)^2$ erhält man mit (18.1.1), (13.2.4), (10.4.14), (13.2.1), (13.1.5, 6), (17.1.22, 23) und (12.3.9, 10)

$$\langle \hat{\phi}^{[1^2]LS}_{M0}, H_6\, \hat{\phi}^{[1^2]L'S}_{M'0} \rangle = \frac{1}{4}(1 + (-1)^{[\lambda]-L})(1 + (-1)^{[\lambda]-L'})\ \text{mal}$$

$$2e \sum_m (l M - m\, lm \,|\, LM)(l M' - m\, lm \,|\, L'M') \sum_{l''=0}^{2l} A_{l''}\, r^{l''}_{nll}\ \text{mal}$$

$$\sum_v B_v\, C^{l''*}_{\langle 0 \rangle 0v, M-M'}\, (l'' M - M'\, l M' - m \,|\, l M - m)(l \| Y_{l''} \| l). \tag{18.1.7}$$

Schließlich hat man noch zu beachten, daß die Eigenwerte des Operators (18.1.2) $4 n_{\langle i \rangle}$-fach, die des Operators (18.1.3) aber $(2S + 1) n_{\langle i \rangle}$-fach entartet sind.

Für die Konfiguration $(n0)(n2)$ (für die $L = L' = 2$ ist) erhält man gemäß

$$D^2 \downarrow O^* \sim D^{\langle 2 \rangle} \oplus D^{\langle 4 \rangle} \tag{18.1.8}$$

(s. Tabelle 6.3) für den Operator $^{(n0)\,(n2)}H_6$ die beiden Eigenwerte $\epsilon^{(n02)\langle 2 \rangle}$ und $\epsilon^{(n02)\langle 4 \rangle}$, von denen der erste $(4 n_{\langle 2 \rangle} = 8)$-fach und der zweite $(4 n_{\langle 4 \rangle} = 12)$-fach entartet ist. Diese beiden Eigenwerte werden mit (18.1.5, 6) und den CG-Koeffizienten von $SU(2)$ [Ref. 39] berechnet.

$$\langle \hat{\phi}^{[1^2]2S}_{M0}, H_6\, \hat{\phi}^{[1^2]2S}_{M'0} \rangle = A\, \delta_{MM'} + \sqrt{6}\, B\, C^{4*}_{\langle 0 \rangle 00, M-M'}\, (4 M - M'\, 2 M' \,|\, 2 M) \tag{18.1.9}$$

$$A = eA_0\{(0\|Y_0\|0) + (2\|Y_0\|2)\} = \frac{2eA_0}{\sqrt{4\pi}}\,; \quad B = eA_4\sqrt{6}\,r_{n22}^4\,(2\|Y_4\|2) \quad (18.1.10)$$

$$\epsilon^{(n02)\langle 2\rangle} = \langle \hat{\phi}^{[1^2](2)\,S}_{\langle 2\rangle 00,0}, H_6\,\hat{\phi}^{[1^2](2)\,S}_{\langle 2\rangle 00,0}\rangle = A + B$$

$$\epsilon^{(n02)\langle 4\rangle} = \langle \hat{\phi}^{[1^2](2)\,S}_{\langle 4\rangle 00,0}, H_6\,\hat{\phi}^{[1^2](2)\,S}_{\langle 4\rangle 00,0}\rangle = A - \frac{2}{3}\,B \qquad (18.1.11)$$

18.2. Coulomb-, Spin-Bahn-Wechselwirkung und Kristallfeld

Die richtige Beschreibung des Energiespektrums eines 2-(Valenz)-Elektronen-Atoms bei Vorhandensein eines Kristallfeldes wird erst dann möglich sein, wenn man sowohl die Coulomb- als auch die Spin-Bahn-Wechselwirkung berücksichtigt. Dies führt zu einem komplizierten EW-Problem, nämlich dem des Operators

$$^{(nl_1)(nl_2)}H_{eff} + {}^{(nl_1)(nl_2)}H_2 + {}^{(nl_1)(nl_2)}H_3 + {}^{(nl_1)(nl_2)}H_6, \qquad (18.2.1)$$

bzw.

$$^{(nl)^2}H_{eff} + {}^{(nl)^2}H_2 + {}^{(nl)^2}H_3 + {}^{(nl)^2}H_6. \qquad (18.2.2)$$

Der Grund für die Kompliziertheit der EW-Probleme für (18.2.1, 2) liegt darin, daß diese Operatoren nur mehr mit den Operatoren der Gruppe $(O^{*[2]}[\times]o^{*[2]}) \times S_2^{[2]}$ vertauschen. Damit sind die in der Basis (12.2.3) [(13.2.3)] von Null verschiedenen Matrixelemente des Operators (18.2.1) [(18.2.2)] durch

$$\langle \hat{\phi}^{[1^2](LS)}_{(J)\langle i\rangle 0w}, (H_{eff} + H_2 + H_3 + H_6)\hat{\phi}^{[1^2](L'S')}_{(J')\langle i\rangle 0w'}\rangle =$$

$$= \delta_{JJ'}\delta_{ww'}\{\delta_{LL'}\delta_{SS'}\Big[\sum_{i=1}^{2}(\epsilon_{nl_i} - \tau_{l_i}^n) + \epsilon(^{2S+1}L)\Big] +$$

$$+ \langle \hat{\phi}^{[1^2](LS)}_{(J)\langle i_0\rangle 00}, H_3\,\hat{\phi}^{[1^2](L'S')}_{(J)\langle i_0\rangle 00}\rangle\} + \langle \hat{\phi}^{[1^2](LS)}_{(J)\langle i\rangle 0w}, H_6\,\hat{\phi}^{[1^2](L'S')}_{(J')\langle i\rangle 0w'}\rangle \qquad (18.2.3)$$

gegeben, wobei man für die Matrixelemente von $H_{eff} + H_2 + H_3$ entweder (12.6.5) oder (13.6.3) zu nehmen hat, je nachdem welche Konfiguration vorliegt. Dasselbe trifft auch für die Matrixelemente

$$\langle \hat{\phi}^{[1^2](LS)}_{(J)\langle i\rangle 0w}, H_6\,\hat{\phi}^{[1^2](L'S')}_{(J')\langle i\rangle 0w'}\rangle =$$

$$= \delta_{SS'}\sum_{M_J M_J'} C^{J}_{\langle i\rangle 0w, M_J}\,C^{J'\,*}_{\langle i\rangle 0w', M_J'}\sum_{M}(LM_J - MSM\,|\,JM_J)(L'M_J' - MSM\,|\,J'M_J')\ \text{mal}$$

$$\langle \hat{\phi}^{[1^2]LS}_{M_J-M,0}, H_6\,\hat{\phi}^{[1^2]L'S}_{M_J'-M,0}\rangle \qquad (18.2.4)$$

zu, wo man für die Matrixelemente $\langle \hat{\phi}^{[1^2]LS}_{M_J-M,0}, H_6\,\hat{\phi}^{[1^2]L'S}_{M_J'-M,0}\rangle$ je nach der Konfiguration (18.1.6) oder (18.1.7) zu verwenden hat.

Ein Vergleich der Eigenwerte $\epsilon_k^{(nl_1 l_2)\langle i\rangle}$ $[\epsilon_k^{(nll)\langle i\rangle}]$ des Operators (18.2.1) [(18.2.2)] mit den experimentell festgestellten Energien zeigt, i.a. nur eine schelchte Übereinstimmung. Analog zu Kapitel 17 kann eine Verbesserung dadurch erreicht werden, daß man die Quotienten der Eigenwerte $\epsilon_k^{(nl_1l_2)\langle i\rangle}(\mu;\lambda)\,[\epsilon_k^{(nll)\langle i\rangle}(\mu;\lambda)]$ der Modellhamiltonoperatoren

$$(1-\mu)\{(1-\lambda)\,[^{(nl_1)(nl_2)}H_1 - e^2\,{}^nF^{(0)}_{(l_1l_2)(l_1l_2)}\,{}^{(nl_1)(nl_2)}1] + \lambda\,{}^{(nl_1)(nl_2)}H_3\} +$$

$$+\mu\{^{(nl_1)(nl_2)}H_6 - A\,{}^{(nl_1)(nl_2)}1\},\quad \mu,\lambda \in [0,1], \tag{18.2.5}$$

bzw.

$$(1-\mu)\{(1-\lambda)\,[^{(nl)^2}H_1 - e^2\,{}^nF^{(0)}_l\,{}^{(nl)^2}1] + \lambda\,{}^{(nl)^2}H_3\} +$$

$$+\mu\{^{(nl)^2}H_6 - A\,{}^{(nl)^2}1\},\quad \mu,\lambda \in [0,1], \tag{18.2.6}$$

den Quotienten der gemessenen Energiewerte anpaßt, wobei λ zuerst ohne Kristallfeld bestimmt wird. Eine Variation der Konstanten $eA_{l''}B_w\,r^{l''}_{nl_il_i}\,[eA_{l''}B_w\,r^{l''}_{nll}]$ führt zu einer weiteren Verbesserung dieses Verfahrens.

Im folgenden diskutieren wir dieses Interpolationsverfahren für die Konfiguration $(n0)(n2)$. Mit $(18.2.5,4)$, $(18.1.9,10)$ und den CG-Koeffizienten von $SU(2)$ [Ref. 39] ergibt sich für die Matrixelemente

$$\langle \hat{\phi}^{[1^2](20)}_{(2)\langle 2\rangle 00},\ H_6\,\hat{\phi}^{[1^2](20)}_{(2)\langle 2\rangle 00}\rangle = A + B$$

$$\langle \hat{\phi}^{[1^2](20)}_{(2)\langle 4\rangle 00},\ H_6\,\hat{\phi}^{[1^2](20)}_{(2)\langle 4\rangle 00}\rangle = A - \frac{2}{3}\,B$$

$$\langle \hat{\phi}^{[1^2](21)}_{(3)\langle 1\rangle 00},\ H_6\,\hat{\phi}^{[1^2](21)}_{(3)\langle 1\rangle 00}\rangle = A - \frac{2}{3}\,B$$

$$\langle \hat{\phi}^{[1^2](21)}_{(2)\langle 2\rangle 00},\ H_6\,\hat{\phi}^{[1^2](21)}_{(2)\langle 2\rangle 00}\rangle = A - \frac{2}{3}\,B$$

$$\langle \hat{\phi}^{[1^2](21)}_{(1)\langle 3\rangle 00},\ H_6\,\hat{\phi}^{[1^2](21)}_{(1)\langle 3\rangle 00}\rangle = A$$

$$\langle \hat{\phi}^{[1^2](21)}_{(1)\langle 3\rangle 00},\ H_6\,\hat{\phi}^{[1^2](21)}_{(3)\langle 3\rangle 00}\rangle = \sqrt{\frac{2}{3}}\,B$$

$$\langle \hat{\phi}^{[1^2](21)}_{(3)\langle 3\rangle 00},\ H_6\,\hat{\phi}^{[1^2](21)}_{(3)\langle 3\rangle 00}\rangle = A + \frac{1}{3}\,B$$

$$\langle \hat{\phi}^{[1^2](21)}_{(2)\langle 4\rangle 00},\ H_6\,\hat{\phi}^{[1^2](21)}_{(2)\langle 4\rangle 00}\rangle = A + \frac{4}{9}\,B$$

$$\langle \hat{\phi}^{[1^2](21)}_{(2)\langle 4\rangle 00},\ H_6\,\hat{\phi}^{[1^2](21)}_{(3)\langle 4\rangle 00}\rangle = -\frac{5\sqrt{2}}{9}\,B$$

$$\langle \hat{\phi}^{[1^2](21)}_{(3)\langle 4\rangle 00},\ H_6\,\hat{\phi}^{[1^2](21)}_{(3)\langle 4\rangle 00}\rangle = A - \frac{1}{9}\,B. \tag{18.2.7}$$

Zusammen mit der Matrixdarstellung von $^{(n0)(n2)}H_1 - e^2\,{}^nF^{(0)}_{(02)(02)}\,{}^{(n0)(n2)}1$ und $^{(n0)(n2)}H_3$, die durch $(12.6.7)$ gegeben ist, hat man für $\langle i\rangle = \langle 1\rangle$ eine 1-dimensionale, für $\langle i \rangle = \langle 2 \rangle$ eine 2-dimensionale und für $\langle i \rangle = \langle 4 \rangle$ eine 3-dimensionale Matrix zu diagonalisieren. Die Lösungen der zugehörigen Säkulargleichungen sind für drei Werte von $\lambda(0,1; 0,5; 0,9)$ in Bild 18.1 graphisch dargestellt, wobei $^{n}F^{(2)}_{(02)(20)} = 50$, $\xi^{n}_{2} = 10$ und $B = 10$ gewählt wurde.

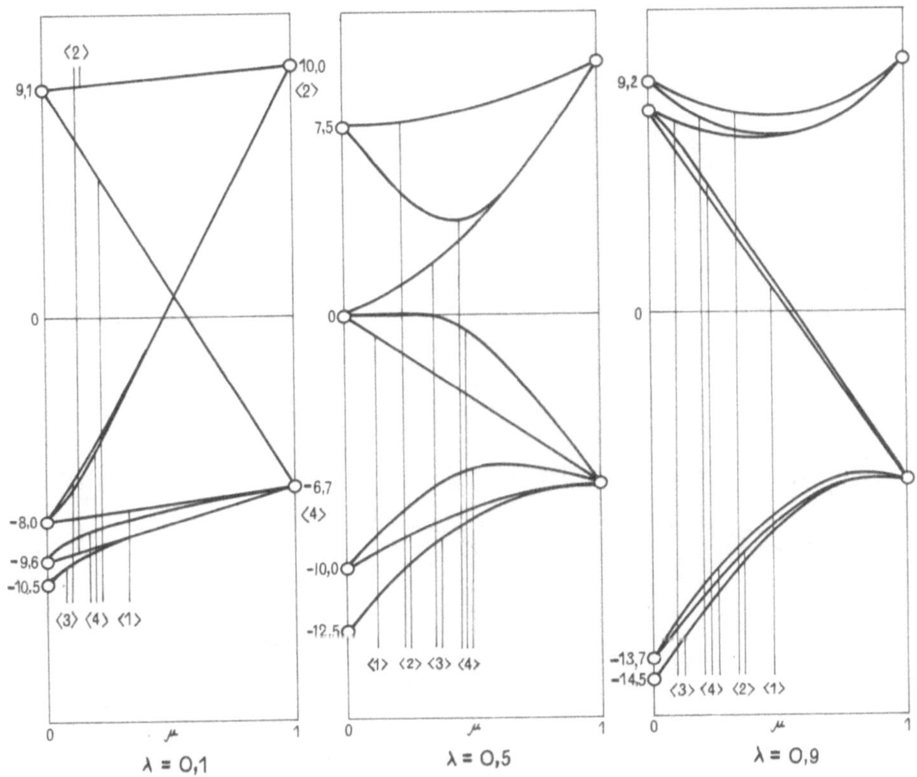

Bild 18.1. $\epsilon^{(n02)\,\langle i \rangle}_{k}(\mu; \lambda)$ für die Konfiguration $(n0)(n2)$

Nähert man den Operator (18.2.1) [(18.2.2)] durch den Operator

$$^{(nl_1)(nl_2)}H_{eff} + \,^{(nl_1)(nl_2)}H_2 + \sum_{LS} \{ ^{(nl_1)(nl_2)}H^{LS}_3 + \,^{(nl_1)(nl_2)}H^{LS}_6 \}, \qquad (18.2.8)$$

bzw.

$$^{(nl)^2}H_{eff} + \,^{(nl)^2}H_2 + \sum_{LS} \{ ^{(nl)^2}H^{LS}_3 + \,^{(nl)^2}H^{LS}_6 \} \qquad (18.2.9)$$

an und ersetzt man diesen analog zu (18.2.5, 6) durch die entsprechende Schar von Modellhamiltonoperatoren, so findet man, daß sich deren Eigenwerte $\hat{\epsilon}^{(nl_1l_2)\langle i \rangle}_{k}(\mu; \lambda)$ $[\hat{\epsilon}^{(nll)\langle i \rangle}_{k}(\mu; \lambda)]$ nur für $\mu, \lambda \ll 1$ wenig von den Eigenwerten $\epsilon^{(nl_1l_2)\langle i \rangle}_{k}(\mu; \lambda)$ $[\epsilon^{(nll)\langle i \rangle}_{k}(\mu; \lambda)]$ unterscheiden. Gilt für die optimierten μ, λ-Werte $\mu, \lambda \ll 1$, so bedeutet dies, daß

$SU(2)^{[2]} \times su(2)^{[2]} \times S_2^{[2]}$ Fast-Symmetriegruppe des Operators (18.2.1), bzw. (18.2.2) ist (s. Abschnitt 8.3). Bild 18.2 zeigt diesen Sachverhalt für die Konfiguration (n0)(n2) und gestattet den direkten Vergleich mit den in Bild 18.1 graphisch dargestellten Eigenwerten $\epsilon_k^{(n02)\langle i\rangle}(\mu;\lambda)$.

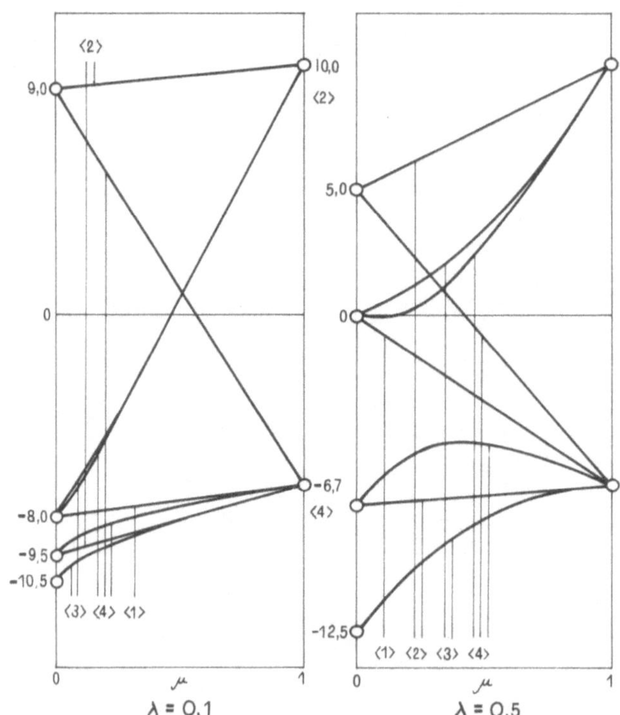

Bild 18.2
$\hat{\epsilon}_k^{(n02)\langle i\rangle}(\mu;\lambda)$ für die Konfiguration (n0) (n2)

19. Dreielektronenatome

19.1. Kristallfeld

Das EW-Problem des Operators

$$^{(nl_1)(nl_2)(nl_3)}H_6 = B(e^{[1^3]})\, P^{(nl_1,nl_2,nl_3)}H_6\, P^{(nl_1,nl_2,nl_3)}B(e^{[1^3]}) \tag{19.1.1}$$

$$H_6 = e \sum_{i=1}^{3} \sum_{l=0}^{\infty} A_l\, r_i^l \sum_{mv} B_v\, C^{l*}_{\langle 0\rangle\, 0v,\, m}\, Y_{lm}(i) \tag{19.1.2}$$

(s. (10.3.4), (17.1.15)) wirft unabhängig von der Konfiguration ($l_1 < l_2 < l_3$, $l_1 = l_2 < l_3$, $l_1 = l_2 = l_3 = l$) wieder die Frage auf, welche Anpassung eine einfache Berechnung der

Matrixelemente des Operators (19.1.1) gestattet $(SU(2)^{[3]} \times su(2)^{[3]} \times S_3^{[2]})$, bzw. welche eine möglichst zerfällte Matrixdarstellung dieses Operators liefert $(O^{*[3]} \times su(2)^{[3]} \times S_3^{[2]})$. Wir wollen uns im folgenden auf die Konfiguration $(nl_1)(nl_2)(nl_3)$ mit $l_1 < l_2 < l_3$ beschränken.

Da $O^{*[3]} \times su(2)^{[3]} \times S_3^{[2]}$ Symmetriegruppe des Operators (19.1.2) ist, folgt mit (14.2.6)

$$\langle \hat{\phi}_{v,\langle i \rangle kw, M_S}^{[1^3]j(L)S}, H_6 \hat{\phi}_{v',\langle i' \rangle k'w', M_S'}^{[1^3]j'(L')S'} \rangle =$$

$$= \delta_{SS'} \delta_{M_S M_S'} \delta_{\langle i \rangle,\langle i' \rangle} \delta_{kk'} \langle \hat{\phi}_{v,\langle i \rangle 0w, S}^{[1^3]j(L)S}, H_6 \hat{\phi}_{v',\langle i \rangle 0w', S}^{[1^3]j'(L')S} \rangle \tag{19.1.3}$$

$$\langle \hat{\phi}_{v,\langle i \rangle 0w, S}^{[1^3]j(L)S}, H_6 \hat{\phi}_{v',\langle i \rangle 0w', S}^{[1^3]j'(L')S} \rangle = \sum_{MM'} C_{\langle i \rangle 0w, M}^{L} C_{\langle i \rangle 0w', M'}^{L'\,*} \langle \hat{\phi}_{vMS}^{[1^3]jLS}, H_6 \hat{\phi}_{v'M'S}^{[1^3]j'L'S} \rangle \tag{19.1.4}$$

und analog zu (14.3.3)

$$\langle \hat{\phi}_{vMS}^{[1^3]jLS}, H_6 \hat{\phi}_{v'M'S}^{[1^3]j'L'S} \rangle = \sqrt{\frac{3!}{n_{[\lambda]}}} \langle \phi_{e,M}^{nl_1,nl_2,nl_3;jL}, H_6 \phi_{vv',M'}^{nl_1,nl_2,nl_3;[\lambda]j'L'} \rangle, \tag{19.1.5}$$

wobei Gl. (10.4.14) nicht mehr verwendet werden darf. Schließlich folgt mit (19.1.2), (14.1.21, 19), (17.1.23) und (12.3.9, 10)

$$\langle \phi_{e,M}^{nl_1,nl_2,nl_3;jL}, H_6 \phi_{vv',M'}^{nl_1,nl_2,nl_3;[\lambda]j'L'} \rangle =$$

$$= \delta_{vv'} \sqrt{\frac{n_{[\lambda]}}{3!}} \langle \phi_{e,M}^{nl_1,nl_2,nl_3;jL}, H_6 \phi_{e,M'}^{nl_1,nl_2,nl_3;j'L'} \rangle =$$

$$= \delta_{vv'} \sqrt{\frac{n_{[\lambda]}}{3!}} \sum_{\substack{m_1 m \\ m_1' m'}} (l_1 m_1\, l_2 m - m_1 \,|\, jm)\,(j m\, l_3 M - m\,|\, LM) \text{ mal}$$

$$(l_1 m_1'\, l_2 m' - m_1' \,|\, j'm')\,(j'm'\, l_3 M' - m'\,|\, L'M') \text{ mal}$$

$$e \Bigg\{ \sum_{l=0}^{2l_1} A_l\, r_{nl_1 l_1}^l \sum_w B_w\, C_{\langle 0 \rangle 0w, M-M'}^{l\,*} \delta_{m-m_1,\,m'-m_1'} \delta_{M-m,\,M'-m'} \text{ mal}$$

$$(l M - M'\, l_1 m_1' \,|\, l_1 m_1)\,(l_1 \,\|\, Y_l \,\|\, l_1) +$$

$$+ \sum_{l=0}^{2l_2} A_l\, r_{nl_2 l_2}^l \sum_w B_w\, C_{\langle 0 \rangle 0w, M-M'}^{l\,*} \delta_{m_1 m_1'} \delta_{M-m,\,M'-m'} \text{ mal}$$

$$(l M - M'\, l_2 m' - m_1' \,|\, l_2 m - m_1)\,(l_2 \,\|\, Y_l \,\|\, l_2) +$$

$$+ \sum_{l=0}^{2l_3} A_l\, r_{nl_3 l_3}^l \sum_w B_w\, C_{\langle 0 \rangle w, M-M'}^{l\,*} \delta_{m_1 m_1'} \delta_{mm'} \text{ mal}$$

$$(l M - M'\, l_3 M' - m \,|\, l_3 M - m)\,(l_3 \,\|\, Y_l \,\|\, l_3) \Bigg\}. \tag{19.1.6}$$

Da die Matrixelemente (19.1.3) in S und wegen (19.1.6) in v diagonal und von v, bzw. M_S, unabhängig sind, müssen die Eigenwerte $\epsilon_k^{\langle i \rangle}$ des Operators (19.1.1) $n_{\langle i \rangle}$. ($\sum\limits_{[\lambda]} n_{[\lambda]}(2S+1) = 8$)-fach entartet sein.

Für die Konfiguration $(n0)(n1)(n2)$ erhält man mit (19.1.6) für die Matrixelemente (19.1.5)

$$\langle \hat{\phi}_{vMS}^{[1^3]1LS}, H_6 \hat{\phi}_{v'M'S}^{[1^3]1L'S} \rangle = \delta_{vv'} \{ \delta_{MM'} A + BC_{\langle 0 \rangle 00, M-M'}^{4*} M_{MM'}^{LL'} \} \tag{19.1.7}$$

$$A = eA_0 \{ (0\|Y_0\|0) + (1\|Y_0\|1) + (2\|Y_0\|2) \} = \frac{3eA_0}{\sqrt{4\pi}} \tag{19.1.8}$$

$$B = eA_4 r_{n22}^4 (2\|Y_4\|2) \tag{19.1.9}$$

$$M_{MM'}^{LL'} = \sum_m (1m\,2M-m\,|\,LM)(1m\,2M'-m\,|\,L'M')(4M-M'\,2M'-m\,|\,2M-m), \tag{19.1.10}$$

woraus sich mit (19.1.4) die gesuchte Matrixdarstellung des Operators $^{(n0)(n1)(n2)}H_6$ leicht angeben läßt [Ref. 39]. Mit den Abkürzungen

$$H_{v\langle i \rangle}^{LL',S} = \langle \hat{\phi}_{v,\langle i \rangle 00,S}^{[1^3]1LS}, H_6 \hat{\phi}_{v,\langle i \rangle 00,S}^{[1^3]1L'S} \rangle \tag{19.1.11}$$

folgt aus (19.1.7–10), (19.1.4) und Tabelle 6.6:

$$H_{v\langle 3 \rangle}^{11,S} = A \qquad\qquad H_{v\langle 3 \rangle}^{13,S} = \frac{B}{3} \qquad\qquad H_{v\langle 3 \rangle}^{33,S} = A + \frac{B}{3\sqrt{6}}$$

$$H_{v\langle 4 \rangle}^{22,S} = A + \frac{4B}{9\sqrt{6}} \qquad\qquad H_{v\langle 4 \rangle}^{23,S} = \frac{5\sqrt{2}}{9\sqrt{6}} B \qquad\qquad H_{v\langle 4 \rangle}^{33,S} = A - \frac{B}{9\sqrt{6}}$$

$$H_{v\langle 2 \rangle}^{22,S} = A - \frac{2B}{3\sqrt{6}} \qquad\qquad H_{v\langle 1 \rangle}^{33,S} = A - \frac{2}{3\sqrt{6}} B. \tag{19.1.12}$$

Daraus ergeben sich die beiden (zufällig entarteten) Eigenwerte.

$$\epsilon^{\langle 1 \rangle} = \epsilon^{\langle 2 \rangle} = \epsilon_-^{\langle 3 \rangle} = \epsilon_-^{\langle 4 \rangle} = A - \frac{2B}{3\sqrt{6}}$$

$$\epsilon_+^{\langle 3 \rangle} = \epsilon_+^{\langle 4 \rangle} = A + \frac{B}{\sqrt{6}}. \tag{19.1.13}$$

19.2. Coulomb-, Spin-Bahn-Wechselwirkung und Kristallfeld

Das EW-Problem des Operators

$$^{(nl_1)(nl_2)(nl_3)}H_{eff} + {}^{(nl_1)(nl_2)(nl_3)}H_2 + {}^{(nl_1)(nl_2)(nl_3)}H_3 + {}^{(nl_1)(nl_2)(nl_3)}H_6 \tag{19.2.1}$$

ist sehr kompliziert, da nur mehr die Operatoren $U(q, q, q|r)\, U(q, q, q|r)$, $(q, q, q|r; q, q, q|r) \in O^{*[3]}[\times]\, o^{*[3]} \times S_3^{[2]}$, mit dem Operator (19.2.1) vertauschen. Die Anpassung an diese Gruppe bewirkt aber schon eine gewisse Zerfällung der Matrixdarstellung dieses Operators.

Im Fall der Konfiguration $(nl_1)\,(nl_2)\,(nl_3)$ erhält man mit (14.2.2–5), (14.6.2) und (19.1.5, 6)

$$\langle \hat{\phi}_{v(J)\langle i\rangle kw}^{[1^3]j(LS)},\ (H_{eff} + H_2 + H_3 + H_6)\ \hat{\phi}_{v'(J')\langle i'\rangle k'w'}^{[1^3]j'(L'S')}\rangle =$$

$$= \delta_{\langle i\rangle,\langle i'\rangle}\delta_{kk'}[\delta_{LL'}\delta_{SS'}\delta_{JJ'}\{\delta_{jj'}\delta_{vv'}\sum_{i=1}^{3}(\epsilon_{nl_i} - \tau_{l_i}^n) + \langle \hat{\phi}_{v0S}^{[1^3]jLS},\ H_1\,\hat{\phi}_{v'0S}^{[1^3]j'LS}\rangle\} +$$

$$+ \langle \hat{\phi}_{vJJ}^{[1^3]j(LS)},\ H_3\,\hat{\phi}_{v'JJ}^{[1^3]j'(L'S')}\rangle\,\delta_{JJ'} +$$

$$+ \delta_{SS'}\sum_{MM'}C_{\langle i\rangle 0w,M}^{J}\,C_{\langle i\rangle 0w,M'}^{J'*}\sum_{M_S}(LM-M_S\,SM_S\,|\,JM)(L'M'-M_S\,SM_S\,|\,J'M')\ \text{mal}$$

$$\langle \hat{\phi}_{v,M-M_S,M_S}^{[1^3]jLS},\ H_6\,\hat{\phi}_{v',M'-M_S,M_S}^{[1^3]j'L'S}\rangle]. \tag{19.2.2}$$

Die Eigenwerte des Operators (19.2.1) stimmen nur schlecht mit den experimentell bestimmten Energien überein. Man sucht daher aus der Schar der Modellhamiltonoperatoren

$$(1-\mu)\{(1-\lambda)[^{(nl_1)(nl_2)(nl_3)}H_1 - e^2 \sum_{i<j}{}'\ {}^nF_{(l_i l_j)(l_i l_j)}^{(0)}\ {}^{(nl_1)(nl_2)(nl_3)}1] +$$

$$+ \lambda\ {}^{(nl_1)(nl_2)(nl_3)}H_3\} + \mu\,\{{}^{(nl_1)(nl_2)(nl_3)}H_6 - \frac{3\,e\,A_0}{\sqrt{4\pi}}\ {}^{(nl_1)(nl_2)(nl_3)}1\};\quad \mu,\lambda \in [0,1] \tag{19.2.3}$$

jenen aus, dessen Eigenwerte $\epsilon_k^{\langle i\rangle}(\mu;\lambda)$ ($\langle i\rangle = \langle 5\rangle, \langle 6\rangle, \langle 7\rangle$) das bekannte Spektrum möglichst gut wiedergeben (vgl. Abschnitt 12.6). Setzt man $\lambda = 0$, d.h. vernachlässigt man die Spin-Bahn-Wechselwirkung, so vereinfacht sich das EW-Problem für jeden Operator der Schar (19.2.3) sehr wesentlich.

Speziell für die Konfiguration $(n0)\,(n1)\,(n2)$ kann man mit (14.3.5–7,9) und (19.1.7–12), die der $O^{*[3]} \times su(2)^{[3]} \times S_3^{[2]}$-Anpassung entsprechende Matrixdarstellung für jeden der Operatoren (19.2.3) angeben. Dabei hat man für $\langle i\rangle = \langle 1\rangle, \langle 2\rangle$ 1-dimensionale $([\lambda] = [1^3])$ oder 2-dimensionale $([\lambda] = [2,1])$, und für $\langle i\rangle = \langle 3\rangle, \langle 4\rangle$ 2–, bzw. 4-dimensionale Säkulargleichungen zu lösen. Ihre Lösungen $\epsilon_k^{[\lambda]\langle i\rangle}(\mu;0)$ (für $^nF_{(12)(12)}^{(2)} = {}^nF_{(12)(21)}^{(1)} = 10$, $^nF_{(01)(10)}^{(1)} = {}^nF_{(02)(20)}^{(2)} = {}^nF_{(12)(21)}^{(3)} = 0$, $B = 10\sqrt{6}$) sind in Bild 19.1 graphisch dargestellt.

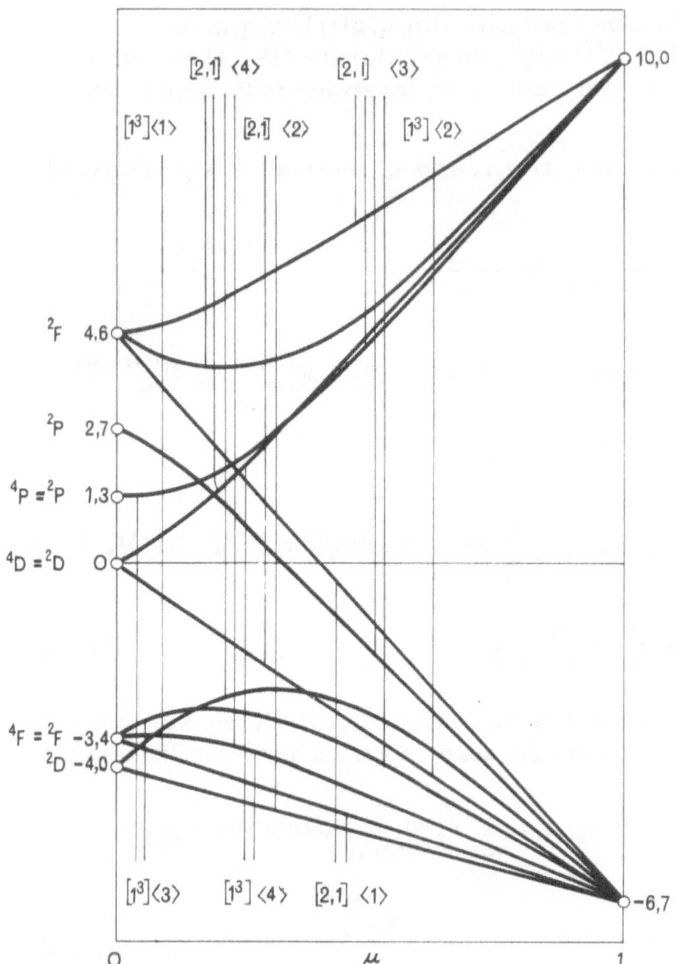

Bild 19.1. $\epsilon^{[\lambda]\,\langle i\rangle}_{k}(\mu; 0)$ für die Konfiguration (n0) (n1) (n2)

Weiterführende Literatur zu Teil IV: Ref. [74]

Teil V:
Festkörperphysik

Die beiden letzten Kapitel betreffen dynamische Eigenschaften eines Kristalls, der durch ein Modell beschrieben wird, das auf folgenden Annahmen beruht:

(1) Teilchen: Die Teilchen, deren Bewegung erfaßt wird, sind entweder Gitterbausteine (Atome, Ionen) oder Elektronen. Die Zahl der Elektronen (pro Gitterbaustein) ergibt sich aus der Forderung, daß die Gesamtladung des Systems verschwindet.

(2) Periodische Randbedingungen: Die Bewegung aller Teilchen ist auf ein endliches Volumen beschränkt, dessen spezielle Form von der Struktur des betrachteten Kristalls abhängt. Ein Teilchen, das dieses Volumen verläßt, betritt es (mit derselben Geschwindigkeit) unmittelbar darauf an einem dem Austrittspunkt gegenüberliegenden Punkt der Oberfläche wieder. (Diese Annahme wiederspricht der Erfahrung, hat aber keinen großen Einfluß auf die Bewegung der Teilchen im Inneren des Volumens.)

(3) Wechselwirkungen: Die Kraft, die auf ein Teilchen wirkt, hängt nur von der Art des Teilchens (Gitterbaustein oder Elektron) und der Lage der Gitterbausteine ab.

(4) Gitter: Wenn sich die Gitterbausteine so im Periodizitätsvolumen verteilen, daß sie ein für den betrachteten Kristall charakteristisches Gitter bilden, nimmt die Wechselwirkungsenergie ihren Minimalwert an.

Dieses Modell, das weder die Wechselwirkung der Elektronen noch ihren Einfluß auf die Bewegung der Gitterbausteine berücksichtigt, muß meist modifiziert werden, um experimentelle Ergebnisse richtig wiedergeben zu können.

Schon in seiner einfachsten Form läßt das Modell aber deutlich erkennen, wie sich die Symmetrieeigenschaften eines Kristalls im dynamischen Verhalten seiner Bausteine äußern. So folgt z. B. aus den Annahmen (2)–(4) und Symmetrieeigenschaften, die jede Wechselwirkung besitzt (Invarianz gegen „starre" Bewegungen und Austausch der Teilchen), daß die Gitterbausteine mit wellenförmig modulierten Amplituden um die Gitterplätze schwingen können. Bei der Klassifikation dieser Schwingungen und der Berechnung der zugehörigen Frequenzen ist es praktisch unmöglich, auf gruppentheoretische Hilfsmittel zu verzichten.

Da die Gitterbausteine stets in der Nähe der Gitterplätze bleiben, kann ihre Wirkung auf ein Elektron durch ein Potential beschrieben werden, das dieselbe Periodizität besitzt wie das Gitter und unter denselben Drehungen und Spiegelungen invariant ist wie dieses. Das Eigenwertproblem des dazugehörigen Hamiltonoperators läßt sich (auch näherungsweise) nur lösen, wenn diese Symmetrieeigenschaften voll ausgenützt werden. Als Lösung erhält man Eigenfunktionen, die die Periodizität des Potentials deutlich erkennen lassen, und ein Spektrum, das eine für derartige Probleme typische Bandstruktur aufweist. Da dieses 1-Teilchen-Problem den bisher betrachteten Problemen ähnlicher ist als das Viel-Teilchen-Problem der Gitterbausteine, wird es zuerst behandelt.

20. Energiebänder

20.1. Zustände

Der im folgenden betrachtete Hilbertraum H ist die Menge aller auf $\mathbf{R}^3$ definierten komplexwertigen Funktionen, die der *periodischen Randbedingung* (Born, von Karman)

$$f(\vec{x}) = f(\vec{x} + L\vec{n})$$

$$\vec{n} \in \mathbf{Z}^3, \quad L = 2Ma \quad (a \ldots \text{Gitterkonstante}) \tag{20.1.1}$$

genügen und bezüglich des Skalarproduktes

$$\langle f, h \rangle_{(L)} = \int\limits_{-Ma}^{Ma}\!\!\!\int\int d^3x\, f^*(\vec{x})\, h(\vec{x}) \tag{20.1.2}$$

normierbar sind. Die *ebenen Wellen* (plane waves, PWs) $\phi^{\vec{k}}$,

$$\phi^{\vec{k}}(\vec{x}) = \frac{1}{L^{3/2}}\, e^{i\vec{k}\cdot\vec{x}}, \quad \vec{k} \in \frac{\pi}{Ma}\, \mathbf{Z}^3 \tag{20.1.3}$$

bilden eine orthonormierte Basis von H.

$$f = \sum_{\vec{k}} F(\vec{k})\, \phi^{\vec{k}} \quad \text{für alle } f \in H \tag{20.1.4}$$

Mit den Definitionen

$$[U(\vec{\tau}\,|\,p)\,h]\,(\vec{x}) = h\left(D\,(p^{-1})\,[\vec{x} - \vec{\tau}\,]\right) \tag{20.1.5}$$

$$[D\,(p)\,\vec{x}]_f = [\vec{x}\,(p)]_f = \sum_{f'} D^{(3,1)}_{ff'}(p)\, x_{f'} \quad (\vec{x} \in \mathbf{R}^3) \tag{20.1.6}$$

vermittelt H eine Darstellung $(\vec{\tau}\,|\,p) \to U(\vec{\tau}\,|\,p) = U(\vec{\tau}\,|\,e)\,U(\vec{0}\,|\,p) = U(\vec{\tau})\,U(p)$ der kontinuierlichen Raumgruppe ${}^cT^3$ ($\times\, O_h$ (s. B-5.3.2), die wegen

$$\langle U(\vec{\tau}\,|\,p)\,f,\ U(\vec{\tau}\,|\,p)\,h \rangle_{(L)} = \langle f, h \rangle_{(L)} \tag{20.1.7}$$

unitär ist. Diese kontinuierliche Gruppe, deren Multiplikationsgesetz die Form

$$(\vec{\tau}_1\,|\,p_1)(\vec{\tau}_2\,|\,p_2) = (\vec{\tau}_1 + \vec{\tau}_2\,(p_1) + \vec{T}\{\vec{\tau}_1 + \vec{\tau}_2\,(p_1)\}\,|\,p_1\,p_2)$$

$$\vec{\tau} + \vec{T}\{\vec{\tau}\} \in \mathbf{J}^3; \quad \vec{\tau} \in \mathbf{J}^3 \iff \tau_f \in (-Ma, Ma] \tag{20.1.8}$$

hat, enthält folgende endliche Gruppen als Untergruppen:

$$\,^fT^3\,(\times\, O_h = \{(\vec{t}\,|\,p): \vec{t} \in a\mathbf{I}^3,\ p \in O_h\} \tag{20.1.9}$$

$$\,^fT^3 = \{(\vec{t}\,|\,e): \vec{t} \in a\mathbf{I}^3\} \tag{20.1.10}$$

$$O_h = \{(\vec{0}\,|\,p): p \in O_h\} \tag{20.1.11}$$

Man bezeichnet die Gruppe (20.1.9) als die (*endliche*) *Raum-*, (20.1.10) als die (*endliche*) *Translations-* und (20.1.11) als die *Punktgruppe des einfach kubischen Kristalls*.

Erweitert man die Darstellung der Gruppe $^cT^3\,(\times O_h$ mit (7.2.1) zu einer von $A(^cT^3\,(\times O_h)$, so gilt (s. B-6.2.3)

$$e^{\vec{k}\langle i\rangle}_{\underline{p}j,\underline{p}'j'} = \underline{p}^{-1}f^{\langle i\rangle}_{jj'}\,e^{\vec{k}}\underline{p}' \rightarrow$$

$$B(e^{\vec{k}\langle i\rangle}_{\underline{p}j,\underline{p}'j'}) = E^{\vec{k}\langle i\rangle}_{\underline{p}j,\underline{p}'j'} = U(\underline{p}^{-1})\,F^{\langle i\rangle}_{jj'}\,E^{\vec{k}}\,U(\underline{p}'), \tag{20.1.12}$$

wobei

$$E^{\vec{k}} = \frac{1}{L^3}\int\!\!\!\int\!\!\!\int_{-Ma}^{Ma} d^3\tau\,e^{i\vec{k}\cdot\vec{\tau}}\,U(\vec{\tau}); \quad \vec{k}\in\frac{\pi}{Ma}\Delta Z^3 \tag{20.1.13}$$

$$F^{\langle i\rangle}_{jj'} = \frac{n_{\langle i\rangle}}{|O^{\vec{k}}_h|}\sum_{\overline{p}\in O^{\vec{k}}_h} D^{\langle i\rangle *}_{jj'}(\overline{p})\,U(\overline{p}); \quad \langle i\rangle\in A_{O^{\vec{k}}_h} \tag{20.1.14}$$

ist. Auch die Darstellung von $A(^fT^3\,(\times O_h)$ kann nur mit (7.2.1) aus der der Gruppe $^fT^3\,(\times O_h$ gewonnen werden, da $A(^fT^3\,(\times O_h)\not\subset A(^cT^3\,(\times O_h)$ ist. Es gilt (s. B-6.2.4)

$$e^{\vec{q}\langle i\rangle}_{\underline{p}j,\underline{p}'j'} = \underline{p}^{-1}f^{\langle i\rangle}_{jj'}\,e^{\vec{q}}\underline{p}' \rightarrow$$

$$B(e^{\vec{q}\langle i\rangle}_{\underline{p}j,\underline{p}'j'}) = E^{\vec{q}\langle i\rangle}_{\underline{p}j,\underline{p}'j'} = U(\underline{p}^{-1})\,F^{\langle i\rangle}_{jj'}\,E^{\vec{q}}\,U(\underline{p}'), \tag{20.1.15}$$

wobei

$$E^{\vec{q}} - \frac{1}{(2M)^3}\sum_{\vec{t}} e^{i\vec{q}\cdot\vec{t}}\,U(\vec{t}), \quad \vec{q}\in\Delta BZ \tag{20.1.16}$$

und der Operator $F^{\langle i\rangle}_{jj'}$ durch (20.1.14) gegeben ist, allerdings mit dem Unterschied, daß $\overline{p}\in O^{\vec{q}}_h$ und $\langle i\rangle\in A_{O^{\vec{q}}_h}$ sein muß.

Die Basis (20.1.3) von H ist, wie man mit Hilfe der Orthogonalitätsrelation der UIRs von $O^{\vec{k}}_h$ zeigen kann, bereits $^cT^3\,(\times O_h$-angepaßt.

$$E^{\vec{k}\langle i\rangle}_{\underline{p}j,\underline{p}'j'}\phi^{\vec{k}'} = \delta_{\langle i\rangle,\langle 0\rangle}\,\delta_{j0}\,\delta_{j'0}\,\delta_{\vec{k},\vec{k}'(\underline{p}')}\,\phi^{\vec{k}(\underline{p}^{-1})} \tag{20.1.17}$$

$$\vec{k}(p) = D(p)\vec{k} \tag{20.1.18}$$

Damit ist $^cT^3\,(\times O_h$ eine starke Gruppe in H. Weiteres folgt aus Gl. (20.1.17), daß in H nur die identischen Darstellungen der kleinen Gruppen $O^{\vec{k}}_h$ und damit nur die UIRs $D^{\vec{k}\langle 0\rangle}$ von $^cT^3\,(\times O_h$ vorkommen. Ihre Dimension ist

$$n_{\vec{k}\langle 0\rangle} = \frac{48}{|O^{\vec{k}}_h|}. \tag{20.1.19}$$

Die Konstruktion einer ${}^f T^3 (\times\, O_h$-angepaßten Basis liefert dagegen kein so eindeutiges Ergebnis wie Gl. (20.1.17). Denn die Zerlegung des Einheitsoperators (s. Gl. (8.1.7))

$$1 = U(\vec{0}\,|\,e) = \sum_{\vec{q}\langle i\rangle\, \underline{p}j} E^{\vec{q}\langle i\rangle}_{\underline{p}j,\,\underline{p}j} \tag{20.1.20}$$

liefert eine Zerfällung von H in eine direkte Summe von orthogonalen Unterräumen,

$$H = \sum_{\vec{q}\langle i\rangle\, \underline{p}j} \oplus\, H^{\vec{q}\langle i\rangle}_{\underline{p}j}, \quad H^{\vec{q}\langle i\rangle}_{\underline{p}j} = E^{\vec{q}\langle i\rangle}_{\underline{p}j,\,\underline{p}j}\, H, \tag{20.1.21}$$

deren Dimension abzählbar unendlich ist. ${}^f T^3 (\times\, O_h$ kann daher in H nur schwach sein (vgl. Abschnitt 8.1). Die ${}^f T^3 (\times\, O_h$-Anpassung der Zustände kann entweder mit Hilfe der zur Zerfällung

$$D^{\vec{k}\langle 0\rangle} \downarrow {}^f T^3 (\times\, O_h \sim \sum_{\vec{q}\langle i\rangle} \oplus\, (\oplus\, m_{\vec{k}\langle 0\rangle,\,\vec{q}\langle i\rangle})\, D^{\vec{q}\langle i\rangle} \tag{20.1.22}$$

benötigten Subduktionsmatrizen oder direkt mit den Operatoren (20.1.15) (mit $\underline{p} = \underline{p}' = e$ und $j = j' = 0$) vorgenommen werden. Man erhält dabei speziell für die ebenen Wellen (20.1.3)

$$E^{\vec{q}\langle i\rangle}_{e0,\,e0}\, \phi^{\vec{k}} = \delta_{\vec{q},\,\vec{q}\{\vec{k}\}}\, F^{\langle i\rangle}_{00}\, \phi^{\vec{q}\{\vec{k}\}+\vec{Q}\{\vec{k}\}}, \tag{20.1.23}$$

wobei die Größen $\vec{q}\{\vec{k}\}$ und $\vec{Q}\{\vec{k}\}$ durch

$$\vec{q}\{\vec{k}\} + \vec{Q}\{\vec{k}\} = \vec{k}\ \left(\in \frac{\pi}{Ma}\, \mathbf{Z}^3\right)$$

$$\vec{q}\{\vec{k}\} \in BZ \qquad \textit{(reduzierter } \vec{k}\textit{-Vektor)}$$

$$\vec{Q}\{\vec{k}\} \in \frac{2\pi}{a}\, \mathbf{Z}^3 \qquad \textit{(reziproker Gittervektor)} \tag{20.1.24}$$

definiert sind. Berücksichtigt man, daß

$$\vec{q}(\underline{p}) = \vec{q} + \vec{Q}\{\vec{q}(\underline{p})\} \Longleftrightarrow \underline{p} \in O^{\vec{q}}_h \tag{20.1.25}$$

ist, so ergibt sich schließlich für (20.1.23)

$$E^{\vec{q}\langle i\rangle}_{e0,\,e0}\, \phi^{\vec{k}} = \delta_{\vec{q},\,\vec{q}\{\vec{k}\}}\, \frac{n_{\langle i\rangle}}{|O^{\vec{q}}_h|} \sum_{\underline{p}} D^{\langle i\rangle *}_{00}(\underline{p})\, \phi^{\vec{q}+\vec{Q}\{\vec{q}(\underline{p})\}+\vec{Q}\{\vec{k}\}(\underline{p})}. \tag{20.1.26}$$

Die Funktionen werden nach ihrer Normierung als *symmetrisierte ebene Wellen* (SPWs [Ref. 77]) bezeichnet. Die Gesamtheit der SPWs (20.1.26), die zu einem bestimmten Paar $\vec{q}, \langle i\rangle$ und zu $(\underline{p} =)e$, $(j =)\,0$ gehören, bilden eine Basis von $H^{\vec{q}\langle i\rangle}_{e0}$. Aus ihr erhält man mit Gl. (7.2.13) Basen von jenen Unterräumen $H^{\vec{q}\langle i\rangle}_{\underline{p}j}$, die zu den anderen $\underline{p}, j$-Werten gehören.

Da für jede Funktion $f \in H$

$$f = \sum_{\vec{k}} F(\vec{k})\,\phi^{\vec{k}} = \sum_{\vec{q}\in BZ}\;\sum_{\vec{Q}\in\frac{2\pi}{a}Z^3} F(\vec{q}+\vec{Q})\,\phi^{\vec{q}+\vec{Q}} \tag{20.1.27}$$

gilt, folgt mit (20.1.26)

$$E^{\vec{q}\langle i\rangle}_{e0,e0}\,f = \sum_{\vec{Q}} F(\vec{q}+\vec{Q})\,\frac{n_{\langle i\rangle}}{|O^{\vec{q}}_h|}\sum_{\overline{p}} D^{\langle i\rangle *}_{00}(\overline{p})\,\phi^{\vec{q}+\vec{Q}\{\vec{q}(\overline{p})\}+\vec{Q}\,(\overline{p})} \tag{20.1.28}$$

Gl. (20.1.28) zeigt das *Bloch-Theorem:* $^f T^3$ ($\times\,O_h$-Anpassung jeder Funktion $f \in H$ ergibt eine *Blochfunktion, die das Produkt einer Exponentialfunktion mit einem gitterperiodischen Blochfaktor* $u^{\vec{q}}$ ist.

$$[E^{\vec{q}\langle i\rangle}_{ej,e0}\,f]\,(\vec{x}) = f^{\vec{q}\langle i\rangle}_{ej}(\vec{x}) = e^{i\vec{q}\cdot\vec{x}}\,u^{\vec{q}\langle i\rangle}_{ej}(\vec{x}) \tag{20.1.29}$$

$$u^{\vec{q}\langle i\rangle}_{ej}(\vec{x}) = \sum_{\vec{Q}} F(\vec{q}+\vec{Q})\,\frac{n_{\langle i\rangle}}{|O^{\vec{q}}_h|}\sum_{\overline{p}} D^{\langle i\rangle *}_{j0}(\overline{p})\,L^{-3/2}\,e^{i[\vec{Q}\{\vec{q}(\overline{p})\}+\vec{Q}(\overline{p})]\cdot\vec{x}} \tag{20.1.30}$$

$$u^{\vec{q}\langle i\rangle}_{ej}(\vec{x}) = u^{\vec{q}\langle i\rangle}_{ej}(\vec{x}+a\vec{n}); \quad \vec{n}\in Z^3 \tag{20.1.31}$$

$$[U(\overline{p})f^{\vec{q}\langle i\rangle}_{el}]\,(\vec{x}) = e^{i\vec{q}\cdot\vec{x}(\overline{p}^{-1})}\,u^{\vec{q}\langle i\rangle}_{el}(\vec{x}(\overline{p}^{-1})) =$$

$$= e^{i\vec{q}(\overline{p})\cdot\vec{x}}\,e^{-i\vec{Q}\{\vec{q}(\overline{p})\}\cdot\vec{x}}\sum_{j} D^{\langle i\rangle}_{jl}(\overline{p})\,u^{\vec{q}\langle i\rangle}_{ej}(\vec{x}) =$$

$$= \sum_{j} D^{\langle i\rangle}_{jl}(\overline{p})\,f^{\vec{q}\langle i\rangle}_{ej}(\vec{x}) \tag{20.1.32}$$

Um die letzte Gleichung zu verifizieren, hat man (20.1.6) und (20.1.25) in der Form $\vec{Q}\{\vec{q}(\overline{p})\} = \vec{q}(\overline{p}) - \vec{q}$ zu berücksichtigen. Um später die sogenannten „Energiebänder" definieren zu können, müssen wir den Hilbertraum H noch auf eine andere Art in eine direkte Summe von orthogonalen Unterräumen zerlegen. Dies geschieht mit Hilfe der Projektionsoperatoren

$$E^{\vec{q}}_{\underline{p}} = \sum_{\langle i\rangle j} E^{\vec{q}\langle i\rangle}_{\underline{p}j,\underline{p}j}, \tag{20.1.33}$$

bzw. mit Hilfe der sich aus Gl. (20.1.20) ergebenden Zerlegung des Einheitsoperators.

$$1 = \sum_{\vec{q}\,\underline{p}} E^{\vec{q}}_{\underline{p}} \tag{20.1.34}$$

$$H^{\vec{q}}_{\underline{p}} = E^{\vec{q}}_{\underline{p}} H = \sum_{\langle i\rangle j} \oplus H^{\vec{q}\langle i\rangle}_{\underline{p}j} \tag{20.1.35}$$

$$H = \sum_{\vec{q}\,\underline{p}} \oplus H^{\vec{q}}_{\underline{p}} \tag{20.1.36}$$

Die Unterräume $H_{\underline{p}}^{\vec{q}}$ unterscheiden sich von den Unterräumen $H_{\underline{p}j}^{\vec{q}\,\langle i\rangle}$ nicht nur dadurch, daß sie einander isomorph sind, sondern auch dadurch, daß es viel leichter ist, für sie Basen anzugeben, als für ihre Unterräume $H_{\underline{p}j}^{\vec{q}\,\langle i\rangle}$. Eine Basis von $H_{\underline{p}}^{\vec{q}}$ ist z.B.

$$\{\phi^{\vec{q}(\underline{p})+\vec{Q}} : \vec{Q} \in \frac{2\pi}{a}\,\mathbf{Z}^3\}. \tag{20.1.37}$$

Mit Hilfe dieser Basen kann der Isomorphismus von zwei Unterräumen $H_{\underline{p}}^{\vec{q}}$ und $H_{\underline{p}'}^{\vec{q}'}$ sofort gezeigt werden. Denn, wird durch

$$f_{\underline{p}}^{\vec{q}} = \sum_{\vec{Q}} C_{\vec{Q}}\,\phi^{\vec{q}\,(\underline{p})+\vec{Q}} \;\longleftrightarrow\; f_{\underline{p}'}^{\vec{q}'} = \sum_{\vec{Q}} C_{\vec{Q}}\,\phi^{\vec{q}'\,(\underline{p}')+\vec{Q}} \tag{20.1.38}$$

jedem $f_{\underline{p}}^{\vec{q}} \in H_{\underline{p}}^{\vec{q}}$ ein $f_{\underline{p}'}^{\vec{q}'} \in H_{\underline{p}'}^{\vec{q}'}$ zugeordnet, dann gilt offensichtlich

$$\langle f_{\underline{p}}^{\vec{q}}, h_{\underline{p}}^{\vec{q}} \rangle_{(L)} = \langle f_{\underline{p}'}^{\vec{q}'}, h_{\underline{p}'}^{\vec{q}'} \rangle_{(L)}. \tag{20.1.39}$$

20.2. Der Hamiltonoperator

In den folgenden Abschnitten dieses Kapitels werden wir das EW-Problem für den Hamiltonoperator

$$H = \frac{1}{2m}\,\vec{p}^2 + V(\vec{x}) \tag{20.2.1}$$

untersuchen, der die Bewegung eines Elektrons in einem „effektiven" Kristallpotential $V(\vec{x})$ beschreibt. Der 1-Teilchen-Hamiltonoperator (20.2.1) ist das Ergebnis einer Reihe von Näherungen: In der *adiabatischen Näherung* nach Born-Oppenheimer wird zunächst angenommen, daß die Bewegung der Elektronen und die der Gitterbausteine (Ionen) getrennt behandelt werden können. Weiteres wird die Wellenfunktion, mit der die Bewegung aller (schwach gebundenen) Elektronen beschrieben wird, nach Hatree-Fock durch ein antisymmetrisiertes Produkt von 1-Teilchen-Wellenfunktionen angenähert. Die Bewegung eines Elektrons hängt dann nicht nur vom periodischen Potential der Ionen, sondern wegen der Coulomb- und Austauschwechselwirkung auch davon ab, in welchen 1-Teilchen-Zuständen sich die anderen Elektronen befinden. Dieser Einfluß der anderen Elektronen muß durch eine, für alle Elektronen gleiche, mittlere Wechselwirkung angenähert werden, damit man schließlich den Hamiltonoperator (20.2.1) erhält [Ref. 78].

Der unendlich ausgedehnte ideale Kristall (einfach kubisch, Gitterkonstante a) wird durch die „künstliche" periodische Randbedingung (20.1.1) „endlich gemacht". Man rechtfertigt diese Randbedingung damit, daß der Einfluß von Oberflächeneffekten auf die Bewegung des Elektrons vernachlässigt werden kann. Der Hamiltonoperator (20.2.1), der sich aus $\frac{1}{2m}\,\vec{p}^2$ und $V(\vec{x})$ zusammensetzt, vertauscht per definitionem mit den Operatoren, die Elemente der Gruppe $^f T^3 (\times O_h$ darstellen.

$$[H, U(\vec{t}\,|\,p)] = 0; \quad (\vec{t}\,|\,p) \in {}^f T^3 (\times O_h \tag{20.2.2}$$

Während das Potential $V(\vec{x})$ i.a. nur mit diesen unitären Operatoren vertauscht, vertauscht $\frac{1}{2m}\,\vec{p}^2$, der Operator der kinetischen Energie, auch mit den Repräsentanten der umfassenderen Gruppe ${}^cT^3(\times\,O_h$.

$$\left[\frac{1}{2m}\,\vec{p}^2,\, U(\vec{\tau}\,|\,p)\right] = 0; \quad (\vec{\tau}\,|\,p) \in {}^cT^3(\times\,O_h \tag{20.2.3}$$

Die in H starke Gruppe ${}^cT^3(\times\,O_h$ ist daher Symmetriegruppe von $H_0 = \frac{1}{2m}\,\vec{p}^2$.

Wegen (20.2.2) muß $V(\vec{x})$ ein bezüglich ${}^fT^3(\times\,O_h$ invarianter Operator sein.

$$V(\vec{x}) = T^{\vec{0}\,\langle 0\rangle}_{e0,\,e0}\,[V(\vec{x})] \tag{20.2.4}$$

Die ${}^cT^3$-Anpassung des Operators $V(\vec{x})$ liefert dagegen kein so einfaches Ergebnis. Führt man nämlich die Operatoren

$$T^{\vec{k}}(\vec{x}); \quad \vec{k} \in \frac{\pi}{Ma}\,\mathbf{Z}^3 \tag{20.2.5}$$

ein, deren Wirkung in H durch

$$T^{\vec{k}}(\vec{x})\,f = e^{i\vec{k}\cdot\vec{x}}\,f \tag{20.2.6}$$

definiert ist und die eine ${}^cT^3(\times\,O_h$-angepaßte Basis des von ihnen aufgespannten Operatorraums W^{OP} bilden,

$$U(\vec{\tau})\,T^{\vec{k}}(\vec{x})\,U^+(\vec{\tau}) = e^{-i\vec{k}\cdot\vec{\tau}}\,T^{\vec{k}}(\vec{x}), \tag{20.2.7}$$

so folgt aus dem Vergleich mit der Wirkung des Operators $V(\vec{x})$

$$V(\vec{x}) = \sum_{\vec{k}} V(\vec{k})\,T^{\vec{k}}(\vec{x}), \quad V(\vec{k}) \in \mathbf{C}. \tag{20.2.8}$$

Die (Fourier-)Entwicklung (20.2.8) ist gerade die Tensorzerlegung von $V(\vec{x})$ bezüglich ${}^cT^3$.

Aus der Bedingung (20.2.4) folgt für die Entwicklungs(= Fourier-)Koeffizienten $V(\vec{k})$

$$V(\vec{k}) = \delta_{\vec{q}\{\vec{k}\},\,\vec{0}}\,V(\vec{Q}\{\vec{k}\})$$

$$V(\vec{Q}(p)) = V(\vec{Q}), \quad p \in O_h, \tag{20.2.9}$$

womit sich schließlich für die Zerlegung (20.2.8)

$$V(\vec{x}) = \sum_{\vec{Q}\in\frac{2\pi}{a}\Delta\mathbf{Z}^3} V(\vec{Q}) \sum_{\underline{p}\in O_h:\,O_h^{\vec{Q}}} T^{\vec{Q}\,(p)}(\vec{x}) \tag{20.2.10}$$

ergibt. Dabei lassen sich die Matrixelemente von $V(\vec{x})$ mit

$$\langle \phi^{\vec{k}'}, T^{\vec{Q}}[V(\vec{x})]\phi^{\vec{k}''}\rangle = \delta_{\vec{k}', \vec{Q}+\vec{k}''}V(\vec{Q}) \tag{20.2.11}$$

leicht berechnen. Die ausführliche Diskussion des EW-Problems von

$$H = \frac{1}{2m}\vec{p}^2 + \sum_{\vec{Q}} V(\vec{Q}) \sum_{\underline{p} \in O_h : O_h^{\vec{Q}}} T^{\vec{Q}(\underline{p})}(\vec{x}) \tag{20.2.12}$$

ist Gegenstand der nächsten Abschnitte, wobei allerdings eine Reihe wesentlicher Aussagen (z.B. die Verträglichkeitsbedingungen) nicht von der speziellen Darstellung (20.2.10) von $V(\vec{x})$ abhängen.

20.3. Energiebänder

Da $^f T^3 (\times O_h$ Symmetriegruppe des Hamiltonoperators (20.2.1) ist, annullieren sich die Summanden $H_{\underline{p}j}^{\vec{q}\langle i\rangle}$ der Zerlegung

$$H = \sum_{\vec{q}\langle i\rangle \underline{p}j} H_{\underline{p}j}^{\vec{q}\langle i\rangle}, \quad H_{\underline{p}j}^{\vec{q}\langle i\rangle} = E_{\underline{p}j,\underline{p}j}^{\vec{q}\langle i\rangle} H \tag{20.3.1}$$

gegenseitig und besitzen alle Operatoren, die zum selben $\vec{q}\langle i\rangle$-Wert gehören, das gleiche Spektrum (s. Gl. (8.1.11)). Mit der Zerlegung (20.3.1) wird das EW-Problem des Operators H am stärksten vereinfacht. Denn es genügt, für alle $\vec{q}\langle i\rangle$-Werte in $H_{e0}^{\vec{q}\langle i\rangle}$ das EW-Problem des Hamiltonoperators H (und damit wegen (20.3.1) das des Operators $H_{e0}^{\vec{q}\langle i\rangle}$) zu lösen.

$$H\phi_{e0}^{\vec{q}\langle i\rangle,w} = H_{e0}^{\vec{q}\langle i\rangle}\phi_{e0}^{\vec{q}\langle i\rangle,w} = \epsilon^{\vec{q}\langle i\rangle,w}\phi_{e0}^{\vec{q}\langle i\rangle,w} \tag{20.3.2}$$

$$\phi_{e0}^{\vec{q}\langle i\rangle,w}(\vec{x}) = e^{i\vec{q}\cdot\vec{x}}u_{e0}^{\vec{q}\langle i\rangle,w}(\vec{x}), \quad w\in\mathbf{N} \tag{20.3.3}$$

Wir nehmen im folgenden an, daß H ein nach unten beschränktes reines Punktspektrum besitzt und das Potential $V(\vec{x})$ durch Addition einer geeigneten Konstanten so geeicht wurde, daß *alle Eigenwerte positiv* sind ($\epsilon^{\vec{q}\langle i\rangle,w} > 0$ für alle $\vec{q}\langle i\rangle,w$). Die Eigenwerte $\epsilon^{\vec{q}\langle i\rangle,w}$ sind von $j(=0)$ und $\underline{p}(=e)$ unabhängig. Denn aus den allgemeinen Beziehungen (7.2.13) und (8.1.11) folgt, daß die Funktionen

$$[E_{\underline{p}j,e0}^{\vec{q}\langle i\rangle}\phi_{e0}^{\vec{q}\langle i\rangle,w}](\vec{x}) = \phi_{\underline{p}j}^{\vec{q}\langle i\rangle,w}(\vec{x}) = e^{i\vec{q}(\underline{p})\cdot\vec{x}}u_{ej}^{\vec{q}\langle i\rangle,w}(\vec{x}(\underline{p}^{-1})) \tag{20.3.4}$$

(s. (20.1.32)) Eigenfunktionen der Operatoren $H_{\underline{p}j}^{\vec{q}\langle i\rangle}$ sind. Ist daher für alle Operatoren $H_{e0}^{\vec{q}\langle i\rangle}, \vec{q}\in\Delta BZ, \langle i\rangle\in A_{O_h}^{\vec{q}}$, das EW-Problem gelöst, so kennt man wegen (20.3.4) auch die Lösung für die Operatoren $H_{\underline{p}j}^{\vec{q}\langle i\rangle}, \vec{q}\in\Delta BZ, \langle i\rangle\in A_{O_h}^{\vec{q}}, \underline{p}\in O_h : O_h^{\vec{q}}, j=0,1,\dots,n_{\langle i\rangle}-1$.

Um die systematische Zusammenfassung der Eigenwerte in Form der sogenannten Energiebänder definieren zu können, muß man allerdings das EW-Problem der Operatoren

$$H_e^{\vec{q}} = E_e^{\vec{q}} H = \sum_{\langle i \rangle j} H_{ej}^{\vec{q}\langle i \rangle} \qquad (20.3.5)$$

betrachten. Diese Operatoren können mit Hilfe der Operatoren (20.1.33) definiert werden und sind jeweils nur in einem Unterraum $H_e^{\vec{q}}$ vom Nulloperator verschieden. Aus (20.2.2),

$$H_{\underline{p}}^{\vec{q}} = U(\underline{p}^{-1}) H_e^{\vec{q}} U(\underline{p}) \qquad (20.3.6)$$

und der Tatsache, daß die Unterräume $H_{\underline{p}}^{\vec{q}}$, $\underline{p} \in O_h : O_h^{\vec{q}}$ einander isomorph sind, folgt, daß $H_{\underline{p}}^{\vec{q}}$ dasselbe Spektrum besitzt wie $H_e^{\vec{q}}$.

Da auch die Unterräume $H_e^{\vec{q}}$ für verschiedene $\vec{q} (\in \Delta BZ)$ zueinander isomorph sind, können die Eigenfunktionen $\phi_n^{\vec{q}} \in H_e^{\vec{q}}$ und $\phi_{n'}^{\vec{q}'} \in H_e^{\vec{q}'}$,

$$H\phi_n^{\vec{q}} = H_e^{\vec{q}} \phi_n^{\vec{q}} = \epsilon_n(\vec{q}) \phi_n^{\vec{q}}, \quad H\phi_{n'}^{\vec{q}'} = H_e^{\vec{q}'} \phi_{n'}^{\vec{q}'} = \epsilon_{n'}(\vec{q}') \phi_{n'}^{\vec{q}'}, \qquad (20.3.7)$$

die zugleich Eigenfunktionen der in der Zerlegung

$$H = \sum_{\vec{q}\,\underline{p}} H_{\underline{p}}^{\vec{q}} \qquad (20.3.8)$$

auftretenden Summanden $H_e^{\vec{q}}, H_e^{\vec{q}'}$ sind, einander eineindeutig zugeordnet werden. Zu diesem Zweck werden die Eigenfunktionen der Operatoren (20.3.5) so durchnummeriert, daß für die ihnen gemäß der EW-Gleichungen (20.3.7) zugeordneten Eigenwerte

$$\epsilon_n(\vec{q}) \leqslant \epsilon_{n+1}(\vec{q}), \quad n \in N, \quad \vec{q} \in \Delta BZ \qquad (20.3.9)$$

gilt. Als *Energieband* (mit dem *Bandindex* n) bezeichnet man dann die Funktion

$$\epsilon_n : \Delta BZ \to R \qquad (20.3.10)$$

der diskreten Variablen $\vec{q} (\in \Delta BZ)$. Die Eigenwerte eines Operators $H_e^{\vec{q}}$ sind genau dann (bezüglich $O_h^{\vec{q}}$) nicht zufällig entartet, wenn zwischen den UIRs von $O_h^{\vec{q}}$ und dem Bandindex ein Zusammenhang der Art

$$\langle i \rangle = \text{Funktion von n} \qquad (20.3.11)$$

besteht. (Sind bei festem $\vec{q} \langle i \rangle$ die Eigenwerte $\epsilon^{\vec{q}\langle i \rangle, w}$ (s. Gl. (20.3.2)) so wie die Eigenwerte $\epsilon_n(\vec{q})$ mit $w \in N$ nach nichtfallenden Energien durchnummeriert, so ist durch (20.3.11) jedem $\epsilon_n(\vec{q})$ ein $\epsilon^{\vec{q}\langle i \rangle, w}$ zugeordnet.)

Daß der Definitionsbereich der Funktionen (20.3.10) die Menge ΔBZ ist, kommt nur daher, daß wir uns auf die Operatoren (20.3.5) beschränkt haben. Wegen (20.2.2) und (20.3.6) kann man mit

$$\epsilon_n(\vec{q}) = \epsilon_n(\vec{q}(\underline{p}^{-1})), \quad \underline{p} \in O_h : O_h^{\vec{q}} \tag{20.3.12}$$

den Definitionsbereich der Bandfunktionen auf die ganze Brillouin-Zone erweitern. Es stellen dann für jedes $\vec{q}' = \vec{q}(\underline{p}^{-1}) \in BZ$ die Funktionswerte $\epsilon_n(\vec{q}')$, $n \in N$, die (entsprechend ihrer Entartung mehrfach gezählten) Eigenwerte des Summanden $H_{\underline{p}}^{\vec{q}}$ dar.

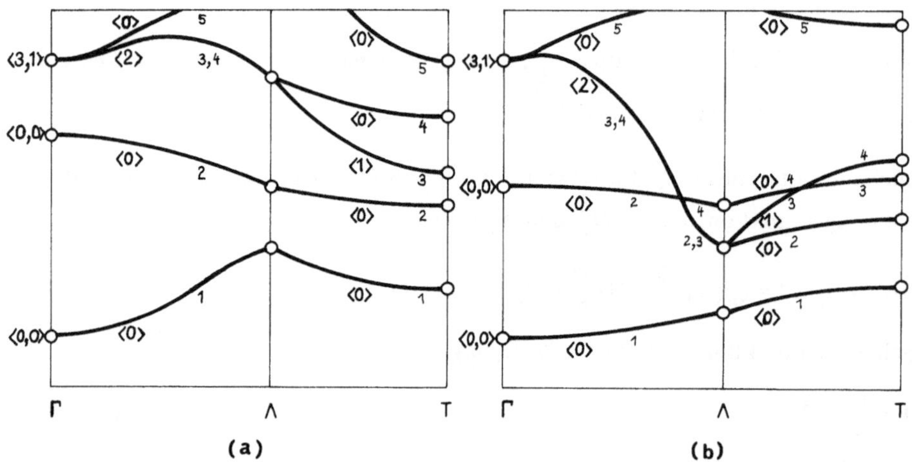

Bild 20.1. Möglicher Bandverlauf für einen Kristall mit einfach kubischer Struktur: (a) ohne, (b) mit zufälliger Entartung

Bei den in Bild 20.1 gezeichneten Energiekurven werden bereits zwei wesentliche Bedingungen berücksichtigt, die man üblicherweise an die Energiebänder stellt:
(1) Die „Stetigkeit" von $\epsilon_n(\vec{q})$ bezüglich der „quasikontinuierlichen" $(M \to \infty)$ Variablen $\vec{q}$ und
(2) die durch „Verträglichkeitsbedingungen" beschriebenen Gesetzmäßigkeiten der Aufspaltung von Energiebändern bei Übergängen $\vec{q} \to \vec{q}'$, bei denen $(\vec{q} - \vec{q}')^2 \leqslant \delta_L^2 = 3(2\pi/L)^2$ und $O_h^{\vec{q}'} \subseteq O_h^{\vec{q}}$ ist.

Diese Forderungen entspringen dem Wunsch, sich durch den Übergang zu „Grenzwerten" von allen Details zu befreien, die nur von der speziellen Wahl des „unphysikalischen" Periodizitätsvolumens (des Parameters M in Gl. (20.1.1)) abhängen. Es ist klar, daß bei einer strengen mathematischen Formulierung dieses Gedankens für jedes Glied der Folge, die zur Definition der gesuchten Grenzwerte dient, der Hilbertraum H und damit alle seine Operatoren neu definiert werden müssen. Für jedes Glied der Folge kann man zwar die entsprechende endliche Raumgruppe definieren und die Zustände an ihre UIRs anpassen, nicht aber das EW-Problem des Hamiltonoperators exakt lösen, wenn $V \neq$ konstant ist. Es ist daher keineswegs offensichtlich, daß, wenn eine Folge von $\vec{q}$-Werten (Eigenwerten der erzeugenden Elemente der jeweiligen Translationsgruppe) im üblichen Sinn gegen einen Grenzwert konvergiert, auch die Eigenwerte $\epsilon_n(\vec{q})$ der dazugehörigen Operatoren $H_e^{\vec{q}}$ für jedes $n \in N$ gegen einen Grenzwert streben [Ref. 79].

Wir vermeiden daher derartige Folgen und diskutieren die Verhältnisse stattdessen im Rahmen des im Abschnitt 8.5 beschriebenen Interpolationsverfahrens. Dazu ist es zunächst notwendig, von den Unterräumen $H_e^{\vec{q}}$ zu einem isomorphen Hilbertraum $\widetilde{H}$ überzugehen.

Dies geschieht durch die Abbildung

$$f^{\vec{q}} = \sum_{\vec{Q}} c_{\vec{Q}}\, \phi^{\vec{q}+\vec{Q}} \longleftrightarrow F = \sum_{\vec{Q}} c_{\vec{Q}}\, \widetilde{\phi}^{\vec{Q}}$$

$$f^{\vec{q}} \in H_e^{\vec{q}}, \qquad\qquad F \in \widetilde{H}, \tag{20.3.13}$$

d.h. wir ordnen durch

$$\phi^{\vec{q}+\vec{Q}} \longleftrightarrow \widetilde{\phi}^{\vec{Q}}; \quad \widetilde{\phi}^{\vec{Q}}(\vec{x}) = \frac{1}{L^{3/2}}\, e^{i\vec{Q}\cdot\vec{x}}, \quad \vec{q} \in BZ \tag{20.3.14}$$

jedem Element $f^{\vec{q}} \in H_e^{\vec{q}}$ umkehrbar eindeutig ein F aus dem Hilbertraum $\widetilde{H} = L_{(a)}^2(\mathbf{R}^3)$ zu, dessen Elemente die Randbedingungen

$$F(\vec{x} + a\vec{n}) = F(\vec{x}) \tag{20.3.15}$$

erfüllen und bezüglich

$$\langle F, G\rangle_{(a)} = (2M)^3 \int\!\!\!\int\!\!\!\int_0^a d^3x\, F^*(\vec{x})\, G(\vec{x}) \tag{20.3.16}$$

normierbar sind. Damit kann man den Operatoren $H_e^{\vec{q}}$ und $U_e^{\vec{q}}(\bar{p}) = E_e^{\vec{q}}\, U(\bar{p})$ über die zu einer Basis, z.B. $\{\phi^{\vec{q}+\vec{Q}} : \vec{Q} \in \frac{2\pi}{a}\,\Delta Z^3\}$, gehörende Matrixdarstellung ihre Bilder $\widetilde{H}^{\vec{q}}$ (s. Gl. (20.2.12)) und $\widetilde{U}^{\vec{q}}$ in $\widetilde{H}$ zuordnen.

$$\langle \widetilde{\phi}^{\vec{Q}}, \widetilde{H}^{\vec{q}}\, \widetilde{\phi}^{\vec{Q}'}\rangle_{(a)} = \langle \widetilde{\phi}^{\vec{Q}}, \widetilde{H}_0^{\vec{q}}\, \widetilde{\phi}^{\vec{Q}'}\rangle_{(a)} + \langle \widetilde{\phi}^{\vec{Q}}, \widetilde{V}^{\vec{q}}(\vec{x})\, \widetilde{\phi}^{\vec{Q}'}\rangle_{(a)} =$$

$$= \langle \phi^{\vec{q}+\vec{Q}}, H_e^{\vec{q}}\, \phi^{\vec{q}+\vec{Q}'}\rangle_{(L)} = \delta_{\vec{Q},\vec{Q}'}\, \frac{1}{2m}\,(\vec{q}+\vec{Q})^2 + V(\vec{Q}-\vec{Q}') \tag{20.3.17}$$

$$\langle \widetilde{\phi}^{\vec{Q}}, \widetilde{U}^{\vec{q}}(\bar{p})\, \widetilde{\phi}^{\vec{Q}'}\rangle_{(a)} = \langle \phi^{\vec{q}+\vec{Q}}, U^{\vec{q}}(\bar{p})\, \phi^{\vec{q}+\vec{Q}'}\rangle_{(L)} = \delta_{\vec{Q},\vec{Q}}\{\vec{q}(\bar{p})\} + \vec{Q}'(\bar{p}) \tag{20.3.18}$$

Somit gilt

$$\widetilde{H}^{\vec{q}} = \frac{1}{2m}\,(\vec{q} + \widetilde{\vec{p}})^2 + \widetilde{V}(\vec{x}) \tag{20.3.19}$$

$$[\widetilde{U}^{\vec{q}}(\overline{p})\,F](\vec{x}) = e^{i\vec{Q}\{\vec{q}(\overline{p})\}\cdot\vec{x}}\,F(\vec{x}(\overline{p}^{-1})) \tag{20.3.20}$$

$$[\widetilde{H}^{\vec{q}},\,\widetilde{U}^{\vec{q}}(\overline{p})] = 0, \tag{20.3.21}$$

wobei der Definitionsbereich dieser Operatoren $\widetilde{H}$, bzw. dichte Teilmengen davon sind.

Um nun die Eigenfunktionen und Eigenwerte zweier Operatoren $\widetilde{H}^{\vec{q}}, \widetilde{H}^{\vec{q}'}$; $|\vec{q}-\vec{q}'| \leqslant \delta_L$, $O_h^{\vec{q}'} \subseteq O_h^{\vec{q}}$, $\vec{q}, \vec{q}' \in \Delta BZ$ vergleichen zu können, definieren wir entsprechend Abschnitt 8.5 die folgende Schar von Operatoren:

$$\widetilde{H}^{\vec{q},\vec{q}'}(\lambda) = (1-\lambda)\,\widetilde{H}^{\vec{q}} + \lambda\,\widetilde{H}^{\vec{q}'} =$$

$$= \widetilde{H}^{\vec{q}} + \frac{\lambda}{2m}\,(\vec{q}-\vec{q}')(\vec{q}+\vec{q}' + 2\widetilde{\vec{p}}); \quad \lambda \in [0,1]. \tag{20.3.22}$$

Wir nehmen außerdem an, daß die in Abschnitt 8.5 geforderten Bedingungen erfüllt sind. Damit nimmt wegen

$$\overline{p} \in O_h^{\vec{q}'},\, O_h^{\vec{q}'} \subseteq O_h^{\vec{q}},\; |q_f - q_{f'}| < \frac{\pi}{a} \Rightarrow$$

$$\Rightarrow \vec{Q}\{\vec{q}(\overline{p})\} = \vec{Q}\{\vec{q}'(\overline{p})\} \Rightarrow \widetilde{U}^{\vec{q}}(\overline{p}) = \widetilde{U}^{\vec{q}'}(\overline{p}) \tag{20.3.23}$$

die Verträglichkeitsbedingung die Form

$$D^{\langle i\rangle} \downarrow O_h^{\vec{q}'} \sim \sum_{\langle i'\rangle} \oplus (\oplus\, m_{\langle i\rangle,\langle i'\rangle})\,D^{\langle i'\rangle} \tag{20.3.24}$$

(vgl. Gl. (8.5.15, 16)) an, aus der sich leicht ablesen läßt, wie sich die Eigenwerte $\epsilon^{\vec{q}\,\langle i\rangle,w}$ beim Übergang $\vec{q} \rightarrow \vec{q}'$ aufspalten. Beschränkt man sich auf einen bezüglich $^fT^3$ ($\times O_h$ invarianten, endlich-dimensionalen Unterraum, $\widetilde{P}\widetilde{H} = \widetilde{H}_{endl}$ von $\widetilde{H}$, so ist der Operator $\widetilde{P}\,\widetilde{\vec{p}}\,\widetilde{P}$ (wie alle anderen Operatoren) offensichtlich beschränkt. Wegen der Kleinheit des Faktors $(\vec{q}-\vec{q}')$ im Operator $\widetilde{P}[\lambda(\vec{q}-\vec{q}')(\vec{q}+\vec{q}' + 2\widetilde{\vec{p}})/2m]\,\widetilde{P}$ ist dann die Gruppe $\{\widetilde{U}_{endl}^{\vec{q}}(\overline{p}) = \widetilde{P}\,\widetilde{U}^{\vec{q}}(\overline{p})\,\widetilde{P}: \overline{p} \in O_h^{\vec{q}}\}$, die ein homomorphes Bild von $O_h^{\vec{q}}$ ist, für alle $\lambda \in [0,1]$ Fast-Symmetriegruppe von $\widetilde{H}_{endl}^{\vec{q},\vec{q}'}(\lambda) = \widetilde{P}\,\widetilde{H}^{\vec{q},\vec{q}'}(\lambda)\,\widetilde{P}$ (vgl. Abschnitt 8.3, 5). Daher können sich die Eigenwerte $\epsilon_{endl}^{\vec{q}'\langle i'\rangle,w'}$ (von $\widetilde{H}_{endl}^{\vec{q}'} = \widetilde{P}\widetilde{H}^{\vec{q}'}\,\widetilde{P}$), in die sich der Eigenwert $\epsilon_{endl}^{\vec{q}\langle i\rangle,w}$ (von $\widetilde{H}_{endl}^{\vec{q}}$) aufspaltet, gemäß Gl. (8.5.25) nur sehr wenig von $\epsilon_{endl}^{\vec{q}\langle i\rangle,w}$ unterscheiden. Dies hat zur Folge, daß sich für die Funktionen ϵ_n^{endl} der (diskreten) Variablen $\vec{q}$ (die analog zu (20.3.9, 10) definiert sind) ähnliche Bilder ergeben wie für stetige Funktionen von kontinuierlichen Variablen. Läßt man dagegen den ganzen Raum $\widetilde{H}$, bzw. dichte Teilmengen desselben als Definitionsbereich zu, so ist vielleicht plausibel, aber keineswegs ohne weitere Argumentation offensichtlich, daß die Bedingungen (1–4) erfüllt sind und daher jede

Funktion ϵ_n der diskreten Variablen $\vec{q}$ die Beschränkung einer im üblichen Sinne stetigen Funktion der kontinuierlichen Variablen $\vec{q}$ auf eine endliche Teilmenge ihres Definitionsbereich darstellt.

Die Untersuchung des EW-Problems für den Hamiltonoperator $(V(\vec{x}) = \text{konst.} = 0)$

$$H_0 = \frac{1}{2m}\,\vec{p}^2 \tag{20.3.25}$$

des „leeren Gitters" gibt für Kristalle mit schwach gebundenen Valenzelektronen (Metalle mit guter elektrischer Leitfähigkeit) den Verlauf mancher Bänder an ihren unteren Enden richtig wieder, wenn m eine geeignet gewählte (vom betrachteten Band abhängige) „effektive" Masse ist. Eine ausführliche Diskussion, unter welchen Voraussetzungen das EW-Spektrum des Operators H_0 (*freie Energiebänder*) mit den experimentell festgestellten verglichen werden kann, findet der Leser z.B. in Ref. [80]. Im Hinblick auf die Verträglichkeitsbedingungen sind die Aussagen dieses Problems eher verwirrend als lehrreich. Denn „fast alle" Eigenwerte des Operators H_0 sind zufällig entartet, nicht nur bei $^fT^3(\times O_h$-Anpassung (*reduziertes Zonenschema*),

$$\epsilon^{\vec{k}} = \epsilon^{\vec{q}\{\vec{k}\}+\vec{Q}\{\vec{k}\}} = \frac{1}{2m}\,(\vec{q}\{\vec{k}\} + \vec{Q}\{\vec{k}\})^2\,, \tag{20.3.26}$$

sondern auch bei $^cT^3(\times O_h$-Anpassung

$$\epsilon^{\vec{k}} = \frac{1}{2m}\,\vec{k}^2\,. \tag{20.3.27}$$

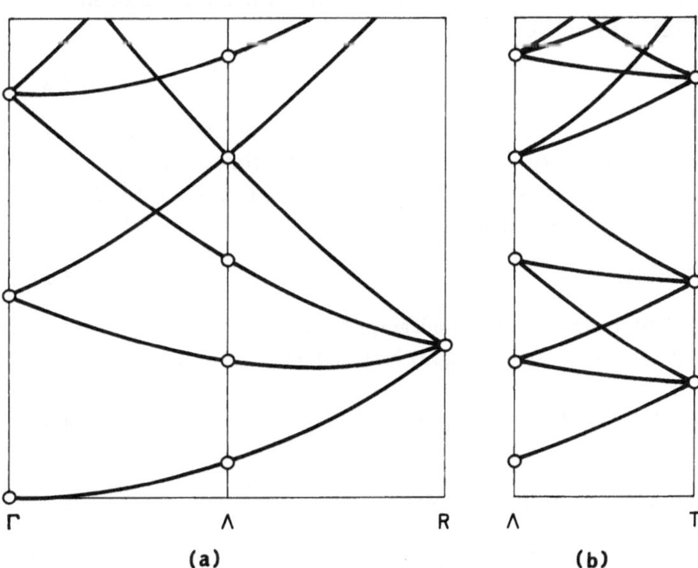

Bild 20.2. Freie Energiebänder für einen Kristall mit einfach kubischer Struktur: (a) $\Gamma - \Lambda - R$ (b) $\Lambda - T$

17 Dirl

Das bedeutet, daß weder $^c T^3 (\times O_h$ eine Invarianz-, noch $^f T^3 (\times O_h$ eine starke Symmetriegruppe von H_0 ist. Bild 20.2 zeigt zwei spezielle Projektionen einiger Energiebänder, deren
Definition durch (20.3.10, 11) gegeben ist.

20.4. Näherungsmethoden

Die Näherungsmethoden bei der Berechnung von Energiebändern bestehen darin, den
Hamiltonoperator (20.2.1) durch

$$P H P = H^P \tag{20.4.1}$$

zu ersetzen. Dabei ist P ein geeignet gewählter Projektionsoperator, der H in PH, einen
endlich dimensionalen, $^f T^3 (\times O_h$-invarianten Unterraum, projiziert. Die Konstruktion
einer $^f T^3 (\times O_h$-angepaßten Basis in diesem Unterraum vereinfacht in der gewohnten
Weise das EW-Problem für den Operator (20.4.1). Für die Wahl des Projektionsoperators P
und damit für die Dimension und Art des zugehörigen Unterraumes (Funktionstypen:
SPWs, Atomwellenfunktionen, Linearkombinationen dieser beiden Typen, ...) ist der
vorliegende Festkörper maßgebend. So können zur Berechnung der Leitungsbänder eines
Festkörpers mit schwach gebundenen Elektronen (Metall) SPWs herangezogen werden.
Dagegen werden sich $^f T^3 (\times O_h$-angepaßte (lokalisierte) Atomwellenfunktionen bei der
Berechnung der Rumpfbänder eines Kristalls mit stark gebundenen Elektronen als ziel-
führend erweisen (*Dichtbindungsnäherung* [Ref. 82]). Als Verbesserung dieser beiden
Grenzfälle werden Linearkombinationen der beiden Funktionstypen verwendet (OPW-
Methode: *orthogonalized plane waves* [Ref. 83]).

Man geht in allen Fällen dabei so vor, daß man zunächst eine endliche Anzahl von
linear unabhängigen (periodischen) Funktionen

$$\{ \psi^r : r = 1, 2, ... , S \} \tag{20.4.2}$$

vorgibt, deren spezielle Form sich nach dem vorliegenden Festkörper richtet. Dann konstruiert man eine von den Funktionen vermittelte endlich ($\leqslant 48.S$)-dimensionale, i.a.
reduzible Darstellung von O_h, indem man aus der Menge $\{ U(p) \psi^r : p \in O_h ; r = 1, 2, ... , S \}$
einen Satz von linear unabhängigen Funktionen

$$\{ \phi^r : r = 1, 2, ... \quad R (\geqslant S) \} \tag{20.4.3}$$

als (i.a. nicht orthonormierte) Basis des von ihnen aufgespannten Raumes wählt. Damit
läßt sich jedem Operator $U(p)$ eine (i.a. nichtunitäre) Matrix $D(p)$ zuordnen.

$$[U(p) \phi^r](\vec{x}) = \phi^r (\vec{x}(p^{-1})) = \sum_{r'} D_{r'r}(p) \phi^{r'} (\vec{x}), \quad p \in O_h \tag{20.4.4}$$

Setzt man weiters voraus, daß alle Funktionen der Menge

$$\{ U(\vec{t}) \phi^r : (\vec{t}) \in {}^f T^3, \quad r = 1, 2, ... , R \} \tag{20.4.5}$$

linear unabhängig sind, so ist (20.4.5) Basis eines $R(2M)^3$-dimensionalen, $^f T^3 (\times O_h$-
invarianten Unterraumes H^P von H. Die Funktionen (20.4.5) vermitteln damit eine

R(2M)^3-dimensionale, i.a. reduzible Darstellung von $^fT^3(\times O_h$, die mit Hilfe der Operatoren (20.1.15) ausreduziert werden kann.

Entsprechend der allgemeinen Vorgangsweise bei der G-Anpassung von Zuständen (s. Abschnitt 7.2), genügt es, in den Unterräumen $\{E_{e0,e0}^{\vec{q}\langle i\rangle} H^P : \vec{q} \in \Delta BZ, \langle i\rangle \in A_{O_h^{\vec{q}}}\}$ eine orthonormierte Basis zu konstruieren, da damit wegen Gleichung (7.2.13) für den ganzen Raum H^P eine Basis festgelegt ist. Die spezielle Bauart der Operatoren (20.1.15) erlaubt es, die $^fT^3(\times O_h$-Anpassung von f $\in H^P$ in zwei Schritten durchzuführen. Zuerst liefert die $^fT^3$-Anpassung die (i.a. nicht normierten) Bloch-Funktionen $\phi^{\vec{q},r}$,

$$\phi^{\vec{q},r}(\vec{x}) = \frac{1}{(2M)^3} \sum_{\vec{t}} e^{i\vec{q}\cdot\vec{t}} \phi^r(\vec{x} - \vec{t}), \tag{20.4.6}$$

die wegen (20.4.4) und (20.1.32) die Matrixdarstellung (20.4.4) vermitteln, wenn $p = \bar{p} \in O_h^{\vec{q}}$ ist.

$$U(\bar{p}) \phi^{\vec{q},r} = \sum_{r'} \hat{D}_{r'r}(\bar{p}) \phi^{\vec{q},r'} \tag{20.4.7}$$

Das Transformationsgesetz (20.4.7) ist deshalb wichtig, weil man damit für jedes $\vec{q} (\in \Delta BZ)$ mit Hilfe der Orthogonalitätsrelationen der Charaktere (Gl. (4.4A.10)) die Vielfachheit $m_{\vec{q}\langle i\rangle}$ angeben kann, mit der die UIR D$^{\langle i\rangle}$ von $O_h^{\vec{q}}$ in der Darstellung $\hat{D} \downarrow O_h^{\vec{q}}$ vorkommt. Beim zweiten Schritt werden die Funktionen $\{\phi^{\vec{q},n} : n = 1, \ldots, R\}$ für jedes $\vec{q} \in \Delta BZ$ $O_h^{\vec{q}}$-angepaßt. Falls $m_{\vec{q}\langle i\rangle} > 1$ ist, muß zusätzlich das Schmidtsche Orthonormierungsverfahren verwendet werden, da der Projektionsformalismus allein nicht mehr ausreicht, um in $F_{00}^{\langle i\rangle} E^{\vec{q}} H^P$ eindeutig eine Basis festzulegen. Hat man die $O_h^{\vec{q}}$-angepaßte Basis

$$\{\phi_0^{\vec{q}\langle i\rangle,w} : \vec{q} \in \Delta BZ, \langle i\rangle \in A_{O_h^{\vec{q}}}, w = 1, 2, \ldots, m_{\vec{q}\langle i\rangle}\} \tag{20.4.8}$$

von $\sum_{\vec{q}\langle i\rangle} F_{00}^{\langle i\rangle} E^{\vec{q}} H^P$ konstruiert, so erhält man mit

$$E_{\underline{p}j,e0}^{\vec{q}\langle i\rangle} \phi_0^{\vec{q}\langle i\rangle,w} = \phi_{\underline{p}j}^{\vec{q}\langle i\rangle,w}; \quad \underline{p} \in O_h : O_h^{\vec{q}} \tag{20.4.9}$$
$$j = 0, 1, \ldots, n_{\langle i\rangle} - 1$$

eine Basis von H^P. Wegen

$$\langle \phi_{\underline{p}j}^{\vec{q}\langle i\rangle,w}, H\phi_{\underline{p}'j'}^{\vec{q}'\langle i'\rangle,w'}\rangle_{(L)} = \delta_{\vec{q}\,\vec{q}'} \delta_{\langle i\rangle,\langle i'\rangle} \delta_{\underline{p}\underline{p}'} \delta_{jj'} H_{ww'}^{\vec{q}\langle i\rangle} \tag{20.4.10}$$

hat man noch $m_{\vec{q}\langle i\rangle}$-dimensionale Säkulargleichungen zu lösen, deren Lösungen die gesuchten Eigenwerte sind. Die Anzahl der sogewonnenen Energiebänder ist R.

Wir illustrieren diese Überlegungen mit einem Beispiel einer Dichtbindungsnäherung
[Ref. 84]. Wir nehmen dabei an, daß die $s(l = 0)$-artige und eine der drei $p(l = 1)$-artigen
lokalisierten Atomwellenfunktionen gegeben (und periodisch fortgesetzt worden) seien.
Diese beiden Funktionen erzeugen eine $(1 + 3)\,(2M)^3$-dimensionale (reduzible) Darstellung
von $^fT^3(\times O_h$. Damit kann jedem Operator $E_e^{\vec{q}}\,PHP = PH_e^{\vec{q}}\,P$ eine 4-dimensionale Matrix
zugeordnet werden. Sie ist wegen

$$m_{\Gamma\langle0,0\rangle} = 1, \qquad m_{\Gamma\langle3,1\rangle} = 1$$
$$m_{\Delta\langle0\rangle} = 2, \qquad m_{\Delta\langle4\rangle} = 1$$
$$m_{X\langle0,0\rangle} = 1, \qquad m_{X\langle0,1\rangle} = 1, \quad m_{X\langle4,1\rangle} = 1 \qquad\qquad (20.4.11)$$

für den Punkt $\Gamma(\vec{q} = \vec{0})$ bereits diagonal (mit einem $(n_{\langle0,0\rangle} = 1)$- und einem $(n_{\langle3,1\rangle} = 3)$-fach
entarteten Eigenwert). Für den Punkt $\Delta(\vec{q} = \frac{\pi}{Ma}(0,0,n), 0 < n < M)$ zerfällt sie in die
direkte Summe von zwei 2-dimensionalen Matrizen, von denen eine (wegen $n_{\langle4\rangle} = 2$)
bereits diagonal ist. Für Punkt $X(\vec{q} = \frac{\pi}{a}(0,0,1))$ ist die 4-dimensionale Matrixdarstellung
von PH^XP wieder diagonal (mit einem $(n_{\langle0,0\rangle} = 1)$-, einem $(n_{\langle0,1\rangle} = 1)$- und $(n_{\langle4,1\rangle} = 2)$-
fach entarteten Eigenwert). Die Eigenwerte der Operatoren $PH_e^{\vec{q}}P$ sind für $\vec{q} \in \frac{\pi}{Ma}(0,0,n)$;
$0 \leqslant n \leqslant M$ in Bild 20.3 graphisch dargestellt.

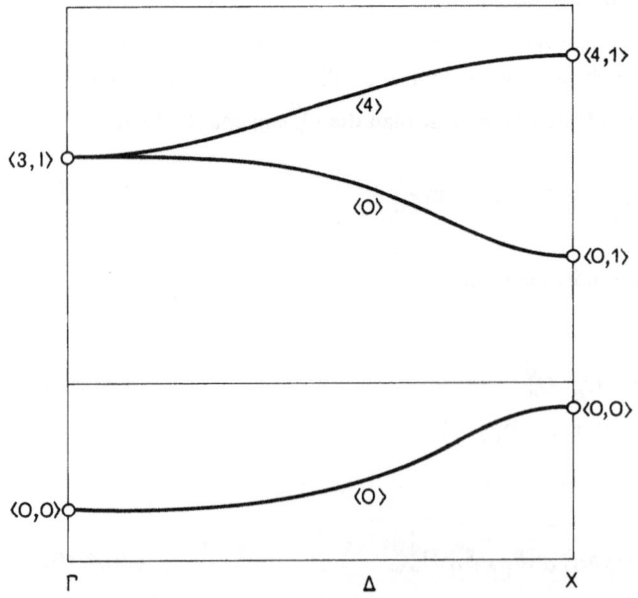

Bild 20.3. s, p-Bänder für einen einfach kubischen Kristall in
Dichtbindungsnäherung

Das Aufspalten der Eigenwerte $\epsilon^{\langle 0,0\rangle}(\Gamma)$, $\epsilon^{\langle 3,1\rangle}(\Gamma)$, bzw. $\epsilon^{\langle 0,0\rangle}(X)$, $\epsilon^{\langle 0,1\rangle}(X)$ und $\epsilon^{\langle 4,1\rangle}(X)$ erfolgt gemäß der Verträglichkeitsbedingung (20.3.24).

$$D^{\langle 0,0\rangle} \downarrow D_4 \sim D^{\langle 0\rangle}$$
$$D^{\langle 3,1\rangle} \downarrow D_4 \sim D^{\langle 0\rangle} \oplus D^{\langle 4\rangle}, \quad \langle i, \kappa\rangle \in A_{O_h} \tag{20.4.12}$$

$$D^{\langle 0,0\rangle} \downarrow D_4 \sim D^{\langle 0\rangle}$$
$$D^{\langle 0,1\rangle} \downarrow D_4 \sim D^{\langle 0\rangle}$$
$$D^{\langle 4,1\rangle} \downarrow D_4 \sim D^{\langle 4\rangle}, \quad \langle i, \kappa\rangle \in A_{D_4 \times C_2} \tag{20.4.13}$$

21. Gitterschwingungen

21.1. Symmetrien der effektiven Wechselwirkung

A. Gleichartige Teilchen

Wir betrachten zunächst ein System von $N = (2M)^3$ Teilchen der Masse m, die mit

$$\vec{i} = (i_1, i_2, i_3) \in I^3 \tag{21.1.1}$$

(I^3 s. (5.3.11)) indiziert werden. Die möglichen Lagen eines Teilchens sind durch die Elemente eines reellen 3-dimensionalen Vektorraumes gegeben,

$$\vec{x}_{\vec{i}} = (x_{\vec{i}1}, x_{\vec{i}2}, x_{\vec{i}3}) \in \mathbf{R}^3, \tag{21.1.2}$$

die möglichen Lagen aller N Teilchen (*Konfigurationen*) durch die Elemente eines reellen 3N-dimensionalen Vektorraums,

$$\vec{X} = (\sqrt{m}\, x_{\vec{i}f}) = (\sqrt{m}\, x_{(-M+1,-M+1,-M+1)1}, \ldots, \sqrt{m}\, x_{(M,M,M)3}) \in \mathbf{R}^{3N}. \tag{21.1.3}$$

(Den Faktor $\sqrt{m}$ führt man nur ein, um später einfachere Bewegungsgleichungen zu erhalten.) Mit der Definition

$$\vec{X} \cdot \vec{Y} = \vec{Y} \cdot \vec{X} = \sum_{\vec{i}f} \sqrt{m}\, x_{\vec{i}f} \sqrt{m}\, y_{\vec{i}f} \tag{21.1.4}$$

wird $\mathbf{R}^{3N}$ zu einem euklidischen Vektorraum, in dem jedem Operator Q über

$$\vec{X} \cdot Q\vec{Y} = Q^{\mathrm{T}}\vec{X} \cdot \vec{Y} \quad \text{für alle} \quad \vec{X}, \vec{Y} \in \mathbf{R}^{3N} \tag{21.1.5}$$

ein transponierter Operator Q^{T} zugeordnet werden kann.

Die N Teilchen können gleichsam in ein endliches Volumen eingeschlossen werden, wenn ihre Bewegung *periodischen Randbedingungen* unterworfen wird. Die durch die Abbildungen

$$(L\vec{n}) \in {}^d T^3 : \vec{x} \to \vec{x} + L\vec{n} = (x_f + Ln_f), \quad \vec{n} \in \mathbf{Z}^3, \quad L = 2Ma \tag{21.1.6}$$

definierten Translationen, die eine diskrete (nicht kompakte) Gruppe bilden, werden daher im folgenden ebenso als „unsichtbar" angesehen, wie die entsprechenden Translationen im Konfigurationsraum,

$$(\vec{T}) \in {}^{d}T^{3N} : \vec{X} \to \vec{X} + \vec{T} = (\sqrt{m}\,x_{\vec{if}} + \sqrt{m}\,Ln_{\vec{if}}), \tag{21.1.7}$$

die eine Translationsgruppe

$$ {}^{d}T^{3N} = {}^{d}T^{3} \times \ldots \times {}^{d}T^{3} \quad \text{(N mal)} \tag{21.1.8}$$

definieren. Die Konfigurationen $\vec{X}$ und $\vec{X} - \vec{T}$ müssen daher als „ununterscheidbar" angesehen werden. Die spezielle Definition (21.1.6) nimmt dabei die kubische Kristallsymmetrie, auf die wir uns im folgendem beschränken, zum Teil schon vorweg. Denn die dann noch unterscheidbaren Lagen eines Teilchens können auf ein *Periodizitätsvolumen* (Volumszelle) von der Form eines Würfels (Kantenlänge L) beschränkt werden. Dementsprechend lassen sich die unterscheidbaren Konfigurationen zu einer *Konfigurationszelle,* die ein 3N-dimensionaler Würfel ist, zusammenfassen.

Es gibt allerdings noch unendlich viele andere Möglichkeiten, zusammenhängende Bereiche von $\mathbf{R}^{3N}$ als Konfigurationszelle zu wählen. Am günstigsten ist eine Zellenform, die unter bestimmten Automorphismen von ${}^{d}T^{3N}$ invariant ist. Welche derartige Transformationen man betrachtet, hängt — wie beim ähnlichen Problem der Elektronenbewegung in einem Kristall — von den Symmetrieeigenschaften des Potentials ab. Von diesem weiß man allerdings wenig. Man ist zwar überzeugt, daß alle in einem Kristall wirksamen Kräfte letztlich auf die Coulombkräfte zwischen den Elektronen und Atomkernen zurückgehen. Das Verhalten der Elektronen wechselt jedoch so stark, daß schon die Frage ob Atome oder Ionen als Bausteine eines Kristalls anzusehen sind, im Einzelfall experimentell entschieden werden muß. Von $V(\vec{X})$, der *effektiven Wechselwirkung* zwischen diesen Teilchen, weiß man entsprechend wenig, doch liegt es nahe, einige allgemeine Forderungen an sie zu stellen.

Neben der Anpassung an die periodischen Randbedingungen,

$$V(\vec{X}) = V(\vec{X} - \vec{T}) \quad \text{für alle} \quad (\vec{T}) \in {}^{d}T^{3N}, \tag{21.1.9}$$

wird man verlangen, daß $V(\vec{X})$ gegen Verschiebungen aller Teilchen um Vektoren $\vec{c} \in \mathbf{R}^{3}$, die in $\mathbf{R}^{3N}$ die Translationen

$$(\vec{c}) \in T^{3} : \vec{X} \to \vec{X} + \vec{C} = (\sqrt{m}\,x_{\vec{if}} + \sqrt{m}\,c_{f}) \tag{21.1.10}$$

induzieren und eine kontinuierliche (nicht-kompakte) Gruppe definieren, invariant ist:

$$V(\vec{X}) = V(\vec{X} - \vec{C}) \quad \text{für alle} \quad (\vec{c}) \in T^{3} \tag{21.1.11}$$

Entsprechendes wird man für die Drehungen und Spiegelungen, denen alle Teilchen in gleicher Weise unterworfen werden, verlangen. Will man nicht mit den vorher eingeführten periodischen Randbedingungen in Widerspruch geraten, darf man nur Elemente der Punktgruppe O_h zulassen (O_h s. B-5.1.11). Jedes $p \in O_h$ induziert mit

$$p \in O_h : \vec{X} \to R(p)\,\vec{X} = (\sqrt{m}\,\sum_{f'} D_{ff'}^{(3,1)}(p)\,x_{\vec{if'}}) \tag{21.1.12}$$

$(D^{\langle 3,1\rangle}(p)$ s. B-5.1.11) eine orthogonale Transformation $R(p)$ $(= R^{\mathrm{T}}(p^{-1}))$ in $\mathbf{R}^{3N}$, unter der $V(\vec{X})$ invariant sein soll.

$$V(\vec{X}) = V(R(p^{-1})\vec{X}) \quad \text{für alle } p \in O_h \tag{21.1.13}$$

Wenn alle Kristallbausteine gleichartige Teilchen sind, wird man schließlich verlangen, daß auch die von den Permutationen

$$r \in S_N: \vec{i} \to r\vec{i} \,(\in \mathbf{I}^3) \tag{21.1.14}$$

gemäß

$$r \in S_N: \vec{X} \to R(r)\vec{X} = (\sqrt{m} \sum_{\vec{i}'} \delta_{\vec{i},r\vec{i}'} \, x_{\vec{i}'f}) \tag{21.1.15}$$

in $\mathbf{R}^{3N}$ induzierten orthogonalen Transformationen $R(r)$ $V(\vec{X})$ invariant lassen.

$$V(\vec{X}) = V(R(r^{-1})\vec{X}) \quad \text{für alle } r \in S_N \tag{21.1.16}$$

Die Symmetrieoperationen (21.1.7, 10, 12, 15) können zu einer Gruppe zusammengefaßt werden, die Untergruppe der 3N-dimensionalen euklidischen Bewegungsgruppe ist, da ihre Elemente durch die Abbildungen

$$\vec{X} \to R(r,p)\vec{X} + \vec{T} + \vec{C}$$

$$R(r,p) = R(r)\,R(p) = R(p)\,R(r) \tag{21.1.17}$$

definiert sind. Eine Parametrisierung der in ihr enthaltenen Translationen durch $\vec{c} \in \mathbf{R}^3$ und $\vec{T} \in \mathbf{R}^{3N}$ wäre aber nicht eindeutig, da z. B. $(\vec{c}) = (\sqrt{m}\,L, \sqrt{m}\,L, \sqrt{m}\,L)$ und $(\vec{T}) = (\sqrt{m}\,L)$ dieselbe Transformation darstellen.

$$^{d}T^{\,\|} = T^3 \cap {}^{d}T^{3N} \neq \emptyset \tag{21.1.18}$$

Dieser Mangel läßt sich durch Übergang zu Parametern, die der Automorphismengruppe $S_N \times O_h$ besser angepaßt sind, beheben.

Wie man aus (21.1.12, 14) sieht, wurden die Operatoren $R(r,p)$ mit Hilfe von 3N-dimensionalen Matrizen mit Elementen

$$D_{\vec{i}f, \vec{i}'f'}(r,p) = \delta_{\vec{i},r\vec{i}'}\, D^{\langle 3,1\rangle}_{ff'}(p) \tag{21.1.19}$$

definiert. Diese orthogonale Matrixdarstellung von $S_N \times O_h$ enthält zwei (reelle) UIRs (vgl. (4.4A.16, 18))

$$D \sim D^{[N]\langle 3,1\rangle} \oplus D^{[N-1,1]\langle 3,1\rangle} \tag{21.1.20}$$

$$D^{[N]\langle 3,1\rangle} = D^{[N]} \otimes D^{\langle 3,1\rangle} \equiv D^{\|}, \ \text{3-dimensional} \tag{21.1.21}$$

$$D^{[N-1,1]\langle 3,1\rangle} = D^{[N-1,1]} \otimes D^{\langle 3,1\rangle} \equiv D^{\perp}, \ \text{(3N-3)-dimensional} \tag{21.1.22}$$

$(D^{[\lambda]}(r)$ s. B-3.3.1). Die zu diesen UIRs gehörenden Projektionsoperatoren definieren für alle $\vec{X} \in \mathbf{R}^{3N}$ in eindeutiger Weise eine Komponentenzerlegung

$$\vec{X} = \vec{X}^{\parallel} + \vec{X}^{\perp}, \quad \vec{X}^{\parallel} \cdot \vec{X}^{\perp} = 0$$

$$\vec{X}^{\parallel} = \left(\sqrt{m} \frac{1}{N} \sum_{\vec{i}'} x_{\vec{i}'f} \right), \quad \vec{X}^{\perp} = \left(\sqrt{m} \left[x_{\vec{i}f} - \frac{1}{N} \sum_{\vec{i}'} x_{\vec{i}'f} \right] \right). \tag{21.1.23}$$

Die linear unabhängigen Komponenten von $\vec{X}^{\parallel}$ legen die *Lage des Schwerpunkts* in $\mathbf{R}^{3N}$ fest, die von $\vec{X}^{\perp}$ die *gegenseitige Lage der* N *Teilchen*. Die entsprechende Zerlegung der Verschiebungsvektoren $\vec{C} \in \mathbf{R}^{3N}$ und $\vec{T} \in \mathbf{R}^{3N}$ liefert mit

$$\vec{C}^{\parallel} = \vec{C} = (\sqrt{m} c_f)$$

$$\vec{T}^{\perp} = \vec{T} - \vec{T}^{\parallel} = \left(\sqrt{m} L \left[n_{\vec{i}f} - \frac{1}{N} \sum_{\vec{i}'} n_{\vec{i}'f} \right] \right) \tag{21.1.24}$$

Größen, mit denen die Translationsgruppe eindeutig parametrisiert werden kann. $\vec{C}^{\parallel}$ hängt von drei kontinuierlichen, $\vec{T}^{\perp}$ von $(3N-3)$ diskreten Parametern ab. Die (21.1.23) entsprechende Zerlegung der orthogonalen Operatoren ist

$$R(r, p) = R^{\parallel}(p) + R^{\perp}(r, p)$$

$$R^{\parallel}(p) R^{\perp}(r, p) = R^{\perp}(r, p) R^{\parallel}(p) = 0. \tag{21.1.25}$$

Den Elementen der Symmetriegruppe S entsprechen dann die Abbildungen

$$(\vec{C}^{\parallel} + \vec{T}^{\perp} | r, p) \in S: \quad \vec{X}^{\parallel} \rightarrow R^{\parallel}(p) \vec{X}^{\parallel} + \vec{C}^{\parallel}$$

$$\vec{X}^{\perp} \rightarrow R^{\perp}(r, p) \vec{X}^{\perp} + \vec{T}^{\perp}. \tag{21.1.26}$$

Daher gilt

$$(\vec{C}_1^{\parallel} + \vec{T}_1^{\perp} | r_1, p_1) (\vec{C}_2^{\parallel} + \vec{T}_2^{\perp} | r_2, p_2) = ([\vec{C}_1^{\parallel} + R^{\parallel}(p_1) \vec{C}_2^{\parallel}] +$$

$$+ [\vec{T}_1^{\perp} + R^{\perp}(r_1, p_1) \vec{T}_2^{\perp}] | r_1 r_2, p_1 p_2) \tag{21.1.27}$$

$$S = (T^3 \times {}^d T^{\perp}) \, (\times (S_N \times O_h)$$

$${}^d T^{\perp} \leftrightarrow {}^d T^{3N} / {}^d T^{\parallel} = {}^d T^{3N} / ({}^d T^{3N} \cap T^3). \tag{21.1.28}$$

Die Invarianzeigenschaften (21.1.9, 11, 13, 16) können in

$$V(\vec{X}) = V(R(r^{-1}, p^{-1}) [\vec{X} - \vec{C}^{\parallel} - \vec{T}^{\perp}]) \tag{21.1.29}$$

zusammengefaßt werden. Da ein geeignetes $\vec{C}^{\parallel}$ $(= \vec{X}_2^{\parallel} - \vec{X}_1^{\parallel})$ jeden Vektor $\vec{X}_1^{\parallel}$ in jeden Vektor $\vec{X}_2^{\parallel}$ überführt, folgt aus (21.1.29), daß die effektive Wechselwirkung nur von $\vec{X}^{\perp}$ abhängt.

$$V(\vec{X}) = V(\vec{X}^{\perp}) \tag{21.1.30}$$

Man kann nun eine Konfigurationszelle wählen, die den Symmetrieeigenschaften (21.1.29) besonders angepaßt ist. Sie ist ein 3N-dimensionaler Zylinder, dessen (3N − 3)-dimensionale „Grundfläche" ein von $3(2^{2M} - 2)$ Hyperebenen begrenzter regelmäßiger Körper, und dessen 3-dimensionale „Höhe" ein Würfel mit der Kantenlänge $L\sqrt{mN}$ ist. $V(\vec{X})$ variiert wegen (21.1.30) nur längs der „Grundfläche" und braucht auch dort nur auf einem kleinen Teilbereich, dessen Abbilder unter den Transformationen $R^1(r, p)$ die ganze „Grundfläche" überdecken, vorgegeben werden.

B. Verschiedenartige Teilchen

Die bisher entwickelten Konzepte müssen etwas erweitert werden, wenn der (kubische) Kristall aus verschiedenartigen Teilchen aufgebaut ist. Wir beschränken uns auf zwei Teilchensorten, die durch den Index $d = I, II$ unterschieden werden. Sie sollen verschiedene Massen besitzen ($m_I \neq m_{II}$) und im Verhältnis $1:1$ vorhanden sein ($N_I = N_{II} = N$).

Eine Konfiguration (= mögliche Lage der 2N Teilchen) wird nun durch einen Vektor

$$\vec{X} = (\sqrt{m_d}\ x_{d\vec{i}f}) \in \mathbf{R}^{6N} \tag{21.1.31}$$

gekennzeichnet. Die d-Abhängigkeit des Faktors $\sqrt{m_d}$ ist auch für die Komponenten der Vektoren $\vec{T}$ und $\vec{C}$ und in der Gl. (21.1.4) entsprechenden Definition des Skalarprodukts zu beachten. Die Wirkung der Transformationen $R(p)$ wird für beide d-Werte analog zu (21.1.12) definiert. S_N muß durch S_N^2 ersetzt werden, da nur mehr Invarianz gegen Permutationen gleichartiger Teilchen gefordert werden kann.

$$(r_I, r_{II}) \in S_N^2: \ \vec{X} \rightarrow R(r_I, r_{II})\vec{X} = \left(\sqrt{m_d} \sum_{\vec{i}'} \delta_{\vec{i}, r_d \vec{i}'}\ x_{d\vec{i}'f} \right) \tag{21.1.32}$$

Die Operatoren $R(r_I, r_{II}, p)$, die sich aus den Operatoren $R(r_I, r_{II})$ und $R(p)$ zusammensetzen, sind also durch 6N-dimensionale Matrizen mit Elementen

$$D_{d\vec{i}f, d'\vec{i}'f'}(r_I, r_{II}, p) = \delta_{dd'}\ \delta_{\vec{i}, r_d \vec{i}'}\ D_{ff'}^{\langle 3,1 \rangle}(p) \tag{21.1.33}$$

definiert. Diese orthogonale Matrixdarstellung von $S_N^2 \times O_h$ enthält drei (reelle) UIRs (vgl. (21.1.20−22))

$$D \sim (\oplus 2)\, D^{[N][N]\langle 3,1 \rangle} \oplus D^{[N-1,1][N]\langle 3,1 \rangle} \oplus D^{[N][N-1,1]\langle 3,1 \rangle} \tag{21.1.34}$$

$$D^{[N][N]\langle 3,1 \rangle} = D^{[N]} \otimes D^{[N]} \otimes D^{\langle 3,1 \rangle} =$$
$$\equiv D^{\parallel} = D^{\perp 0}, \quad \text{3-dimensional} \tag{21.1.35}$$

$$D^{[N-1,1][N]\langle 3,1 \rangle} = D^{[N-1,1]} \otimes D^{[N]} \otimes D^{\langle 3,1 \rangle} =$$
$$\equiv D^{\perp I}, \quad \text{(3N − 3)-dimensional} \tag{21.1.36}$$

$$D^{[N][N-1,1]\langle 3,1 \rangle} = D^{[N]} \otimes D^{[N-1,1]} \otimes D^{\langle 3,1 \rangle} =$$
$$\equiv D^{\perp II}, \quad \text{(3N − 3)-dimensional} \tag{21.1.37}$$

Da die UIR $D^{(3,1)}$ zweimal auftritt, müssen die zugehörigen invarianten Unterräume durch eine Konvention gekennzeichnet werden. Dies geschieht durch

$$\vec{X} = \vec{X}^{\parallel} + \vec{X}^{\perp 0} + \vec{X}^{\perp I} + \vec{X}^{\perp II}$$

$$\vec{X}^{\parallel} = \left(\sqrt{m_d} \, \frac{1}{N} \sum_{d'\vec{i}'} \frac{m_{d'}}{m_I + m_{II}} \, x_{d'\vec{i}'f} \right)$$

$$\vec{X}^{\perp 0} = \left(\sqrt{m_d} \, \frac{1}{N} \sum_{d'\vec{i}'} \left[\delta_{dd'} - \frac{m_{d'}}{m_I + m_{II}} \right] x_{d'\vec{i}'f} \right)$$

$$\vec{X}^{\perp d'} = \left(\sqrt{m_d} \, \delta_{dd'} \left[x_{d\vec{i}f} - \frac{1}{N} \sum_{\vec{i}'} x_{d\vec{i}'f} \right] \right). \tag{21.1.38}$$

Die Komponentenzerlegung (21.1.38) wurde dabei so gewählt, daß $\vec{C} = \vec{C}^{\parallel}$ ist. $\vec{X}^{\parallel}$ gibt die *Lage des Gesamtschwerpunkts* an, $\vec{X}^{\perp 0}$ die *relative Lage der Schwerpunkte* der beiden Teilsysteme (d = I, II) und $\vec{X}^{\perp d}$ die *gegenseitige Lage der Teilchen der Sorte* d.

Die Symmetriegruppe ist nun

$$S = (T^3 \times {}^d T^{\perp})(\times (S_N^2 \times O_h)$$

$${}^d T^{\perp} \longleftrightarrow {}^d T^{6N} / {}^d T^{\parallel}, \quad {}^d T^{\parallel} = {}^d T^{6N} \cap T^3. \tag{21.1.39}$$

Ihr Multiplikationsgesetz läßt sich aus der Darstellung

$$(\vec{C}^{\parallel} + \vec{T}^{\perp 0} + \vec{T}^{\perp I} + \vec{T}^{\perp II} \mid r_I, r_{II}, p) \in S:$$

$$\vec{X}^{\parallel} \to R^{\parallel}(p) \vec{X}^{\parallel} + \vec{C}^{\parallel}$$

$$\vec{X}^{\perp 0} \to R^{\perp 0}(p) \vec{X}^{\perp 0} + \vec{T}^{\perp 0}$$

$$\vec{X}^{\perp d} \to R^{\perp d}(r_d, p) \vec{X}^{\perp d} + \vec{T}^{\perp d}; \quad d = I, II \tag{21.1.40}$$

ablesen (vgl. (21.1.25, 26)). Aus

$$V(\vec{X}) = V(R(r_I^{-1}, r_{II}^{-1}, p^{-1}) [\vec{X} - \vec{C}^{\parallel} - \vec{T}^{\perp 0} - \vec{T}^{\perp I} - \vec{T}^{\perp II}]) \tag{21.1.41}$$

folgt wieder

$$V(\vec{X}) = V(\vec{X}^{\perp 0} + \vec{X}^{\perp I} + \vec{X}^{\perp II}). \tag{21.1.42}$$

Auch hier läßt sich eine „zylinderförmige" Konfigurationszelle definieren, deren „Höhe" ein 3-dimensionaler Würfel ist. Die „Grundfläche" ist das kartesische Produkt von einem 3-dimensionalen Würfel und zwei $(3N-3)$-dimensionalen Körpern, die beide die Form der „Grundfläche" der 3N-dimensionalen Konfigurationszelle haben.

21.2. Gleichgewichtskonfigurationen

A. Gleichartige Teilchen

Die Funktionsform $V(\vec{X})$ wurde bisher nur durch die Symmetriebedingungen (21.1.29) in ihrer Allgemeinheit eingeschränkt. Die wichtigste weitere Annahme ist, daß es Konfigurationen $\vec{A}$ gibt, für die

$$V(\vec{X}) \geqslant V(\vec{A}) > -\infty; \qquad \left(\frac{\partial V}{\partial \vec{X}}\right)_{\vec{X} = \vec{A}} = \vec{0} \qquad (21.2.1)$$

gilt. Jede solche Konfiguration stellt (im Sinne der klassischen Mechanik) einen Gleichgewichtszustand des Systems dar. Eine typische *Gleichgewichtskonfiguration* sei

$$\vec{A} = (\sqrt{m}\, a\, i_f); \quad i_f \in I, \ I = \{-2M+1, \dots, 2M\}. \qquad (21.2.2)$$

Sie stellt einen statischen einfach kubischen Kristall mit dem Gitterabstand a dar. Man kann die Entstehung dieses Kristalls als das Ergebnis des Zusammenwirkens von periodischen Randbedingungen und einer abstoßenden Wechselwirkung ansehen, unter deren Einfluß sich die Teilchen möglichst gleichmäßig im zur Verfügung stehenden Volumen aufteilen. Da eine solche Wechselwirkung für $\vec{X}^\perp = \vec{T}^\perp$ (alle Teilchen an „derselben", d.h. einer von $x_{\overrightarrow{if}} = c_f$ „ununterscheidbaren" Stelle) ihren Maximalwert annimmt, wird man vermuten, daß $\vec{A}$ eine (bezüglich $\vec{X}^\perp$) möglichst weit davon entfernte Konfiguration bezeichnet. Dies ist tatsächlich der Fall, da

$$\vec{A}^\perp = (\sqrt{m}\, a\, [i_f - \tfrac{1}{2}]) \qquad (21.2.3)$$

auf einem „Rand" der „Grundfläche" der Konfigurationszelle liegt. Für Zustände, bei denen die Konfigurationen bis auf Translationen $\vec{C}^\parallel$ nie stark von der Gleichgewichtskonfiguration $\vec{A}$ abweichen, ist $V(\vec{X}^\perp)$ nur in einer Umgebung von $\vec{A}^\perp$ von Interesse. Von den in der Gruppe S zusammengefaßten globalen Symmetrieeigenschaften von $V(\vec{X})$ sind dann auch nur jene Transformationen zu berücksichtigen, die $\vec{A}^\perp$ unverändert lassen und jede (bezüglich $\vec{X}^\perp$) benachbarte Konfiguration wieder in eine solche abbilden. Diese Gruppe der lokalen Symmetrien ist durch

$$(\vec{C}^\parallel + \vec{T}^\perp \,|\, r, p) \in S_{\vec{A}^\perp} \iff R(r,p)\, \vec{A}^\perp + \vec{T}^\perp = \vec{A}^\perp \qquad (21.2.4)$$

definiert. Man kann zeigen [Ref. 91], daß für diese Transformationen nur drei Größen frei wählbar sind: $\vec{c} \in \mathbf{R}^3$, $p \in O_h$ und ein Vektor

$$\vec{t} \in a\mathbf{I}^3, \ a\mathbf{I}^3 = \{a\vec{i} \colon \vec{i} \in \mathbf{I}^3\}. \qquad (21.2.5)$$

Definiert man (in $\mathbf{R}^3$) den Operator $D(p) \colon \vec{x} \to \vec{x}(p)$ durch

$$[D(p)\vec{x}]_f = x_f(p) = \sum_{f'} D^{(3,1)}_{ff'}(p)\, x_{f'}, \qquad (21.2.6)$$

die Funktionen $T: \mathbf{R} \to 2Ma\mathbf{Z}$, $\vec{T}: \mathbf{R}^3 \to 2Ma\mathbf{Z}^3$ durch

$$x + T\{x\} \in a\mathbf{I}; \quad x \in \mathbf{R}; \quad T\{x\} \in 2Ma\mathbf{Z}$$

$$\vec{x} + \vec{T}\{\vec{x}\} \in a\mathbf{I}^3; \quad \vec{x} \in \mathbf{R}^3; \quad \vec{T}\{\vec{x}\} \in 2Ma\mathbf{Z}^3$$

$$\vec{T}\{\vec{x}\} = (T\{x_1\}, T\{x_2\}, T\{x_3\}), \tag{21.2.7}$$

und den Vektor $\vec{h} \in \mathbf{R}^3$ durch

$$\vec{h} = (\tfrac{1}{2}, \tfrac{1}{2}, \tfrac{1}{2}), \tag{21.2.8}$$

so besteht folgende Abhängigkeit der Gruppenparameter $\vec{T}^\perp$, r von $\vec{t}$, p:

$$\vec{T}^\perp_{\vec{t},p} = (\sqrt{m}\,[-T\{ai_f - t_f + ah_f - ah_f(p)\} + t_f - ah_f + ah_f(p)])$$

$$r^{-1}_{\vec{t},p}\,\vec{i} = [\vec{i} - \tfrac{1}{a}\,\vec{t}]\,(p^{-1}) + \tfrac{1}{a}\,\vec{T}\{[a\vec{i} - \vec{t}]\,(p^{-1})\} \tag{21.2.9}$$

Mit der Bezeichnung

$$(\vec{C}^{\|} + \vec{T}^\perp_{\vec{t},p} \mid r_{\vec{t},p}, p) = (\vec{c}, \vec{t} \mid p) \tag{21.2.10}$$

lautet das Multiplikationsgesetz

$$(\vec{c}_1, \vec{t}_1 \mid p_1)\,(\vec{c}_2, \vec{t}_2 \mid p_2) =$$

$$= (\vec{c}_1 + \vec{c}_2(p_1), \vec{t}_1 + \vec{t}_2(p_1) + \vec{T}\{\vec{t}_1 + \vec{t}_2(p_1)\} \mid p_1 p_2). \tag{21.2.11}$$

Daher ist

$$S_{\vec{A}^\perp} \longleftrightarrow (T^3 \times {}^f T^3)\,(\times O_h \tag{21.2.12}$$

$${}^f S_{\vec{A}^\perp} = \{(\vec{0}, \vec{t} \mid p) = (\vec{t} \mid p): \vec{t} \in a\mathbf{I}^3, p \in O_h\} \longleftrightarrow {}^f T^3\,(\times O_h. \tag{21.2.13}$$

Es liegt nahe, auch ${}^f S_{\vec{A}^\perp}$ als endliche Raumgruppe (s. B-5.3.2) zu bezeichnen, obwohl bei den zugehörigen Transformationen die Teilchen auf verschiedene Art bewegt und sogar ausgetauscht werden.

Die Symmetrien der Wechselwirkung in der Nähe von $\vec{A}^\perp$ lassen sich einfacher formulieren, wenn man durch

$$R(r_{\vec{t},p}, p) = R(\vec{t} \mid p) \tag{21.2.14}$$

$\vec{t}$, p als Gruppenparameter und durch

$$x_{\vec{i}f} - ai_f = y_{\vec{i}f} \tag{21.2.15}$$

die Abweichungen von den Gleichgewichtslagen als neue Variablen einführt. Mit

$$\vec{X} - \vec{A} = \vec{Y} \tag{21.2.16}$$

$$V(\vec{X}) = W(\vec{Y}) \tag{21.2.17}$$

folgt dann aus (21.1.29, 30) und (21.2.4) nach der Substitution $\vec{Y} \to R(\vec{t}\,|\,p)\,\vec{Y}$

$$W(R(\vec{t}\,|\,p)\vec{Y}) = W(\vec{Y}) = W(\vec{Y}^{\perp}). \tag{21.2.18}$$

Die Wirkung eines Operators (21.2.14) auf einen Vektor (21.2.16) ist dabei wegen (21.1.19) und (21.2.9) durch die Matrixdarstellung

$$D_{\vec{i}f,\,\vec{i}'f'}(\vec{t}\,|\,p) = \Delta_{[\vec{i}-1/a\vec{t}](p^{-1}),\,\vec{i}'}\,D^{(3,1)}_{ff'}(p)$$

$$\Delta_{1/a\vec{t}_1,\,1/a\vec{t}_2} = \delta_{\vec{t}_1+\vec{T}\{\vec{t}_1\},\,\vec{t}_2+\vec{T}\{\vec{t}_2\}} \tag{21.2.19}$$

gegeben.

B. *Verschiedenartige Teilchen*

Nimmt man für jede der beiden Teilchenarten eine abstoßende Wechselwirkung an, so wird man erwarten, daß in einem Gleichgewichtszustand zwei einfach kubische Kristalle vorhanden sind. Stoßen sich auch verschiedenartige Teilchen ab, so werden diese beiden Kristalle so gegeneinander verschoben sein, daß jedes Teilchen der einen Sorte sich im Mittelpunkt eines Würfels befindet, der aus acht Teilchen der anderen Sorte gebildet wird (CsCl-Struktur). Eine Gleichgewichtskonfiguration, die einen solchen *Kristall mit Basis* darstellt, ist

$$\vec{A} = (\sqrt{m_d}\,a\,[i_f - \tfrac{1}{2}\,\delta_{d\,II}]). \tag{21.2.20}$$

Auch in diesem Fall weist die Summe der Komponenten

$$\vec{A}^{\perp 0} = \left(\sqrt{m_d}\,\frac{\delta_{d\,I}m_{II} - \delta_{d\,II}m_{I}}{m_I + m_{II}}\,\frac{a}{2}\right)$$

$$\vec{A}^{\perp d'} = (\sqrt{m_d}\,\delta_{dd'}\,a[i_f - \tfrac{1}{2}]); \qquad d' = I,\,II \tag{21.2.21}$$

auf einen Randpunkt der „Grundfläche" der Konfigurationszelle.

Die Gruppe der lokalen Symmetrien ist durch

$$(\vec{C}^{\|} + \vec{T}^{\perp 0} + \vec{T}^{\perp I} + \vec{T}^{\perp II}\,|\,r_I, r_{II}, p) \in S_{\vec{A}^{\perp}} \iff$$

$$\iff R(r_I, r_{II}, p)\,\vec{A}^{\perp} + \vec{T}^{\perp 0} + \vec{T}^{\perp I} + \vec{T}^{\perp II} = \vec{A}^{\perp} \tag{21.2.22}$$

definiert. Auch ihre Elemente

$$(\vec{C}^{\|} + \vec{T}^{\perp 0}_{\vec{t},p} + \vec{T}^{\perp I}_{\vec{t},p} + \vec{T}^{\perp II}_{\vec{t},p}\,|\,r_{I;\vec{t},p},\,r_{II;\vec{t},p},\,p) = (\vec{c},\,\vec{t}\,|\,p) \tag{21.2.23}$$

können durch $\vec{c} \in \mathbf{R}^3$, $\vec{t} \in a\mathbf{I}^3$ und $p \in O_h$ parametrisiert werden.

$$\vec{T}^{\perp 0}_{\vec{t},p} = \left(\sqrt{m_d}\,\frac{\delta_{d\,I}m_{II} - \delta_{d\,II}m_{I}}{m_I + m_{II}}\,a\,[h_f - h_f(p)]\right)$$

$$\vec{T}^{\perp d'}_{\vec{t},p} = (\sqrt{m_d}\,\delta_{dd'}\,[-T\{ai_f - t_f + \delta_{d\,I}ah_f - \delta_{d\,I}ah_f(p)\} + t_f - \delta_{d\,I}ah_f + \delta_{d\,I}ah_f(p)])$$

$$r^{-1}_{d;\vec{t},p}\,\vec{i} = [\vec{i} - \tfrac{1}{a}\vec{t} - \delta_{d\,II}\vec{h}](p^{-1}) + \delta_{d\,II}\vec{h} + \tfrac{1}{a}\vec{T}\{[a\vec{i} - \vec{t} - \delta_{d\,II}\,a\vec{h}](p^{-1}) + \delta_{d\,II}\,a\vec{h}\} \tag{21.2.24}$$

Da sich als Multiplikationsgesetz wieder (21.2.11) ergibt, gelten auch hier die Isomorphismen (21.2.12, 13). Ebenso gelten auch die Gln. (21.2.16–18), wenn (21.2.14) durch

$$R(\mathbf{r}_{I;\,\vec{t},p}, \mathbf{r}_{II;\,\vec{t},p}, p) = R(\vec{t}\,|\,p),\tag{21.2.25}$$

(21.2.15) durch

$$x_{d\vec{i}f} - a(i_f - \delta_{dII}\tfrac{1}{2}) = y_{d\vec{i}f}\tag{21.2.26}$$

und $\vec{Y}^{\perp}$ durch $\vec{Y}^{\perp 0} + \vec{Y}^{\perp I} + \vec{Y}^{\perp II}$ ersetzt wird. Die Matrixdarstellung (21.2.19) ist durch

$$D_{d\vec{i}f,\,d'\vec{i}'f'}(\vec{t}\,|\,p) = \delta_{dd'}\,\Delta_{[\vec{i}-1/a\,\vec{t}-\delta_{dII}\vec{h}\,](p^{-1})+\delta_{dII}\vec{h},\vec{i}'}\,D^{(3,1)}_{ff'}(p)\tag{21.2.27}$$

zu ersetzen. Sie ist eine direkte Summe $D^{I}(\vec{t}\,|\,p) \oplus D^{II}(\vec{t}\,|\,p)$ von zwei 3N-dimensionalen Darstellungen, von denen eine (D^{I}) mit der des N-Teilchenproblems übereinstimmt. $D^{I}(\vec{t}\,|\,p)$ und $D^{II}(\vec{t}\,|\,p)$ sind inäquivalent, da z. B. für die „Inversion" $e' \in O_h$ $\chi^{I}(\vec{0}\,|\,e') = = -24$ und $\chi^{II}(\vec{0}\,|\,e') = 0$ ist.

21.3. Die harmonische Näherung

A. Gleichartige Teilchen

Neben der Symmetrieforderungen (21.1.29) und der Annahme, daß $V(\vec{X})$ Minima besitzt (Gl. (21.2.1)), werden wir schließlich annehmen, daß sich $V(\vec{X})$ $(= W(\vec{Y}))$ um $\vec{X} = \vec{A}\,(\vec{Y} = \vec{0})$ in eine Potenzreihe entwickeln läßt. Das Abbrechen der Reihe nach den quadratischen Gliedern wird als *harmonische Näherung* bezeichnet.

$$W(\vec{Y}) = W'(\vec{Y}) + \dots$$
$$W'(\vec{Y}) = W^{(0)} + \tfrac{1}{2}\,\vec{Y}\cdot W^{(2)}\,\vec{Y}\tag{21.3.1}$$

Die Konstante $W^{(0)}$ hat keinen Einfluß auf die Teilchenbewegung, weshalb im folgenden

$$W^{(0)} = 0\tag{21.3.2}$$

gesetzt wird. Ein linearer Term der Art $\vec{W}^{(1)}\cdot\vec{Y}$ kann in (21.3.1) wegen (21.2.1) nicht auftreten. Die Koeffizienten

$$W_{\vec{i}f,\,\vec{i}'f'} = W^{*}_{\vec{i}f,\,\vec{i}'f'} = W_{\vec{i}'f',\,\vec{i}f}\tag{21.3.3}$$

der Potenzen $\sqrt{m}\,y_{\vec{i}f}\,\sqrt{m}\,y_{\vec{i}'f'}$ werden zu einer *dynamischen Matrix* zusammengefaßt, die zusammen mit der Basis

$$\vec{Y}^{\vec{i}'f'} = (\delta_{\vec{i}\,\vec{i}'}\,\delta_{ff'})\tag{21.3.4}$$

in $\mathbf{R}^{3N}$ den in (22.3.1) verwendeten symmetrischen Operator $W^{(2)}\ (= W^{(2)\,T})$ definiert.

$$W^{(2)}\vec{Y}^{\vec{i}'f'} = \sum_{\vec{i}f} W_{\vec{i}f,\,\vec{i}'f'}\,\vec{Y}^{\vec{i}f}\tag{21.3.5}$$

Seine reellen Eigenwerte sind wegen (21.2.1) nicht negativ; ihre positiven Wurzeln

$$\omega_\lambda = \omega_\lambda^* \geq 0 \qquad (21.3.6)$$

bezeichnet man als *Eigenfrequenzen* des Kristalls.

Jede orthonormierte Basis

$$\vec{Z}_l^\lambda = (C_{\lambda l, \vec{i}f}), \quad \vec{Z}_l^\lambda \cdot \vec{Z}_{l'}^{\lambda'} = \delta_{\lambda\lambda'}\delta_{ll'}, \qquad (21.3.7)$$

deren Elemente Eigenvektoren von $W^{(2)}$ sind,

$$W^{(2)}\vec{Z}_l^\lambda = \omega_\lambda^2 \vec{Z}_l^\lambda; \quad l = 0, 1, \dots, n_\lambda - 1 \qquad (21.3.8)$$

definiert eine 3N-reihige orthogonale Matrix C, die die dynamische Matrix diagonalisiert (und umgekehrt).

$$\sum_{\vec{i}f\vec{i}'f'} C_{\lambda l,\vec{i}f} W_{\vec{i}f,\vec{i}'f'} C_{\lambda'l',\vec{i}'f'} = \delta_{\lambda\lambda'}\delta_{ll'}\omega_\lambda^2 \qquad (21.3.9)$$

Die Komponenten von

$$\vec{Y} = \sum_{\vec{i}f} \sqrt{m}\, y_{\vec{i}f} \vec{Y}^{\vec{i}f} = \sum_{\lambda l} z_l^\lambda \vec{Z}_l^\lambda \qquad (21.3.10)$$

bezüglich der Basis (21.3.7), die *Normalkoordinaten*

$$z_l^\lambda = \sum_{\vec{i}f} C_{\lambda l, \vec{i}f} \sqrt{m}\, y_{\vec{i}f}\,, \qquad (21.3.11)$$

sind ebenso geeignet, eine Verzerrung des statischen Kristalls zu kennzeichnen, wie die Auslenkungen $y_{\vec{i}f}$. Drückt man die Wechselwirkung (21.3.1) als Funktion der Normalkoordinaten aus,

$$W'(\vec{Y}) = \frac{1}{2} \sum_{\lambda l} \omega_\lambda^2 (z_l^\lambda)^2, \qquad (21.3.12)$$

so wird offensichtlich, daß sie das Potential eines 3N-dimensionalen Oszillators darstellt, der sich aus n_λ-dimensionalen isotropen Anteilen zusammensetzt. Was daraus für das dynamische Verhalten des Kristalls folgt, wird umso deutlicher, je mehr Details der Lösung des EW-Problems (21.3.8) bekannt sind. Als erste Konsequenz der Symmetrieeigenschaften (21.2.18) ergibt sich mit (21.3.6–8)

$$\vec{Y} = \vec{Y}^{\shortparallel} \Rightarrow W^{(2)} \vec{Y}^{\shortparallel} = \vec{0} \qquad (21.3.13)$$

und daraus wegen (21.1.23)

$$\sum_{\vec{i}'} W_{\vec{i}f,\vec{i}'f'} = 0. \qquad (21.3.14)$$

Wenn wir annehmen, daß jede Abweichung von der Gleichgewichtskonfiguration, die nicht aus einer gleichartigen Verschiebung aller Teilchen besteht, die Wechselwirkungsenergie erhöht, so gilt auch die Umkehrung von (21.3.13):

$$W^{(2)}\vec{Y} = \vec{0} \Rightarrow \vec{Y} = \vec{Y}^{\parallel}. \tag{21.3.15}$$

$W'(\vec{Y})$ ist dann offensichtlich gegen keine der Translationen $\vec{Y}^{\perp} \to \vec{Y}^{\perp} + \vec{T}^{\perp}$ ($\neq \vec{Y}^{\perp}$) invariant und besitzt als Symmetriegruppe nur $S_{\vec{A}^{\perp}}$. Die Invarianz unter der Translationsgruppe T^3 kommt darin zum Ausdruck, daß der Kristall eine 3-fach entartete Eigenfrequenz $\omega = 0$ besitzt (Gl. (21.3.13), $\dim \mathbf{R}^{\parallel} = 3$); die unter der endlichen Raumgruppe in

$$R(\vec{t}\mid p)\,W^{(2)} = W^{(2)}\,R(\vec{t}\mid p). \tag{21.3.16}$$

Mit (21.2.19) und (21.3.16), $p = e$, ergibt sich die $\vec{i}$-Unabhängigkeit von

$$W_{\vec{i}f,\,[\vec{i}+1/a\vec{t}+1/a\vec{T}\{a\vec{i}+\vec{t}\}]f'} = W_{ff'}(\vec{t}) \tag{21.3.17}$$

und daraus mit (21.3.16), $\vec{t} = \vec{0}$,

$$W_{ff'}(\vec{t}) = \sum_{f''f'''} D^{\langle 3,1\rangle}_{f''f}(p)\,W_{f''f'''}(\vec{t}(p) + \vec{T}\{\vec{t}(p)\})\,D^{\langle 3,1\rangle}_{f'''f'}(p). \tag{21.3.18}$$

Um die Konsequenzen von (21.3.16) klarer formulieren zu können, nehmen wir zunächst an, daß eine Basis (21.2.7) bekannt sei. Aus (21.3.8, 16) folgt dann

$$R(\vec{t}\mid p)\,\vec{Z}^{\lambda}_l = \sum_{l'} D^{\lambda}_{l'l}(\vec{t}\mid p)\,\vec{Z}^{\lambda}_{l'}. \tag{21.3.19}$$

Jede der orthogonalen Matrixdarstellungen

$$D^{\lambda}_{ll'}(\vec{t}\mid p) = \sum_{\vec{i}f\vec{i}'f'} C_{\lambda l,\,\vec{i}f}\,D_{\vec{i}f,\,\vec{i}'f'}(\vec{t}\mid p)\,C_{\lambda l',\,\vec{i}'f'} \tag{21.3.20}$$

in die die Darstellung (21.1.19) zerfällt, fällt in eine der drei Kategorien:
(1) D^{λ} ist eine reelle UIR.
(2) D^{λ} zerfällt in zwei UIRs, die zueinander komplex konjugiert (aber deshalb nicht unbedingt inäquivalent) sind, und keine von beiden ist einer reellen Darstellung äquivalent.
(3) D^{λ} ist einer direkten Summe von Matrizen der Art (1) und (2) äquivalent.

In den ersten beiden Fällen ist D^{λ} eine *orthogonale irreduzible Matrixdarstellung (OIR)*, die höchstens (Fall (2)) dann reduziert werden kann, wenn man den reellen Vektorraum $\mathbf{R}^{\lambda}$, der von den Vektoren $\vec{Z}^{\lambda}_0, \ldots, \vec{Z}^{\lambda}_{n_{\lambda}-1}$ aufgespannt wird, zu einem komplexen erweitert. Die *Lösung des EW-Problems* von $W^{(2)}$ erfordert allerdings *kein Abgehen von der Orthogonalität* der ursprünglichen Darstellung D. (Dies beruht letztlich darauf, daß $V(\vec{X})$ reell ist.) Fall (2) zeigt sogar, daß *Orthogonalität anstelle von Unitarität notwendig* ist, *um (nicht zufällige) Entartungen* der Eigenfrequenzen gemäß

$$n_{\lambda} = \text{Entartung von } \omega_{\lambda} = \text{Dimension von } D^{\lambda} \tag{21.3.21}$$

ganz auf die Symmetriebedingungen (21.3.16, 17) *zurückführen zu können.*

All dies wird hinfällig, wenn D^λ keine OIR ist (Fall (3)). Es gibt dann (im Gegensatz zu den Fällen (1) und (2)) Operatoren in $\mathbf{R}^\lambda$, die mit allen Operatoren $R(\vec{t}\,|\,p)$ vertauschen und mehr als einen reellen (!) Eigenwert besitzen. Diese Operatoren können zusammen mit den in D^λ enthaltenen OIRs zu einer Erklärung der Entartung n_λ herangezogen werden. Da man diese Operatoren aber (im Gegensatz zu den OIRs) erst angeben kann, wenn man den Unterraum $\mathbf{R}^\lambda$ kennt, spricht man im Falle (3) von *zufälliger Entartung*.

Die größte vorhersehbare *Vereinfachung des EW-Problems* von $W^{(2)}$ ist daher *durch die Konstruktion einer symmetrieangepaßten Basis* zu erreichen. Da man es hier mit *orthogonalen Darstellungen in einem reellen Hilbertraum* zu tun hat, muß man sich erst einen vollständigen Satz von OIRs beschaffen, ehe man nach dem in Abschnitt 7.2 besprochenen Schema vorgehen kann.

Um aus einem (als bekannt vorausgesetzten) vollständigen Satz von UIRs einen von OIRs zu konstruieren, stellt man zunächst fest, welche UIR einer reellen Darstellung äquivalent ist. Der „Charaktertest", mit dem dies geschieht, ist z. B. in Ref. [86] beschrieben; in Ref. [85] ist außerdem das Ergebnis für alle (Doppel-)Punkt- und (Doppel-)Raumgruppen tabelliert. Ist eine UIR D^α einer OIR R^α äquivalent,

$$U^\alpha D^\alpha(x) U^{\alpha+} = R^\alpha(x) = R^{\alpha*}(x) = U^{\alpha*} D^{\alpha*}(x) U^{\alpha T}, \qquad (21.3.22)$$

dann gibt es eine unitäre Matrix $V^\alpha (= U^{\alpha+} U^{\alpha*})$, die durch

$$D^\alpha(x) = V^\alpha D^{\alpha*}(x) V^{\alpha*}, \quad V^\alpha V^{\alpha*} = E^\alpha, \qquad (21.3.23)$$

bis auf einen Phasenfaktor bestimmt ist. Berechnet man V^α aus (21.3.23) und wählt man $\omega \in \mathbf{C}$ so, daß

$$\det(V^\alpha - \omega E^\alpha) \neq 0, \quad |\omega| = 1 \qquad (21.3.24)$$

ist, dann erhält man mit

$$S^\alpha(x) = (V^\alpha - \omega E^\alpha)^{-1} D^\alpha(x) (V^\alpha - \omega E^\alpha) = S^{\alpha*}(x) \qquad (21.3.25)$$

eine zu D^α äquivalente OIR S^α. Ist eine UIR keiner reellen Darstellung äquivalent, dann erhält man eine doppelt so große OIR einfach dadurch, daß man die komplexen Matrixelemente der UIR durch reelle 2-reihige Matrizen ersetzt nach dem Schema

$$\rho + i\sigma \rightarrow \begin{bmatrix} \rho & -\sigma \\ \sigma & \rho \end{bmatrix}. \qquad (21.3.26)$$

Für die endliche Raumgruppe $^f T^3 (\times O_h$ ist ein vollständiger Satz von UIRs $D^{\vec{q}\,\langle i\rangle}$ durch

$$D^{\vec{q}\,\langle i\rangle}_{\underline{p}_1 j_1, \underline{p}_2 j_2}(\vec{t}\,|\,p) = e^{-i\vec{q}\cdot\vec{t}\,(\underline{p}_1)} \Delta^{\vec{q}}(\underline{p}_1 p, \underline{p}_2) D^{\langle i\rangle}_{j_1 j_2}(\underline{p}_1 p\, \underline{p}_2^{-1})$$

$$\vec{q} \in \Delta BZ; \quad \langle i\rangle \in A_{O_h^{\vec{q}}}; \quad \underline{p} \in O_h : O_h^{\vec{q}}; \quad j = 0, 1, \ldots, n_{\langle i\rangle} - 1 \qquad (21.3.27)$$

gegeben (s. B-6.2.4). Alle UIRs sind reellen Darstellungen äquivalent [Ref. 87]. Wählt man, wie wir im folgenden, *reelle Darstellungen der kleinen Gruppen*,

$$D^{\langle i\rangle} = D^{\langle i\rangle*} = \text{OIR von } O_h^{\vec{q}}, \qquad (21.3.28)$$

dann sind die UIRs für

$$\vec{q} = \frac{\pi}{a}\,\vec{s};\ \ 0 \leqslant s_1 \leqslant s_2 \leqslant s_3 \leqslant 1 \Longleftrightarrow$$

$$\Longleftrightarrow -\vec{q} - \vec{Q}\{-\vec{q}\} = \vec{q} \Longleftrightarrow e'\,(\text{„Inversion“}) \in O_h^{\vec{q}} \tag{21.3.29}$$

schon OIRs.

$$\vec{q} = \frac{\pi}{a}\,\vec{s}:\ D_{\underline{p}_1 j_1,\,\underline{p}_2 j_2}^{\pi/a\,\vec{s}\langle i\rangle}\,(\vec{t}\,|\,p) = (-1)^{1/a\,\vec{s}\cdot\vec{t}(\underline{p}_1)}\,\Delta^{\pi/a\,\vec{s}}(\underline{p}_1 p,\underline{p}_2)\,D_{j_1 j_2}^{\langle i\rangle}\,(\underline{p}_1 \not{p}\,\underline{p}_2^{-1})$$

$$\langle i\rangle \in A_{O_h^{\pi/a\,\vec{s}}};\quad j = 0,1,\dots,n_{\langle i\rangle} - 1 \tag{21.3.30}$$

Für die anderen $\vec{q}$-Werte folgt aus

$$D^{\vec{q}\langle i\rangle *}(\vec{t}\,|\,p) = D^{\vec{q}\langle i\rangle}(-\vec{t} - \vec{T}\{-\vec{t}\}\,|\,p) =$$

$$= D^{\vec{q}\langle i\rangle}(\vec{0}\,|\,e')\,D^{\vec{q}\langle i\rangle}(\vec{t}\,|\,p)\,D^{\vec{q}\langle i\rangle}(\vec{0}\,|\,e'), \tag{21.3.31}$$

daß $D^{\vec{q}\langle i\rangle}(\vec{0}\,|\,e')$ die Rolle der Matrix V^α in Gl. (21.3.21) übernehmen kann. Wählt man als Nebenklassenrepräsentanten der kleinen Gruppen (die e' nicht enthalten!) Elemente

$$\underline{p} = (e')^n\,\underline{\underline{p}};\qquad n = 0,1;$$

$$\underline{p} \in O_h : O_h^{\pm\vec{q}};\qquad O_h^{\pm\vec{q}} = O_h^{\vec{q}} \times \{e,e'\}, \tag{21.3.32}$$

dann diagonalisiert die orthogonale Transformation

$$A_{kn} = \frac{1}{\sqrt{2}}\,[\delta_{k0} + \delta_{k1}(-1)^n];\quad k,n = 0,1$$

$$\sum_{n_1 n_2} A_{k_1 n_1}\,D_{(e')^{n_1}\underline{p}_1 j_1,\,(e')^{n_2}\underline{p}_2 j_2}^{\vec{q}\langle i\rangle}\,(\vec{t}\,|\,p)\,A_{k_2 n_2} = D_{k_1 \underline{p}_1 j_1,\,k_2 \underline{p}_2 j_2}^{\vec{q}\langle i\rangle}\,(\vec{t}\,|\,p) \tag{21.3.33}$$

die Darstellung der Inversion e':

$$D_{k_1 \underline{p}_1 j_1,\,k_2 \underline{p}_2 j_2}^{\vec{q}\langle i\rangle}\,(\vec{0}\,|\,e') = \delta_{k_1 k_2}(-1)^{k_1}\delta_{\underline{p}_1 \underline{p}_2}\,\delta_{j_1 j_2}. \tag{21.3.34}$$

Daher erhält man, wenn man $\omega = -i$ wählt, gemäß (21.3.25) schließlich die zu (21.3.27) äquivalenten OIRs $D^{\vec{q}\langle i\rangle}$,

$$D_{k_1 \underline{p}_1 j_1,\,k_2 \underline{p}_2 j_2}^{\vec{q}\langle i\rangle}\,(\vec{t}\,|\,p) =$$

$$= [\delta_{k_1 k_2}\cos\vec{q}\cdot\vec{t}(\underline{p}_1) + (1-\delta_{k_1 k_2})(-1)^{k_1}\sin\vec{q}\cdot\vec{t}(\underline{p}_1)]\,\Delta^{\pm\vec{q}}(\underline{p}_1 p,\underline{p}_2)\,D_{j_1 j_2}^{\langle i,k_2\rangle}\,(\underline{p}_1 p\,\underline{p}_2^{-1})$$

$$\vec{q}\,(\neq \tfrac{\pi}{a}\,\vec{s}) \in \Delta BZ;\ \langle i\rangle \in A_{O_h^{\vec{q}}};\ k = 0,1;\ \underline{p} \in O_h : O_h^{\pm\vec{q}};\ j = 0,1,\dots,n_{\langle i\rangle} - 1. \tag{21.3.35}$$

$$\Delta^{\pm\vec{q}}(p_1, p_2) = \begin{Bmatrix} 1 \\ 0 \end{Bmatrix} \quad \text{für } O_h^{\pm\vec{q}}\{p_1\} \begin{Bmatrix} = \\ \neq \end{Bmatrix} O_h^{\pm\vec{q}}\{p_2\}. \tag{21.3.36}$$

$$D_{j_1 j_2}^{\langle i,k \rangle}(\bar{p}(e')^n) = D_{j_1 j_2}^{\langle i \rangle}(\bar{p})(-1)^{kn} \quad \text{(OIR von } O_h^{\pm\vec{q}}). \tag{21.3.37}$$

B. Verschiedenartige Teilchen

Man erhält die entsprechenden Gleichungen für den Kristall mit Basis meistens einfach dadurch, daß man überall $\vec{\mathrm{if}} \to d\vec{\mathrm{if}}$, $\sqrt{m} \to \sqrt{m_d}$ usw. ersetzt. (21.3.14) ist durch

$$\sum_{d'\vec{i'}} W_{d\vec{if},d'\vec{i'}f'} \sqrt{m_{d'}} = 0 \tag{21.3.38}$$

zu ersetzen. Mit der gleichen Schlußweise, die zu den Gln. (21.3.17, 18) führte, ergeben sich für die dynamische Matrix die Symmetriebeziehungen

$$W_{d\vec{if},d'\,[\vec{i}+1/a\,\vec{t}+1/a\,\vec{T}\{a\vec{i}+\vec{t}\}]\,f'} = W_{df,d'f'}(\vec{t}) \tag{21.3.39}$$

$$W_{df,d'f'}(\vec{t}) =$$

$$= \sum_{f''f'''} D_{f''f}^{\langle 3,1 \rangle}(p)\, W_{df'',d'f'''}(\vec{t}(p) + \epsilon_{dd'}\, a\,[\vec{h}(p) - \vec{h}] +$$

$$+ \vec{T}\{\vec{t}(p) + \epsilon_{dd'}\, a\,[\vec{h}(p) - \vec{h}]\})\, D_{f'''f'}^{\langle 3,1 \rangle}(p)$$

$$\epsilon = \begin{bmatrix} 0 & -1 \\ 1 & 0 \end{bmatrix}. \tag{21.3.40}$$

21.4. Eigenfrequenzen und Polarisationsvektoren

A. Gleichartige Teilchen

Mit den OIRs (21.3.30) und (21.3.35) kennt man auch die Operatoren

$$P_{l,m}^{\vec{q}\langle i \rangle} = B(e_{l,m}^{\vec{q}\langle i \rangle}) = \frac{n_{\langle i \rangle}}{N\,|O_h^{\vec{q}}|} \sum_{\vec{t}_p} D_{l,m}^{\vec{q}\langle i \rangle}(\vec{t}|p)\, R(\vec{t}|p)$$

$$l, m = \begin{Bmatrix} \underline{pj} \\ \underline{kpj} \end{Bmatrix} \quad \text{für } \vec{q} \begin{Bmatrix} = \\ \neq \end{Bmatrix} \frac{\pi}{a}\vec{s}, \tag{21.4.1}$$

die die (reellen) Einheiten $e_{l,m}^{\vec{q}\langle i \rangle} \in A(^f T^3(\times O_h)$ in $\mathbf{R}^{3N}$ darstellen. Mit ihrer Hilfe kann $\mathbf{R}^{3N}$ in invariante Unterräume zerlegt werden.

$$\mathbf{R}^{3N} = \sum_{\vec{q}\langle i \rangle l} \oplus \mathbf{R}_l^{\vec{q}\langle i \rangle}, \quad \mathbf{R}_l^{\vec{q}\langle i \rangle} = P_{l,l}^{\vec{q}\langle i \rangle} \mathbf{R}^{3N} \tag{21.4.2}$$

Es genügt, in je einem Unterraum $\mathbf{R}_m^{\vec{q}\langle i\rangle} \neq \{\vec{0}\}$ orthonormierte Basen

$$\vec{Z}_m^{\vec{q}\langle i\rangle v} \cdot \vec{Z}_m^{\vec{q}\langle i\rangle v'} = \delta_{vv'} \tag{21.4.3}$$

zu konstruieren, da diese mit

$$P_{l,m}^{\vec{q}\langle i\rangle} \vec{Z}_m^{\vec{q}\langle i\rangle v} = \vec{Z}_l^{\vec{q}\langle i\rangle v} \tag{21.4.4}$$

zu einer symmetrieangepaßten Basis von $\mathbf{R}^{3N}$ erweitert werden können.
Die Projektionsoperatoren

$$P_{ej,ej}^{\pi/a\,\vec{s}\langle i\rangle} = P^{\pi/a\,\vec{s}} P_{jj}^{\langle i\rangle} \tag{21.4.5}$$

$$P_{kej,kej}^{\vec{q}\langle i\rangle} = P^{(\pm)\vec{q}} P^k P_{jj}^{\langle i\rangle} \tag{21.4.6}$$

lassen sich als Produkt von Projektionsoperatoren

$$P^{\pi/a\,\vec{s}} = B(e^{\pi/a\,\vec{s}}) = \frac{1}{N} \sum_{\vec{t}} (-1)^{1/a\,\vec{s}\cdot\vec{t}} R(\vec{t}\,|\,e) \tag{21.4.7}$$

$$P^{(\pm)\vec{q}} = B(e^{\vec{q}} + e^{-\vec{q}}) = \frac{2}{N} \sum_{\vec{t}} \cos\vec{q}\cdot\vec{t} \; R(\vec{t}\,|\,e) \tag{21.4.8}$$

$$P^k = B(\tfrac{1}{2}[e + (-1)^k e']) = \tfrac{1}{2}[R(\vec{0}\,|\,e) + (-1)^k R(\vec{0}\,|\,e')] \tag{21.4.9}$$

$$P_{jj}^{\langle i\rangle} = B(f_{jj}^{\langle i\rangle}) = \frac{n_{\langle i\rangle}}{|O_h^{\vec{q}}|} \sum_{\bar{p}} D_{jj}^{\langle i\rangle}(\bar{p}) R(\vec{0}\,|\,\bar{p}) \tag{21.4.10}$$

darstellen, die wie die Elemente von $A({}^f T^3 (\times O_h))$, die sie darstellen, paarweise vertauschen. Die Konstruktion der Basen (21.4.3) kann daher auch hier in zwei Schritten erfolgen, bei denen jeweils zuerst durch Projektion ein Unterraum definiert und dann in diesem eine orthonormierte Basis angegeben wird.

Aus (21.4.7–9) und (21.2.14, 19) folgt

$$P^{\pi/a\,\vec{s}} \vec{Y} = \left((-1)^{\vec{s}\cdot\vec{i}} \frac{1}{N} \sum_{\vec{i}'} (-1)^{\vec{s}\cdot\vec{i}'} \sqrt{m}\, y_{\vec{i}'f} \right)$$

$$P^{(\pm\vec{q})} P^k \vec{Y} = \left(\sin\left[\vec{q}\cdot a\vec{i} + k\frac{\pi}{2}\right] \frac{2}{N} \sum_{\vec{i}'} \sin\left[\vec{q}\cdot a\vec{i}' + k\frac{\pi}{2}\right] \sqrt{m}\, y_{\vec{i}'f} \right) \tag{21.4.11}$$

so daß es nahe liegt, die Vektoren

$$\vec{Z}_1^{\pi/a\,\vec{s}f'} = \left(\frac{1}{\sqrt{N}} (-1)^{\vec{s}\cdot\vec{i}} \delta_{ff'} \right) = (T_{\pi/a\,\vec{s}1,\vec{i}} \delta_{ff'}) \tag{21.4.12}$$

$$\vec{Z}_k^{\vec{q}f'} = \left(\sqrt{\frac{2}{N}} \sin\left[\vec{q}\cdot a\vec{i} + k\frac{\pi}{2}\right] \delta_{ff'} \right) = (T_{\vec{q}k,\vec{i}} \delta_{ff'}) \tag{21.4.13}$$

als Basis der 3-dimensionalen ($f' = 1, 2, 3$) Unterräume

$$P^{\pi/a\vec{s}}\, \mathbf{R}^{3N} = \mathbf{R}^{\pi/a\vec{s}}_{k\,(\vec{s})}, \qquad P^{(\pm\vec{q})}\, P^{k}\, \mathbf{R}^{3N} = \mathbf{R}^{\vec{q}}_{k} \qquad (21.4.14)$$

zu wählen. Schon dieser Schritt, in dem nur ausgenützt wird, daß $W^{(2)}$ mit allen Operatoren $R(\vec{t}\,|\,(e')^n)$ vertauscht, bringt eine drastische Vereinfachung des EW-Problems, da die Unterräume (21.4.2) wegen (21.3.16) gegen $W^{(2)}$ invariant sind,

$$W^{(2)}\, \vec{Z}^{\vec{q}\,f}_{k} = \sum_{f'} W^{\vec{q}}_{f'f}\, \vec{Z}^{\vec{q}\,f'}_{k}, \qquad (21.4.15)$$

und statt der 3N-dimensionalen Matrix (21.3.3, 17, 18) nur mehr die 3-dimensionalen Matrizen

$$W^{\vec{q}}_{ff'} = \sum_{\vec{i}\,\vec{i}'} T_{\vec{q}k,\vec{i}}\, W_{\vec{i}f,\vec{i}'f'}\, T_{\vec{q}k,\vec{i}'}, \quad T_{\vec{q}k,\vec{i}'} = \sum_{\vec{t}} W_{ff'}(\vec{t})\cos\vec{q}\cdot\vec{t}, \qquad (21.4.16)$$

die *Fouriertransformierten der dynamischen Matrix*, zu diagonalisieren sind.

Wendet man auf einen Vektor (21.4.12–13) einen Operator $R(\vec{0}\,|\,\overline{p})$ an, so erhält man

$$R(\vec{0}\,|\,\overline{p})\, \vec{Z}^{\vec{q}\,f}_{k} = \sum_{f'} D^{\vec{q}}_{f'f}(\overline{p})\, \vec{Z}^{\vec{q}\,f'}_{k}. \qquad (21.4.17)$$

Da die orthogonalen Darstellungen

$$D^{\vec{q}}(\overline{p}) - D^{(3,1)}(\overline{p}) \qquad (21.4.18)$$

durch orthogonale Matrizen

$$S^{\vec{q}} = [S^{\vec{q}\,T}]^{-1} \qquad (21.4.19)$$

in OIRs von $O^{\vec{q}}_{h}$ zerfällt werden können,

$$\sum_{ff'} S^{\vec{q}}_{\langle i\rangle jv,f}\, D^{\vec{q}}_{ff'}(\overline{p})\, S^{\vec{q}}_{\langle i'\rangle j'v',f'} = \delta_{\langle i\rangle\langle i'\rangle}\delta_{vv'}\, D^{\langle i\rangle}_{jj'}(\overline{p}), \qquad (21.4.20)$$

kann man die Orthogonalitätsrelationen (3.2.49) ausnützen, um festzustellen, welche OIRs von $^{f}T^{3}(\times O_{h}$ in der Darstellung (21.2.19) enthalten sind.

$$\dim \mathbf{R}^{\vec{q}\,\langle i\rangle}_{l} = \sum_{f} \vec{Z}^{\vec{q}\,f}_{k}\cdot P^{\vec{q}\,\langle i\rangle}_{l,l}\, \vec{Z}^{\vec{q}\,f}_{k} = \frac{1}{|O^{\vec{q}}_{h}|}\sum_{\overline{p}} \chi^{\langle i\rangle}(\overline{p})\,\chi^{\vec{q}}(\overline{p})$$

$$\chi^{\langle i\rangle}(\overline{p}) = \sum_{j} D^{\langle i\rangle}_{jj}(\overline{p}), \quad \chi^{\vec{q}}(\overline{p}) = \sum_{f} D^{\vec{q}}_{ff}(\overline{p}) \qquad (21.4.21)$$

Ist dim $\mathbf{R}_l^{\vec{q}\langle i\rangle} \leqslant 1$, so zerfällt $D^{\vec{q}}$ in lauter inäquivalente OIRs und es genügt, eine Subduktionsmatrix $S^{\vec{q}}$ zu finden. Sie definiert zusammen mit den drei Vektoren $\vec{Z}_k^{\vec{q}f}$ drei Elemente

$$\vec{Z}_{kej}^{\vec{q}\langle i\rangle v} = (C_{\vec{q}\langle i\rangle kejv,\overrightarrow{if}}) = \sum_{f'} S^{\vec{q}}_{\langle i\rangle jv,f'}\,\vec{Z}_k^{\vec{q}f'} = (S^{\vec{q}}_{\langle i\rangle jv,f}\, T_{\vec{q}k,\vec{i}}) \tag{21.4.22}$$

der symmetrieangepaßten Basis (21.4.4), die wegen (21.3.16), (21.4.10, 15, 17–20) und $v = 0$ schon Eigenvektoren von $W^{(2)}$ sind. Jene, die zur selben Eigenfrequenz, aber zu Zeilen der OIR mit $\underline{p}[\underline{p}] \neq e$ gehören, erhält man aus

$$\vec{Z}_{k\underline{p}j}^{\vec{q}\langle i\rangle v} = R(\vec{0}\,|\,\underline{p}^{-1})\,\vec{Z}_{kej}^{\vec{q}\langle i\rangle v} = (S^{\vec{q}}_{\langle i\rangle jv,f}\,(\underline{p})\, T_{\vec{q}(\underline{p}^{-1})k,\vec{i}}),$$

$$S^{\vec{q}}(p) = S^{\vec{q}}\,D^{\langle 3,1\rangle}(p). \tag{21.4.23}$$

Wir geben dazu einige Beispiele an („Punkte" s. Bild 6.2, $O_h^{\vec{q}}$ s. A-6.2.6), wobei wir für die Subduktionsmatrizen nur jene Bedingungen angeben, die sie neben ihrer Orthogonalität erfüllen müssen. (Sie reichen zusammen mit (21.4.19) bestenfalls aus, die Zeilen bis auf so viele Vorzeichen zu bestimmen, wie OIRs in $D^{\vec{q}}$ enthalten sind.)

Punkt Γ: $\vec{q} = (0,0,0)$

$$O_h^{\Gamma} = O_h; \quad D^{\Gamma} = D^{\langle 3,1\rangle}; \quad n_{\langle 3,1\rangle} = 3$$

Punkt Λ: $\vec{q} = (\pi/aM)\,(n,n,n),\ 0 < n < M$

$$O_h^{\Lambda} = S_3; \quad D^{\Lambda} \sim D^{\langle 0\rangle} \oplus D^{\langle 2\rangle}; \quad n_{\langle 0\rangle} = 1,\ n_{\langle 2\rangle} = 2$$

$$S_{\langle 0\rangle\,00,f}^{\Lambda} = (\pm)\,\frac{1}{\sqrt{3}}$$

Punkt R: $\vec{q} = (\pi/a)\,(1,1,1)$

$$O_h^{R} = O_h; \quad D^{R} = D^{\langle 3,1\rangle}; \quad n_{\langle 3,1\rangle} = 3$$

Punkt T: $\vec{q} = (\pi/aM)\,(n,M,M),\ 0 < n < M$

$$O_h^{T} \leftrightarrow D_4; \quad D^{T} = D^{\langle 0\rangle} \oplus D^{\langle 4\rangle}; \quad n_{\langle 0\rangle} = 1,\ n_{\langle 4\rangle} = 2$$

Punkt M: $\vec{q} = (\pi/a)\,(0,1,1)$

$$O_h^{M} \leftrightarrow D_4 \times C_2; \quad D^{M} = D^{\langle 0,1\rangle} \oplus D^{\langle 4,1\rangle}; \quad n_{\langle 0,1\rangle} = 1,\ n_{\langle 4,1\rangle} = 2$$

Punkt Σ: $\vec{q} = (\pi/aM)\,(0,n,n),\ 0 < n < M$

$$O_h^{\Sigma} \leftrightarrow C_2^2; \quad D^{\Sigma} \sim D^{\langle 0,1\rangle} \oplus D^{\langle 0,0\rangle} \oplus D^{\langle 1,0\rangle}; \quad n_{\langle k,l\rangle} = 1$$

$$S_{\langle k,0\rangle\,00,f}^{\Sigma} = (\pm)\,\frac{1}{\sqrt{2}}\,[\delta_{f2} + (-1)^k\,\delta_{f3}]$$

Für einen allgemeinen $\vec{q}$-Vektor endet die Symmetrieanpassung wegen

$$0 < q_1 < q_2 < q_3 < \frac{\pi}{a} \Rightarrow O_h^{\vec{q}} = \{e\} \tag{21.4.24}$$

allerdings bei den Vektoren (21.4.13). Die Invarianz von $W^{(2)}$ unter O_h liefert hier nur eine Aussage über die Entartung, bringt aber keine Erleichterung bei der Berechnung von Eigenfrequenzen. Die Matrix $S^{\vec{q}}$ ist aus (21.4.19) und der Lösung des EW-Problems für die Matrix (21.4.16),

$$\sum_{ff'} S^{\vec{q}}_{\langle 0 \rangle 0v,f} \, W^{\vec{q}}_{ff'} \, S^{\vec{q}}_{\langle 0 \rangle 0v',f'} = \delta_{vv'} \, \omega^2_{\vec{q}\langle 0 \rangle v}, \tag{21.4.25}$$

zu bestimmen. (Der Index $\vec{q}\langle 0 \rangle v$ übernimmt hier die Rolle von λ in (21.3.8).)

Wie man aus (21.4.12, 13, 22, 23) sieht, stellen die Eigenvektoren $\vec{Z}^{\vec{q}\langle i \rangle v}_{\underline{k}pj}$ in allen Fällen Verzerrungen des statischen Kristalls dar, bei denen die Auslenkungen der Teilchen sinusförmig moduliert sind. Wellenlänge ($\lambda = 2\pi/|\vec{q}|$) und Richtung ($\vec{q}(\underline{p}^{-1})/|\vec{q}|$) sind durch den *Wellenvektor* $\vec{q}(\underline{p}^{-1})$ gegeben, die (für alle Teilchen gleiche) Richtung der Auslenkungen durch die Zeilen der Matrix $\overline{\overline{S}}^{\vec{q}}(p)$ (*Polarisationsvektoren*). Die oben angegebenen Beispiele zeigen, daß für bestimmte $\vec{q}$-Werte schon die Symmetrieeigenschaften des Operators $W^{(2)}$ ausreichen, die Polarisationsvektoren bis auf jene Unbestimmtheiten (orthogonale Transformationen) festzulegen, die in der Natur des EW-Problems liegen. Für Λ, Σ und M sind die Polarisationsvektoren entweder parallel zu $\vec{q}$ (*longitudinal*) oder normal dazu (*transversal*), für Γ und R paarweise orthogonal, sonst aber völlig unbestimmt. Für R und M ist λ so klein, daß die Teilchen in benachbarten Ebenen (normal zu $\vec{q}(\underline{p}^{-1})$) entgegengesetzt verschoben sind. Bei den den Vektoren $\vec{Z}^{\vec{0}\langle 3,1 \rangle 0}_{1ef}$ entsprechenden Verzerrungen tritt dagegen keine Modulation mehr auf („Grenzwert" $\lambda = \infty$). Jede gleichartige Verschiebung aller Teilchen gehört aber wegen (21.3.13) zu einer Eigenfrequenz

$$\omega_{\vec{0}\langle 3,1 \rangle 0} = 0. \tag{21.4.26}$$

Die Matrizen $S^{\vec{q}}$ haben, ob sie nun aus Symmetrieüberlegungen oder aus der Lösung eines EW-Problems gewonnen werden, immer die Eigenschaft, sowohl $D^{\vec{q}}$ auf Blockform zu transformieren, als auch $W^{\vec{q}}$ zu diagonalisieren. Die Matrizen $W^{\vec{q}}$ definieren zusammen mit einer orthonormierten Basis $\{\vec{z}^f : f = 1, 2, 3\}$ in einem (zu den Unterräumen (21.4.14) isomorphen) 3-dimensionalen reellen Hilbertraum $\mathbf{R}^3$ eine Schar von Operatoren $w^{\vec{q}}$. Ihr Spektrum und die Entartung der Eigenwerte ergibt sich aus den Lösungen der Säkulargleichung,

$$\det(W^{\vec{q}} - \omega^2 E^{\vec{q}}) = 0 \Longleftrightarrow \omega = \omega_n(\vec{q})$$

$$\omega_n(\vec{q}) \leqslant \omega_{n+1}(\vec{q}); \quad n = 1, 2, 3, \tag{21.4.27}$$

die zur Definition dreier Funktionen (*Zweige*) mit dem Definitionsbereich ΔBZ verwendet werden können. Ergibt sich die (nicht zufällige) Entartung der Eigenwerte von $w^{\vec{q}}$ auch aus den Dimensionen der OIRs jener Symmetriegruppe $O_h^{\vec{q}}$, die hier durch die Matrizen $D^{\vec{q}}(\bar{p})$ definiert (!) wird, dann können die Eigenwerte und -vektoren für zwei Werte $\vec{q}, \vec{q}'$ mit $O_h^{\vec{q}} \supseteq O_h^{\vec{q}'}$ und $|q_f - q_f'| < \frac{\pi}{a}$ (vgl. Gl. (20.3.23)) nach dem in Abschnitt 8.5 geschilderten Interpolationsverfahren verglichen werden. So ergeben sich für die Übergänge $\Gamma \rightarrow \Lambda \leftarrow R\,(q_f = \frac{\pi m}{aM}, 0 \leqslant m \leqslant M)$ die *Verträglichkeitsbedingungen*

$$D^\Gamma \downarrow O_h^\Lambda \sim D^{\langle 0 \rangle} \oplus D^{\langle 2 \rangle} \sim D^R \downarrow O_h^\Lambda, \tag{21.4.28}$$

die vermuten lassen, daß sich von den drei Zweigen, die für $m = 0, M$ zusammenfallen, für $0 < m < M$ einer von den beiden anderen trennt. Da

$$|\omega_n^2(\vec{q}) - \omega_n^2(\vec{q}')| \leqslant 3 \max |W_{ff'}^{\vec{q}} - W_{ff'}^{\vec{q}'}| \tag{21.4.29}$$

ist [Ref. 88], wird die Aufspaltung allerdings umso geringer sein, je weniger sich W^Λ von $W^\Gamma [W^R]$ unterscheidet. (21.4.29) hat bei den Übergängen $\Gamma \rightarrow \Lambda \leftarrow R$ keine Konsequenzen für die Polarisationsvektoren, da diese für Γ und R willkürlich gewählt werden können. Geht man dagegen von Λ zu benachbarten allgemeinen Punkten der Brillouin-Zone über, dann ist, solange sich die Matrizen $W^{\vec{q}}$ nur wenig unterscheiden, S_3 Fastsymmetriegruppe und jeder Polarisationsvektor annähernd longitudinal oder transversal.

Bild 21.1 zeigt einen Frequenzverlauf (*Dispersionsrelation*) für die Folge $\Gamma - \Lambda - R - T - M - \Sigma - \Gamma$, der unter der Annahme berechnet wurde, daß im Kristall nur zwischen den nächsten und den zweitnächsten Nachbarn eine Wechselwirkung besteht (was meist eine zu starke Vereinfachung darstellt [Ref. 89]).

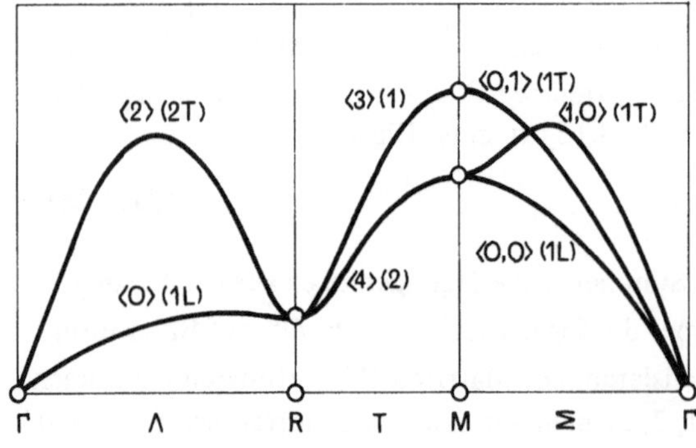

Bild 21.1
Frequenzverlauf für einen einfach kubischen Kristall ohne Basis

B. Verschiedenartige Teilchen

Für das 2N-Teilchen System erhält man mit (21.4.7–9), (21.2.27, 25) nach dem ersten Schritt anstelle von (21.4.12, 13)

$$\vec{Z}_{k(d,\vec{s})}^{\pi/a\,\vec{s}\,d'f'} = (T_{\pi/a\vec{s}\,k(d,\vec{s}),\vec{i}}^d\,\delta_{dd'}\delta_{ff'}) = \left(\frac{1}{\sqrt{N}}(-1)^{\vec{s}\cdot\vec{i}}\,\delta_{dd'}\delta_{ff'}\right)$$

$$k(\mathrm{I}, \vec{s}) = 1, \quad k(\mathrm{II}, \vec{s}) = \frac{1}{2}[1 + (-1)^{s_1 + s_2 + s_3}] \tag{21.4.30}$$

$$\vec{Z}_{k}^{\vec{q}\,d'f'} = (T_{\vec{q}k,\vec{i}}^{d}\,\delta_{dd'}\,\delta_{ff'}) =$$

$$= \left(\sqrt{\frac{2}{N}}\,\sin\left[\vec{q}\cdot a\,(\vec{i} - \delta_{d\,II}\,\vec{h}) + k\,\frac{\pi}{2}\right]\delta_{dd'}\,\delta_{ff'}\right). \tag{21.4.31}$$

Der zweite ist durch die Darstellung

$$D^{\vec{q}} = D^{\vec{q}\,I} \oplus D^{\vec{q}\,II}$$

$$D^{\vec{q}\,I}(\bar{p}) = D^{(3,1)}(\bar{p}), \quad D^{\vec{q}\,II}(\bar{p}) = e^{i\vec{Q}\{\vec{q}(\bar{p})\}\cdot a\vec{h}}\,D^{(3,1)}(\bar{p}) \tag{21.4.32}$$

bestimmt. Die Teilchen der nun 6-reihigen Matrizen $S^{\vec{q}}$ (Zeilenindex $\langle i\rangle jv$, Spaltenindex
df), die $W^{\vec{q}}$ diagonalisieren und $D^{\vec{q}}$ zerfällen, legen nicht nur die Richtungen fest, in die
die Teilchen jeder Sorte ausgelenkt werden, sondern auch das Verhältnis der beiden Amplituden. Sie können für $q_3 \neq \pi/a$ nicht mehr nur aus Symmetrieüberlegungen bestimmt wer-
den, da in diesem Fall $D^{\vec{q}\,I} = D^{\vec{q}\,II}$ ist. Im günstigsten Fall zerfällt diese Darstellung in lauter
inäquivalente OIRs. Die Richtung der Auslenkungen ist dann zwar für beide Teilchenarten
bis auf das Vorzeichen durch eine 3-reihige Subduktionsmatrix bestimmt, die relative
Phase (gleichgerichtete oder entgegengesetzte Auslenkungen) und das Amplitudenverhält-
nis ergeben sich aber ebenso wie die zugehörige Eigenfrequenz erst aus der Lösung des
EW-Problems einer 2-reihigen symmetrischen Matrix.

Wie die folgenden Beispiele zeigen, ist es dagegen für $q_3 = \pi/a$ möglich, daß $D^{\vec{q}\,I} \oplus D^{\vec{q}\,II}$
eine OIR nur einmal enthält. Da diese OIR entweder in $D^{\vec{q}\,I}$ oder in $D^{\vec{q}\,II}$ enthalten ist,
stellt ein zugehöriger Basisvektor eine Verzerrung des Kristalls dar, an der nur die Teilchen
einer Sorte beteiligt sind.

Punkt R: $D^{R\,II} = D^{(4,1)}$; $n_{\langle 4,1\rangle} = 3$

Punkt T: $D^{T\,II} = D^{(3)} \oplus D^{(4)}$; $n_{\langle 3\rangle} = 1$, $n_{\langle 4\rangle} = 2$

Punkt M: $D^{M\,II} = D^{(3,1)} \oplus D^{(4,1)}$; $n_{\langle 3,1\rangle} = 1$, $n_{\langle 4,1\rangle} = 2$

Die Subduktionsmatrizen, die diese Darstellungen zerfällen, erfüllen dieselben Bedingungen
wie für d = I. Wegen

$$q_3' \neq \frac{\pi}{a}: D^{\vec{q}\,I} \downarrow O_h^{\vec{q}'} = D^{\vec{q}\,II} \downarrow O_h^{\vec{q}'} \tag{21.4.33}$$

ändert sich auch an den meisten Verträglichkeitsbedingungen nichts.

Die Funktionen $\omega_n(\vec{q})$ mit $n \leqslant 3$ heißen *akustische*, die anderen *optische Zweige*.
Diese Bezeichnung ist darauf zurückzuführen, daß wegen (21.4.30) und (21.1.38)

$$P^{\vec{0}}\,\mathbf{R}^{6N} = \mathbf{R}_{k=1}^{\vec{0}} = \mathbf{R}^{\|} \oplus \mathbf{R}^{\perp 0} \tag{21.4.34}$$

ist. $\mathbf{R}^{\|}$ ist ein 3-dimensionaler Unterraum, der zur Eigenfrequenz $\omega_{\vec{0}\langle 3,1\rangle,v=0} = 0$ gehört.
Der ebenfalls 3-dimensionale Unterraum $\mathbf{R}^{\perp 0}$ enthält die zur Frequenz $\omega_{\vec{0}\langle 3,1\rangle,v=1} \neq 0$
gehörenden Eigenvektoren $\vec{Z}_{1\,ej=f}^{\vec{0}\langle 3,1\rangle\,1}$, die Verzerrungen darstellen, bei denen beide Teil-
gitter starr gegeneinander verschoben sind. Haben die Teilchen mit d = I und d = II ent-

gegengesetzte Ladungen, dann besitzt der (Ionen-)Kristall in diesem Zustand ein großes
Dipolmoment, das seine optischen Eigenschaften bestimmt. Ähnliches gilt wegen

$$| \omega_n^2 (\vec{q}) - \omega_n^2 (\vec{q}\,') | \leqslant 6 \max | W_{df,d'f'}^{\vec{q}} - W_{df,d'f'}^{\vec{q}\,'} | \tag{21.4.35}$$

für alle langwellig modulierten Verzerrungen, die zum optischen Zweig gehören.

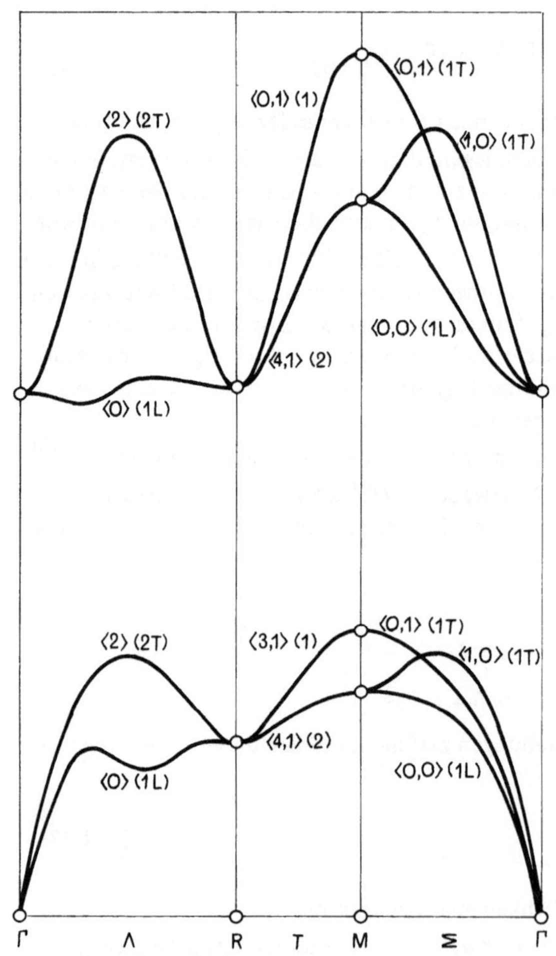

Bild 21.2
Frequenzverlauf für einen
einfachen kubischen Kristall
mit Basis (CsCl-Struktur)

21.5. Normalschwingungen

A. Gleichartige Teilchen

Die bisherigen Überlegungen waren rein geometrischer Natur. Will man — zunächst im
Rahmen der klassischen Mechanik — das dynamische Verhalten des N-Teilchen-Systems
erfassen, dann muß man neben den 3N Koordinaten $\sqrt{m}\,x_{\vec{i}f}$ noch 3N (kanonisch kon-

jugierte) Impulse $1/\sqrt{m}\, p_{\vec{\imath f}}$ als Grundgrößen einführen. Auch sie können zu einem Element eines 3N-dimensionalen Vektorraums zusammengefaßt werden.

$$\vec{P} = \left(\frac{1}{\sqrt{m}}\, p_{\vec{\imath f}} \right) \in \mathbf{R}^{3N} \quad (\text{,,Impulsraum''}) \tag{21.5.1}$$

Der 6N-dimensionale *Phasenraum* $\mathbf{R}^{6N} = \mathbf{R}^{3N}$ (,,Impulsraum'') $\oplus\, \mathbf{R}^{3N}$ (,,Konfigurationsraum'') mit den Elementen $(\vec{P}, \vec{X})$ ist dann der Definitionsbereich der *Hamiltonfunktion*

$$H(\vec{P}, \vec{X}) = \frac{1}{2}\, \vec{P}^2 + V(\vec{X}), \tag{21.5.2}$$

die den Liouvilleoperator

$$L\left(\vec{P}, \vec{X}, \frac{\partial}{\partial \vec{P}}, \frac{\partial}{\partial \vec{X}} \right) = \left[\frac{\partial}{\partial \vec{P}} H(\vec{P}, \vec{X}) \right] \cdot \frac{\partial}{\partial \vec{X}} - \left[\frac{\partial}{\partial \vec{X}} H(\vec{P}, \vec{X}) \right] \cdot \frac{\partial}{\partial \vec{P}} \tag{21.5.3}$$

und damit zu jedem $(\vec{P}, \vec{X})$ eine Kurve

$$\vec{P}_t = e^{\, tL\left(\vec{P}, \vec{X}, \frac{\partial}{\partial \vec{P}}, \frac{\partial}{\partial \vec{X}} \right)} \vec{P} = \vec{P} - t\, \frac{\partial}{\partial \vec{X}} H(\vec{P}, \vec{X}) + \dots$$

$$\vec{X}_t = e^{\, tL\left(\vec{P}, \vec{X}, \frac{\partial}{\partial \vec{P}}, \frac{\partial}{\partial \vec{X}} \right)} \vec{X} = \vec{X} + t\, \frac{\partial}{\partial \vec{P}} H(\vec{P}, \vec{X}) + \dots \tag{21.5.4}$$

definiert. Diese Kurve, die die zeitliche Entwicklung eines Systems darstellt, dessen Zustand zur Zeit $t = 0$ durch $(\vec{P}, \vec{X})$ gegeben ist, liegt zur Gänze im Definitionsbereich einer *Energiefläche*

$$H(\vec{P}, \vec{X}) = H(\vec{P}_t, \vec{X}_t) = E. \tag{21.5.5}$$

Erweitert man mit

$$(\vec{C}^{\parallel} + \vec{T}^{\perp} \,|\, r, p) \in S: \quad \vec{P} \to R(r, p)\, \vec{P} \tag{21.5.6}$$

die Transformationen (21.1.26) zu linearen (kanonischen) Transformationen im Phasenraum, dann gelten die Beziehungen

$$H(\vec{P}, \vec{X}) = H(R(r, p)\, \vec{P},\ R(r, p)\, \vec{X} + \vec{C}^{\parallel} + \vec{T}^{\perp})$$

$$[R(r, p)\, \vec{P}]_t = R(r, p)\, \vec{P}_t$$

$$[R(r, p)\, \vec{X} + \vec{C}^{\parallel} + \vec{T}^{\perp}]_t = R(r, p)\, \vec{X}_t + \vec{C}^{\parallel} + \vec{T}^{\perp}, \tag{21.5.7}$$

aus denen man sieht, daß man alle Zustände $(\vec{P}, \vec{X} + \vec{T})$ mit $\vec{T} = (\sqrt{m}\, L n_{\vec{\imath f}})$ miteinander identifizieren und den Phasenraum entsprechend einschränken kann.

Mit der harmonischen Näherung

$$H'(\vec{P}, \vec{Y}) = \frac{1}{2}\,\vec{P}^2 + W'(\vec{Y})$$

$$L'\!\left(\vec{P}, \vec{Y}, \frac{\partial}{\partial\vec{P}}, \frac{\partial}{\partial\vec{Y}}\right) = \vec{P}\cdot\frac{\partial}{\partial\vec{Y}} - W^{(2)}\,\vec{Y}\cdot\frac{\partial}{\partial\vec{P}} \qquad (21.5.8)$$

wird auch die zeitliche Entwicklung (21.5.4) zu einer linearen (kanonischen) Transformation, die eine besonders einfache Form annimmt, wenn man über

$$\vec{P} = \sum_{\lambda l} r_l^\lambda\,\vec{R}_l^\lambda, \quad \vec{R}_l^\lambda = (C_{\lambda l,\,\vec{\imath}f}) \in \mathbf{R}^{3N} \ (\text{,,Impulsraum''})$$

$$r_l^\lambda = \sum_{\vec{\imath}f} C_{\lambda l,\,\vec{\imath}f}\,\frac{1}{\sqrt{m}}\,p_{\vec{\imath}f}\,, \qquad (21.5.9)$$

die zu den Normalkoordinaten z_l^λ (Gl. (21.3.11)) kanonisch konjugierten Impulse r_l^λ einführt.

$$L'\!\left(\vec{P}, \vec{Y}, \frac{\partial}{\partial\vec{P}}, \frac{\partial}{\partial\vec{Y}}\right) = \sum_{\lambda l} r_l^\lambda\,\frac{\partial}{\partial z_l^\lambda} - \omega_\lambda^2\,z_l^\lambda\,\frac{\partial}{\partial r_l^\lambda} \qquad (21.5.10)$$

$$\vec{P}_t = \sum_{\lambda l} r_l^\lambda(t)\,\vec{R}_l^\lambda, \quad \vec{Y}_t = \sum_{\lambda l} z_l^\lambda(t)\,\vec{Z}_l^\lambda$$

$$r_l^\lambda(t) = r_l^\lambda \cos\omega_\lambda t - \omega_\lambda z_l^\lambda \sin\omega_\lambda t$$

$$z_l^\lambda(t) = \frac{1}{\omega_\lambda}\,r_l^\lambda \sin\omega_\lambda t + z_l^\lambda \cos\omega_\lambda t \qquad (21.5.11)$$

Sind $r_l^\lambda(t)$ und $z_l^\lambda(t)$ nur für ein einziges Indexpaar

$$\lambda = \vec{q}\,\langle i\rangle v \quad \text{bzw.} \quad \frac{\pi}{a}\,\vec{s}\,\langle i\rangle 0$$

$$l = k\underline{p}j \quad \text{bzw.} \quad k(\vec{s})\underline{p}j \qquad (21.5.12)$$

von Null verschieden, dann schwingen alle Teilchen mit derselben Frequenz ω_λ um ihre Gleichgewichtslagen. Daß bei einer solchen *Normalschwingung* die Amplituden wie bei einer stehenden Welle moduliert und alle Auslenkungen gleichgerichtet sind, folgt aus der Form des zugehörigen Vektors $\vec{Z}_l^\lambda$ (s. Abschnitt 21.4). Für $\vec{q} = \vec{0}\,(\omega_\lambda = 0)$ entartet die Schwingung zu einer gleichförmigen Bewegung. Allgemeinere Bewegungen der Kristallbausteine können wegen (21.5.11) stets als Überlagerung von Normalschwingungen angesehen werden.

Von den linearen Transformationen des Phasenraumes, die Elemente von S darstellen, vertauschen nur die Repräsentanten der Untergruppe $S_{\vec{A}^\perp}$ (s. Gl. (21.2.4, 12)) mit der zeitlichen Entwicklung (21.5.11).

$$[R(\vec{t}\,|\,p)\,\vec{P}]_t = R(\vec{t}\,|\,p)\,\vec{P}_t$$

$$[R(\vec{t}\,|\,p)\,\vec{Y} + \vec{C}^{\,\|}]_t = R(\vec{t}\,|\,p)\,\vec{Y}_t + \vec{C}^{\,\|} \qquad (21.5.13)$$

Da von den Translationen nur mehr die mit der zeitlichen Entwicklung vertauschen, die einer gleichartigen Verschiebung aller Teilchen entsprechen, kann der Phasenraum auch nur bezüglich $\vec{Y}^{\|}$ auf ein Periodizitätsvolumen beschränkt werden. Die *harmonische Näherung* hat also einen *Verlust an geometrischen Symmetrien* zur Folge, der allerdings durch einen *Gewinn an dynamischen Symmetrien* mehr als wettgemacht wird. Diese kommen nicht nur darin zum Ausdruck, daß die zeitliche Entwicklung die einfache Form (21.5.11) annimmt, sondern auch in einer Gruppe von linearen kanonischen Transformationen, die auf dem durch

$$H_\lambda(\vec{P}, \vec{Y}) = \frac{1}{2} \sum_l [(r_l^\lambda)^2 + \omega_\lambda^2 (z_l^\lambda)^2] = E_\lambda$$

$$\sum_\lambda E_\lambda = E' \qquad (21.5.14)$$

gegebenen Teil der Energiefläche nahezu transitiv ist. Die in ihr enthaltenen, der Gruppe $S_{\vec{A}^\perp}$ zugeordneten Transformationen führen zwar wegen

$$H_\lambda(R(\vec{t}\,|\,p)\,\vec{P}, \ R(\vec{t}\,|\,p)\,\vec{Y} + \vec{C}^{\,\|}) = H_\lambda(\vec{P}, \vec{Y}) \qquad (21.5.15)$$

jedes Element $(\vec{P}, \vec{Y})$ dieses Bereichs wieder in ein solches über, können aber nur eine endliche Anzahl von „Relativbewegungen" $(\vec{P}_t, \vec{Y}_t)$, die zum Definitionsbereich von (21.5.14) gehören, miteinander verbinden. Die Transformationen, die alle zu (21.5.14) gehörenden „inneren Zustände" $(\vec{P}^\perp, \vec{Y}^\perp)$ und unendlich viele „Schwerpunktsbewegungen" $(\vec{P}_t^{\|}, \vec{Y}_t^{\|})$ ineinander überführen, bilden eine zu

$$S_s = ({}^c T^3 \, (\times O_h) \times \prod_{\lambda \neq \vec{0}\langle 3,1\rangle 0} \text{(direkt)} \ U(n_\lambda)$$

$$n_\lambda = \text{Entartung der Eigenfrequenz } \omega_\lambda \qquad (21.5.16)$$

isomorphe Gruppe. Denn wählt man in den Unterräumen mit $\lambda \neq \vec{0}\langle 3,1\rangle 0$ Basen der Form $\left\{ \sqrt{\omega_\lambda}\,\vec{R}_0^\lambda, \ \dfrac{1}{\sqrt{\omega_\lambda}}\,\vec{Z}_0^\lambda, \ \dots, \ \sqrt{\omega_\lambda}\,\vec{R}_{n_\lambda-1}^\lambda, \ \dfrac{1}{\sqrt{\omega_\lambda}}\,\vec{Z}_{n_\lambda-1}^\lambda \right\}$, dann ist dort die Wirkung

eines Elements von (21.5.16) durch jene $2n_\lambda$-dimensionale OIR von $U(n_\lambda)$ gegeben, die man gemäß (21.3.26) aus der n_λ-dimensionalen UIR erhält, die zur Definition der Gruppe $U(n_\lambda)$ dient (s. B-1.1.3).

In der quantenmechanischen Fassung des Problems sind die Verhältnisse weitgehend analog. Als Zustandsraum würde man zunächst die Menge aller in der Konfigurationszelle quadratisch integrierbaren komplexwertigen Funktionen wählen. Für die harmonische Näherung ist $H = L^2([J \sqrt{mN}]^3 \times R^{3N-3})$ vorteilhafter, da man dann die üblichen Oszilatoreigenfunktionen [Ref. 43] verwenden kann, um den „inneren Zustand" des Kristalls zu beschreiben. Die Elemente aller Gruppen, von denen in diesem Kapitel die Rede war, können in H durch unitäre Operatoren dargestellt werden. Die zeitliche Entwicklung ist durch den Hamiltonoperator

$$H' = \sum_\lambda H_\lambda, \quad H_\lambda = \frac{1}{2} \sum_l [(r_l^\lambda)^2 + \omega_\lambda^2 (z_l^\lambda)^2] \tag{21.5.17}$$

gegeben, sein Spektrum

$$E' = \frac{1}{2} \sum_f K_f^2 + \sum_{\lambda \neq \vec{0}\langle 3,1\rangle 0} \omega_\lambda \left(N_\lambda + \frac{n_\lambda}{2} \right)$$

$$K_f = \frac{2\pi}{L \sqrt{mN}} N_f; \quad N_f, N_\lambda \text{ (ganz)} \geq 0 \tag{21.5.18}$$

durch das der Summanden in (21.5.17). Ein *ruhender Kristall* $(K_f = 0)$ besitzt daher nur eine Energie, die sich aus Quanten (*Phononen*) der Größe ω_λ zusammensetzt, und stationäre Zustände

$$\psi_{\{N_{\lambda l}\}}(\vec{Y}) \propto \prod_{\lambda l}' (a_l^{\lambda+})^{N_{\lambda l}} \psi_{\{0\}}(\vec{Y}) \tag{21.5.19}$$

(der Strich in (21.5.19) bedeutet, daß $\lambda \neq \vec{0}\langle 3,1\rangle 0$ ist), die man durch Anwendung der *Erzeugungsoperatoren*

$$a_l^{\lambda+} = \frac{1}{\sqrt{2}} \left(\sqrt{\omega_\lambda}\, z_l^\lambda - i \frac{1}{\sqrt{\omega_\lambda}}\, r_l^\lambda \right) \tag{21.5.20}$$

aus dem *Grundzustand*

$$\psi_{\{0\}}(\vec{Y}) \propto e^{-\frac{1}{2}\sum_{\lambda l}' \omega_\lambda (z_l^\lambda)^2} \tag{21.5.21}$$

erhält.

Die reellen Linearkombinationen

$$v = \sum_{\vec{if}} \left(\rho'_{\vec{if}} \frac{1}{\sqrt{m}}\, p_{\vec{if}} + \rho''_{\vec{if}} \sqrt{m}\, x_{\vec{if}} \right) + \rho_0 \mathbf{1} \tag{21.5.22}$$

der Operatoren $p_{\vec{if}}$, $x_{\vec{if}}$ und $\mathbf{1}$ (1-Operator in H) spannen einen $(6N+1)$-dimensionalen Vektorraum auf, der unter den Transformationen $v \to UvU^+$ mit $U = U(\vec{C}^\| + \vec{T}^\perp \mid r, p)$

und $U = e^{-iH't}$ invariant ist. Unter den der endlichen Raumgruppe ${}^{f}T^{3}$ ($\times O_h$ zugeordneten Transformationen $v \rightarrow U(\vec{t}|p)\,v\,U^{+}(\vec{t}|p)$ transformieren sich die Elemente

$$\frac{1}{\sqrt{m}}\, p_{\vec{i}f} = \sum_{\vec{q}\langle i \rangle l} T_{l,l}^{\vec{q}\langle i \rangle} \left[\frac{1}{\sqrt{m}}\, p_{\vec{i}f}\right]$$

$$\sqrt{m}\, y_{\vec{i}f} = \sum_{\vec{q}\langle i \rangle l} T_{l,l}^{\vec{q}\langle i \rangle} \left[\sqrt{m}\, y_{\vec{i}f}\right] \tag{21.5.23}$$

nach der Darstellung (21.2.19), während sich ihre Tensorkomponenten

$$T_{l,l'}^{\vec{q}\langle i \rangle}\left[\frac{1}{\sqrt{m}}\, p_{\vec{i}f}\right] = \sum_{v} C_{\vec{q}\langle i \rangle l' v, \vec{i}f}\; r_{l}^{\vec{q}\langle i \rangle v}$$

$$T_{l,l'}^{\vec{q}\langle i \rangle}\left[\sqrt{m}\, y_{\vec{i}f}\right] = \sum_{v} C_{\vec{q}\langle i \rangle l' v, \vec{i}f}\; z_{l}^{\vec{q}\langle i \rangle v} \tag{21.5.24}$$

nach den OIRs (21.3.30, 35) transformieren. Dasselbe gilt auch für die Erzeugungsoperatoren (21.5.20) und (wegen $D^{\vec{q}\langle i \rangle}(\vec{t}|p) = D^{\vec{q}\langle i \rangle *}(\vec{t}|p)$) für die zu ihnen adjungierten Vernichtungsoperatoren a_{l}^{λ}. Wegen

$$U(\vec{t}|p)\,\psi_{\{0\}}(\vec{Y}) = \psi_{\{0\}}(\vec{Y}) \tag{21.5.25}$$

transformieren sich daher die Zustände (21.5.19) mit $\sum_{\lambda l}' N_{\lambda l} = 1$ (1-Phononen-Zustände) nach OIRs. 2-Phononen-Zustände ($\sum_{\lambda l}' N_{\lambda l} = 2$) transformieren sich nach Kroneckerprodukten von OIRs, die nur dann in systematischer Weise zerfällt werden können, wenn man die entsprechenden CG-Koeffizienten von ${}^{f}T^{3}$ ($\times O_h$ kennt. Ein besseres Verständnis der Entartung von Eigenwerten, die sich um mehr als ein Phonon von der Grundzustandsenergie unterscheiden, ergibt sich aus der Gruppe (21.5.16), die eine starke Symmetriegruppe von H' ist, da die Gruppen $U(n_\lambda)$ Invarianzgruppen der isotropen Teile H_λ sind [Ref. 44, 45].

B. Verschiedenartige Teilchen

Da alle Argumente im wesentlichen auch für das 2N-Teilchen-System gelten, verzichten wir darauf, hier auch die entsprechenden Gleichungen anzugeben.

Weiterführende Literatur zu Teil V

allgemein: Ref. [75], [72]
Punkt- und Raumgruppen: Ref. [85]
Energiebänder: Ref. [81]
Gitterschwingungen: Ref. [89], [90]

Literatur

[1] *Kahan, Th.:* Theory of Groups in Classical and Quantum Physics, Bd. 1. Edinburgh: Oliver & Boyd 1965 (insbesondere Teil I: Theory of Groups and Axiomatized Mathematics for the Use of Physicists).

[2] Ref. [1], S. 116, 117.

[3] Ref. [1], S. 112, 120.

[4] Ref. [1], S. 121.

[5] Ref. [1], S. 120.

[6] Ref. [1], S. 138.

[7] Ref. [1], S. 157.

[8] *Cohn, P. M.:* Lie Groups. Cambridge: University Press 1961.

[9] Ref. [8], Kap. 6.

[10] *Belinfante, J. G. F./Kolman, B.:* Lie Groups and Lie Algebras. Philadelphia: Society for Industrial and Applied Mathematics 1972.

[11] Ref. [10], Abschnitt 1.15.

[12] Ref. [8], Kapitel 7.

[13] Ref. [10], Abschnitt 1.14.

[14] *Neumark, M. A.:* Normierte Algebren. Berlin: Deutscher Verlag der Wissenschaften 1959 (insbesonders Kapitel 6: Gruppenalgebren).

[15] Ref. [14], § 27.

[16] *Maak, W.:* Fastperiodische Funktionen. Berlin: Springer ^{2}1967.

[17] Ref. [14], S. 140.

[18] Ref. [14], S. 439.

[19] Ref. [14], S. 150.

[20] *Pontrjagin, L. S.:* Topologische Gruppen. Leipzig: Teubner 1957.

[21] Ref. [20], Bd. 1, S. 255.

[22] Ref. [14], S. 385.

[23] *Neumark, M. A.:* Lineare Darstellungen der Lorentzgruppe. Berlin: Deutscher Verlag der Wissenschaften 1963. S. 38.

[24] *Wilcox, R. M.:* Exponential Operators and Parameter Differentiation in Quantum Physics. J. Math. Phys. **8** (1967) 962–982.

[25] Ref. [14], S. 440.

[26] *Rutherford, D. E.:* Substitutional Analysis. Edinburgh: University Press 1948.

[27] *Kasperkovitz, P./Dirl, R.:* Irreducible Tensorial Sets within the Group Algebra. J. Math. Phys. **15** (1974) 1203–1210.

[28] *Hamermesh, M.:* Group Theory. Reading, Mass.: Addison-Wesley 1962.

[29] Ref. [28], Kapitel 7.

[30] Ref. [28], S. 92 (Summation → Integration).

[31] *Racah, G.:* Group Theory and Spectroscopy; in *Höhler, G.* (Hrsg.): Ergebnisse der exakten Naturwissenschaften, Bd. 37. Berlin: Springer 1965.

[32] *Bacry, H.:* Lecons sur la Théorie des Groupes et les Symétries des Particules Elémentaires. Paris: Gordon & Breach 1967.

[33] *Weyl, H.:* The Classical Groups. Princeton: University Press ^{2}1946.

[34] Ref. [31], Abschnitt III.4; Ref. [32], § 5.12; Ref. [33], Kapitel 8.

[35] *Rose, M. E.:* Elementary Theory of Angular Momentum. New York: Wiley 1957.

[36] *Edmonds, A. R.:* Angular Momentum in Quantum Mechanics. Princeton: University Press ^{2}1960.

[37] *Messiah, A.:* Quantum Mechanics. Amsterdam: North-Holland 1962.

[38] Ref. [37], Bd. 2, S. 1054.

[39] *Rotenberg, M./Bivins, R./Metropolis, N./Wooten, J. K.,* Jr.: The 3-j and 6-j symbols. London: Crosby Lockwood 1959.

[40] Ref. [28], S. 354; Ref. [35], S. 234.

[41] *Coleman, A. J.:* Induced and Subduced Representations; in *Loebl, E. M.* (Hrsg.): Group Theory and its Applications, Bd. 1. New York: Academic 1968.

[42] *Jansen, L./Boon, M.:* Theory of Finite Groups. Applications in Physics. Amsterdam: North-Holland 1967.

[43] Ref. [37], Kapitel 12.

[44] *McIntosh, H. V.:* Symmetry and Degeneracy; in *Loebl, E. M.* (Hrsg.): Group Theory and its Applications, Bd. 2. New York: Academic 1971.

[45] *Vitale, B.:* "Invariance" and "Non-Invariance" Dynamical Groups; in *Bemporad, M./ Ferreira, E.* (Hrsg.): Selected Topoics in Solid State and Theoretical Physics. New York: Gordon & Breach 1968.

[46] *Bethe, H. A./Salpeter, E. E.:* Quantum Mechanics of One- and Two-Electron-Atoms. Berlin: Springer 1957.

[47] Ref. [46], S. 5, 27; Ref. [37], S. 419, 483.

[48] *Condon, E. U./Shortley, G. H.:* The Theory of Atomic Spectra. Cambridge: University Press 1959.

[49] *Judd, B. R.:* Operator Techniques in Atomic Spectroscopy. New York: McGraw-Hill 1963.

[50] Ref. [48], S. 113; Ref. [49], S. 4.

[51] Ref. [37], Bd. 2, S. 1059.

[52] Ref. [37], Bd. 1, S. 252.

[53] Ref. [37], Bd. 2, S. 546.

[54] Ref. [37], Bd. 2, S. 586, 582.

[55] Ref. [48], S. 158; Ref. [37], Bd. 2, S. 612.

[56] Ref. [37], Bd. 2, S. 615, 778.

[57] Ref. [48], S. 195.

[58] Ref. [37], S. 703.

[59] Ref. [49], S. 166.

[60] Ref. [48], S. 112.

[61] Ref. [48], S. 168.

[62] Ref. [48], S. 123.

[63] Ref. [48], S. 122.

[64] Ref. [46], S. 27.

[65] *Dirl, R.:* The Group Ring of the Dynamical Invariance Group of the H-Atom. I, II. Nuovo Cim. 23B (1974) 417–440, 441–472.

[66] Ref. [37], Bd. 1, S. 497; Ref. [49], S. 79.

[67] Ref. [48], S. 209; Ref. [37], Bd. 2, S. 702.

[68] *Dirl, R./Kasperkovitz, P./Mühl, F.:* Sum Rules for Reduced Matrix Elements (unveröffentlicht).

[69] Ref. [48], S. 266.

[70] Ref. [49], S. 124.

[71] *Wyborne, B. G.:* Symmetry Principles and Atomic Spectroscopy. New York: Wiley 1970.

[72] *Knox, R. S./Gold, A.:* Symmetry in the Solid State. New York: Benjamin 1964.

[73] Ref. [72], S. 105.

[74] *Ballhausen, C. J.:* Introduction to Ligand Field Theory. New York: Mc Graw-Hill 1962.

[75] *Streitwolff, H.-W.:* Gruppentheorie in der Festkörperphysik. Leipzig: Akademische Verlagsgesellschaft 1967.

[76] *Tinkham, M.:* Group Theory and Quantum Mechanics. New York: McGraw-Hill 1964.

[77] Ref. [76], S. 292; Ref. [75], S. 130.

[78] Ref. [75], S. 112.

[79] *Kasperkovitz, P./Dirl, R.:* Verträglichkeitsbedingungen ohne Stetigkeitsannahmen. I. Allgemeine Formulierung. II. Ein Beispiel. Acta Physica Austriaca **42** (1975) 57–72, 201–211.

[80] *Slater, J. C.:* Quantum Theory of Molecules and Solids. New York: McGraw-Hill 1965, Bd. 2, S. 250.

[81] *Cornwell, J. F.:* Group Theory and Electronic Energy Bands in Solids. Amsterdam: North-Holland 1969.

[82] Ref. [81], S. 143; Ref. [72], S. 141.

[83] Ref. [81], S. 148; Ref. [75], S. 139.

[84] Ref. [72], S. 141.

[85] *Bradley, C. J./Cracknell, A. P.:* The Mathematical Theory of Symmetry in Solids. Oxford: Clarendon 1972.

[86] Ref. [42], S. 130; Ref. [85], S. 20, 201.

[87] Ref. [85], S. 382.

[88] *Wilkinson, J. H.:* The Algebraic Eigenvalue Problem. Oxford: Clarendon 1965, S. 103.

[89] *Leibfried, G.:* Mechanische und thermische Eigenschaften der Kristalle; in *Flügge, S.* (Hrsg.): Handbuch der Physik, Bd. VII/1. Berlin: Springer 1955.

[90] *Maradudin, A. A./Montroll, E. W./Weiss, G. H./Ipatova, I. P.:* Theory of Lattice Dynamics in the Harmonic Approximation. New York: Academic ^{2}1971.

[91] *Kasperkovitz, P.:* New Models of Crystals. I–III. J. Phys. **C9** (1976) 217–226, 227–237, 4069–4082.

Sachwortverzeichnis

Physikalisches Taschenbuch

Herausgegeben von Hermann Ebert

5., vollständig überarbeitete und teils neugefaßte Auflage 1976. VI, 617 S. Mit 158 Abb., 170 Tabellen und einer mehrfarbigen herausnehmbaren Nuklidkarte. 12 × 19 cm. Gebunden.

Das „Physikalische Taschenbuch" ist das kurzgefaßte Nachschlagewerk für den Physiker. Seine prägnanten Begriffsbestimmungen, die exakte Behandlung der physikalischen Einzelgebiete und die unzähligen Hinweise auf Zahlenwerte und Meßdaten haben sich während des Studiums und im Praktikum gleichermaßen bewährt wie im Forschungs- und Prüflabor.

Dieses universelle Handbuch des Physikers informiert auf breiter Basis über den neuesten Stand der physikalischen Erkenntnis. Eigene Abschnitte behandeln die klassischen physikalischen Grundlehren Mechanik, Akustik, Optik, Wärme, Elektrizität und Magnetismus sowie die besonderen Gesichtspunkte der Physik der Gase, Flüssigkeiten und Festkörper mit einem Abschluß über Materie unter extremen Bedingungen bis 1200 K und besonders hohen Dichten. Die Grundlagen der neuen theoretischen Physik sind in den Abschnitten über Elementarteilchen-, Kern-, Atom- und Molekülphysik übersichtlich dargestellt. Grundlageninformationen über physikalische Größen und Einheiten fehlen ebenso wenig wie ein Abschnitt über die mathematischen Hilfsmittel der Physik, der auf einem breiten Fundament aufgebaut auch höheren Ansprüchen gerecht wird.

PHYSIK griffbereit

Definitionen · Gesetze — Theorien

von B. M. Jaworski und A. A. Detlaf. (In deutscher Sprache herausgegeben von Ferdinand Cap.) 1972. 864 Seiten mit 259 Abbildungen, 26 Tabellen 12 × 19 cm. Gebunden.

Zur Lösung physikalischer Probleme sind Grundkenntnisse der allgemeinen und theoretischen Physik eine Voraussetzung. Das wesentliche Grundwissen der Physik „griffbereit" darzubieten, ist das Ziel dieses Buches. Alle Begriffe, Gesetze, Theorien und wichtigen Ableitungen der Physik sind thematisch geordnet und übersichtlich dargestellt. Ein 28-seitiges Register macht dieses Buch gleichzeitig zu einem wertvollen Nachschlagewerk. Besonderer Wert wurde auf allgemeine Strukturen, die den Teilgebieten der Physik gemeinsam sind, gelegt. Das Buch informiert den Leser auch über alle wichtigen modernen Gebiete der Physik, wie Festkörperphysik, Plasmaphysik und Elementarteilchenphysik.

„Dem in prägnantem, klaren Stil von F. Cap, Innsbruck, ins Deutsche übertragenen Buch ist im deutschsprachigen Raum kaum etwas Gleichwertiges in seiner Art gegenüberzustellen. Man kann das Werk — auch im Hinblick auf den äußerst günstigen Preis — sowohl fortgeschrittenen Studenten als auch fertigen Physikern, Naturwissenschaftlern und Ingenieuren sehr empfehlen."

Umschau in Wissenschaft und Technik